Teach Yourself C#

新版

独習C#

山田祥寛 著

JN217266

SE
SHOEISHA

本書内容に関するお問い合わせについて

このたびは翔泳社の書籍をお買い上げいただき、誠にありがとうございます。弊社では、読者の皆様からのお問い合わせに適切に対応させていただくため、以下のガイドラインへのご協力をお願い致しております。下記項目をお読みいただき、手順に従ってお問い合わせください。

●ご質問される前に

弊社Webサイトの「正誤表」をご参照ください。これまでに判明した正誤や追加情報を掲載しています。

正誤表　　　http://www.shoeisha.co.jp/book/errata/

●ご質問方法

弊社Webサイトの「刊行物Q&A」をご利用ください。

刊行物Q&A　　　http://www.shoeisha.co.jp/book/qa/

インターネットをご利用でない場合は、FAXまたは郵便にて、下記"翔泳社 愛読者サービスセンター"までお問い合わせください。
電話でのご質問は、お受けしておりません。

●回答について

回答は、ご質問いただいた手段によってご返事申し上げます。ご質問の内容によっては、回答に数日ないしはそれ以上の期間を要する場合があります。

●ご質問に際してのご注意

本書の対象を越えるもの、記述個所を特定されないもの、また読者固有の環境に起因するご質問等にはお答えできませんので、あらかじめご了承ください。

●郵便物送付先およびFAX番号

送付先住所　　　〒160-0006　東京都新宿区舟町5
FAX番号　　　03-5362-3818
宛先　　　　　（株）翔泳社 愛読者サービスセンター

はじめに

　C#（シーシャープ）は、マイクロソフトが2000年に発表した比較的新しいプログラミング言語です。「新しい」といっても、すでに発表から15年以上を経過し、精力的に改良も重ねられた結果、執筆時点でのバージョンも7.1。後発の強みでさまざまな言語の良いとこどりをしているだけでなく、良い意味で枯れてきたプログラミング言語です。

　オブジェクト指向プログラミングを中心に据えながら、宣言型プログラミング、関数型プログラミング、メタプログラミングなどのパラダイムを取り込んでいることから、プログラミングのさまざまな概念（思想）を理解するうえでも適した言語です。

　取り巻くフレームワークが充実している点も見逃せません。デスクトップアプリはもちろん、ブラウザー上で動作するWebアプリ、Android／iOS対応のモバイルアプリ、さらにはゲームアプリまで、さまざまなアプリを開発する土壌が整っている点も、言語としての学習価値を高めています。マイクロソフトというと、Windowsオンリーと思ってしまいそうですが、近年では.NET Coreと呼ばれるマルチプラットフォーム対応した環境も用意されており、mac OS、Linuxなどの環境でもアプリを開発／実行できるようになっています。

　本書では、そんなC#に興味を持ち、基礎からきちんと学びたい、という皆さんに、最初の一歩を提供するものです。

　近年では、ネット上にも有用な情報（サンプルコード）が大量に提供されています。これらを見たままに真似るだけでも、それなりのコードを書けてしまう手軽さは、C#の魅力です。しかし、実践的なアプリ開発の局面ではどこかでつまずきの原因にもなるでしょう。一見して遠回りにも思える言語の確かな理解は、きっと皆さんの血肉となり、つまずいたときに踏みとどまるための力の源泉となるはずです。本書が、C#プログラミングを新たに始める方、今後、より高度な実践を目指す方にとって、確かな知識を習得するための一冊となれば幸いです。

★　★　★

　なお、本書に関するサポートサイトを以下のURLで公開しています。Q＆A掲示板をはじめ、サンプルのダウンロードサービス、本書に関するFAQ情報、オンライン公開記事などの情報を掲載していますので、あわせてご利用ください。

http://www.wings.msn.to/

　最後になりましたが、タイトなスケジュールの中で筆者の無理を調整いただいた翔泳社の編集諸氏、そして、傍らで原稿管理／校正作業などの制作をアシストしてくれた妻の奈美、両親、関係者ご一同に心から感謝いたします。

山田祥寛

サンプルファイルについて

● 本書で利用しているサンプルファイルは、以下のページからダウンロードできます。

```
http://www.wings.msn.to/index.php/-/A-03/978-4-7981-5382-7/
```

● ダウンロードサンプルは、以下のようなフォルダー構造となっています。

```
/SelfCSharp
    /Chap01        … 第1章のサンプルプログラム
    /Chap02        … 第2章のサンプルプログラム
        /Practice    … 第2章の練習問題／章末問題のサンプルプログラム
    ⋮
    /ChapXX        … 第XX章のサンプルプログラム
        /Practice    … 第XX章の練習問題／章末問題のサンプルプログラム
```

● 第7章以降では、サンプルコードのリスト囲みの見出しに、「ファイル名（～名前空間）」の形式で名前空間が明記されているものがあります。たとえば、以下の場合は、起動ファイルがSelfCSharp.Chap07.ClassField名前空間のFieldBasicクラスであることを表します。

▶リスト7.2　FieldBasic.cs（SelfCSharp.Chap07.ClassField名前空間）

```
public class Person
{
  public string firstName;
  public string lastName;
}
```

● 特に名前空間名を明記していない場合は、章番号に準じたSelfCSharp.ChapXX名前空間のクラスとなります。たとえば、第2章の場合は、SelfCSharp.Chap02名前空間のクラスです。

● 解説で扱っているコンパイルエラーとなるコードについては、他にも影響するため、ダウンロードサンプルでは該当箇所をコメントアウトしています。

● サンプルを実行するには、スタートアップオブジェクト（起動時に利用するクラス）を変更してください。これには、ソリューションエクスプローラーからプロジェクト（/SelfCSharpフォルダー）を右クリックし、表示されたコンテキストメニューから［プロパティ］を選択します。プロジェクトのプロパティが開くので、［アプリケーション］タブの［スタートアップオブジェクト］から実行したいクラス（Mainメソッドがあるもの）を選択します。

❖スタートアップオブジェクトの設定

動作確認環境

本書内の記述／サンプルプログラムは、以下の環境で動作確認しています。

- Windows 10 Pro（64bit）
- Visual Studio Community 2017（Version 15.4.1）
- .NET Framework 4.7 + C# 7.1

本書の構成

　本書は11章で構成されています。各章では、学習する内容について、実際のコード例などをもとに解説しています。書かれたプログラムがどのように動いているのかを、実際に試しながら学ぶことができます。

■練習問題
　各章は、細かな内容の節に分かれています。途中には、それまで学習した内容をチェックする練習問題を設けています。その節の内容を理解できたかを確認しましょう。

■この章の理解度チェック
　各章の末尾には、その章で学んだ内容について、どのくらい理解したかを確認する理解度チェックを掲載しています。問題に答えて、章の内容を理解できているかを確認できます。

本書の表記

■全体
- 紙面の都合でコードを折り返す場合、行末に⏎を付けます。
- **C#5** **C#6** **C#7** **C#7.1** は、C# 5、6、7、7.1で追加された機能を示します。

■構文

　本書の中で紹介するC#の構文を示しています。クラスライブラリ（メソッド）の構文については、以下のルールに従って表記しています。static修飾子は、そのメソッドが（オブジェクト経由ではなく）クラスから直接呼び出せることを意味します。

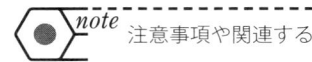 TryParseメソッド

```
public static bool TryParse(string s [,out DateTime result])
    修飾子      戻り値の型 メソッド名      引数の型 引数名 ([...]は省略可)
```

■Note ／ Column

注意事項や関連する項目、知っておくと便利な事柄などを紹介します。

 注意事項や関連する項目の情報

 プラスアルファで知っておきたい参考／補足情報

■エキスパートに訊く

初心者が間違えやすい事柄、注目しておきたいポイントについてQ＆A形式で紹介します。

エキスパートに訊く

　Q：C#学習者からの質問
　A：エキスパートからの回答

目　次

第 1 章 ： イントロダクション　　　　　　　　　1

第 2 章 ： C#の基本　　　　　　　　　　　　　33

第4章 制御構文　105

第 **8** 章　オブジェクト指向構文
（カプセル化／継承／ポリモーフィズム）　319

第 9 章 オブジェクト指向構文（名前空間／例外処理／ジェネリックなど） 385

第10章　ラムダ式／ LINQ　　　473

第11章　高度なプログラミング　519

コラム目次

サンプルファイルの入手方法

サンプルファイル（配布サンプル）は、以下のページからダウンロードできます。

http://www.wings.msn.to/index.php/-/A-Ø3/978-4-7981-5382-7/

イントロダクション

C#（シーシャープ）とは、マイクロソフト社によって開発されたマルチパラダイムなプログラミング言語です。名前の由来ともなっているC／C++言語の流れをくみ、Java言語からも強く影響を受けています。初期バージョン1.0のリリースが2002年ですから、伝統的なCOBOLが1959年、C言語が1972年に登場していることと比較すれば、ごく新しいプログラミング言語でもあります。

ただし、新しいとは言っても、登場からすでに15年以上を経過し、バージョンも執筆時点での最新は7.1。後発の強みを活かして、旧来の言語の良い点、悪い点を昇華しつつ、精力的にバージョンアップが進められた結果、良い意味で枯れた言語になっています。

アプリケーション（アプリ）を開発するための基盤（フレームワーク）が充実しているのも特徴で、デスクトップアプリをはじめ、コンソールアプリ、Webアプリ、Android／iOSに対応したスマホアプリ、あるいは、据え置きゲーム機で動作するゲームまで、幅広いアプリ開発に対応できます（図1.1）。

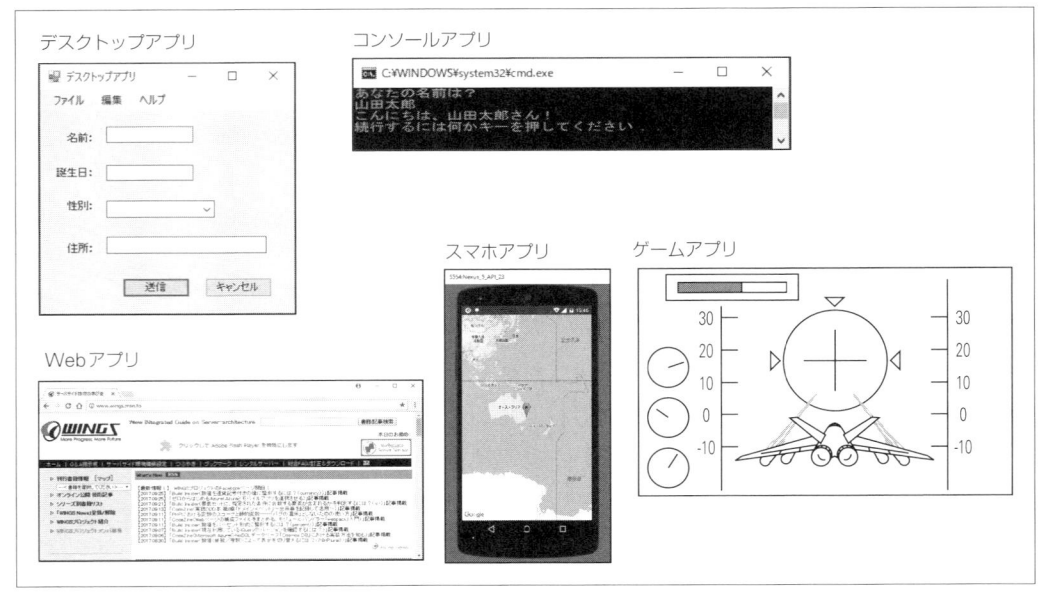

❖図1.1　C#で開発できるアプリ

また、マイクロソフト開発の言語とはいっても、ベンダーロックインの懸念はありません。2001年にEcma Internationalで規格化されたのをはじめ、2003年には国際標準化機構（ISO）によって標準化されており、日本国内でも2005年に日本工業規格（JIS）の「JISX3015プログラム言語C#」として制定されています。C#は、標準的なプログラミング言語として、いま最も理解しておくべき言語の1つなのです。

本章では、C#を学ぶに先立って、C#という言語の特徴を理解するとともに、学習のための環境を整えます。また、後半では簡単なアプリを開発する過程で、C#アプリの構造、基本構文を理解し、次章からの学習に備えます。

1.1　C#の特徴

　C#という言語を説明しようとすると、さまざまな観点からの特徴があります。言語としての思想（パラダイム）という点からは、オブジェクト指向という考え方が中心となった言語です。しかし、それだけではなく、「さまざまな視点が取り入れられた」という意味で、マルチパラダイム言語と呼ばれることもあります。

　実行環境という観点では、.NET（.NET Framework）環境で動作する言語です。.NETの恩恵によって、.NETの実行エンジンが動作する環境であれば、プラットフォームによらず、アプリを動作できます。.NET基盤では、メモリ管理も自動化されており、アプリ開発者がメモリの解放を意識することはほとんどありません。これもまた、C#の特徴の1つです。

　.NETという言葉からもわかるように、C#はインターネット環境での活用を前提に（＝強く意識して）設計された言語でもあります（登場当初の2000年は、まさにインターネットがキャズムを超えんとしていた時期でもありました）。

　本節では、これらの特徴の中でも、特に中心になると思われる「オブジェクト指向」「.NET環境」というキーワードを軸に、解説を進めます。

1.1.1　オブジェクト指向

　オブジェクト指向とは、プログラムの中で扱う対象をモノ（オブジェクト）になぞらえ、オブジェクトの組み合わせによってアプリを形成していく手法のことを言います。たとえば、一般的なアプリであれば、文字列を入力するためのテキストボックスがあり、操作を選択するためのメニューバーがあり、また、なにかしらの動作を確定するためのボタンがあります。これらはすべてオブジェクトです（図1.2）。

　また、アプリからファイル／ネットワークなどを経由して情報を取得することもあるでしょう。こうした機能を提供するのもオブジェクトですし、オブジェクトによって受け渡しされるデータもまた、オブジェクトです。

　C#に限らず、昨今のプログラミング言語の多くは、オブジェクト指向の考え方に則っており、その開発手法も円熟しています。つまり、本書で学んだ知識は、そのまま他の言語の理解につながりますし、他の言語で学んだ知識がC#の理解に援用できる点も多くあります。本書でも、第7章〜第9章で十分な紙数を割いて、オブジェクト指向構文について解説していきます。

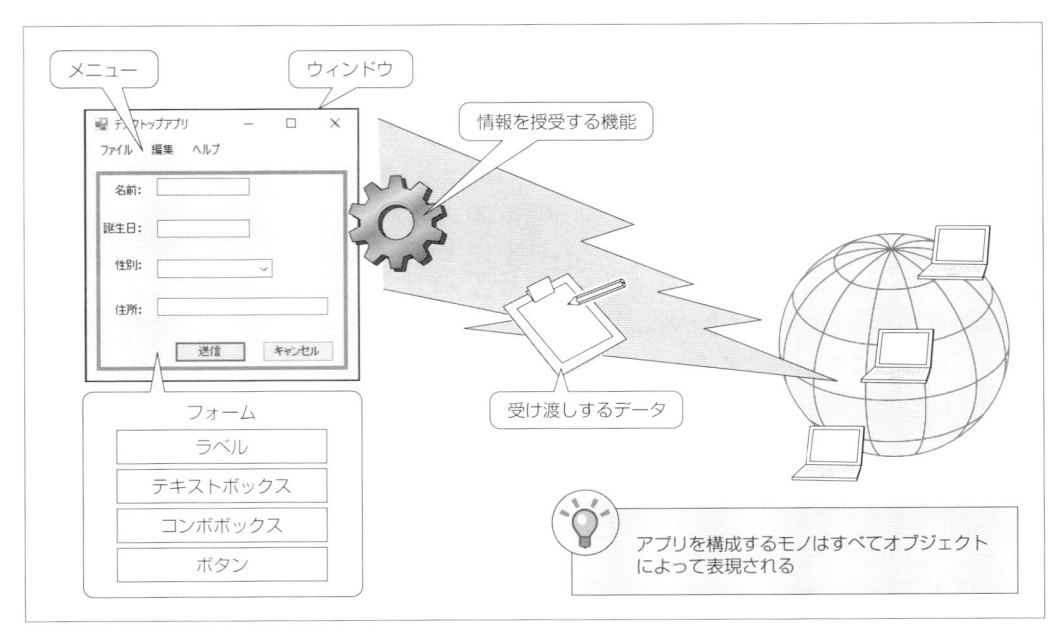

❖図1.2　オブジェクト指向とは?

補足 マルチパラダイムな言語

　C#は純粋なオブジェクト指向言語ではありません。その他にも、さまざまな思想（パラダイム）を取り込んでいます。

　たとえば、第10章で扱うLINQは、コレクションに対するアクセス方法を宣言的に表す宣言型プログラミングの側面を持っています。宣言的とは、問題解決の手順を表していく「手続き型プログラミング」と対照的な考え方で、問題の性質（満たすべき条件）を表していくことを言います。たとえば、なんらかのデータを取得するために、「どのようにデータベースにアクセスして、どのような手順でデータを取り出していくのか」を表すのが手続き的であり、「どのような条件で、どのような形式のデータを取り出すのか」を表すのが宣言的である、ということです。もちろん、C#では、宣言型だけでなく、手続き型プログラミングの側面も兼ね備えています。

　10.1節で扱うラムダ式などは関数型プログラミングの側面を持っています。関数型とは、関数（特定の入力に対してなんらかの結果を返す仕組み）を組み合わせていくプログラミングスタイルです。

　また、第11章で扱うリフレクションは、いわゆるメタプログラミングのための仕組みです。メタプログラムとは、ざっくりと言ってしまうと、コードを表すためのコードです。実行時に動的にコードを生成するための仕組み、と言っても良いでしょう。

　少々難しい説明もあったかもしれませんが、ここでは厳密な理解にこだわる必要はありません。まずは、C#がオブジェクト指向というパラダイムを中核として、さまざまなパラダイムを兼ね備えている、という点を理解しておきましょう。

1.1.2 .NET環境

C#は、.NETという環境の上で動作します。環境、という言葉にあいまいさを感じた人は、図1.3を見てみましょう。

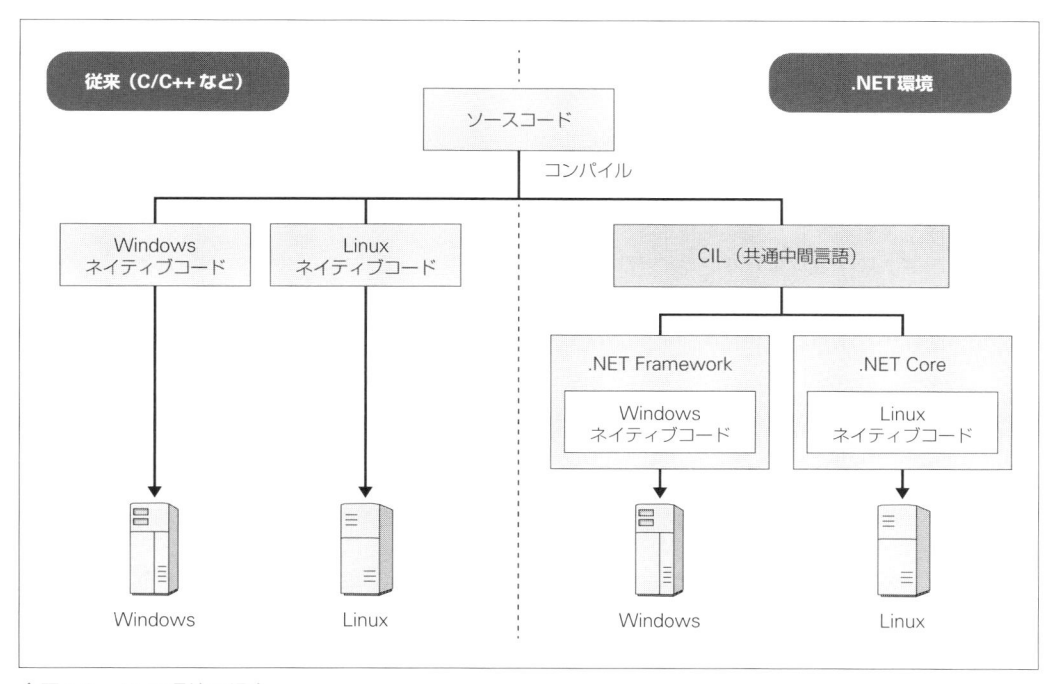

❖図1.3　.NET環境の場合

　従来のたとえばC／C++のような言語は、プログラマーによって書かれたコードを、それぞれのプラットフォームが理解できる言語 —— マシン語に変換してから実行していました。この変換のことを**コンパイル**と言います。

　マシン語はそれぞれプラットフォームに固有のものなので、たとえばWindows環境に対応したアプリをLinux環境で実行することはできません。

　C#でも同じく、コードを実行するためにコンパイルという手順を経ますが、その出力はマシン語ではありません。**CIL（Common Intermediate Language：共通中間言語）**と呼ばれる、.NET環境が解釈できる形式となります。.NET環境（実行エンジン）では、このCILが、それぞれのプラットフォームの上で動作するわけです。

　.NET環境は、それぞれのプラットフォームに応じて提供されています。たとえば、Windows環境であれば.NET Frameworkがありますし、Windowsはもちろん、Linux／macOSなどマルチプラットフォームで動作する.NET環境としては.NET Coreがあります。また、Android／iOSなどを主

ターゲットとするXamarin（Mono）などもあります。これらの.NET環境がプラットフォームの差異を吸収してくれるので、C#はマルチなプラットフォームで動作できるのです。

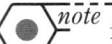

> note 元々は.NETと言えば、Windowsで動作する.NET Frameworkのことでした。しかし、近年ではマルチプラットフォームで動作する.NET Core、Xamarin（Mono）などの環境が存在感を示してきていることから、これらを総称する意味で、本書では単に.NET環境と呼びます。

マネージコードとアンマネージコード

.NET環境で動作する、とは、すべての.NET（C#）アプリは.NETによって管理される、ということと同義でもあります。たとえば、「その動作は許可されたものであるのか」「そのメモリをまだ確保しておかなければならないのか」——こういったことのすべてを.NETが一元的に監視します。そして、許可されない危険な処理に対してはエラーを返しますし、不要になったメモリは自動的に解放します（この仕組みを**ガベージコレクション**と言います）。

> note 古いプログラミング言語では、メモリの確保から解放までをすべて自前で管理しなければならず、解放のし忘れはそのままメモリリークなどの致命的なバグの原因にもなっていました。**メモリリーク**とは、解放されないメモリ領域がアプリを利用し続けることで徐々に増えていき、メモリが逼迫する状況のことを言います。逆に、メモリの解放を重複して行うことで、アプリの挙動が不安定になる場合もあります。
> しかし、ガベージコレクションによって、メモリの解放を明示的に記述する必要がなくなるので、これらの問題は自ずと解決します。

これによって、アプリ側では、こうした低レベルな（＝本来のアプリの仕組みに関係ない）動作を意識することなく、本来あるべきアプリ固有の仕組みにだけ集中できるというわけです。

ちなみに、このように.NETによって管理されたコードのことを**マネージコード**（Managed code）、従来の管理されないコードを**アンマネージコード**（Unmanaged code）と言います。

1.1.3 .NET Framework

先ほど、.NETにはさまざまな環境があると説明しましたが、その内部的な構造を理解するには、元祖でもある.NET Frameworkの構造を理解するのが手っ取り早いでしょう。ここからは、より詳しく.NET Frameworkの内部構造について解説していきます。

.NET Frameworkを構成するのは、大きく分けて以下2つのコンポーネントです（図1.4）。

- 共通言語ランタイム（CLR：Common Language Runtime）
- .NET Framework クラスライブラリ

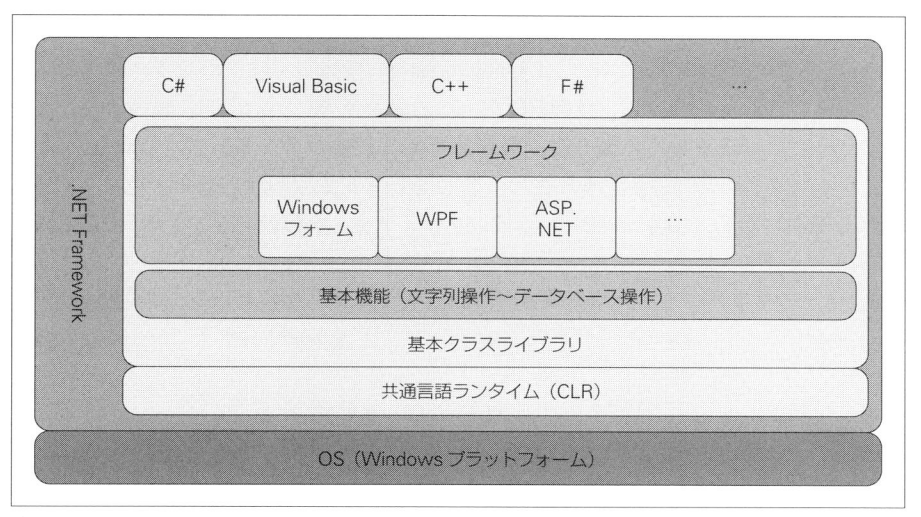

❖図1.4 .NET Framework

共通言語ランタイム

共通言語ランタイム（以降、**CLR**）とは、その名のとおり、.NETアプリが共通で利用する実行エンジンです。.NET FrameworkではC#をはじめ、Visual Basic、F#、C++/CLI（C++のマネージ拡張）といった言語を利用できますが、これら言語で作成したすべてのアプリはCLR上で動作します。

.NET Framework以前には、それぞれの言語ごとに異なる実行エンジンを持っていました。たとえば、Visual Basicでは、Visual Basicアプリを動作させるために、Visual Basicランタイムという独自の実行エンジンを利用していました。また、Visual C++ではMFC（Microsoft Foundation Class）やATL（Active Template Library）などのクラスライブラリを使用したWin32ネイティブアプリがWindowsシステムから直接実行されていました。

このため、.NET Framework以前では、使用する言語によっては特定の機能が利用できない、あるいは、同じ機能を実現しているにもかかわらず、使用言語によってパフォーマンスが異なる、というようなことも起こりえたわけです。

しかし、CLRではC#、Visual Basic、F#、C++/CLIいずれの言語を選択しても、コンパイルされた結果は共通中間言語に変換されます。これによって、開発者がいずれの言語を選択しても、（基本的に）同様の結果とパフォーマンスを得られます。

つまり、CLRを利用することで、アプリ開発者は「できること」から言語を選択するのではなく、自分自身が「最も得意な言語はどれか」という観点から言語を選択できるようになったわけです。

> *note* CLRの一部は、ECMA Internationalで**CLI**（**Common Language Infrastructure**：**共通言語基盤**）として標準化されています。CLRは、CLIに準拠したWindows環境での実装とも言えます。

.NET Framework クラスライブラリ

.NET Framework クラスライブラリは、.NET 対応の言語から共通して呼び出せる高機能な「部品」の集合です。.NET Framework 以前、開発者は Win32 API や MFC、ATL、VB Forms のようなライブラリを、使用する言語や目的に応じて、自ら選択する必要がありました。しかし、.NET Framework ではライブラリの選択にわずらわされる必要はありません。C#、Visual Basic、C++/CLI いずれの言語を選択しても、.NET Framework クラスライブラリを利用することで、同様の機能を同様の手順で利用できます。

.NET Framework クラスライブラリには、文字列や構造化データの操作といった基本機能から、ファイル、ネットワーク／データベースへのアクセスなど、アプリを開発するうえで欠かせない機能が含まれています。

そして、これらライブラリの上位に位置するのが**フレームワーク**です。フレームワークは、さらにスタンドアロンな Windows アプリを構築するための Windows フォーム／WPF（Windows Presentation Framework）や、Web アプリを開発するための技術である ASP.NET などに分類できます。フレームワークは文字通り、アプリを構築するための「枠組み」という意味で、具体的には以下のような機能を含みます。

- ユーザーインターフェイスを構築するためのレイアウト部品（コントロール）
- 特定のアプリに特化したライブラリ
- アプリ共通の諸ルール（例：アプリの起動から終了までのライフサイクル管理など）

フレームワークを利用することで、開発者はアプリに必要な機能を一から作り込む必要がなくなります。あらかじめ用意された基盤に対して、あらかじめ決められたルールに則って、あらじめ用意された部品を組み込んでいくだけで良いのです。

本書でも、このように潤沢に用意されたライブラリの中から、開発するアプリに関わらず利用すると思われる基本的なものを第5章〜第6章で解説していきます。フレームワークの詳細については、本書の守備範囲を超えるため、拙著『独習 ASP.NET 第5版』（翔泳社）や『ASP.NET MVC 5実践プログラミング』（秀和システム）などを参照してください。

> *note* .NET Framework だけではなく、.NET Core、Mono でも同じく標準的なライブラリを提供しています。Core Library、Mono Class Library などがそれです。しかし、.NET 環境のそれぞれに似て非なるライブラリがあるのは不便です。そこで、すべての .NET 環境が実装すべき機能セットを仕様として統一し、クラスライブラリレベルでの互換性を保証しようという試みがあります。これが**.NET Standard** です（図1.A）。

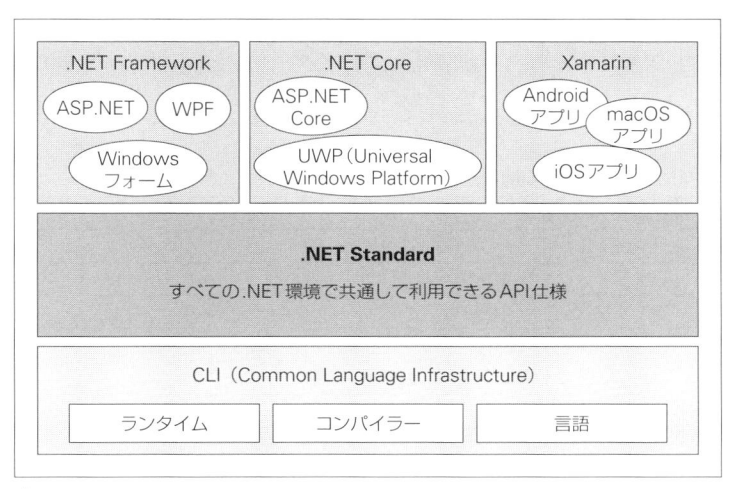

❖図1.A　.NET Standard

それぞれの.NET環境が.NET Standardのどのバージョンをサポートしているかは、「.NET実装のサポート」でまとめられているので、興味のある人は参考にしてください。

● .NET実装のサポート
  https://docs.microsoft.com/ja-jp/dotnet/standard/net-standard

1.2　C#アプリを開発／実行するための基本環境

　C#の概要を理解したところで、ここからは実際にC#を利用して開発（学習）を進めるための準備を進めていきましょう。

　本書では、C#アプリを開発／実行するためにVisual Studioという**統合開発環境**を利用します。統合開発環境（IDE：Integrated Development Environment）とは、コーディングを支援するコードエディターをはじめ、デバッガー、プロジェクト管理機能など、おおよそアプリ開発には欠かせない諸機能を取りそろえたソフトウェアです。これらの機能を利用することで、（たとえば）ソースコードをいちいちコンソールからコンパイルして、生成された.exeファイルを実行する、というような手順は不要です。ボタン1つでコンパイルから実行までを一気に行えてしまうからです。

　アプリ開発に統合開発環境は必須ではありませんが、その高い開発生産性を思えば、現実的には統合開発環境なしの開発は考えにくいものになっています。実際、Visual StudioはVisual Basic、C++、F#などの言語にも対応しており、デスクトップアプリからWebアプリ、モバイルアプリなどの開発に広く利用されているので、Visual Studioそのものの使い方を理解しておくことは、決して無駄ではありません。

1.2.1 Visual StudioとC#のバージョン

Visual Studioのバージョンと、対応するC#のバージョンの関係は、表1.1のとおりです。

❖表1.1　Visual StudioとC#のバージョンの関係

Visual Studio	C#	主な言語の新機能
2002	1.0	—
2003	1.1	バグフィックスが中心
2005	2.0	ジェネリック、Null許容型、イテレーター、パーシャルクラス
2008	3.0	var、ラムダ式、LINQ、拡張メソッド、自動プロパティ
2010	4.0	dynamic型、引数の既定値、名前付き引数
2012、2013	5.0	async ／ await
2015	6	using static、例外フィルター、$"..."構文、インデックス初期化子
2017	7、7.1	タブル、ローカル関数、throw式、戻り値の参照渡し

また、Visual Studioでは、機能／開発規模（用途）などに応じて、表1.2のようなエディションが提供されています。

❖表1.2　Visual Studio 2017の主なエディション

エディション	概要
Community	非エンタープライズ用のアプリ開発者を主な対象としたエディションで無償利用が可能。Professionalとほぼ同等の機能を備える（企業での利用は、開発者5名までなどの利用条件あり）
Professional	小規模チームを主な対象としたエディション。プロフェッショナル開発者用ツールとサービスを含む。スタンドアロン／Webアプリなどの開発、単体テストなどが可能（有償）
Enterprise	Visual Studioの全機能を備え、設計から開発、テスト、管理と、アプリのライフサイクル全体を管理する最上位エディション

本書では、執筆時点での最新バージョンであり、無償での導入が可能なVisual Studio Community 2017 Update 4を採用しています。

1.2.2 Visual Studioのインストール

それでは、実際に自分の環境にVisual Studioをインストールしていきましょう。Visual Studioのインストーラーは、Visual Studio本体だけでなく、依存するソフトウェア（たとえば.NET Frameworkなど）もあわせてインストールしてくれますので、個別にインストール作業を実行する必要はありません。

なお、以下の手順はP.vで示した動作確認環境を前提としています。異なるプラットフォーム／エディションを利用している場合には、パスや画面の名称、一部の操作が異なる可能性がありますので、注意してください。

［1］インストーラーを入手＆起動する

最新のインストールファイルは、以下のURLから入手できます。

● Visual Studio Community

https://www.visualstudio.com/ja/vs/community/

ダウンロードした**vs_community__xxxxxxxxx.xxxxxxxxxx.exe**のアイコンをダブルクリックし、インストールを開始します（ファイル名の**xxxxxxxxx.xxxxxxxxxx**は、ダウンロードしたタイミングによって異なる数字が入ります）。

［ユーザーアカウント制御］ダイアログが表示されるので［はい］を選択すると、インストールウィザードが開始されます（図1.5）。以降は、ウィザードに従ってインストールを進めてください。

［ライセンス条項］リンクをクリックしてライセンス条項を確認したら、［続行］ボタンをクリックして先に進めます。

❖図1.5　インストールファイル起動直後

［数分間お待ちください］画面が表示され、しばらくすると［インストールしています］画面が表示されます（図1.6）。初期状態では［ワークロード］タブが有効になっており、開発の目的に応じたインストールセットを選択できるようになっています。

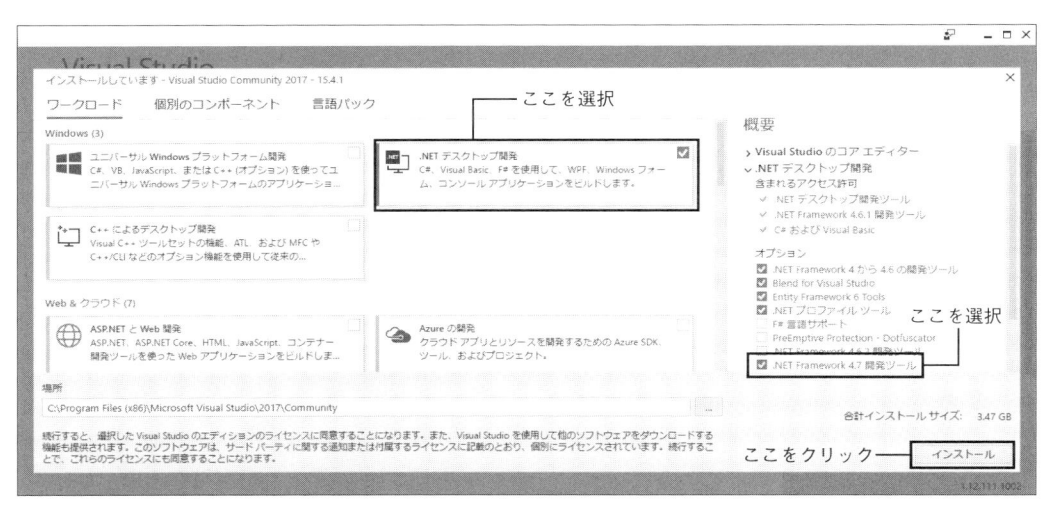

❖図1.6　［インストールしています］画面

本書では、最低限、［.NETデスクトップ開発］を選択し、画面右の［概要］→［オプション］欄

から［.NET Framework 4.7 開発ツール］を選択します。

　また、［場所］欄のパスを変更することで、インストール先を変更することも可能です。本書では、既定の「C:¥Program Files (x86)¥Microsoft Visual Studio¥2017¥Community」のままで、［インストール］ボタンをクリックしてください。

　選択したオプションにもよりますが、インストールにはしばらく時間がかかります（図1.7）。最後に［インストールが正常に終了しました］画面が表示されたら、インストールは完了しています（図1.8）。

❖図1.7　インストール開始

❖図1.8　インストール終了

[2] Visual Studioを起動する

図1.8で［起動］ボタンをクリックした場合は、そのまま Visual Studio が起動します（ウィザードはそのまま残るので、［×］で閉じてください）。ウィザードを閉じた後で Visual Studio を起動するには、スタートメニューの V の中にある［Visual Studio 2017］を選択してください。

初回起動時には、図1.9のようなサインインを行う画面が表示されます。自分のマイクロソフトアカウント（http://www.microsoft.com/ja-jp/msaccount/default.aspx）でサインインしてください。［後で行う］リンクをクリックして先に進めてもかまいません。

その後、開発設定や配色テーマの選択画面が表示されます（図1.10）。ここでは、［開発設定］で［Visual C#］を選択し、［配色テーマの選択］は既定の［青］のままで、［Visual Studio の開始］ボタンをクリックしてください。

❖図1.9　サインイン画面

❖図1.10　［慣れた環境で開始します］画面

[3] スタートページを確認する

Visual Studioが起動すると、まず、メインウィンドウに**スタートページ**が表示されます（図1.11）。

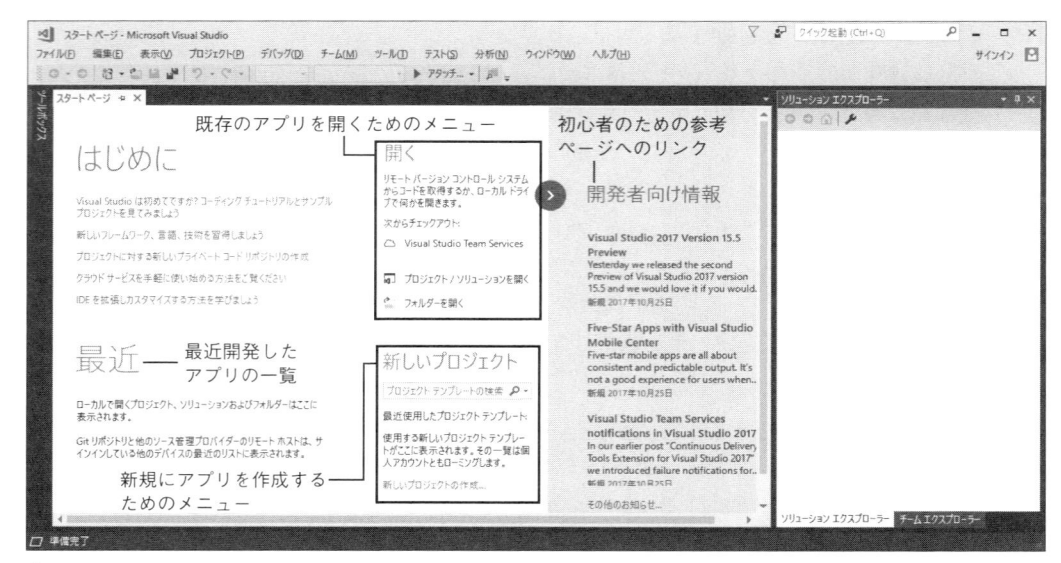

❖図1.11　Visual Studioのスタートページ

　[最近]には、Visual Studioで最近作成したアプリの一覧が表示されます。最近編集したアプリであれば、ここに表示されたリンクから開くこともできます。新しいアプリを作成するには、中央下部の[新しいプロジェクトの作成...]を選択してください（この後、詳述します）。

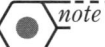

note　[最近]に特定のアプリを常に表示しておきたい場合は、アプリ名の右に表示される■（最近使ったプロジェクト一覧にこの項目を固定）ボタンをクリックします。

1.3　C#プログラミングの基本

　Visual Studioをインストールできたところで、さっそく、Visual Studioによるアプリ（プロジェクト）の作成からコードの入力、実行までの基本的な流れを追っていきます。

1.3.1　基本的なアプリの作成

　作成するのは、プロンプトから入力した名前に応じて、「こんにちは、□○さん！」というメッセージを応答するアプリです（図1.12）。

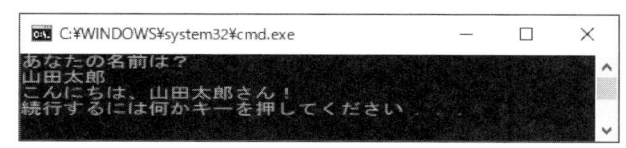

❖図1.12　本節で作成するサンプルの実行結果

　ごく基本的なアプリの作成を通じて、Visual Studioの使い方からC#アプリの基本的な構造など、これから学習を進めていくのに必要な前提知識を習得します。

［1］新規のプロジェクトを作成する

　Visual Studioでアプリを作成するには、まず**プロジェクト**を作成する必要があります。プロジェクトとは、言うなればアプリの器です。アプリの実行に必要なプログラムコードや画像ファイル、データファイルなどは、すべてプロジェクトの配下に保存します。

　プロジェクトを作成するには、Visual Studioのメニューから［ファイル］→［新規作成］→［プロジェクト...］を選択します。または、スタートページから［新しいプロジェクトの作成...］リンクをクリックしてもかまいません。

　［新しいプロジェクト］ダイアログが表示されますので、図1.13のように必要な情報を入力してください。プロジェクトの保存先はどこでもかまいませんが、本書では「c:¥data」フォルダーの配下にSelfCSharpというフォルダーを作成します（ソリューション名はそのままでかまいません）。

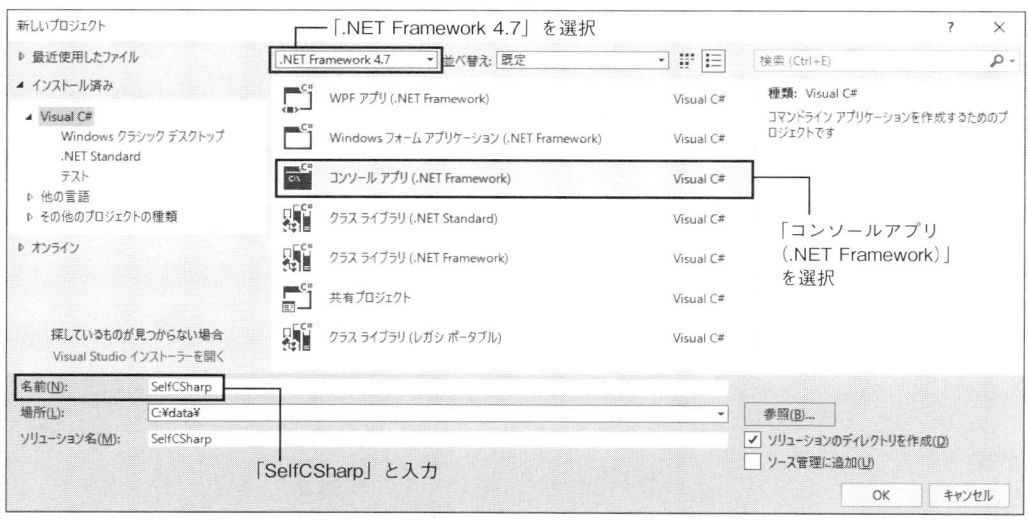

❖図1.13　［新しいプロジェクト］ダイアログ

　テンプレートとは、特定のアプリを開発するためのファイル群を備えたプロジェクトの骨格です。Visual Studioでは、標準で表1.3のようなテンプレートを用意しています。

❖表1.3　Visual Studio 2017の主なテンプレート[*]

テンプレート名	用途
コンソールアプリ	コンソール（コマンドプロンプトやPowerShellなど）から呼び出すアプリを作成
WPFアプリ／Windowsフォームアプリケーション	デスクトップアプリを作成
ASP.NET Core Webアプリケーション／ASP.NET Webアプリケーション	Webアプリを作成
クラスライブラリ	アプリから利用できるクラスライブラリを作成
Cross Platform App	Android、iOS、Windowsデバイス用のアプリを作成
単体テストアプリ	単体テストを含むプロジェクトを作成
Azureクラウドサービス	Azure上にクラウドサービスを作成
OpenGLゲーム	OpenGL（3Dグラフィックス）でゲームアプリを作成
空白のアプリ	余分なものの入っていないアプリ作成用のシンプルなテンプレート

※使用できるテンプレートは、インストール時にワークロードで選択したインストールセットによって異なります。

　本書では、構造もシンプルで、前提となる知識も最小限に済むことから、「コンソールアプリ（.NET Framework）」テンプレートを前提に解説を進めます。**コンソールアプリ**とは、ウィンドウを持たない —— コマンドラインから呼び出すことを目的としたアプリです。

　ダイアログ上部の選択ボックスでは、利用する.NET Frameworkのバージョンも選択できます。本書では、執筆時点で最新の4.7を選択していますが、以前のバージョンをターゲットとする場合には、適宜、この値を変更してください。

-----

note 本文では、プロジェクトが「アプリをまとめるための器」であると解説しました。しかし、より実践的なアプリでは、いわゆるメインのプログラム（.exeファイル）の他にも、メインプログラムから利用するライブラリ（.dllファイル）が存在する場合があります。これらは、個々の独立したプログラムとして、プロジェクトも分けて管理するのが一般的です（図1.B）。

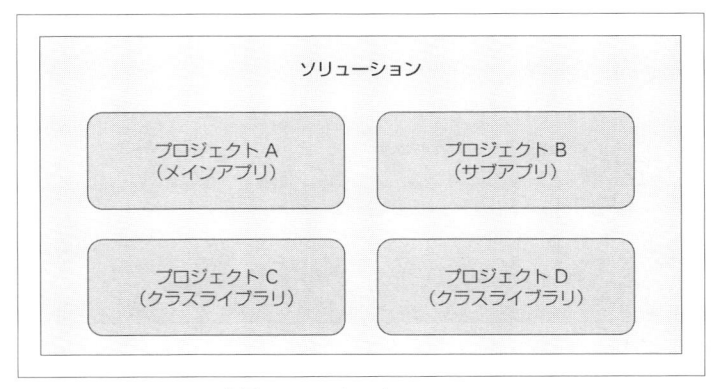

❖図1.B　ソリューション

　しかし、これらプロジェクトをバラバラにしておくのも管理しにくいので、これを1つに束ねる、

より大きな器となるのが**ソリューション**です。一般的には、1つのアプリは1つのソリューショ
ンによって表現されます（単純なアプリでは、ソリューションに含まれるプロジェクトが1つだ
けである、というだけです）。

----

[2] プロジェクトの内容を確認する

　［OK］ボタンをクリックすると、新しいプロジェクトが作成されます。図1.14は、既定で表示され
る開発画面です。それぞれの機能については徐々に説明していきますが、まずはVisual Studioの画
面構成と、大まかな機能を押さえておきましょう。

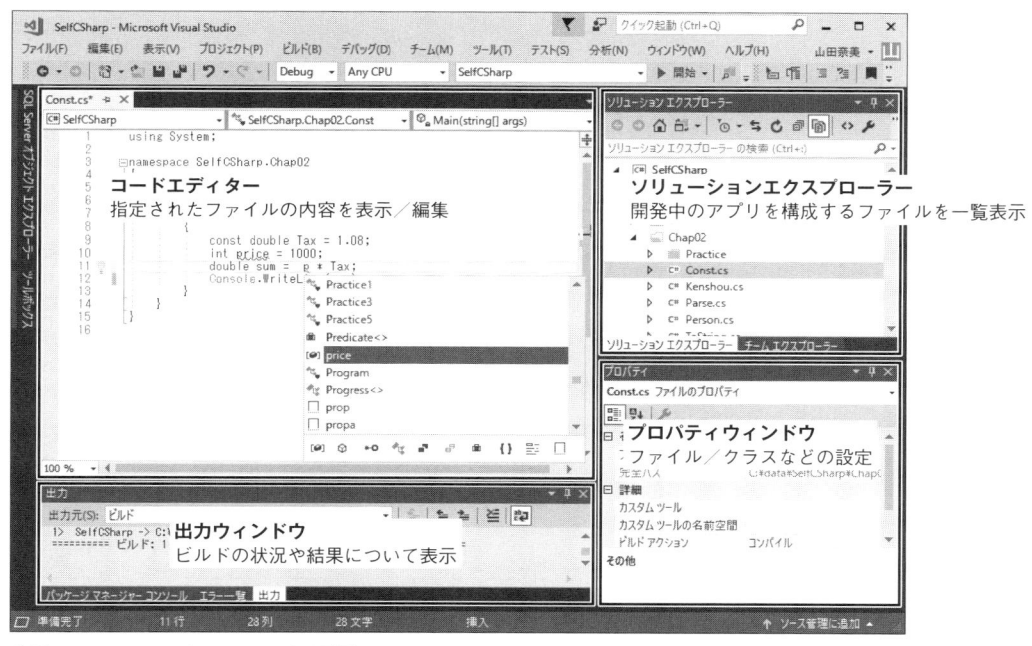

❖図1.14　Visual Studioのメイン画面

　まずは、ソリューションエクスプローラーに注目し、プロジェクト既定で、図1.15のようなフォル
ダー／ファイルが配置されていることを確認してください。

```
/SelfCSharp      …プロジェクトフォルダー
  /Properties …プロジェクトの設定情報
  App.config   …アプリの構成情報
  Program.cs   …プロジェクト本体（ソースコード）
```

❖図1.15　初期状態で配置されているフォルダー／ファイル

後からフォルダー／ファイルを追加するには、プロジェクトフォルダー（ここでは/CSharp）を右クリックし、表示されたコンテキストメニューから［追加］→［新しい項目...］を選択してください。

[3] コードを編集する

初期状態では、コードエディターでProgram.csが表示されているはずです（表示されていない場合はソリューションエクスプローラーでProgram.csをダブルクリックし、コードエディターを表示してください）。リスト1.1のようにコードを追加してみましょう（追記部分は太字の3行です）。

▶リスト1.1　Program.cs

```
using System;
using System.Collections.Generic;
using System.Linq;
using System.Text;
using System.Threading.Tasks;

namespace SelfCSharp
{
  class Program
  {
    static void Main(string[] args)
    {
      Console.WriteLine("あなたの名前は？ ");
      string name = Console.ReadLine();
      Console.WriteLine("こんにちは、{0}さん！ ", name);
    }
  }
}
```

該当箇所で「Co」と入力すると、候補リストが表示されます。これが**Intellisense（インテリセンス）**機能です。なにも入力していない状態で、Ctrl + space キーを押してもかまいません。

ここではカーソルキーで「Console」を選択し、Tab キーを押します（図1.16-❶）。コードエディター上で入力が確定したところで「Console」に続く「.」（ピリオド）を入力すると、さらに候補リストが表示されるので、「WriteLine」を選択し、Tab キーで確定しましょう（図1.16-❷）。

続けて、「WriteLine」の後に「(」を入力してみます。すると、インテリセンスが今度はWriteLineという命令に渡せる値（パラメーター）の説明を表示してくれます（図1.16-❸）。ここでは文字列（string）を渡すと、これをコンソールに出力することがわかります。

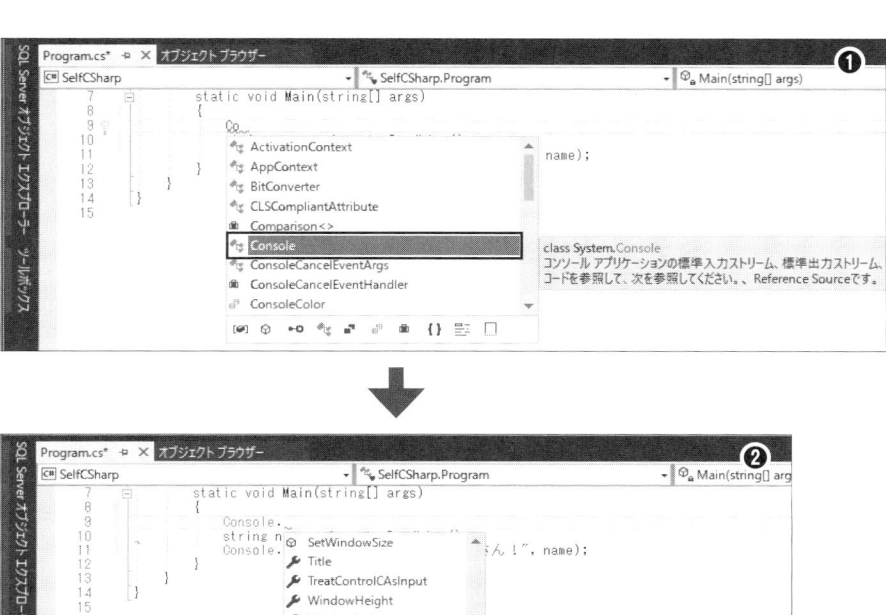

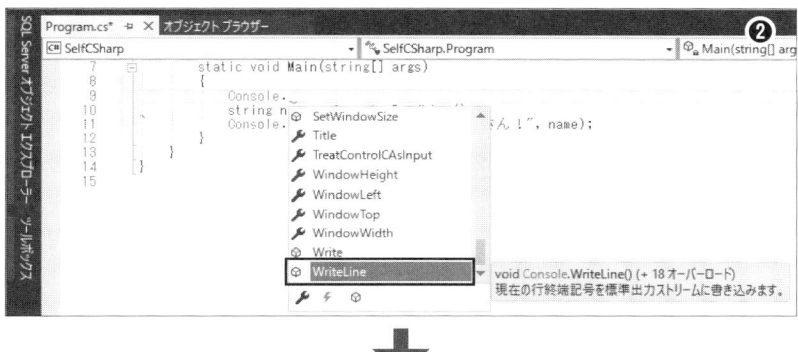

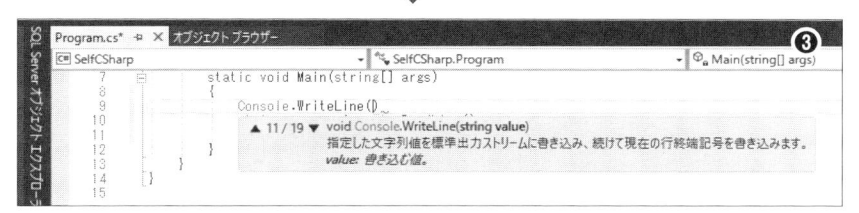

❖図1.16　インテリセンス機能

　なお、命令によってはいくつかのパターンでパラメーターを渡せる場合もあります（たとえば、WriteLineでは19種類のパターンがあります）。この場合、構文説明が表示されている状態で、⬆️⬇️キーを押すことで、それぞれのパターンの詳細を確認できます。

　インテリセンス機能を利用することで、タイプ量を減らせるだけでなく、命令などがうろおぼえでもプログラムを正確に書き進められるわけです。

[4] アプリをビルドする

　ビルドとは、ソースコードをコンピューターが理解できる形式に翻訳（コンパイル）して、実行に必要なライブラリなどを結合（リンク）することです。現在のソリューションをビルドするには、メ

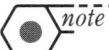
ニューバーから［ビルド］→［ソリューションのビルド］を選択してください。ビルドのタイミング
で、未保存のファイルは自動で保存されます。

［出力］ウィンドウに、図1.17のような結果が出力されれば、ビルドは正常に完了しています。

> **note** 初期状態では、［出力］ウィンドウが表示されていない場合があります。その場合は、メニュー
> バーから［表示］→［出力］を選択してください。

入力したコードに問題があった場合には、図1.18-❶のようなエラーダイアログが表示されるの
で、［いいえ］ボタンをクリックしてください。［エラー一覧］ウィンドウにエラーの一覧が表示され
たら（図1.18-❷）、該当する行をダブルクリックすることで、該当するコードに移動できます。

❖図1.17　ビルド結果（［出力］ウィンドウ）

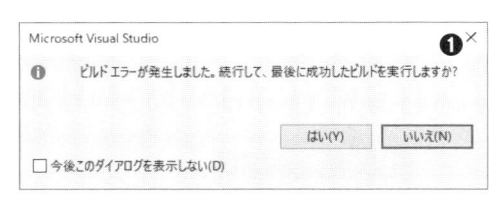

❖図1.18　ビルドエラーとエラー一覧の表示

エラーの有無は、コードエディターでも赤の波線で確認できます（図1.19）。この例であれば、
「WriteLine」の「e」が不足しているので、これを修正し、再度ビルドします。

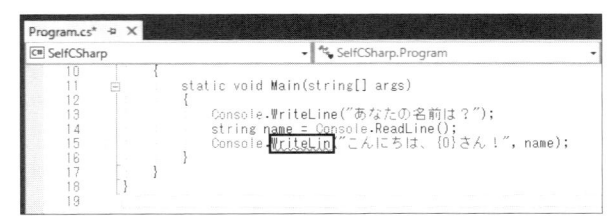

❖図1.19　コンパイルエラーは赤い波線で通知される

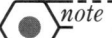 note [ビルド] の他に、[リビルド] [クリーン] というメニューもあります。[ビルド] は前回のビルドからの差分だけを処理するのに対して、[リビルド] は前回のビルド結果を削除して、一からビルドをやり直します。通常は [ビルド] で十分ですが、うまく変更が反映されないような場合には、[リビルド] を試してみると良いでしょう。[クリーン] は、前回のビルド結果をすべて削除します。

[5] アプリを実行する

エラーがなければ、メニューバーから [デバッグ] → [デバッグなしで開始] を選択して、アプリを起動します。コマンドプロンプトが起動し、先ほどの図1.12のような結果が表示されれば成功です。

結果を確認できたら、適当なキーを押してコマンドプロンプトを閉じてください。

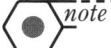 note [デバッグ] → [デバッグの開始] でアプリを起動した場合には、アプリが完了した直後にコマンドプロンプトは自動で閉じてしまいます。デバッグ（1.3.3項）機能を利用しない場合には、まずは [デバッグなしで実行] を選択してください。

なお、本項では説明の便宜上、明示的にビルドしてから実行しましたが、実は [デバッグ] → [デバッグなしで開始]（[デバッグの開始]）によって、ファイルの保存からビルド、実行までをまとめて行えます。一般的には、手順 **[4]** をスキップして、手順 **[5]** を実行するのが普通です。

（あまりそうする機会はありませんが）コードを保存だけしたい場合には、ツールバーから🖫（Program.csの保存）、または🖫（すべてを保存）をクリックしてください。

▌1.3.2　ソースコードの全体像

以上、最初のアプリを実行できたところで、コードの内容を読み解いていきましょう。ソースコードの全体像は、図1.20のとおりです。

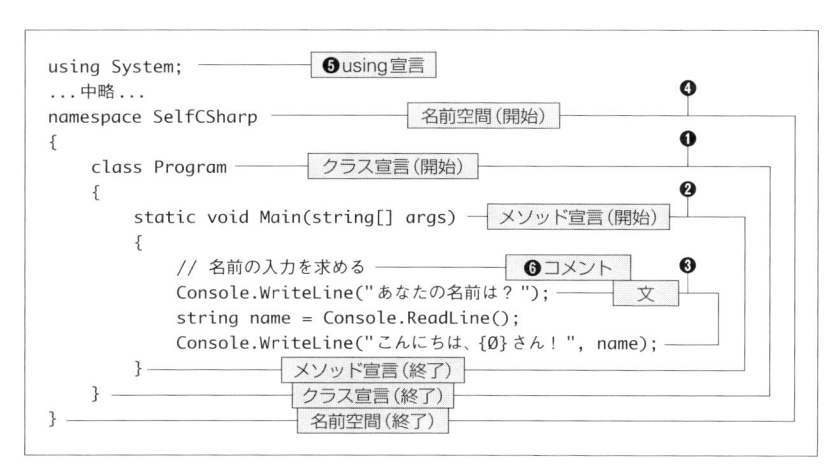

❖図1.20　ソースコード（Program.cs）の構造

クラス

C#によるプログラムの基本は、**クラス**です。クラスとは、アプリの中で特定の機能を担うかたまりです。たとえば、文字列であればStringというクラスによって表現できますし、平方根や絶対値などの数学機能はMathというクラスにまとめられています。また、テキストファイルの読み書きを担うStreamReader／StreamWriterのような、より高機能なクラスもあります。C#アプリとは、これらクラスを組み合わせることでできているのです。

そして、あらかじめ用意されたクラスを組み合わせるべき —— アプリ固有のコードもクラスとして表します。

自分でクラスを作成（宣言）するには、classというキーワードを利用します（図1.20-❶）。たとえば、この例であれば、Programというクラスを宣言しています。

ブロック

{...}で囲まれた部分を**ブロック**と言います。ブロックが表すものは、その時どきで変化します。たとえば、図1.20-❶であれば、classキーワードを伴っているので、クラスの外枠を表します。classブロックの配下には、クラスに持たせるデータ（プロパティ）や機能（メソッド）を準備していきます。

ブロックは**入れ子**にすることもできます。（実際的な意味はありませんが）たとえば、以下は、妥当なC#のコードです。

```
static void Main(string[] args)
{
  { { { { } } } }
}
```

また、構文規則ではありませんが、ブロックの開始を表す「{」と終了の「}」とは桁位置を合わせて、ブロック配下のコードは半角スペース4個でインデントを付けるようにしてください（ただし、本書では紙面の都合上、インデントは半角スペース2個で統一しています）。

❖図1.21　ブロック

これによって、ブロックが入れ子になった場合にも、その範囲や階層関係を把握しやすくなります（図1.21）。

メソッド

　classブロックに含まれる要素のことを**メンバー**と呼びます。メンバーには、フィールド、プロパティ、メソッド、コンストラクターなど、さまざまな要素がありますが、ここでは、その中でも特によく利用するメソッドを定義しています。

　メソッドは、クラスの「機能」を表すためのメンバーで、アプリで実行すべき処理を表します（図1.20-❷）。メソッドの具体的な構文については第7章で説明するので、ここはまず「Mainという名前のメソッドを定義している」と理解しておいてください。

　一般的には、メソッドは自由に命名できますが、Mainだけは特殊です。C#では、アプリを起動したときに、まずMainメソッドを探し出して実行するからです。このようなメソッドのことを、アプリが最初に入っていく地点という意味で**エントリーポイント**と言います。

　当面のサンプルでは、まずはほとんどのコードをMainメソッドの中に記述していきます。

命令文

　プログラムとは、言うなればコンピューターへの指示を書き連ねた指示書です。そして、個々の指示を表すのが**命令文**です。単に、**文**とも言います。空のメソッドは、それそのものでは意味がないため、中に1つ以上の文を含めるのが一般的です。

　たとえば、図1.20-❸であれば、3個の文が含まれています。まず、

```
Console.WriteLine("あなたの名前は？ ");
```

は、与えられた文字列をコンソールに表示しなさい、という意味です。文字列はダブルクォートでくくります。より直訳的に表現するならば、

```
ConsoleクラスのWriteLineメソッドに「あなたの名前は？」という文字列を渡しなさい
```

というわけです。WriteLineメソッドは渡された文字列の末尾に改行を加えたものをコンソールに出力します。C#では、文の末尾をセミコロン（;）で終えなければなりません。

　次の行の

```
string name = Console.ReadLine();
```

は、コンソールから入力された値を受け取りなさい、という意味です。この命令が呼び出されると、コンソールは入力待ちの状態となり、入力が確定した（＝Enterキーが押された）ところで、次の文が実行されます。受け取った文字列は、nameという名前の入れ物（変数）に保存されます。

　最後に、

```
Console.WriteLine("こんにちは、{0}さん！ ", name);
```

で、変数nameの値に基づいて、メッセージを生成＆表示します（図1.22）。

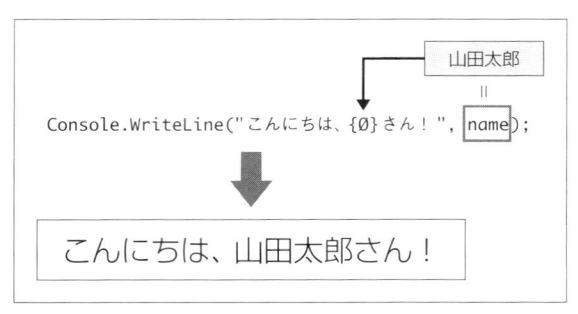

　これで、「こんにちは、{0}さん！」という文字列の、{0}の部分に、変数nameの値を埋め込んだうえで表示しなさい、という意味になります。{0}を値の置き場所という意味で、**プレースホルダー**と言います。

　変数の値をもとに文字列を生成する場合によく利用する表現なので、覚えておきましょう。

命令文と改行

　上でも触れたように、文の終わりはセミコロン（;）によって表します。よって、1つの文が長い場合には、意味ある単語（キーワード）の区切りであれば、途中で改行や空白を加えてもかまいません。たとえば以下は、あまり意味はありませんが、正しいC#の文です。

```
Console
    .
    WriteLine
    (
        "ようこそ！"
    );
```

　ただし、文の読みやすさを考えれば、以下のような規則に基づいて改行を加えるのが望ましいでしょう。

- 文が80桁を超えた場合に改行
- 改行位置は、カンマ（,）／ドット（.）、または演算子の直後
- 文の途中で改行した場合には、次の行にインデントを加える

　逆に、1行に複数の文を連ねることもできます。改行はあくまで空白としての意味しか持ちませんので、文はセミコロンで区切れてさえいれば良いのです。

```
Console.WriteLine("ドレミファ"); Console.WriteLine("ソラシド");
```

　ただし、これは望ましいコードではありません。というのも、一般的な統合開発環境（デバッガー）では、コードの実行を途中で中断し、そのときの状況を確認する**ブレークポイント**と呼ばれる

機能が備わっています。

しかし、ブレークポイントは行単位でしか設定できないので、上記のようなコードでは「Console.WriteLine("ソラシド");」で止めたいと思っても、1つ前の「Console.WriteLine("ドレミファ");」で止めざるを得ません。

短い文であっても、「複数の文を1行にまとめない」が鉄則です。

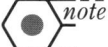
名前空間

図1.20 -❹では、クラスが属する**名前空間**を宣言しています。名前空間とは、まずは、クラスを分類するための入れ物と考えてください。サンプルであれば、SelfCSharp という名前空間を表しています。つまり、Program クラスは、正確には、

SelfCSharp 名前空間に属する Program クラス

ということになります。

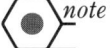
名前の解決

クラスは、正確には「名前空間 + クラス名」で識別できます。たとえば SelfCSharp 名前空間に属する Program クラスであれば、「**SelfCSharp.Program**」と表記できます。このような名前のことを、**完全修飾名**（FQCN：Fully Qualified Class Name）と呼びます。

しかし、プログラムを記述する際に、いちいち完全修飾名で表すのは冗長です。たとえば、サンプルで利用している Console クラスは System 名前空間に属するので、これをすべて完全修飾名で表記してみましょう。

```
System.Console.WriteLine("あなたの名前は？ ");
string name = System.Console.ReadLine();
System.Console.WriteLine("こんにちは、{0}さん！ ", name);
```

わずかに「System.」が付いただけですが、図1.20 -❸と比べると、ずいぶんと込み入ったように見えます。これが「System.Web.Mvc.Routing.Constraints」のような名前にもなればなおさらです。

そこで登場するのが using 命令です（図1.20 -❺）。たとえば「using System;」で「このコードでは System 名前空間を利用しているよ」と、あらかじめ宣言しておきます。これによって、「System.」を省略した「Console. ～」という表記が許されるわけです。これを**名前の解決**と言います。

また、完全修飾名に対して、このようなクラス名だけの名前を**単純名**と言います。一般的にコードの中で見かける名前のほとんどは、単純名です。

なお、Visual Studioではusing命令が不足していて、名前を認識できない場合（これを**名前を解決できない**と言います）、該当のコードに赤の波線が付いてエラーを通知します。その際に、該当箇所にマウスポインターを当てて、表示された［ ］横の下矢印をクリックすると、修正候補が表示されて、自動的にusing命令を追加してくれます（図1.23）。

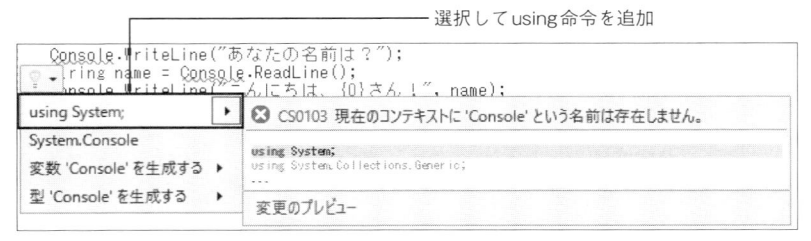

選択してusing命令を追加

❖図1.23　using命令が不足している場合には修正候補をリスト表示

また、コードエディター上で右クリックし、［usingの削除と並べ替え］を選択することで、現在のコードで利用していないusing命令を破棄するとともに、残ったusing命令をアルファベット順に整列してくれます。たとえばリスト1.1（P.18）であれば、`System.Collections.Generic;`から`System.Threading.Tasks;`までが未使用なので、自動で破棄されます。

これらの機能を利用すれば、アプリ開発者がusing命令を直接編集する機会はほとんど発生しないでしょう。

コメント

コメントは、プログラムの動作には関係しないメモ書きです（図1.20-❻）。他人が書いたコードは大概読みにくいものですし、自分の書いたコードであっても、後から見るとどこになにが書いてあるのかわからない、といったことはよくあります。そんな場合に備えて、コードの要所要所にコメントを残しておくことは大切です。

C#では、コメントを記述するために3種類の記法を選択できます。

［1］単一行コメント（//）

「//」からその行の末尾（改行）までをコメントと見なします。行の途中から記述してもかまいませんが、その性質上、文の途中に差し挟むことはできません。

```
Console.WriteLine // これはダメ ("こんにちは、世界！");
```

［2］複数行コメント（/* ～ */）

/* ～ */でくくられたブロック全体をコメントと見なします。複数行のコメントを記載する場合に用いる他、複数の文をまとめて無効化するようなケースでも利用できます。

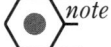
もちろん、複数行コメントで単一行のコメントを表してもかまいません。

```
/*
Console.WriteLine("ドレミファ ");
Console.WriteLine("ソラシド");
*/
/* 単一行コメントも書ける */
```

ただし、以下のように複数行コメントを入れ子にすることはできません。網掛けの箇所がコメント
の開始／終了と見なされてしまうためです。

```
/*
Console.WriteLine("ドレミファ ");
/* Console.WriteLine("ソラシド"); */
Console.WriteLine("ドシラソ");
*/
```

[3] ドキュメンテーションコメント（///）

「///」から行末までをコメントと見なします。**ドキュメンテーションコメント**という名前のとお
り、クラスやそのメンバーの説明を記述するのに利用します。

たとえば、リスト1.2は、Personクラスにドキュメンテーションコメントを付与したものです。
<summary> ～ </summary>でメンバーの概要を表す、といったように、ドキュメンテーションコメ
ントそのものは、タグでマークアップするのが基本です。

▶リスト1.2　Person.cs

```
/// <summary>
/// 人物の情報を表す
/// </summary>
class Person
{
  /// <summary>
  /// 人物の苗字
  /// </summary>
  public string firstName;
```

```
/// <summary>
/// 人物の名前
/// </summary>
public string lastName;

/// <summary>
/// 氏名を表示する
/// </summary>
/// <param name="Age">年齢</param>
/// <returns>氏名と年齢に基づいて整形された文字列</returns>
public string Show(int Age)
{
    return $"名前は{lastName}{firstName}、{Age}歳です。";
}
}
```

　細かな構文はさておくとして、図1.24は、コードエディターからPersonクラスを呼び出してみた例です。インテリセンスを働かせてみると、確かにドキュメンテーションコメントに書かれた内容がツールヒントとして表示されることが確認できます。

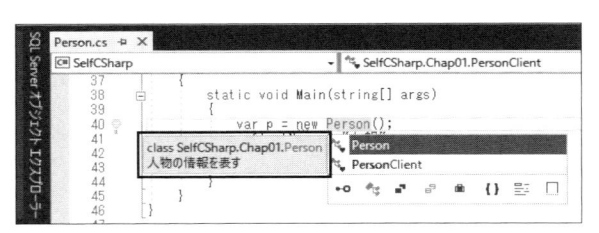

❖図1.24　インテリセンスでクラスの概要などを表示

　ドキュメンテーションコメントは、オブジェクトブラウザーからも確認できます。オブジェクトブラウザーとは、プロジェクトで利用できるクラス／メンバーを参照するためのツールで、［表示］→［オブジェクトブラウザー］で起動できます（図1.25）。

❖図1.25　オブジェクトブラウザーでクラス（左図）／（右図）メンバーの情報を表示

本書ではドキュメンテーションコメントの細かな構文は割愛しますが、記法そのものはごく直観的なので、リスト1.2を真似するだけでもほぼ事足りるはずです。コメントになにを記述するのかを悩んだら、まずは最低限、ドキュメンテーションコメントのルールに沿って、クラス／メンバーの説明を記録してみるようにすると良いでしょう。

　3種類のコメントを理解したところで、いずれのコメントをどのように使い分けるかですが、まず、記法 **[3]** のドキュメンテーションコメントは用途が限定されているので、明快です。記法 **[1]** **[2]** は構文上はどちらを利用してもかまいませんが、まずは記法 **[2]** を優先して利用することをお勧めします。

　それは、先にも触れたように、複数行コメントには入れ子にできないという制限があるためです。そして、同じ理由から「*/」を含んだコードをコメントアウトすることもできません。

```
Console.WriteLine("こんにちは、世界！ */");
```

　特定のコードを大きくコメントアウトする際に、いちいち「/* ～ */」または「*/」が含まれていないかを気にしなければならないのは、なかなか面倒です。

　一方、「//」であれば、そのような制限はありません。また、「//」で複数行をコメントアウトする場合にも、Visual Studioであれば、該当するコードを選択したうえで 🔲（選択された行をコメントアウト）ボタンでまとめて可能なので、手間に感じることはないでしょう。

1.3.3　デバッグの基本

　アプリを開発する過程で、**デバッグ**（debug）という作業は欠かせません。デバッグとは、バグ（bug）―― プログラムの誤りを取り除くための作業です。Visual Studioでは、デバッグを効率化するためのさまざまな機能が提供されていますので、アプリを実行できたところで、デバッグ機能についても利用してみましょう。

　まず、コードエディターから「string name = Console.ReadLine();」の行の左（灰色の部分）をクリックして、**ブレークポイント**を設置します（図1.26）。ブレークポイントとは、実行中のプログラムを一時停止させるための機能です。デバッグでは、ブレークポイントでプログラムを中断し、その時点でのプログラムの状態を確認していくのが基本です。

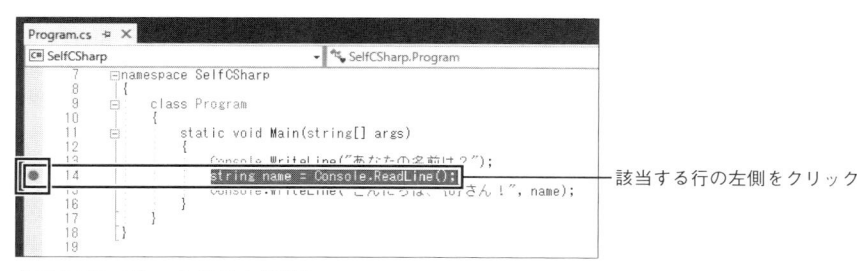

❖図1.26　ブレークポイントを設置

ブレークポイントを設置できたら、［デバッグ］→［デバッグの開始］でアプリを起動します（［デバッグなしで開始］ではブレークポイントは動作しません！）。

今度は、先ほどとは異なり、コマンドプロンプトに名前を入力する前に、Visual Studioにウィンドウが切り替わります。このとき、ブレークポイントを設置した行が強調表示され、そこでプログラムが中断されていることが確認できるはずです（図1.27）。

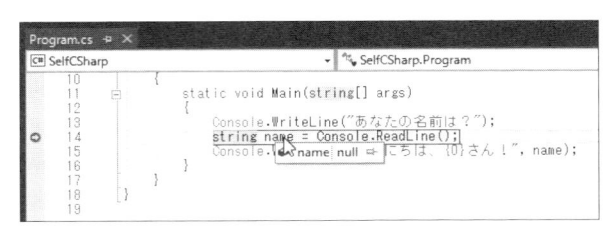

❖図1.27　ブレークポイントでプログラムが中断した状態

この状態で、ソースコードのnameにマウスポインターを当ててみましょう。nameの中身を確認できます。nullとは、中身が空という意味です。Visual Studio下部に表示される［ローカル］ウィンドウからも同じく、現在の値を確認できます（図1.28）。

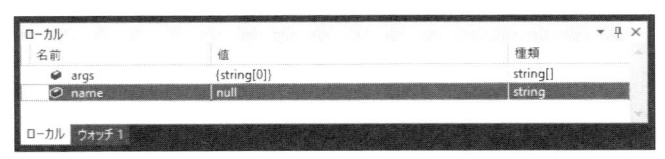

❖図1.28　［ローカル］ウィンドウ

ブレークポイントからは、表1.4にあるようなボタンを使って、文単位にコードを進められます。これを**ステップ実行**と言います。ステップ実行によって、どこでなにが起こっているのか、細かな流れを追跡できるわけです。

❖表1.4　ステップ実行のためのボタン

種類	概要
👇	ステップイン（1文単位に実行）
❓	ステップオーバー（1文単位に実行。ただし、途中にメソッド呼び出しがあった場合には、これを実行したうえで次の行へ）
☝	ステップアウト（現在のメソッドが呼び出し元に戻るまで実行）

ここでは ❓（ステップオーバー）ボタンを押してみましょう。実行が再開し、コマンドプロンプトが入力待ちの状態になります。ここでたとえば、名前を「山田 Enter」と入力すると、再びVisual

Studioにウィンドウが切り替わります。行を進めたので、コードエディター上の矢印も次の行に移動していることが見て取れます。

　この状態で、nameにマウスポインターを当てるか、［ローカル］ウィンドウを参照することで、nameの中身が「山田」に変化していることを確認してみましょう（図1.29）。

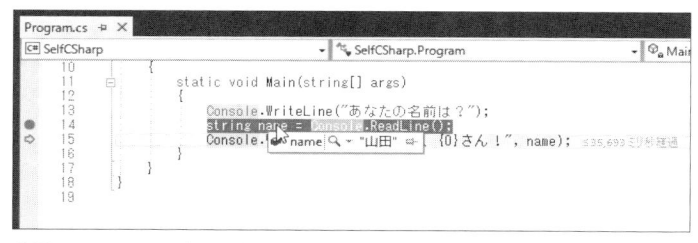

❖図1.29　ステップオーバーした後、nameの中身を確認

　デバッグ実行では、ブレークポイントでアプリを休止し、ステップ実行しながら、アプリ（値）の変化を確認していくのが一般的です。

　ステップ実行をやめて、通常の実行に戻すには、▶ 続行(C) ▼（続行）ボタンをクリックしてください。これで次のブレークポイントまで一気にコードが進みます（ブレークポイントがなければ、最後までアプリを実行します）。

☑ この章の理解度チェック

1. C#の特徴を「マルチパラダイム」「マルチプラットフォーム」というキーワードを絡めて説明してみましょう。

2. 図1.Cは、C#のソースコードを図示したものです。空欄を埋めて、図を完成させましょう。

```
using System; ─────── [ using宣言 ]

namespace SelfCSharp ─────── [ ① ]
{
    class Program ─────── [ ② ] [ 宣言 ]
    {
        static void Main(string[] args) ─────── [ ③ ] [ 宣言 ]
        {
            // 名前の入力を求める ─────── [ ④ ]
            Console.WriteLine("あなたの名前は？"); ─────── [ ⑤ ]
            string name = Console.ReadLine();
            Console.WriteLine("こんにちは、{0}さん！", name);
        }
    }
}
```

❖図1.C　ソースコードの構造

3. C#アプリは、どのメソッドから実行されますか。また、そのようなメソッドのことをなんと呼ぶでしょうか。

4. 文の末尾を示す記号を答えてください。

5. C#で使えるコメントの記法をすべて挙げてください。また、これらのコメントの違いを説明してください。

C#の基本

C# ／ Visual Studioで簡単なアプリを実行し、大まかな構造を理解できたところで、本章からはいよいよコードを構成する個々の要素について詳しく見ていきます。

　本章ではまず、プログラムの中でデータを受け渡しするための変数と、C#で扱えるデータの種類（型）について学びます。

2.1 ● 変数

　変数とは、一言で表すと「データの入れ物」です（図2.1）。プログラムを最終的な結果（解）を導くためのデータのやり取りとするならば、やり取りされる途中経過のデータを一時的に保存しておくのが変数の役割です。

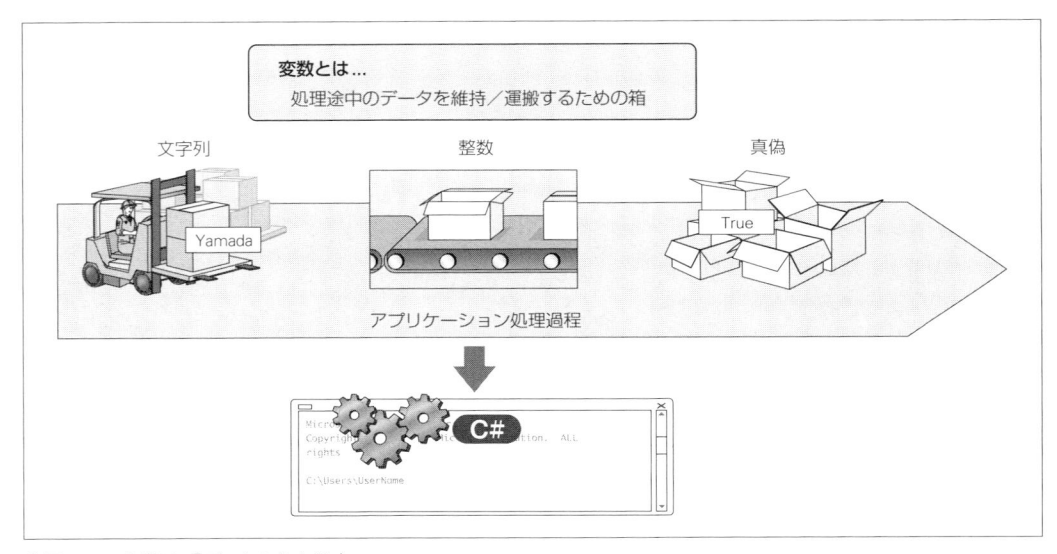

❖図2.1　変数は「データの入れ物」

2.1.1　変数の宣言

　変数を利用するにあたっては、まず、変数を**宣言**しなければなりません。変数の宣言とは、変数の名前をC#に通知し、さらに、値を格納するための領域をメモリー上に確保することを言います。以下は、その一般的な構文です。

構文 変数の宣言

```
データ型 変数名 [= 初期値] [, ...]
```

データ型とは、変数に格納できる値の種類を表す情報です。たとえば、以下であれば「int（整数）値を入れるdataという名前の変数を準備しなさい」という意味です。

```
int data;
```

「dataという変数には整数（正しくは、-2147483648 ～ 2147483647）しか入れられない」ように制限を課している、と言い換えても良いでしょう。C#では、型付けを強制することで、誤った値を早い段階で排除できるのです。

宣言すべき変数が複数ある場合には、以下のようにカンマ区切りで列記することもできます。

```
int data1, data2;
```

ただし、P.25でも触れたのと同じ理由から、お勧めできる書き方ではありません。原則として、変数は1つ1つを別個に宣言するようにしてください。

```
int data1;
int data2;
```

また、変数を宣言する際にまとめて初期値を設定することもできます。「=」は「右辺の値を左辺の変数に代入しなさい」という意味です。

```
int num = 108;
string str = "こんにちは、世界！";
```

さらに言うと、**初期値は設定「できます」ではなく、必ず設定する**ようにしてください。宣言に際してまとめて設定する癖を付けることで、初期化のし忘れを防ぎやすくなります。

 *note* 初期値のない変数の扱いは、変数のスコープ（有効範囲）によって変化します。詳しくは7.3.8項で説明します。

2.1.2 識別子の命名規則

識別子とは、名前のことです。変数はもちろん、クラスやメソッドなどプログラムに登場するすべての要素は、互いを識別するためになんらかの名前を持っています。ただし、C#の命名規則は自由度が高く、ほとんどの文字を識別子として利用でき、たとえば「ヽ々Ⅲ・廻Γ」も妥当な識別子です。

しかし、一般的にこのような名前を付けることにメリットはほとんどありません。現実的には、以下のルールに従っておくのが無難でしょう。

1. 1文字目はアルファベット、またはアンダースコアであること

2. 2文字目以降は、1文字目で使える文字、もしくは数字であること

3. 変数名に含まれるアルファベットの大文字／小文字は区別される

4. 予約語でないこと

予約語とは、C#としてあらかじめ意味が決められた単語（キーワード）のことです。具体的には、表2.1のようなものがあります。

❖表2.1　主な予約語

abstract	add*	alias*	ascending*	as
base	bool	break	byte	case
catch	char	checked	class	const
continue	decimal	default	delegate	descending*
do	double	dynamic*	from*	else
enum	event	explicit	extern	false
finally	fixed	float	for	foreach
get*	global*	goto	group*	if
implicit	in	int	interface	internal
into*	is	join*	let*	lock
long	namespace	new	null	object
orderby*	operator	out	override	params
partial*	private	protected	public	readonly
ref	remove	return	sbyte	sealed
select*	set*	short	sizeof	stackalloc
static	string	struct	switch	this
throw	true	try	typeof	uint
ulong	unchecked	unsafe	ushort	using
using static	value*	var*	void	volatile
where*	while	yield*		

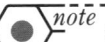

> *note*　表2.1内で*が付いているキーワードは、正しくは**コンテキストキーワード**です。コンテキストキーワードは、特定の文脈（context）でのみ意味を持ったキーワードで、決められた場所（たとえば、プロパティ定義でのset／getなど）を除いては、識別子としても利用できます。ただし、あえてコンテキストキーワードを識別子とするメリットはないので、そうすべきではありません。

以上から、「data100」「_data」「DATA」「Data_data」のような名前はすべて妥当ですが、以下はすべて不可です。

- 2data（数字で始まっている）
- i'mCsharp（記号が混在している）
- for（予約語である。ただし、「forth」「form」など、予約語を**含んだ**識別子は可）

ただし、先頭に「@」（アットマーク）を付けることで、例外的に、予約語を識別子とすることもできます。たとえば、「if」のままでは識別子にはできませんが、「@if」は妥当な識別子です。このように、@付きの識別子を**逐語的識別子**（verbatim identifier）と言います。

　逐語的識別子は、主に異なるプログラミング言語との連携を想定した仕組みです（図2.2）。たとえば、eventはC#では予約語ですが、そうでない言語もあります。そのような言語では、変数にeventと命名する可能性があります。このような変数eventにC#からアクセスするには、逐語的識別子（@event）を利用します。

　ただし、逐語的識別子の用途はそのくらいです。一般的には、識別子として予約語を利用することはコードを読みにくくする原因にもなるので避けてください。

> *note*　逐語的識別子の「@」は、識別子の一部とは見なされません。よって、dataと@dataとは同じ識別子と見なされます。

❖図2.2　逐語的識別子

2.1.3　より良い識別子のためのルール

　命名規則ではありませんが、より読みやすいコードを記述するという観点からは、以下の点も気にかけておきたいところです。

1. 名前からデータの内容を類推できる

　　　○　score、birth　　　×　m、n

2. 長すぎない、短すぎない

　　　○　password、name　　　△　pw、RealNameOrHandleName

3. 見た目が紛らわしくない

    △ tel ／ Tel、user ／ usr、record ／ records

4. ローマ字での命名は避ける

    ○ name、age   × namae、nenrei

5. 1文字目のアンダースコアは特別な意図を類推させるので避ける

    ○ price   △ _price

6. 決められた記法で統一する

    △ mailAddress ／ mail_address ／ MailAddress

2の「短すぎない」は、単語をむやみに省略してはいけない、という意味です。たとえば、userNameをunと略して理解できる人は、あまりいないはずです。わずかなタイプの手間を惜しむよりも、コードの読みやすさを優先すべきです（そもそもVisual Studioを利用しているならば、インテリセンスの恩恵があるので、タイプの手間を気にする必要はありません！）。ただし、「temporary→temp」「initialize→init」「identifier→id」のように、慣例的に略語を利用するものは、この限りではありません。

6の記法には、一般的に表2.2のようなものがあります。

❖表2.2　識別子の記法

記法	概要	例
camelCase記法	先頭文字は小文字、その後、単語の区切りは大文字で表記	userName
Pascal記法	先頭文字も含めて、すべての単語の先頭を大文字で表記	UserName
アンダースコア記法	すべての文字は大文字（または小文字）で、単語の区切りをアンダースコア（_）	USER_NAME、user_name

　いずれの記法を利用しても誤りではありませんが、C#の慣例では変数はcamelCase記法で、それ以外（クラスやメソッド、プロパティなど）はPascal記法で命名するのが一般的です。記法を統一することで、記法そのものが識別子の役割をより明確に表現してくれます。

　識別子の命名は、プログラミングにおいて最も基本的な作業であり、それだけに、コードの可読性を左右する要素でもあります。変数やメソッドの名前を見るだけでおおよその内容を類推できるようにすることで、コードの流れが追いやすくなるだけでなく、間接的なバグの防止にもつながります（たとえば、GetNameメソッドが名前とは関係ない値段を取得したり、あるいは、名前を取得するだけでなく更新する役割を持っていたとしたら —— 皆さんは正しくコードを読み解けるでしょうか）。

----

note たとえば、以下のようなコードを考えてみましょう（まだ登場していない構文もありますが、まずは雰囲気をつかんでください）。

```
string email = "yamada@examples.com";
// メールアドレスのドメイン部が「examples.com」だったら…
if (email.Split('@')[1].Equals("examples.com")) { ... }
```

「email.Split('@')[1]」がメールアドレスのドメイン部分を表していることは、コードを読み解けば理解はできます。しかし、直観的ではありません。このような場合には、ドメイン部をいったん変数として切り出してしまいましょう。

```
string email = "yamada@examples.com";
string domain = email.Split('@')[1];
if (domain.Equals("examples.com")) { ... }
```

これによって、変数名domainがそのままコードの意味を説明してくれるので、コードの意図を把握しやすくなります。このような変数のことを**説明変数**、**要約変数**などと呼びます。説明変数には、時として、長い文を適度に切り分けるという効果もあります。

2.1.4　定数

　前述のように、変数とは「データの入れ物」です。入れ物なので、コードの途中で中身を入れ替えることもできます。一方、入れ物と中身がワンセットで、後から中身を変更できない入れ物のことを**定数**と言います（図2.3）。定数とは、コードの中で現れる値に、名前（意味）を付与する仕組みとも言えます。

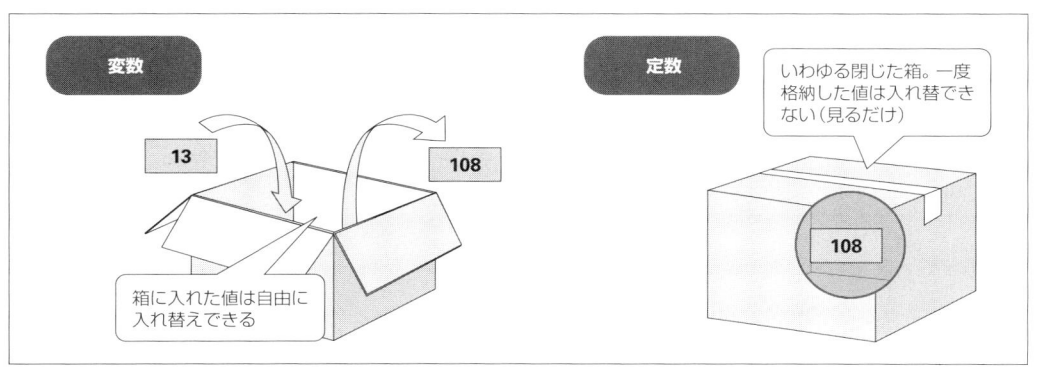

❖図2.3　定数

定数を使わない場合

　まずは、定数を使わ**ない**例から見てみましょう。

```
int price = 1000;
double sum = price * 1.08;
```

　これは、ある商品の税抜き価格priceに対して、1.08を乗算して消費税8％を加味した支払い合計を求める例です。「*」については後でまとめますが、算数の「×」（掛け算）に相当します。

一見、普通のコードに見えますが、このコードにはいくつかの問題があります。

[1] 値の意味があいまいである

まず1.08は、だれにとっても理解できる値ではありません。この例であれば、比較的類推しやすいかもしれませんが、コードが複雑になってくると、1.08が消費税率を表すのか、サービス料金を表すのか、それとも、まったく異なるなにかを表すのかは、汲み取りにくくなります。少なくともコードの読み手に無条件で一致した理解を求めるべきではありません。

一般的には、コードに埋め込まれた値は、自分以外の人間にとっては意味を持たない謎の値だと考えるべきです（そのような値のことを**マジックナンバー**と言います）。

[2] 値の修正に弱い

将来的に、消費税率が10%、12%と変化したらどうでしょうか。しかも、その際に、コードのそちこちに1.08という値が散在していたら？　それらの値を漏れなく検索／修正するという作業が必要となります。これは面倒というだけでなく、修正漏れなどバグの原因となります（1.08という値で別の意味を持ったものがあれば、なおさらです）。

定数の利用

そこで、1.08というリテラルを、リスト2.1のように定数化します。

▶リスト2.1　Const.cs

```
const double Tax = 1.08;
int price = 1000;
double sum = price * Tax;
Console.WriteLine(sum);    // 結果：1080
```

定数を宣言するには、constというキーワードを利用します。

構文 定数の宣言

```
const データ型 定数名 = 値, ...
```

定数宣言の構文は、変数のそれと似ていますが、以下の点で異なります。

1. 宣言の際に初期値を省略できない
2. 利用できる型は、数値型、bool、string、列挙型、nullのみ
3. Pascal記法で命名すること

3は構文規則ではありませんが、変数と区別するためにそうするのが基本です。

リスト2.1では、定数を利用することで値の意味が明確になり、コードの可読性が増したことが見

て取れるでしょう。また、後からTaxの値を変更したくなった場合にも、太字の部分だけを修正すれば良いので、修正漏れの心配がありません。

note いわゆる定数を宣言するには、もう1つ、readonlyというキーワードも利用できます。constの制約、readonlyとの使い分けについては、7.5.4項で説明します。

練習問題　2.1

1. 以下は変数の名前ですが、構文的に誤っているものがあります。誤りを指摘してください。誤りのないものは「正しい」と答えてください。

① 1data　　② Hoge　　③ 整数の箱　　④ for　　⑤ @if　　⑥ data-1

2.2 ：データ型

データ型（**型**）とは、プログラムの中で扱うデータの種類のことです。具体的には、そのデータが数値なのか文字列なのか、それ以外なのか、数値であればどのような範囲の値を扱えるのか、といった事柄を決めるのが、型の役割です。

前節でみたように、C#では変数を宣言する際に、型も決定します。つまり、文字列を入れるべき変数に数値を代入することはできない、ということです。このような性質のことを**静的型付け**と呼びます。

▌2.2.1　データ型の分類

データ型は、大まかに以下の2種類の観点から分類できます。

組み込み型／ユーザー定義型

まずは、**組み込み型**と**ユーザー定義型（カスタム型）**という分類です。あらかじめ言語仕様に組み込まれている**組み込み型**に対して、ユーザー定義型は、プログラマーが後付けで定義できる型を表します。

組み込み型はよく利用される基本的な型で、種類も限定されているので、表2.3にまとめておきます。

分類	C#型	.NET型	範囲	サイズ(ビット)
論理型	bool	Boolean	trueまたはfalse	8
文字型	char	Char	¥u0000 ～ ¥uffff	16
整数型(符号あり)	sbyte	SByte	−128 ～ 127	8
	short	Int16	−32,768 ～ 32,767	16
	int	Int32	−2,147,483,648 ～ 2,147,483,647	32
	long	Int64	−9,223,372,036,854,775,808 ～ 9,223,372,036,854,775,807	64
整数型(符号なし)	byte	Byte	0 ～ 255	8
	ushort	Unit16	0 ～ 65,535	16
	uint	Unit32	0 ～ 4,294,967,295	32
	ulong	Unit64	0 ～ 18,446,744,073,709,551,615	64
小数点型	float	Single	$−3.402823 \times 1038 ～ 3.402823 \times 1038$	32
	double	Double	$−1.79769313486232 \times 10308 ～ 1.79769313486232 \times 10308$	64
	decimal	Decimal	−79228162514264337593543950335 ～ 79228162514264337593543950335	128
文字列型	string	String	−	−
オブジェクト型	object	Object	−	−

　つまり、ここで挙げた以外の型（ということは、ほとんどの型）はユーザー定義型（カスタム型）であるということです。.NET環境では潤沢な標準ライブラリが用意されていますが、これらもまた、標準で提供されるカスタム型であるわけです。

> *note*
> 実は、組み込み型もその実体は、標準ライブラリで提供されている型のエイリアス（別名）にすぎません。たとえば、int（整数型）は標準ライブラリのSystem.Int32という型の別名です。標準ライブラリの型については、表の「.NET型」を確認してください。
> そうした意味では、C#では、組み込み型という独立した型セットがあるというよりも、「よく利用されるという理由から、短縮名が用意された型が組み込み型である」と考えても良いかもしれません。
> 変数宣言などで型名を付ける場合には、本来の.NET型、エイリアスいずれを利用しても間違いではありませんが、一般的には「そのほうが簡単である」「組み込み型であることが明らかである」などの理由からエイリアスを優先して利用します。

値型／参照型

　もう1つの分類が、**値型**と**参照型**という区分けです（図2.4）。両者の違いは、「値を格納する方法」です。値型の変数には、値そのものが格納されます。対して、参照型の変数では、値の格納場所を表す情報（メモリ上のアドレス）を格納します。実際の値は、別の場所に格納されているわけです。

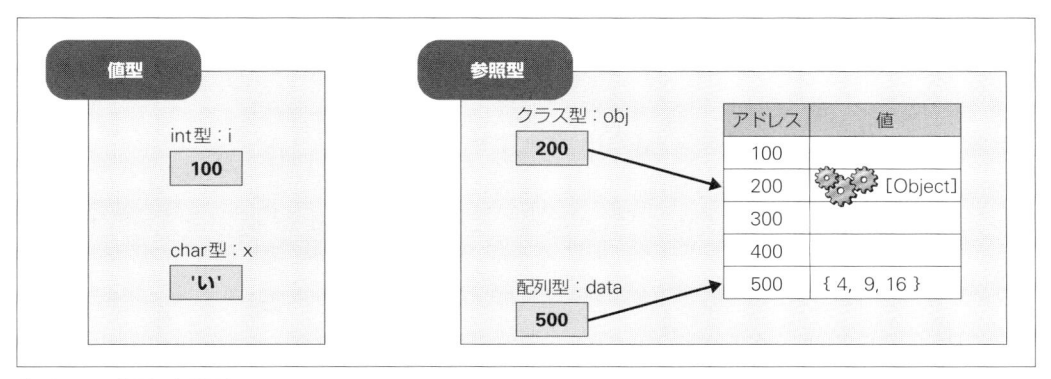

❖図2.4　値型と参照型

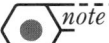*note*　値型の実際の値、参照型のアドレス値を格納するメモリ領域を**スタック**、参照型の実際の値を格納するメモリ領域を**ヒープ**と呼びます。

　このような違いによって、実はプログラムの挙動にもさまざまな違いが発生しますが、現時点ではそこまでは踏み込みません。詳しくは関連する項で改めて説明するので、ここではまず、

　　　値型と参照型とでは値の扱いが異なる

という点だけを押さえておきましょう。

　組み込み型の中では、string、object 型が参照型で、それ以外の型はすべて値型となります。これらの型は、単一の値を保持することから、**単純型**、あるいは、**プリミティブ型**とも呼ばれます。

*note*　正しくは、値型／参照型に加えて、**ポインター型**と呼ばれる分類もあります。ポインター型とは、メモリのアドレスを格納し、演算を可能にするための型です。ポインター型を利用することで、より自由な制御が可能になる代わりに、コードによっては安全でない操作も簡単にできてしまいます（このことからポインター操作を**Unsafe なコード**とも言います）。Unsafe なコードを利用しなければならない状況はあまりないと考えられるため、本書でもポインター型については割愛します。

　以上、組み込み型／ユーザー定義型、値型／参照型という観点から、C#で利用できる型をまとめると、表2.4のようになります。

❖表2.4　データ型の分類

	組み込み型	ユーザー定義型
値型	単純型	構造体／列挙型
参照型	string ／ object	クラス／インターフェイス／デリゲート

まだ登場していないキーワードもありますが、まずは、このような型があるんだな、という程度に、頭の片隅に留めておいてください。個々の仕組みを理解していく中で、時々ここに立ち返って、全体の中の位置づけを再確認していくと良いでしょう。

以降では、まずはシンプルな組み込み型について解説していきます。

2.2.2　整数型

整数型は、符号の有無、格納できる値範囲によって、以下のように分類できます。

- 符号あり　sbyte、short、int、long
- 符号なし　byte、ushort、uint、ulong

P.42の表2.3を見てもわかるように、符号なし整数は負数を表現できない代わりに、正数をより広い範囲で表現できるようになっています（図2.5）。

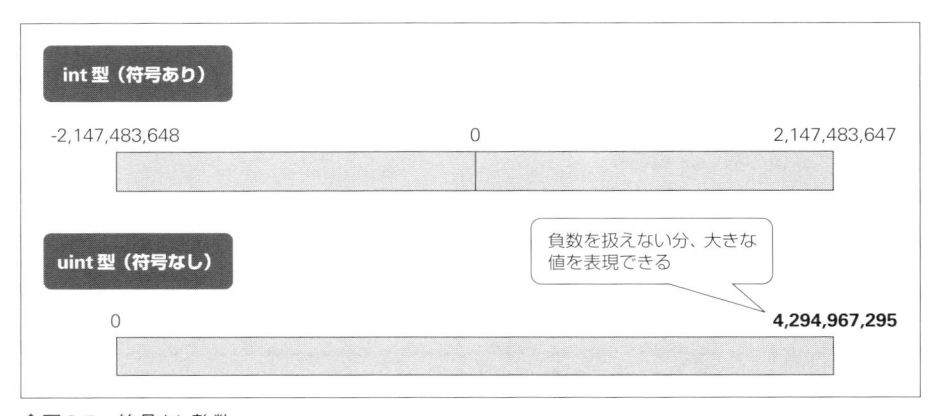

❖図2.5　符号なし整数

符号なし型は、基本的に符号あり型の名前に「u」（unsigned）を付与した形式です。ただし、byteだけが接頭辞なしで符号なし型、「s」（signed）付きで符号あり型と、例外的な命名になっている点に注意してください。

さて、これらさまざまな型が用意されている整数型ですが、実際のプログラミングではどのように使い分ければ良いのでしょうか。基本的には、

　　特別な理由がなければint型を利用する

がすべてです。

まず、符号なし型については、利用する目的が明確である場合を除いては利用しません。符号あり型を優先してください。

そして、小さな整数を表すsbyte、short型ですが、sbyte型のほうはあくまでバイトデータの表現

を目的とした型です。バイナリデータの配列などを表現する場合に限って利用します。short型に至っては、ほとんど利用すべき状況はありません。例外として、外部のデータソースと16ビットの符号付き整数をやり取りする際に、ビット長を明確にするために利用することもありますが、そのくらいです。カウンター変数（4.2.3項）のように数値範囲が限られる状況でも、まず現在のコンピューターが最も効率的に扱うと思われるint型（32ビット）を利用します。

long型は、int型では対応できない数値範囲を扱う場合にだけ採用してください。

2.2.3　浮動小数点型

浮動小数点型は、小数点数を表すためのデータ型です。float、doubleと値範囲の異なる型が用意されていますが、大量のデータを扱うなど、メモリへの負担が懸念される状況でなければ、値範囲も大きく精度にも優れたdoubleを優先して利用します。

浮動小数点型は、小数点数を扱えるだけでなく、値範囲という意味でも整数型よりも絶対値の大きな値を扱えるデータ型です。ただし、これは浮動小数点型の短所と裏表でもあります。というのも、long／doubleともに占有するメモリは64ビットであるにもかかわらず、表現できる値範囲に差があるのは、内部的な値の持ち方にカラクリがあるからです。

まず、整数型はすべての値範囲を等間隔に表現できます。これは当たり前と思われるかもしれませんが、浮動小数点型は異なります。

　絶対値が大きくなるに従って、値のとび幅も大きく

なります（図2.6）。

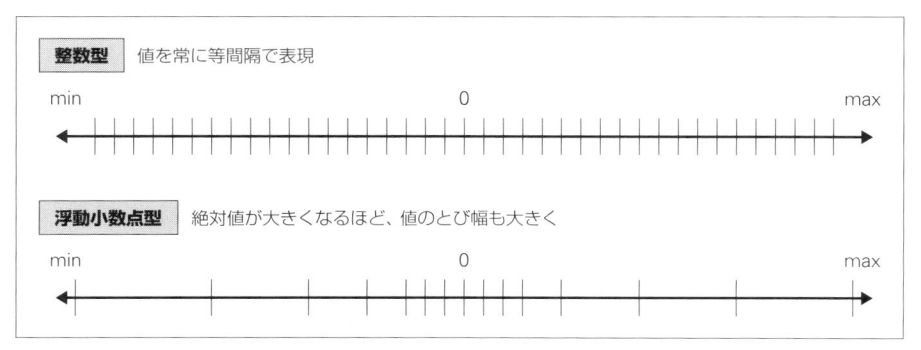

❖図2.6　整数型と浮動小数点型

これは、浮動小数点型が内部的には、図2.7のような形式で値を保持しているためです（このような内部形式は、IEEE 754という規格で決められています）。

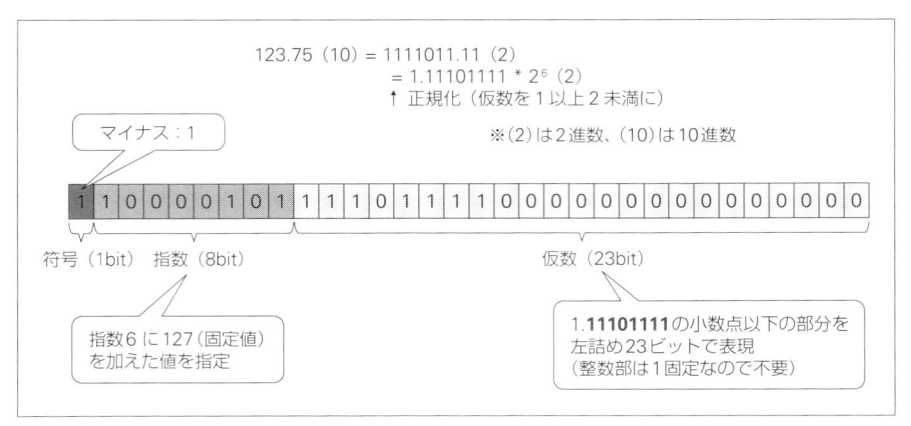

123.75 (10) = 1111011.11 (2)
= 1.11101111 * 2⁶ (2)
↑ 正規化（仮数を1以上2未満に）

※(2)は2進数、(10)は10進数

マイナス：1

符号（1bit）　指数（8bit）　　　　　　　仮数（23bit）

指数6に127（固定値）を加えた値を指定

1.**11101111**の小数点以下の部分を左詰め23ビットで表現（整数部は1固定なので不要）

❖図2.7　浮動小数点の値の持ち方（−123.75の例）

　小数点数を「●●×10▲▲」の形式に分解して管理しているわけです。●●を**仮数**、▲▲を**指数**と呼びます。

　ごく単純化した例ですが、たとえば$1.23 \times 10^1 \sim 1.24 \times 10^1$の間隔に比べて、$1.23 \times 10^{100} \sim 1.24 \times 10^{100}$の間隔が離れていることは、すぐに理解できるでしょう。

　浮動小数点数を扱う際には、この性質を念頭に置いてください。この性質によって、浮動小数点数を比較／演算したり、あるいは浮動小数点数と整数とを相互に変換した際に、厳密には正しい結果が得られないことがあります。具体的な例と対策については、3.1.5項でも触れます。

> *note*　浮動小数点数では、指数の持ち方によってさまざまな表記が可能です。たとえば、以下はいずれも同じ意味です（いずれも2進数）。
>
> - 110.101×2
> - 11.0101×2^2
> - 1.10101×2^3
>
> しかし、表記がバラバラのままでは扱いにくいので、仮数が1以上2未満になるように揃えて表現します。これを浮動小数点数の正規化と呼びます。

　ちなみに、小数点数を表す型にはもう1つ、decimal型もあります。decimal型はサイズが128ビットと大きい代わりに、有効桁数28桁（条件次第では29桁）まで誤差が発生しません。このため、財務／金融といった誤差を許さない演算で利用します。具体的な例は3.1.5項でも示します。

2.2.4　文字型

　文字型は、単一の文字を表す型です。

ただし、char型は文字を文字として保持しているわけではありません。**Unicode**（UTF-16）と呼ばれる文字コード体系に従って、文字を対応する数値（コード）に変換したものを保持しています（図2.8）。

❖図2.8　文字は文字コード（数値）で表現できる（［文字コード一覧］より）

　char型のサイズは16ビットであり、ということは、0 ～ 65535の符号なし整数を表現できる型とも言えます。よって、以下のようにすることで、char型に数値を代入することもできます（(int)は型を変換するための構文です。詳しくは2.4.2項で説明します）。

```
char c = (int)128;
```

　ただし、整数値を格納するためにchar型を利用するのは避けてください。charの本来の意味から逸脱した用途は、コードの意図をわかりにくくするからです。

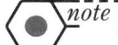note　単一の文字を表すchar型に対して、複数の文字（＝文字列）はstring型として表現します。string型は、数値／文字型と異なり、参照型に分類されるデータ型です。string型については2.3.5項で説明します。

2.2.5　真偽型

　真偽型（bool）は、true（真）、false（偽）という2つの状態を表現する特別な型です。**論理型**とも呼ばれます。TRUE ／ FALSEでも、True ／ Falseでも、"true" ／ "false"でもありません。裸の値ですべて小文字のtrue ／ falseで表します。特にbool値をコンソールで出力すると、True ／ Falseと表示されるので、混同しないように注意してください。

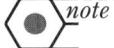note　ただし、紙面上では表記を統一するため、コンソール上の結果もtrue ／ false（小文字）で表記するものとします。

あまり誤解のしようもない単純な型ですが、C言語に慣れている人は、数値型と真偽型とを相互変換できない点に注目してください。たとえば、falseは0ではありませんし、1、0をtrue、falseと見なすこともできません（型が異なるので、代入／比較などの操作はすべてエラーとなります）。

2.2.6　オブジェクト型

object型（オブジェクト）は、すべての型の値を代入できる、いわゆる「なんでもあり」の型です。すべての型についての共通の機能を提供するルートの型とも言えるでしょう。

具体的なコードでも、object型の挙動を確認します。

```
object obj = 10;
obj = true;
obj = 'あ';
```

果たして、初期値は整数型であるのに、その後、真偽型、文字型と、データ型によらず、さまざまな値を代入できることが確認できます。

object型は継承／オーバーライドのような概念とも密接に関係するため、改めて9.6節で詳しく説明します。ここではまず、「なんでもあり」の性質だけを押さえておいてください。

2.2.7　型推論

C# 3以降では、varキーワードを利用することで、変数を宣言する際にデータ型を省略できるようになりました。

構文 変数の宣言（型推論）

```
var 変数名 = 初期値
```

```
var i = 108;
var str = "こんにちは、世界！";
```

もちろん、データ型が省略されたからといって、データ型を認識しなくなるわけではありません。代入された値からコンパイラーが自動的に型を推論し、決定します。ですから、上記の例であれば、変数iはint型ですし、変数strはstring型となります。

ここで、以下のようなコードがコンパイルエラーになることも確認しておきましょう。

```
var i = 108;
i = "こんにちは、世界！"      ➡エラー（型'string'を'int'に暗黙的に変換できません）
```

varはなんでもありのvariant型ではないのです。

varキーワードの制約

　varによる変数宣言は、型を明記した変数宣言とほぼ同じように表せますが、いくつかの制限もあります。

[1] 初期値は省略できない

　初期値から型を推論するのがvarの役割ですから、当然です。初期値を省略した場合には、「暗黙的に型指定された変数は初期化される必要があります」のようなエラーとなります。

　逆に言えば、varを利用することで、宣言時の初期値の設定が強制されるということでもあります。これは、P.35でも述べた理由から、あるべき姿と言えます。

[2] 複数の変数をまとめて宣言できない

　以下のようなコードは不可です。型を明記した宣言でも、複数宣言を避けるようにしていれば、特に迷うことはないでしょう（2.1.1項）。

```
var i = 10, j = 10;
```

[3] フィールド宣言では利用できない

　フィールドについては2.5.1項で詳しく説明しますが、まずは「ローカル変数（メソッドの中で宣言する変数）でしか、varは利用できない」と覚えておきましょう。

[4] varという名前のクラスがあった場合はそちらを優先

　varは、コンテキストキーワードです。よって、varという名前のクラスを定義することは可能です。もしも現在のアプリでvarというクラスがあった場合、以下はvar型の変数objを宣言したことになります（型明記なので、初期値も不要です）。

```
var obj;
```

　一般的にコンテキストキーワードを識別子とするのは避けるべきですが、一応、挙動としてはこうなることを押さえておきましょう。

エキスパートに訊く

　Q : 結局のところ、暗黙的な型指定（var）と明示的な型（2.3.3項）と、いずれを利用すべきなのでしょうか。使い分けのルールなどがあれば、教えてください。

　A : マイクロソフトのドキュメントでは、以下のような指針が示されています。

> **[1]** 変数の型が右辺から明らかである場合、または厳密な型が重要でない場合は、暗黙の型指定を使用します。
>
> **[2]** 右辺から型が明らかではない場合、varを使用しないでください。

> **[3]** 型を指定する際に変数名に頼らないでください。変数名が正しくない場合があります。
>
> **[4]** dynamic（11.3節）の代わりにvarを使用しないでください。
>
> **[5]** for／foreach（4.2.3項）のカウンター変数では、暗黙の型指定を使用します。

[2] の判断は難しいところです。たとえば、

```
var person = GetPersonById(13);
```

のようなコードでは、戻り値はPerson型であることが推測できますが、Person型であることが明らかではないからです。

しかし、近年の風潮ではそこまで神経質になる必要はなく、**varは積極的に利用していけば良い**ように思えます。インテリセンス、ツールヒントなど、Visual Studioの補助機能を前提にすれば、型を見失うという状況はほとんどないからです。

ただし、**[3]** については要注意です。**[3]** の意味は、varにしたからといって、変数名に型情報を加えないでね、という意味です。たとえば、intNum、strMessageのような変数名は避けるべきです。名前はあくまで紳士協定であり、実際の型との食い違いがあった場合、むしろ読み手が混乱する原因となるからです。

昨今の風潮を踏まえて、本書でもvarを積極的に利用していきます。ただし、varがすべて、というわけではなく、型を明示したほうが読みやすいと感じるならば、旧来通りの書き方をしてもかまいません。

練習問題 2.2

1. C#で利用可能な組み込み型を、整数型（符号あり）、整数型（符号なし）、小数点型、それ以外からそれぞれ2個以上挙げてみましょう。

2. 値型と参照型との違いを、格納方法の観点から説明してみましょう。

2.3 リテラル

　リテラルとは、データ型に格納できる値そのもの、また、値の表現方法のことです。リテラルには、それぞれのデータ型に応じて、数値リテラル、真偽リテラル、文字／文字列リテラルなどがあります。ただし、真偽リテラルについては前節で説明済みなので、以降ではその他のリテラルについて解説します。

2.3.1 整数リテラル

整数リテラルは、さらに以下のように分類できます。

```
整数リテラル
   ├── 10進数リテラル … -13、108、0
   ├── 16進数リテラル … 0xFF、0xA3C1
   └── 02進数リテラル … 0b1101、0b100   C#7
```

10進数リテラルは、私たちが日常的に使っている、最も一般的な整数の表現で、正数（108）、負数（-13）、ゼロ（0）を表現できます。負数を表すには、リテラルの先頭に「-」（マイナス）を付けます。同様に「+」（プラス）を付けて正数であることを明示することもできますが、冗長なだけで意味はありません。

10進数の他、16進数、2進数も表現できます（8進数表現はありません）。16進数は0〜9に加えてa〜f（A〜F）のアルファベットで10〜15を表し、接頭辞には「0x」を付与します。同様に、2進数は0／1で数値を表し、接頭辞として「0b」を付与します。「x」「b」は、それぞれ「heXadecimal」（16進数）、「Binary」（2進数）の意味です。大文字小文字を区別しないので、それぞれ「X」「B」でもかまいません。

いずれも範囲外の値――2進数であれば「0b120」のような値――は、コンパイルエラーとなるので注意してください。

数値セパレーター C#7

C# 7では、桁数の大きな数値の可読性を改善するために、数値リテラルの中に桁区切り文字（_）を記述できるようになりました（**数値セパレーター**）。たとえば「123456789」は「123_456_789」のように表記できます。日常的に利用する桁区切り文字である「,」でないのは、C#においてカンマはすでに別な意味を持っているためです。

数値セパレーターは、あくまで人間の可読性を助けるための記号なので、数値リテラルの中で自由に差し挟むことができます。一般的には3桁単位に区切るのが普通ですが、以下のような数値リテラルも誤りではありませんし、2／16進数リテラルでも利用できます。

```
12_34_56      ➡2桁ごとに区切り
12__34        ➡連続した区切り文字
```

ただし、「_1234」「1234_」のように、リテラルの先頭／末尾にセパレーターを置くことはできません。また、Int32.Parseメソッド（2.4.3項）のように数値文字列を受け取るメソッドではセパレーターを正しく認識できないので、注意してください。

2.3.2　浮動小数点リテラル

整数リテラルに比べると、浮動小数点リテラルはもう少し複雑です。一般的な「1.41421356」のような小数点数だけでなく、指数表現で表すこともできます。**指数表現**とは、

<仮数部> e <符号> <指数部>

の形式で表されるリテラルのことで、「<仮数部> × 10 の <符号> <指数部> 乗」によって本来の小数値に変換できます。一般的には、非常に大きな（小さな）数値を表すために利用します。

| 1.4142e5 | ➡ | 1.4142×10^5 | ➡ | 141420 |
| 0.173205e-5 | ➡ | 0.173205×10^{-5} | ➡ | 0.00000173205 |

指数を表す「e」は大文字小文字を区別しないので、それぞれ「1.4142e5」「0.173205e-5」は「1.4142E5」「0.173205E-5」でも同じ意味です。

なお、浮動小数点リテラルで扱えるのは10進数だけで、2／16進数表現はありません。

> *note*　指数表現では、1732 を「173.2e1」(173.2 × 10)、「17.32e2」(17.32×10^2)、「1.732e3」(1.732×10^3)...のように、同じ値を複数のパターンで表現できてしまいます。そこで一般的には、仮数部が「0.」＋「0以外の数値」で始まるように表すことで、表記を統一します（P.46でも触れた正規化です）。この例であれば、「0.1732e4」とします。
> ちなみに、先頭のゼロは省略できるので、「.1732e4」としても同じ意味です。

以上のように、数値リテラルにはさまざまな表記が用意されています。ただし、これらの表記はあくまで見かけ上のものにすぎません。C#にとっては、「18」(10進数)、「0x12」(16進数)、「0.18e2」(指数表現) いずれもが10進数の18なのです（ここでは、型の違いは考慮しません）。どの表記を選ぶかは、その時どきでの読みやすさに応じて決めるべきです。

2.3.3　補足　数値リテラルにおける型サフィックス

数値リテラルでは特に指定がない場合、整数はint、浮動小数点数はdoubleと見なされます。ただし、文脈によっては明示的にデータ型を指定したい場合もあります（具体例は3.1.4項）。

そのような場合は、リテラルに型を表す接尾辞（サフィックス）を付与してください。利用できる型サフィックスには、表2.5のようなものがあります。

型サフィックスは大文字／小文字を区別しないので、たとえば100Lは100lでも誤りではありません。ただし、「l」（小文字のエル）は数字の1と区別

❖表2.5　主な型サフィックス

データ型	サフィックス	例
long	l、L	100L
uint	u、U	123u
ulong	ul、UL、Ul、uL	123ul
float	f、F	3.5F
double	d、D	3D
decimal	m、M（Moneyのm）	300.5M

が付きにくいので、通常は大文字の「L」とすべきです（Visual Studioでも警告の対象となります）。

　なお、byte ／ sbyte、short ／ ushort型を表すサフィックスはありません。C#では、int型リテラルを代入する際に、これらの値の範囲に収まっているならば、自動的に対応する変数の型へと変換されるからです。

```
short num = 108;       ➡ 正しい
short num = 65535;     ➡ shortの範囲外なのでエラー
```

2.3.4　文字リテラル

　文字リテラルは、シングルクォート（'）でくくって表します。（文字列ではなく）文字なので、シングルクォートの中ではUnicode文字を1つだけ表します（空文字もありません）。Unicode文字は、文字そのものとして表せるのはもちろん、「¥uxxxx」形式の16進数文字コードでも表せます。

　たとえば、以下のコードは意味的に等価です。

```
Console.WriteLine('あ');
Console.WriteLine('¥u3042');
```

　「¥ ～」は、エスケープシーケンスと呼ばれる表記の一種です。主に、タブ／改行

❖表2.6　主なエスケープシーケンス

エスケープシーケンス	概要
¥'	シングルクォート
¥"	ダブルクォート
¥¥	バックスラッシュ
¥0	null
¥b	バックスペース
¥r	復帰（キャリッジリターン）
¥n	改行（ラインフィード）
¥f	フォームフィード（改ページ）
¥t	水平タブ
¥v	垂直タブ
¥unnnn	Unicode文字
¥xnnnn	Unicode文字（可変長）
¥Unnnnnnnn	Unicode文字（サロゲートペア）

など特別な意味を持つ（ディスプレイに表示できない、などの）文字を表記するために利用します。表2.6に、主なものを示します。

2.3.5　文字列リテラル

　シングルクォートでくくる文字リテラルに対して、文字列リテラルはダブルクォート（"）でくくります。よって、文字列リテラルには、文字列の開始／終了を表す「"」そのものを含めることができない点に注意してください。

　たとえば、以下のコードは不可です。

```
Console.WriteLine("You are "GREAT" teacher!!");
```

　「You are "GREAT" teacher!!」という文字列を意図したコードですが、実際には「You are 」「 teacher!!」という文字列リテラルの間に、不明な識別子GREATがあるものと見なされてしまいます。

このようなケースでは、エスケープシーケンスを利用して、以下のように表します。

```
Console.WriteLine("You are ¥"GREAT¥" teacher!!");
```

「¥"」は（文字列リテラルの開始／終了でない）ただの「"」と見なされるので、今度は意図した
メッセージが表示されることが確認できます。

逐語的文字列リテラル

逐語的文字列リテラルとは、「¥xx」をエスケープシーケンスと見なさず、表記のままに解釈する
文字列リテラルです。標準的な文字列リテラルの先頭に「@」（アットマーク）を付けて表記します。
　具体的な例も見てみましょう。たとえば、標準的な文字列リテラルで、Windowsのパス文字列を
表現するのは面倒です。

```
Console.WriteLine("C:¥¥Windows¥¥AppPatch¥¥en-US");
```

「¥」はそのままではエスケープシーケンスと見なされてしまうので、すべての「¥」を「¥¥」のよ
うに表記しなければならないのです。
　しかし、逐語的文字列リテラルを利用することで、以下のように表現できます。

```
Console.WriteLine(@"C:¥Windows¥AppPatch¥en-US");
```

エスケープシーケンスを処理しないので、「¥」をそのまま「¥」と表記できているわけです。
　ちなみに、逐語的文字列リテラルを利用することで、改行を含んだ文字列もそのまま（＝エスケー
プシーケンスなしで）表現できます。

```
Console.WriteLine(@"あいうえお
かきくけこ
さしすせそ");
```

標準的な文字列リテラルであれば、「¥n」（改行）を使って、以下のように表記しなければならな
いところです。

```
Console.WriteLine("あいうえお¥nかきくけこ¥nさしすせそ");
```

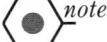

```
✕ Console.WriteLine(@"You are "GREAT" teacher!!");
○ Console.WriteLine(@"You are ""GREAT"" teacher!!");
```

文字列への変数展開 C#6

C# 6以降では、$"..." の形式で文字列リテラルを表すこともできます。この場合、文字列に埋め込まれた {…} が式として解釈され、その結果が文字列に埋め込まれます。

以下は、その具体的な例です。

```
string name = "山田";
Console.WriteLine($"こんにちは、{name}さん！");    // 結果：こんにちは、山田さん！
```

変数nameが文字列リテラルの中の{name}に埋め込まれているわけです。

{…} では、変数だけでなく、「3 + 4」のような演算、「Math.Abs(-5)」のようなメソッド呼び出しも表現できます（Math.Absは絶対値を求めるメソッドです）。さらに、書式文字列を使って、埋め込んだ式を整形することも可能です（詳しくは5.1.8項）。

> *note* $"..." の中で、（式のくくりでない）「{」「}」を表したい場合には、「{{」「}}」としてください。

$"..." 構文は、逐語的文字列リテラル（@"..."）と組み合わせることもできます。これには、$@"..." で文字列リテラルをくくってください（@$"..." では不可です！）。

```
string name = "山田";
Console.WriteLine($@"おはよう、{name}さん！
こんにちは、{name}さん！
さようなら、{name}さん！");
```

$@"..." 構文では、表記のルールも $"..."、@"..." 双方の構文を組み合わせた形になります。よって、エスケープシーケンスは利用できないため、「"」「{」「}」を表すには、それぞれ「""」「{{」「}}」と表記します。

練習問題 2.3

1. 以下の記法を利用して、リテラルを表現してみましょう。値はなんでもかまいません。

① 16進数リテラル　　　② 数値セパレーター　　　③ 改行区切りの文字列

④ 指数表現　　　⑤ 文字リテラル

2.4 : 型変換

C#は、型を厳密に区別します。よって、以下のようなコードは不可です。

```
int num = 108;
string str = num;
    // 結果：エラー（型'int'を'string'に暗黙的に変換できません）
```

しかし、例外的に異なる型への代入（変換）が許されている場合があります。これらの変換ルールは意外と複雑で、時として思わぬバグの原因ともなります。ここできちんと基本的なルールを押さえておきましょう。

2.4.1 暗黙的な変換

型に厳しいC#ですが、例外的に数値型への代入では暗黙的な変換が許されている場合があります。具体的には、値範囲の狭い型から広い型には無条件に変換できます（**暗黙的変換**）。**拡大変換**とも呼ばれます。暗黙的変換の対象となる型は、表2.7のとおりです。

❖表2.7　変換可能な型（暗黙的変換）

変換元	変換可能な型
sbyte	short、int、long、float、double、decimal
byte	short、ushort、int、uint、long、ulong、float、double、decimal
short	int、long、float、double、decimal
ushort	int、uint、long、ulong、float、double、decimal
int	long、float、double、decimal
uint	long、ulong、float、double、decimal
long	float、double、decimal
char	ushort、int、uint、long、ulong、float、double、decimal
float	double
ulong	float、double、decimal

ただし、整数型から浮動小数点型への変換では、いわゆる情報落ち（桁落ち）が発生することがあります。たとえば、以下のようなケースです。

```
int i = 16777216;
float f = i;
Console.WriteLine(f);    // 結果：1.677722E+07
```

float型は、仮数部を23ビットで表現します。そのため、24ビット以上を消費する16777216（$= 2^{24}$）をfloat値に変換した場合には桁の一部が情報落ちしてしまうのです。

拡大変換と言えども、整数型と浮動小数点型では保証できる精度が異なる点に注意してください。

2.4.2　明示的な変換（キャスト）

一方、広い型から狭い型への代入（縮小変換）は、内容に関わらずエラーとなります。たとえば以下の例では、int型の変数 i（値は13）は、byte型の範囲に収まっていますが、そのままでは代入できません。ここではたまたま値がbyte型の範囲内に収まっているだけで、int型の値がbyte型の範囲内に収まっている保証はないからです。

```
int i = 13;
byte b = i;   // 結果：エラー（型'int'を'byte'に暗黙的に変換できません。）
```

ただし、実際の値が範囲内にあることが明らかなのに、型変換を禁止するのはいきすぎです。そこでC#では、**型キャスト**（あるいは、単に**キャスト**）構文を利用して、明示的に変換の意思を表明した場合に限って、縮小変換を認めています。これを**明示的変換**と言います。

構文 型キャスト

（データ型）変数

```
int i = 13;
byte b = (byte)i;   // エラーは解消
```

明示的変換の対象となるのは、表2.8のものです。

❖表2.8　変換可能な型（明示的変換）

変換元	変換可能な型
sbyte	byte、ushort、uint、ulong、char
byte	sbyte、char
short	sbyte、byte、ushort、uint、ulong、char
ushort	sbyte、byte、short、char
int	sbyte、byte、short、ushort、uint、ulong、char
uint	sbyte、byte、short、ushort、int、char
long	sbyte、byte、short、ushort、int、uint、ulong、char
ulong	sbyte、byte、short、ushort、int、uint、long、char
char	sbyte、byte、short
float	sbyte、byte、short、ushort、int、uint、long、ulong、char、decimal
double	sbyte、byte、short、ushort、int、uint、long、ulong、char、float、decimal
decimal	sbyte、byte、short、ushort、int、uint、long、ulong、char、float、double

ただし、明示的変換は、あくまでアプリ開発者が値範囲を保証することで成り立つものです。以下のように値範囲を超えた変換は、思わぬ結果をもたらします。

```
int i = 128;
sbyte b = (sbyte)i;
Console.WriteLine(b);    // 結果：-128
```

これは一見して不可解な結果に思われるかもしれませんが、符号あり整数の内部表現（**2の補数**）を知っていれば理解は容易です。2の補数とは、大まかには以下のルールで整数を表します。

● すべてのビットがゼロで0を表す

● 最上位のビットが0のときに正数を表す

● 最上位のビットが1のときに負数を表す（残りのビットを反転させて1を加えたものが絶対値）

よって、上記の例であれば、以下の図のように読み解けます。sbyte型への変換によって桁落ちが発生し、結果、最上位となった桁が符号と見なされてしまうのです（図2.9）。

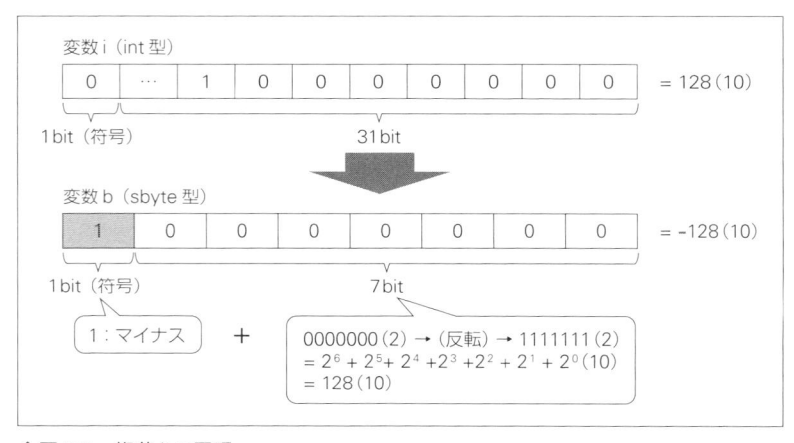

❖図2.9　桁落ちの原理

以上は、キャストによる情報落ちの一例にすぎません。そして、実際のアプリでこうした暗黙的な値の変化を追うのは困難です。縮小変換に際しては値のチェックは欠かせませんし、そもそも縮小変換の利用そのものを最小限に留めるようにしてください。

2.4.3 補足 文字列⇔数値の変換

表2.8を見るとわかるように、型キャストでは文字列（string）から数値に変換することはできません。これには、数値型のクラスからParseメソッドを呼び出してください（リスト2.2）。

> *note*
> 数値型を含む組み込み型の実体は、.NET Frameworkのクラス（構造体）です。数値型と.NET Frameworkクラスとの関係は、P.42の表2.3でもまとめています。たとえば、本文で利用しているInt32、Singleは、int／float型に対応しています。

▶リスト2.2　Parse.cs

```
Console.WriteLine(Int32.Parse("108"));          // 結果：108 (int) ──────────❶
Console.WriteLine(Single.Parse("0.1413"));      // 結果：0.1413 (float) ──────❷
Console.WriteLine(Int32.Parse("FF",
  System.Globalization.NumberStyles.HexNumber));  // 結果：255 (int) ─────────❸
Console.WriteLine(Double.Parse("0.653e2"));     // 結果：65.3 (double) ──────❹
Console.WriteLine(Convert.ToInt32("1010", 2));  // 結果：10 (int) ───────────❺
```

❶、❷はそれぞれ整数／小数点数文字列の基本的な変換です。❸、❹のように16進数、指数表現も変換できます。ただし、16進数の変換では、

- 第2引数（太字）に「System.Globalization.NumberStyles.HexNumber」を明示的に指定しなければならない

- 数値文字列は「0xFF」ではなく、単に「FF」としなければならない

点に注意してください。

　ただし、2進数文字列の変換には、Parseメソッドは利用できません。代わりに、Convert.ToInt32メソッドを利用します（❺）。ToInt32メソッドには「数値」「進数」を渡します。変換先の型に応じて、ToInt32メソッドはToInt16（short型）、ToInt64（long型）などに置き換えてください。

> *note* 変換に失敗した場合に例外（エラー）を返すParseメソッドに対して、false値を返すTryParseメソッドもあります。用法については、5.3.1項も参考にしてください。

　同様に、数値を文字列に変換するには、数値型のToStringメソッドを利用します（リスト2.3）。

▶リスト2.3　ToString.cs

```
int i = 13;
double d = 1.23;
Console.WriteLine(i.ToString());                // 結果：13 (string)
Console.WriteLine(d.ToString());                // 結果：1.23 (string)
Console.WriteLine(Convert.ToString(i, 16));     // 結果：d (string)
```

　ただし、数値のn進数文字列を取得したい場合には、Convert.ToStringメソッドを利用してください。

練習問題 2.4

1. 以下のコードには、誤りがあります。修正して、正しいコードにしてみましょう。また、誤りの理由を説明してください。

```
long m = 10;
int i = m;
```

2. 文字列型の値 "15" を int 型に変換するためのコードを書いてみましょう。

2.5 ： 参照型

2.2.1項でも触れたように、C#で扱う型の中心は参照型です。本書では、直観的に理解しやすいという理由から、値型（その中でも組み込み型）を先に解説しましたが、C#のコードを記述していくうえで、参照型の理解は欠かせません。

C#の参照型は、さらに、以下のように分類できます。

- クラス型（組み込み型の string、object を含む）
- インターフェイス型
- デリゲート型
- 配列型

このうち、インターフェイス型／デリゲート型については後の章で改めて扱うことにして、本節では残るクラス型と配列型、そして参照型とともに null という概念について解説します。

2.5.1 クラス型

プログラム上で扱う対象をオブジェクト（モノ）に見立て、オブジェクトを中心としてアプリを組み上げていく手法のことを**オブジェクト指向**プログラミングと言います。C#もまた、オブジェクト指向言語の一種です。

さて、そのオブジェクトとは、（繰り返しですが）アプリの中で実際に操作できるモノです。もっと言えば、コンピューターのメモリー上に実在するデータと言っても良いでしょう。たとえば、これまでも何度か出てきた文字列も、オブジェクトの一種です（図2.10）。

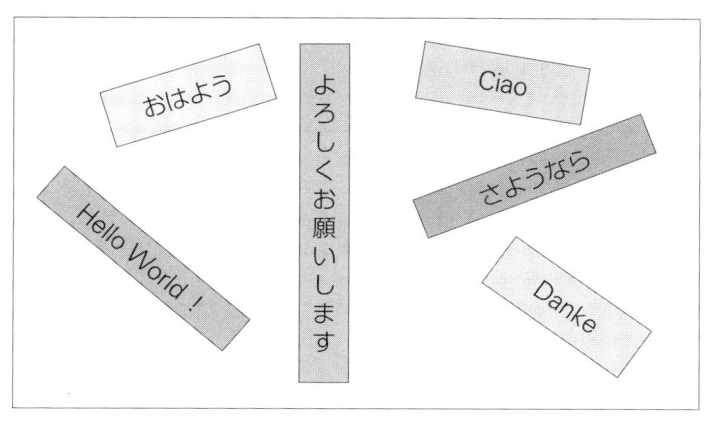

❖図2.10　いろいろな文字列

　文字列オブジェクトは、プログラム上で扱うために、以下のようなものを備えている必要があります。

- ● 文字列そのもの（データ）
- ● 文字列の長さを求める、部分文字列を切り出す、文字列を検索する、などの機能（道具）

　ただし、数多く存在する文字列オブジェクトそれぞれに対して、いつもデータと道具を一から準備するのは非効率です。そこで、すべての文字列を普遍的に表現／操作できるような雛形が必要となります。それが**クラス**です（図2.11）。

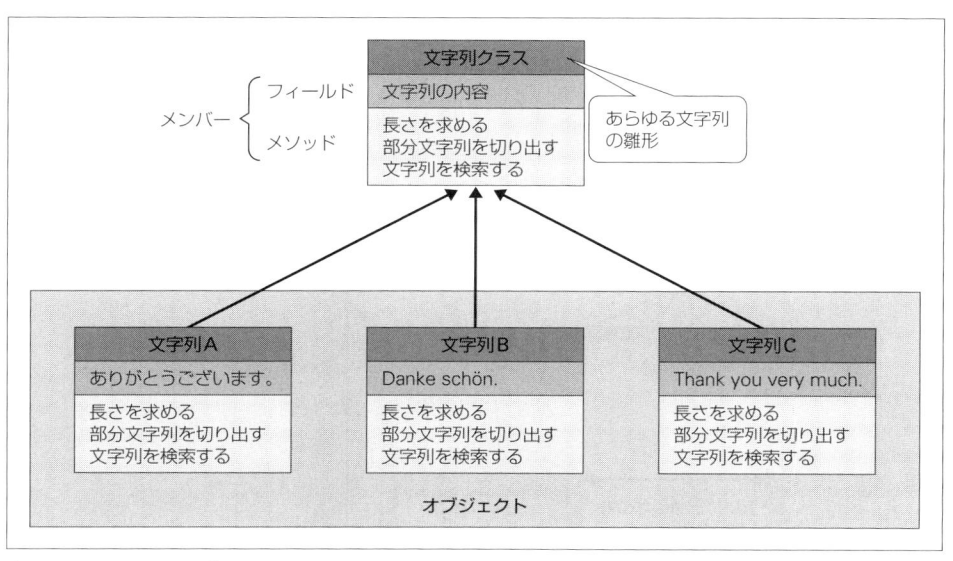

❖図2.11　クラスとオブジェクト

クラスに用意されたデータの入れ物のことを**フィールド**、データを操作するための道具のことを**メソッド**と言います。双方を総称して**メンバー**と呼ぶ場合もあります。

> *note* クラスに属するメンバーには、フィールド／メソッドの他にも、定数、プロパティ、インデクサー、コンストラクター、デストラクターなどがあります。このうち、データを表現するメンバーを**データメンバー**、処理（機能）を表すメンバーのことを**関数メンバー**とも言います。これら各種のメンバーについてはおいおい解説していくので、まずはクラスには「データ」と「機能」とが含まれると理解しておきましょう。

オブジェクト指向プログラミングでは、あらかじめ用意されたクラス（雛形）から、具体的なデータを備えたオブジェクトを作成し、操作そのものはオブジェクト経由で行うのが基本です。

クラスが設計図、オブジェクトが設計図をもとに作成された製品、と言い換えても良いでしょう。C#では、あらかじめ潤沢なクラスが用意されており、これらを組み合わせることで、アプリ個別の要件を実現していきます。もちろん、クラスはアプリ開発者が自ら準備することもできます（詳しくは第7章を参照してください）。

インスタンス化とメンバーの呼び出し

クラスをもとにして、具体的なモノを作成する作業のことを**インスタンス化**、インスタンス化によってできるモノのことを**オブジェクト**、または**インスタンス**と言います（図2.12）。インスタンス化とは、クラスを利用するために「クラスの複製を作成し、自分専用のメモリー領域を確保すること」と言っても良いでしょう。

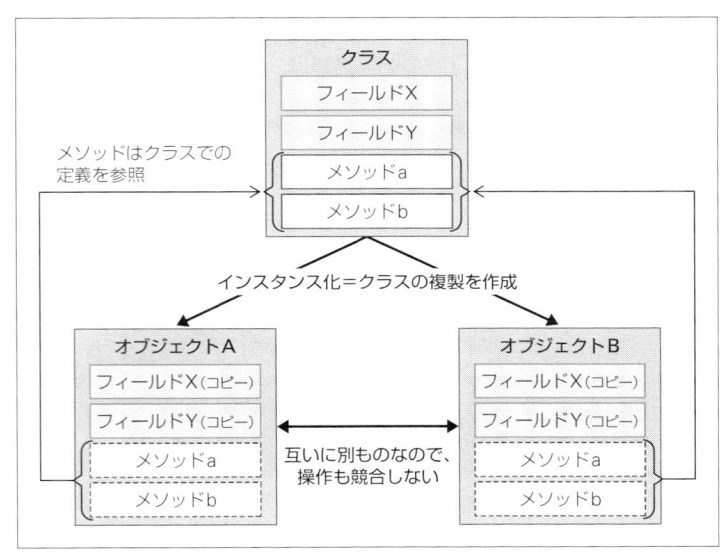

❖図2.12　クラスとオブジェクト（インスタンス）

正しくは、インスタンス化によってメソッドはコピーされません。メソッドは処理そのものなので、オブジェクトで個々に持つ必要はないからです。

クラスをインスタンス化するには、newというキーワードを利用します。

構文 new キーワード

```
クラス名 変数名 = new クラス名(引数, ...)
```

引数（**パラメーター**）とは、オブジェクトを生成する際に必要な情報です。インスタンス化にあたって引数を必要としない場合にも、カッコは省略でき**ない**点に注意してください。

指定できる引数は、クラスによって決まっているので、その詳細は、関係するクラスが登場したところで順に解説していきます。たとえば、ファイル情報（FileInfo）オブジェクトであれば、対象となるファイルのパスを指定します。

```
FileInfo f = new FileInfo(@"c:\data");
```

newによって生成されたオブジェクトは、変数に格納されます。より正確には、オブジェクトへの参照（メモリーへのアドレスのようなもの）が格納されます。このように、実体としてのオブジェクトと、その参照は、別のものですが、文脈として明らかな場合には、あえて「オブジェクトの参照」という言い回しはしません。

そのオブジェクトから、あらかじめ用意されたメンバーにもアクセスできます。具体的な構文は、以下のとおりです。

構文 フィールド／メソッドの呼び出し

```
オブジェクト.フィールド [= 値]
オブジェクト.メソッド(引数, ...)
```

たとえば、Stringオブジェクト str から前後の空白を除去するにはTrimメソッドを呼び出します。

```
var nospace = str.Trim();
```

引数がない場合にも、メソッドの後ろのカッコは省略できません（インスタンス化のときと同じです）。

クラスフィールド／クラスメソッド

ただし、フィールド／メソッドによっては、オブジェクトを生成しなくても、クラスから直接呼び出せるものがあります（具体例は7.5節）。このようなフィールド／メソッドのことを**クラスフィールド／クラスメソッド**、または**静的フィールド／静的メソッド**と呼びます。

構文 クラスフィールド／クラスメソッドの呼び出し

```
クラス.フィールド名 [= 値]
クラス.メソッド(引数, ...)
```

　たとえば、すでに何度も登場している Console.WriteLine も、実は Console クラスの静的メソッドだったわけです。

　クラスフィールド／クラスメソッドに対して、オブジェクト（インスタンス）を生成してから呼び出すフィールド／メソッドのことを**インスタンスフィールド**／**インスタンスメソッド**と呼びます。

2.5.2　null値

　参照型では、変数がオブジェクトへの参照を持たない状態を表す特別な値として、**null**（ヌル）があります。以下のように明示的にnullをセットすることもできますし、そもそも参照型のフィールド（7.2節）は明示的に初期化しない限り、nullが初期値となります（宣言だけでオブジェクトが生成されるわけではありません）。

```
string str = null;
```

　null状態にある変数に対して、フィールド／メソッドにアクセスすると、NullReferenceException という典型的な例外（エラー）が発生するので注意してください。

```
string str = null;
string unspace = str.Trim();     ➡NullReferenceExceptionエラー！
```

　NullReferenceException を避けるには、できるだけnull値そのものが発生しないようなコーディングを心掛けるべきです。たとえば、配列（2.5.3項）を返すような処理であれば、該当する要素がない場合にも（nullではなく）空の配列を返すようにすると良いでしょう。また、変数を宣言する際には、初期化を忘れないようにします。

　null値を利用するのは、オブジェクトが存在しないことを明示的に示したい場合、もしくは、生成済みのオブジェクトを破棄したい場合などに限定してください（nullを代入するということは、現在持っている参照を明示的に外す、ということです）。

null条件演算子 C#6

　実際のコーディングでは、「オブジェクトが非nullのときだけ、そのメンバーにアクセスしたい」（＝nullの場合はそのままnullを返したい）という状況はよくあります。このような処理を、C# 6以降では「?.」（null条件演算子）を使って簡単に表すことが可能です。

```
string str = null;
string unspace = str?.Trim();     ➡strがnullでもエラーにはならない！
```

C# 6以前では、以下のように変数strがnullであるかどうかを判定してから、メソッドにアクセスしなければなりません。

```
string str = null;
string unspace = null;
// nullでない場合にだけTrimメソッドにアクセス
if (str != null)
{
  unspace = str.Trim();
}
```

if命令は、指定された条件式が正しい場合にだけ配下のコードを実行するための命令です。詳しくは4.1.1項で述べますが、単純に比較するだけでも「?.」を利用することでnull値の可能性があるオブジェクトを簡単に操作できることが見て取れるでしょう。

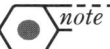 *note* 「?.」はメソッドだけでなく、プロパティ（8.1.2項）、インデクサー（8.1.3項）などのアクセスにも利用できます。

```
obj?.Length （プロパティ）
obj?[0]     （インデクサー）
```

null許容型（Nullable型）

null値が登場したところで、値型の特殊な型である**null許容型（Nullable型）**についても触れておきます。

まず、前提として、標準的な値型ではnull値を取ることはできません。nullとは、元々は参照型において「オブジェクトがなにも値を参照していない」状態を表すための値であったからです。

しかし、値型でもnullを表現したい場合があります。なんらかの有効な値と、値として無効な状態を区別したい状況です。null許容型が導入される前は、こうした「無効な状態」を−1、MinValue（最小の値）を利用していましたが、ローカルルールになりがちで、一目で無効値であることを認識できない、という問題がありました（図2.13）。

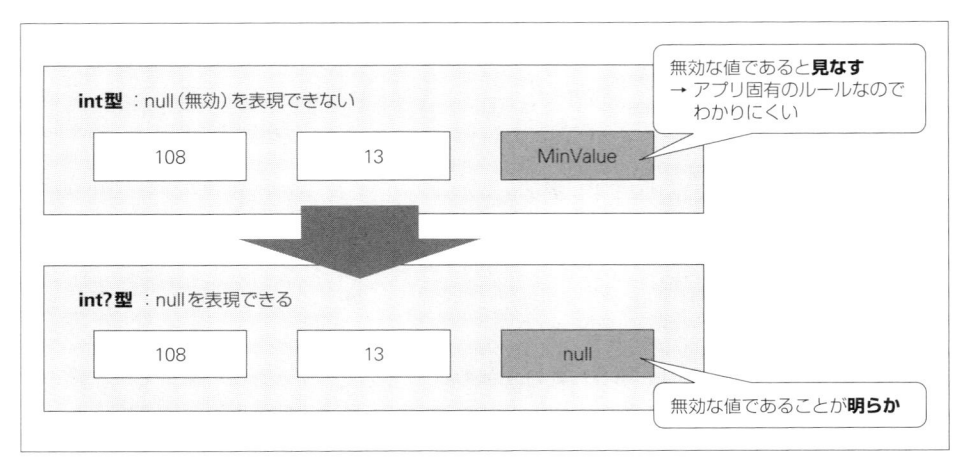

❖図2.13　null許容型（Nullable型）

　そこでC# 2以降で導入されたのがnull許容型なのです。null許容型の変数を宣言するには、値型の本来の型名に「?」を付与します。

```
int? num1 = 108;
int? num2 = null; ──────────────────────────────── ❶
```

　null許容型とすることで、値型にもnullを代入できるようになるので、上記のコードはいずれも正しく動作します。試しに❶のコードを以下のように修正すると、「Null非許容の値型であるため、Nullを'int'に変換できません」のようなエラーとなることも確認しておきましょう。

```
int num2 = null;
```

　null許容型はあくまで非nullな値型にnullを許可するための表現なので、たとえば参照型のstring型に対して「string?」とするような表記は許されません。

> *note* null許容型の「データ型?」という表現は、「Nullable<データ型>」の省略表現です。よって、以下はいずれも意味的には等価です。
>
> ```
> int? num;
> Nullable<int> num;
> ```
>
> Nullableは標準で用意された構造体（9.3.5項）、<...>はジェネリック（6.1.1項）という仕組みに基づいた記法です。現時点ではさほど意識する必要はありませんが、表面的な仕組みとこれを支える実体との関係を理解しておくことは重要です。

null許容型の変換

　null許容型と、本来の値型とは、相互変換が可能です。

まず、値型から対応するnull許容型へは、暗黙的に変換できます。

```
int i = 108;
int? num = i;
```

null許容型は、本来の値型にnullを加えたものなので、いわゆる拡大変換となるからです（そもそも「int? num = 108;」がint型リテラルのint?型への代入なので、当然ですね）。

一方、null許容型から値型への変換は、明示的なキャストが必要となります（つまり、int型を要求するメソッドにint?型をそのまま渡すことはできません）。null許容型はnull値の可能性があるため、必ず値型に変換できるとは限らないからです。

```
int? num = 108;
int i = (int)num;
```

値型に変換できない（＝変数がnullである）場合には、InvalidOperationException例外（エラー）となります。

```
int? num = null;
int i = (int)num;      ➡エラー！
```

null許容型のメンバー

null許容型には、表2.9のようなメンバー（プロパティ）が用意されています。いずれも読み取り専用で、値を代入することはできません。

❖表2.9　nullable許容型のプロパティ

プロパティ	概要
HasValue	null許容型が値を持っているか（nullの場合はfalse）
Value	null許容型が保持している値（nullの場合はInvalidOperationException例外）

 note 現時点では、プロパティはフィールドと同じようなもの（クラスの中のデータを表すもの）と理解しておけば良いでしょう。実際には両者は異なるものなのですが、それについては8.1.2項で明らかにします。

null許容型から値型を取り出すのに、（キャスト構文を利用する代わりに）これらのプロパティを利用することも可能です。以下は、いずれも意味的には等価です。

```
int? num = -13;
// 変数numがnullでなければ、int型に型変換
if (num != null)
{
  int i = (int)num;
```

```
      ...任意の処理...
    }
    _____

    // 変数nullが値を持っていれば、その値を取得
    if (num.HasValue)
    {
      int i = num.Value;
      ...任意の処理...
    }
```

　ちなみに、null許容型と値型による演算／比較では、暗黙的にValueプロパティが参照されますので、明示的にValueプロパティを参照する必要はありません。

```
int? num1 = 3;
int num2 = 5;
Console.WriteLine(num1 + num2);   // 結果：8
```

2.5.3　配列型

　int、double、stringなどの型はいずれも、一度に1つの値を持ちます。しかし、処理によっては、複数の値をまとめて扱いたいケースもよくあります。たとえば、次に示すのは書籍タイトルを管理する例です。

```
var title1 = "HTML5とApache Cordovaで始めるハイブリッドアプリ開発";
var title2 = "デザインサンプルで学ぶCSSによる実践スタイリング入門";
var title3 = "Angularアプリケーションプログラミング";
var title4 = "［改訂新版］C#ポケットリファレンス";
var title5 = "アプリを作ろう！Visual C#入門 Visual C# 2017対応";
```

　title1、title2…と通し番号が付いているので、見た目にはデータをまとめて管理しているようにも見えます。しかし、C#からすれば、title1、title2とは（どんなに似ていても）なんの関係もない独立した変数です。たとえば、登録されている書籍の冊数を知りたいと思ってもすぐにカウントすることはできませんし、すべての書籍タイトルを列挙したいとしても変数を個々に並べるしか術はありません。

　そこで登場するのが**配列**です。int、double、stringなどの型が値を1つしか扱えないのに対して、配列には複数の値を収めることができます。配列は、仕切りのある入れ物だと考えても良いでしょう。仕切りで区切られたスペース（**要素**と言います）のそれぞれには番号が振られ、互いを識別できます。

　配列を利用することで、互いに関連する値の集合を1つの名前で管理できるので、まとめて処理する場合にもコードが書きやすくなります（図2.14）。

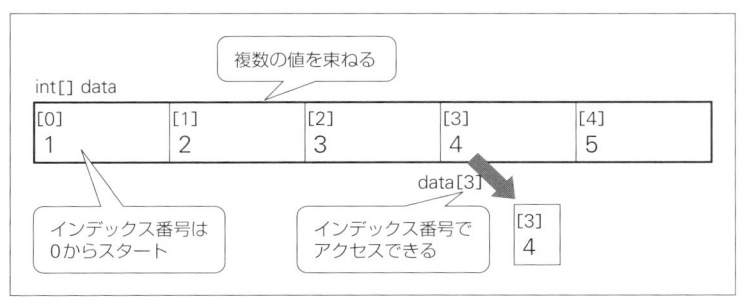

❖図2.14　配列

　なお、C#では、よく似た仕組みとしてコレクションがありますが、配列が言語仕様に組み込まれた仕組みなのに対して、コレクションは標準ライブラリの一種です。C#のお作法としては、まずはコレクションを優先して利用すべきですが、配列も（もちろん）無視することはできません。

　また、配列はその他の言語でもほぼ同じような形で提供されていることから、他の言語を学んだことがある人であれば、直観的にも理解しやすいという特長があります。よって、本書でもまずは配列について最初に解説していきます。

配列の宣言

　配列の宣言には、いくつかの構文があります。

[1] 配列のサイズだけを宣言

　配列のサイズ（＝いくつの要素を格納できるか）だけを宣言しておく構文です。

 配列の宣言（サイズ）

```
データ型[] 配列名 = new データ型[要素数]
```

⬇

```
int[] data = new int[5];
```

　配列を扱う場合、配列そのものと、配下の要素とは区別してください。この例では、「値型であるint」を要素に持った配列（参照型）を宣言しています。

[2] 初期値を指定した宣言

　配列型でも、値型、クラス型と同じく、宣言と初期化とをまとめて表現できます。

 配列の宣言（初期値）

```
データ型[] 配列名 = { 要素1, 要素2, ... }
```

⬇

```
int[] data = { 1, 2, 3, 4, 5 };
```

こちらの構文では、{…} で指定された要素の個数が、そのまま配列のサイズとなります。
末尾の要素は、以下のようにカンマで終えてもかまいません。

```
string[] data = {
  "すずめの子 そこのけそこのけ お馬が通る",
  "目には青葉 山ほととぎす 初がつお",
  "朝顔に つるべとられて もらい水",
};
```

特に改行区切りで要素を列記しているような状況では、後から要素を追加する場合にもカンマの追加漏れを防げます。

宣言と初期化とを別の文で表すこともできます。ただし、その場合には初期値の前に「new[]」を付与しなければならない点に注意してください。

```
int[] data;
data = new[]{ 1, 2, 3, 4, 5 };
```

もちろん、この例は冗長なだけで、あえてこのように表す意味はありません。また、P.25で述べた理由からも、できるだけ宣言から初期化までを1つの文でまとめるのが望ましいでしょう。

[3] varによる配列宣言

var（2.2.7項）を使って、配列を宣言することもできます。

構文 配列の宣言（型推論）

```
var 変数名 = new[] { 要素1, 要素2, ... }
```

⬇

```
var data = new[] { 1, 2, 3, 4, 5 };
```

配列の型は初期値（要素）から推測されます。この例であれば、変数dataはint[]の配列となります。varを利用した場合には、「new[]」は省略できません。

配列へのアクセス

このように宣言した配列には、以下のようにブラケット構文（[...]）でアクセスできます。

```
Console.WriteLine(data[0]);
```

ブラケットでくくられた部分は、**インデックス番号**、または**添え字**と言い、配列の何番目の要素を取り出すのかを表します。インデックス番号は0から始まりますので、要素数が5の場合は、利用できるインデックス番号には0～4ということです。

配列サイズを超えてインデックス番号を指定した場合には、IndexOutOfRangeExceptionという例外（エラー）が発生します。配列の個数を知りたい場合には、以下のようにLengthプロパティにアクセスしてください。

```
Console.WriteLine(data.Length);
```

インデックス番号は0スタートなので、インデックス番号の最大値は「data.Length -1」で求められます。

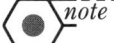

> *note*
> 配列は、newによってインスタンス化される一種のオブジェクトです。内部的にはArrayクラス（System名前空間）の機能を引き継いでおり、LengthプロパティもArrayクラスが提供しています。

ブラケット構文を利用することで、要素の値を書き換えることもできます。

```
data[1] = 15;
```

ただし、要素を追加することはできないので、注意してください。たとえば、以下はインデックスの上限を超えてアクセスしているため、IndexOutOfRangeException例外が発生します。

```
int[] data = { 1, 2, 3, 4, 5 };
data[5] = 6;      ➡IndexOutOfRangeException例外
```

後から要素を追加／削除するような可変の配列を表現するには、Listクラス（6.2.1項）を利用してください。

多次元配列

インデックスが1つだけの配列を**1次元配列**と言います。対して、インデックスが複数の配列を宣言することもできます。これを**多次元配列**と言います。

構文 多次元配列の宣言 [1]

```
データ型[,] 変数名 = new データ型[要素数1, 要素数2]
```

```
int[,] data = new int[3, 3];
```

次元が増えた分、要素数も次元の数だけカンマ区切りで指定します。この例であれば、3×3の2次元配列を宣言したことになります。

もちろん、カンマを増やしていけば、3次元、4次元…と次元を増やしていくことも可能です。ただし、直観的に理解できるという意味では、普段よく利用するのは3次元配列まででしょう。

```
int[,,] data = new int[3, 3, 3];    // 3×3×3の3次元配列
```

それぞれの配列のイメージを、図2.15でも示しておきます。一般的に、表形式で表すようなデータは2次元配列で、立体的な構造を取るデータは3次元配列で表します。

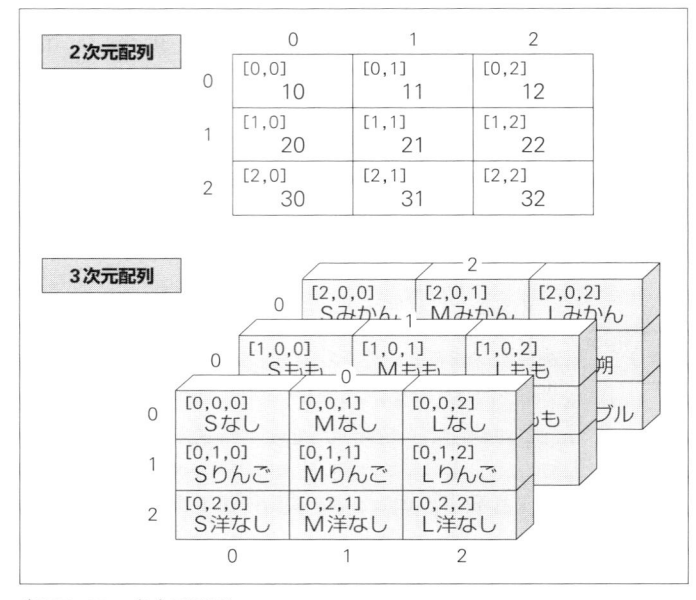

❖図2.15　多次元配列

もちろん、多次元配列に対して、初期値を引き渡すこともできます。これには {…} に対して、次元の数だけ {…} を入れ子にしてください。

```
int[,] data = new[,]
{
  { 10, 11, 12 },
  { 20, 21, 22 },
};
```

var命令を使っても、同様に表せます。

```
var data = new[,]
{
  { 10, 11, 12 },
  { 20, 21, 22 },
};
```

多次元配列から値を取り出すのも、1次元配列の場合とほぼ同じです。ブラケット構文で、それぞれの次元のインデックス番号を指定します。

```
Console.WriteLine(data[0,1]);
```

ジャグ配列

多次元配列では、いわゆる縦と横の長さが揃っていたのに対して、長さが不揃いの配列を**ジャグ配列**と言います（図2.16）。jag（ジャグ）とは「ギザギザな」という意味です。ジャグ配列に対して、縦／横の長さが揃った配列のことを**四角配列**と呼ぶこともあります。

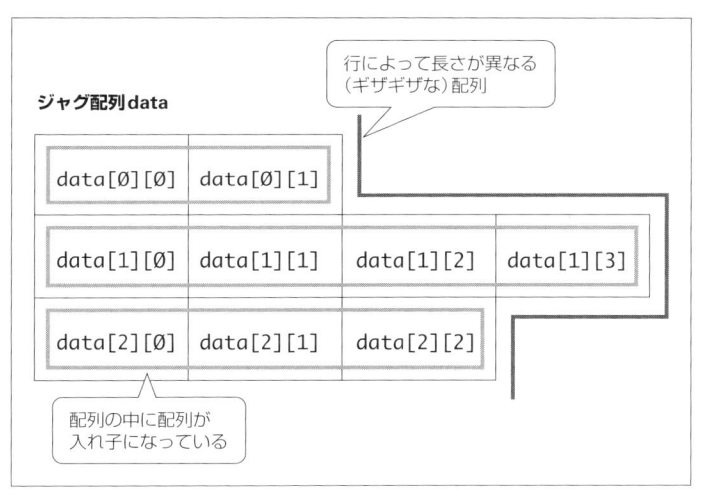

❖図2.16　多次元配列

ジャグ配列の構文は、以下のとおりです。

構文 ジャグ配列

```
データ型[][] 変数名 = new データ型[要素数][]
変数名[インデックス] = new データ型[要素数]
```

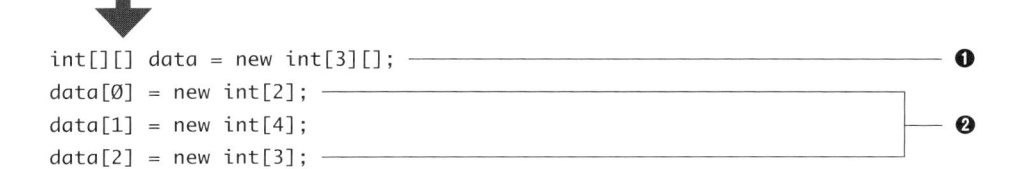

```
int[][] data = new int[3][]; ──────────────── ❶
data[0] = new int[2]; ─────────
data[1] = new int[4];                          ── ❷
data[2] = new int[3]; ─────────
```

カンマでインデックスを区切るのではなく、ブラケットを並べている点に注目です。この例であれば、int[]のさらに配列（[]）というわけです。ジャグ配列は、

配列のそれぞれの要素が配列

である配列（**配列の配列**）と考えると、理解しやすいでしょう。

その前提で、上記のコードをより細かく読み解いてみます（図2.17）。

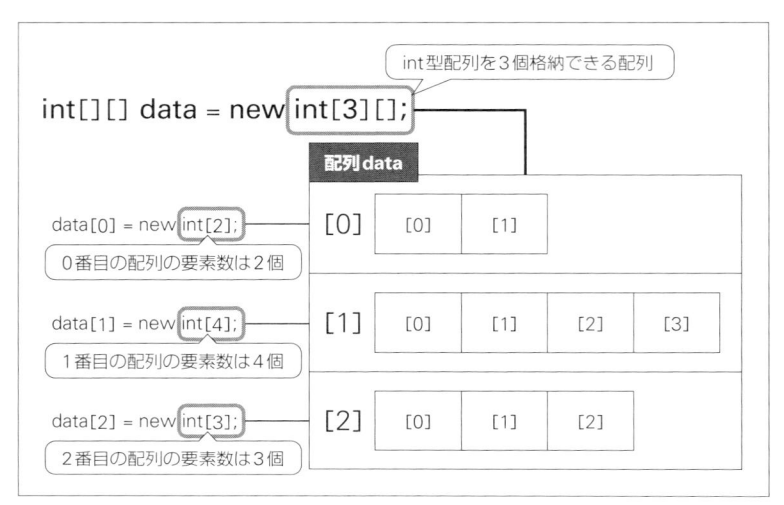

❖図2.17　ジャグ配列の解読

まず、❶では「int[] 型の要素を3個持つ配列data」を指定します。この時点では、各要素配列のサイズは決まっていません。そこで❷で、「先頭配列から順にサイズ2、4、3であること」を宣言しているわけです。

もちろん、ジャグ配列に対して、初期値を引き渡すこともできます。

```
int[][] data = new int[3][];
data[0] = new[] { 10, 11, 12, 13 ,14 };
data[1] = new[] { 20, 21, 22 };
data[2] = new[] { 30, 31, 32, 33 };
```

これまでと同じく、var命令を利用しても、同様に表すことができます。

```
var data = new int[3][];
data[0] = new[] { 10, 11, 12, 13 ,14 };
data[1] = new[] { 20, 21, 22 };
data[2] = new[] { 30, 31, 32, 33 };
```

配列サイズと次元数を求める

配列サイズを求めるには、Lengthプロパティを利用します。しかし、多次元配列とジャグ配列では「長さ」のルールが異なるので注意してください。

まず、多次元配列では、Lengthプロパティは配列内のすべての要素数を表します。

```
var multi = new[,] {
  { 10, 11, 12 },
  { 20, 21, 22 },
};

Console.WriteLine(multi.Length);    // 結果：6
```

対して、ジャグ配列の場合はどのような結果を返すでしょうか。

```
var jagged = new int[3][];
jagged[0] = new[] { 10, 11, 12, 13 };
jagged[1] = new[] { 20, 21 };
jagged[2] = new[] { 30, 31, 32 };

Console.WriteLine(data.Length);
```

要素数の9と答えた人は残念、Lengthプロパティは3を返します。ジャグ配列は、あくまで「要素が配列である」1次元配列だからです。変数dataは、int[]型の要素を3個持っています。

同じ理由から、次元数を取得するRankプロパティの戻り値も、多次元配列とジャグ配列とでは異なります。

```
Console.WriteLine(multi.Rank);    // 結果：2

Console.WriteLine(jagged.Rank);    // 結果：1
```

多次元配列ではそのまま次元数を返しますが、ジャグ配列は1次元配列です。Rankプロパティの戻り値は、常に1となります。

☑ この章の理解度チェック

1. 次のコードで間違っているポイントを3つ挙げてください。

▶リスト2.A　Practice1.cs

```
import System;
...中略...
class Practice1
{
  static void Main(string[] args)
  {
    var data = 'こんにちは、世界！';
    Console.WriteLine(data)
```

```
        }
    }
```

2. 以下は名前空間に関する説明です。空欄を埋めて、文章を完成させてください。

> クラスは「名前空間＋クラス名」で一意に識別できます。このような名前のことを
> ① 、名前空間を省いた名前のことを ② と言います。
> ただし、いつも ① で表記するのは大変なので、あらかじめ「○○名前空間を利用し
> ている」ことを ③ 命令で宣言しておくことで、 ② で表記できるようになりま
> す。これを名前の ④ と言います。

3. 次のコードは、定数を使って値引き率10%を定義し、元の値である500円の支払額を求める
コードです。空欄を埋めて、コードを完成させてください。

▶リスト2.B　Practice3.cs

```
  ①   double Discount =   ②  ;
int price = 500;
double sum = price * Discount;
Console.WriteLine(  ③  "値引き後の価格は{   ④  }円です。");
    // 結果：値引き後の価格は450円です。
```

4. 次の文章は、C#の基本構文について述べたものです。正しいものには○、間違っているもの
には×を記入してください。

（　　）　小数点型は、符号なし型と符号あり型とに分類できる。

（　　）　文字列リテラルはダブルクォート、またはシングルクォートでくくる。

（　　）　short型の型サフィックスは「～s」である。

（　　）　暗黙的な変換は常に安全なので、桁落ちなどの情報の欠落は発生しない。

（　　）　メソッド／フィールドなどにアクセスするには、必ずnew演算子でクラスをインスタ
ンス化しなければならない。

5. 次のようなコードを実際に作成してください。

①double型の変数valueに10で初期化する（ただし、var型推論を利用すること）。

②「こんにちは、●●さん！」という文字列をコンソールに出力する（ただし、●●は変数name
の値とする）。

③nullを許容するint型の変数iを宣言し、初期値としてnullを渡す。

④int型で5×4サイズの多次元配列dataを宣言する。

⑤int型のジャグ配列dataを宣言する（中身は{ 2, 3, 5 }、{ 1, 2 }、{ 10, 11, 12, 13 }）。

Chapter

3

演算子

演算子（オペレーター）とは、与えられた変数やリテラルに対して、あらかじめ決められた処理を行うための記号です（図3.1）。これまでにも、右辺の値を左辺の変数に代入するための「=」演算子や、数値を加算するための「+」演算子などが登場しました。演算子によって処理される変数／リテラルのことを**被演算子（オペランド）**と呼びます。

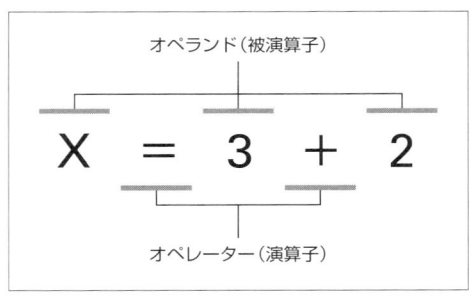

❖図3.1　演算子

　演算子というと、いわゆる数学の四則演算を思い浮かべる方が多いかもしれませんが、C#では、それ以外にも変数／リテラルの比較や文字列の結合、コンピューター独自なビット処理など、用途に応じてさまざまな演算子が用意されています。以降では、C#で利用可能な演算子を、それぞれ①算術演算子、②代入演算子、③関係演算子、④論理演算子、⑤ビット演算子、⑥その他の演算子に分類して紹介します。

> *note*
> コードを構成する基本的な単位に**式**（Expression）という概念があります。式とは、なにかしらの値を持つ存在です。つまり、変数やリテラルは式ですし、これらを演算／処理した結果も式です。
> 1.3.2項で登場した文（Statement）とは、こうした式から構成され、セミコロン（;）で終わる構造のことを指します（式と異なり、値を返さなくてもかまいません）。
> ちなみに、複数の文を束ねるための構造がブロックであり、逆に言えば、文はブロックの配下にしか書けません。

3.1　算術演算子

　算術演算子は、**代数演算子**とも言います。四則演算をはじめ、日常的な数学で利用する演算子を提供します（表3.1）。

❖表3.1　主な算術演算子

演算子	概要	例
+	加算	2 + 3　➡ 5
−	減算	5 − 2　➡ 3
*	乗算	2 * 4　➡ 8
/	除算	6 / 3　➡ 2
%	剰余（割った余り）	10 % 3　➡ 1
++	前置加算（代入前に加算）	i = 3; j = ++i　➡ jは4

演算子	概要	例
++	後置加算（代入後に加算）	i = 3; j = i++　➡ jは3
--	前置減算（代入前に減算）	i = 3; j = --i　➡ jは2
--	後置減算（代入後に減算）	i = 3; j = i--　➡ jは3

　算術演算子は見た目にも最もわかりやすく、直観的に利用できるものがほとんどですが、利用に際していくつか注意すべき点もあります。

3.1.1　非数値が混在する演算

　「+」は、オペランドの型によって動作が変化する演算子です。具体的には、左右のオペランドがともに数値型であるかどうかによって、挙動が決まります。以下は、その具体的な例です。

```
Console.WriteLine(1 + 2);        // 結果：3 ─────────────────── ❶
Console.WriteLine("a" + 5);      // 結果：a5 ────────────────── ❷
Console.WriteLine(5 + "b");      // 結果：5b ────────────────── ❸
Console.WriteLine("1" + "2");    // 結果：12 ────────────────── ❹
Console.WriteLine("a" + DateTime.Now);  // 結果：a2017/12/13 15:21:17 ─ ❺
```

　❶は、左右いずれのオペランドも数値型なので、双方を加算した結果を返します。
　しかし、❷❸のように、オペランドのいずれか（または双方とも）が文字列の場合、「+」演算子はオペランドを文字列として結合します（順番も関係ありません）。これは❹のように一見数値に見える"1"、"2"のような値でも同じです。クォートでくくられた"1"、"2"はいずれも文字列なので、双方を文字列として連結した"12"を返します。
　❺は、オペランドの片方がオブジェクト（非文字列）である例です。この場合、内部的にはToStringメソッド（2.4.3項）で文字列変換したうえで、双方を結合します。ただし、オペランドが数値とオブジェクト（非文字列）の組み合わせである場合には文字列変換は行われず、そのままエラーとなるので注意してください。

3.1.2　連続した文字列結合に注意

　「+」演算子による文字列連結は、一般的に非効率です。というのも、Stringクラス（String型）は、内部的には固定の文字列を表すからです。つまり、一度生成された文字列を後から変更することはできません。一見して「+」演算子で連結しているように見えるのも、内部的には、

- 元の文字列
- 連結する文字列
- 結果文字列

と、合計3個のStringオブジェクトを生成しているのです（図3.2）。このオーバーヘッドは、2～3回の連結では無視できるものですが、ループなどで連結の回数が増えた場合にはガベージコレクションの増大にもつながり、無視できないものとなります。

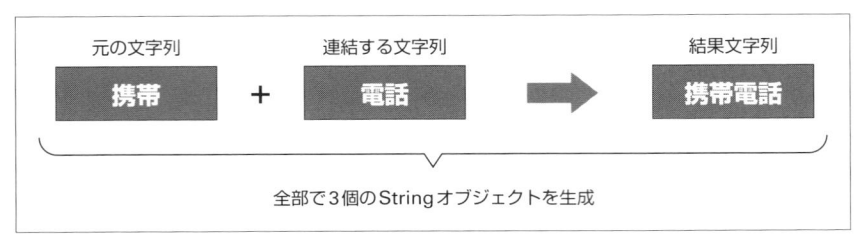

❖図3.2　「+」演算子による文字列連結

そこで、連続する文字列連結には、StringBuilderクラス（System.Text名前空間）のAppendメソッドを利用すべきです。StringBuilderクラスは、あらかじめ一定のサイズを確保した可変長の文字列を表します。文字列を連結するに際しても、文字列長を自由に変更できるので、インスタンスの生成／破棄が頻繁に発生することもありません。

例 文字列連結の実行速度を比べる

実際に、両者の違いを確認してみましょう。リスト3.1とリスト3.2は、文字列「いろは」を10万回繰り返し連結するコードを、それぞれ「+」演算子、StringBuilderクラスで表した例です（forは繰り返しのための命令です。4.2.3項で詳述します）。

▶リスト3.1　ConcatString.cs

```
var result = "";
for (int i = 0; i < 100000; i++)
{
  result += "いろは";
}
```

▶リスト3.2　ConcatBuilder.cs

```
using System.Text;
...中略...
var builder = new StringBuilder();
for (int i = 0; i < 100000; i++)
{
  builder.Append("いろは");
}
var result = builder.ToString();
```

それぞれの実行時間は、著者環境でリスト3.1が6142ミリ秒であったのに対して、リスト3.2は2ミリ秒と、ほぼ一瞬で完了しました。

なお、StringBuilderクラスでは、最初に確保した文字列サイズを超えて文字列を連結しようとすると、文字列サイズを2倍に拡張します。こうしたメモリの再割り当てはそれなりにオーバーヘッドの大きな処理なので、あらかじめ文字数が想定できているならば、インスタンス化の際にサイズを明示しておくことをお勧めします。これによって、StringBuilderによる連結処理をより効率化できます。

```
var builder = new StringBuilder(1000);
```

 note ただし、5〜6個程度の文字列連結であれば「+」演算子のほうが効率は良いようです。なんでもStringBuilderというのではなく、ループ内での文字列連結はStringBuilderを、単発的な文字列連結には「+」演算子を、という使い分けをお勧めします。

3.1.3 インクリメント演算子／デクリメント演算子

「++」「--」は、与えられたオペランドに対して1を加算／減算するための演算子です。**インクリメント演算子、デクリメント演算子**とも言います。たとえば、次の式は意味的に等価です。

```
i++  ⟷  i = i + 1
i--  ⟷  i = i – 1
```

いわゆる加算／減算演算子の省略記法ですが、役割が限定される分、コードの意図は明確になります。同様の局面では、原則として「++」「--」演算子を優先して利用してください。

ただし、注意すべき点もあります。

前置／後置演算での挙動

「++」「--」演算子をオペランドの前方に置くことを**前置演算**、後方に置くことを**後置演算**と言います。そして、「++」「--」単体では、いずれも同じ結果を得られます。

```
i++  ⟷  ++i
```

ただし、演算の結果を他の変数に代入する際には要注意です（リスト3.3）。

▶リスト3.3　Increment.cs

```
var m = 3;
var n = ++m;                                                          ❶
Console.WriteLine(m);  // 結果：4
Console.WriteLine(n);  // 結果：4
```

```
var m2 = 3;
var n2 = m2++; ──────────────────────────────────────────── ❷
Console.WriteLine(m2);  // 結果：4
Console.WriteLine(n2);  // 結果：3
```

❶のように前置演算を用いた場合、「++」演算子は変数mをインクリメントした後で、変数nにその結果を代入します（図3.3）。一方、後置演算（❷）では、変数n2に代入した後で、変数m2をインクリメントします。この違いを理解していないと、予期せぬ挙動に迷うことにもなるので、十分に注意してください。

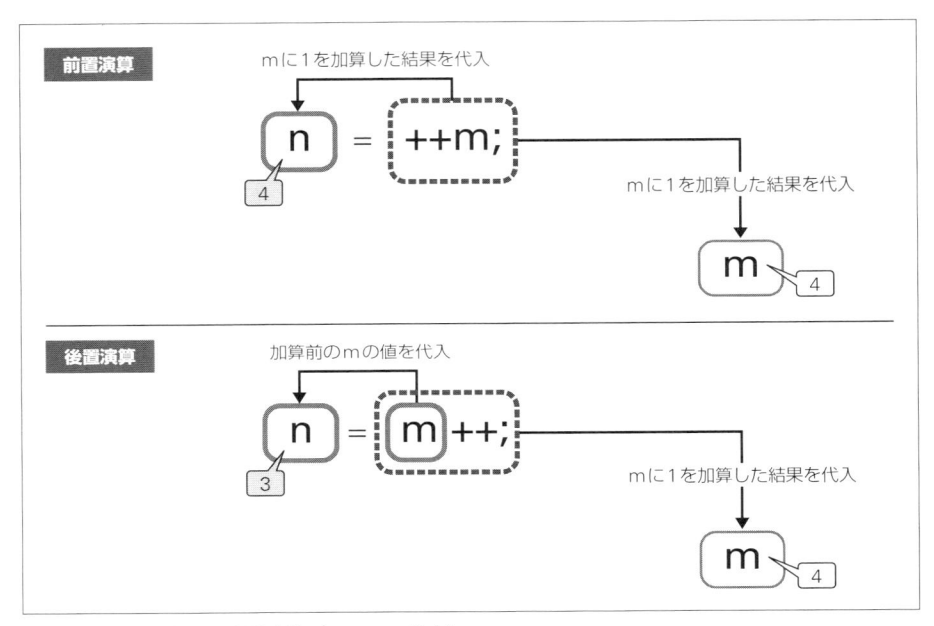

❖図3.3　前置演算／後置演算（m＝3の場合）

リテラル操作は不可

「++」「−−」演算子は、オペランドに対して直接の副作用を及ぼします。その性質上、リテラルをオペランドにすることはできません。

```
1++;
```

上記のコードが不可であるのはもちろん、以下のような表記も不可です。「++」「−−」演算子の戻り値は、（変数ではなく）演算結果の値そのものであるからです。

```
(m++)++;
```

このような状況では、複合代入演算子（3.2節）で「m += 2;」のように表記してください。
同じ理由から、以下のような定数への演算も不可です。

```
const int m = 0;
m++;
```

3.1.4　除算とデータ型

除算では、オペランドのデータ型に要注意です。

整数型同士の除算

算術演算子では、演算の結果はオペランドのデータ型によって変化します。たとえば、オペランドが整数型の場合、演算結果も整数型となりますし、浮動小数点型であれば結果も浮動小数点型です。

これは通常、あまり意識しなくても良いことですが、除算に限っては要注意です。以下の例を見てみましょう。

```
Console.WriteLine(3 / 4);  // 結果：0
```

一見して疑問に思うかもしれませんが、これは正しい結果です。整数同士の除算なので、結果も整数となってしまうのです。

演算結果をdouble型に代入しても、演算の時点で整数化されるので、結果は同じです。

```
double result = 3 / 4;
Console.WriteLine(result);  // 結果：0
```

このような場合には、オペランドのいずれかを明示的にdouble型とすることで、正しい結果が得られます。double型リテラルの接尾辞は「d」でした。

```
Console.WriteLine(3d / 4);  // 結果：0.75
```

ゼロ除算での挙動

整数型と浮動小数点型とでは、ゼロ除算の挙動も異なります。

```
Console.WriteLine(3 / 0);   // 結果：エラー（定数0による除算です。）────────── ❶
Console.WriteLine(3 % 0);   // 結果：エラー（定数0による除算です。）────────── ❷
Console.WriteLine(3d / 0);  // 結果：∞ ──────────────────────────── ❸
Console.WriteLine(3d % 0);  // 結果：NaN ─────────────────────────── ❹
```

❶❷と❸❹の違いは、オペランドが整数（3）であるか浮動小数点数（3d）であるかという点です。整数によるゼロ除算はコンパイルエラーとなりますが、浮動小数点数によるゼロ除算は∞（無限大）、NaN（Not a Number：非数）という特殊な値になります。

3.1.5 浮動小数点数の演算には要注意

浮動小数点数を含んだ演算では、時として意図した結果を得られない場合があります。たとえば以下のようなコードを見てみましょう。

```
Console.WriteLine(Math.Floor((0.7 + 0.1) * 10));  // 結果：7
```

Math.Floorは、小数点数を切り捨てるための命令です。この場合、(0.7 + 0.1) × 10は8なので、小数点以下を切り捨てても8となるはずです。しかし、結果は7となっています。

これは、浮動小数点型が、内部的には2進数で演算されるために発生する誤差です。10進数ではごく単純に表せる0.1という値ですら、2進数の世界では0.0001100110011...という**無限循環小数**となります。結果、(0.7 + 0.1) × 10も、内部的には7.9999999999999991...のような値となり、正しい結果を得られません。

同様に、以下の等式はC#ではfalseとなります（「==」は左辺と右辺とが等しいかどうかを判定する演算子です）。

```
Console.WriteLine(0.2 * 3 == 0.6);  // 結果：false
```

note この問題のさらにややこしい点は、それぞれの演算結果をそのまま出力した場合には、一見して正しい結果が得られているように見える点です。

```
Console.WriteLine((0.7 + 0.1) * 10);  // 結果：8
Console.WriteLine(0.2 * 3);           // 結果：0.6
```

これはdouble型の値は、既定で15桁を対象に文字列化し、それ以降の数値は丸めの対象となるためです。以下のようにToStringメソッド（2.4.3項）で桁数を明示することで、誤差を確認できます。

```
var d1 = (0.7 + 0.1) * 10;
var d2 = 0.2 * 3;
Console.WriteLine(d1.ToString("G16"));    // 結果：7.999999999999999
Console.WriteLine(d2.ToString("G16"));    // 結果：0.6000000000000001
```

このような問題を避けるためには、decimal型を利用してください。

```
Console.WriteLine(Math.Floor((0.7M + 0.1M) * 10M));  // 結果：8
Console.WriteLine(0.2M * 3M == 0.6M);                // 結果：true
```

decimal型は、double型に比べて有効桁数が多く、内部的な演算にも10進数を用いることで丸め誤差を防ぎます。decimal型を明示的に表すには、リテラルの接尾辞としてMを付与します。演算結果を確認すると、確かに正しい解を得られています。

ただし、良いことばかりではなく、decimal型による演算はdouble型に比べると低速で、しかも、

扱える値範囲が狭いという問題があります。これらの問題を避けるなら、演算そのものは整数で進め、最終的な演算を（たとえば）10で除算することで、浮動小数点演算による誤差を未然に防ぐこともできます。

```
Console.WriteLine((2 * 3) / 10d == 0.6);  // 結果：true
```

練習問題　3.1

1. 前置演算と後置演算の違いについて説明してください。

2. C#で以下の演算を実行した場合の結果を答えてください。エラーとなる演算は、「エラー」と答えてください。

① "2" + "3"　　　　② 1++　　　　③ 6 / 5　　　　④ 1.0 / 0　　　　⑤ 9 % 5

3.2　代入演算子

代入演算子は、左辺で指定した変数に対して、右辺の値を設定（代入）するための演算子です（表3.2）。すでに何度も出てきた「＝」演算子は、代表的な代入演算子の1つです。また、代入演算子には、算術演算子やビット演算子などを合わせた機能を提供する**複合代入演算子**も含まれます。

❖表3.2　主な代入演算子

演算子	概要	用例	
=	変数などに値を代入	x = 10	
+=	左辺と右辺を加算した結果を、左辺に代入	x = 5; x += 2;	➡ 7
-=	左辺から右辺を減算した結果を、左辺に代入	x = 5; x -= 2;	➡ 3
*=	左辺と右辺を乗算した結果を、左辺に代入	x = 5; x *= 2;	➡ 10
/=	左辺を右辺で除算した結果を、左辺に代入	x = 5; x /= 2;	➡ 2.5
%=	左辺を右辺で除算した余りを、左辺に代入	x = 5; x %= 2;	➡ 1
&=	左辺と右辺をビット論理積した結果を、左辺に代入	x = 10; x &= 1;	➡ 0
|=	左辺と右辺をビット論理和した結果を、左辺に代入	x = 10; x |= 1;	➡ 11
^=	左辺と右辺をビット排他論理和した結果を、左辺に代入	x = 10; x ^= 2;	➡ 8
<<=	左辺を右辺の値だけ左シフトした結果を左辺に代入	x = 10; x <<= 1;	➡ 20
>>=	左辺を右辺の値だけ右シフトした結果を左辺に代入	x = 10; x >>= 1;	➡ 5

複合代入演算子は、「左辺と右辺の値を演算した結果を左辺に代入する」ための演算子です。つまり、次のコードは意味的に等価です（●は、複合演算子として利用できる任意の算術／ビット演算子を表すものとします）。

$$i \bullet= j; \iff i = i \bullet j;$$

　算術／ビット演算した結果を元の変数に書き戻したい場合には、複合代入演算子を利用することで、コードをよりシンプルに表せます。算術／ビット演算子については、それぞれ該当する節を参照してください。

3.2.1　値型／参照型による代入

　データ型は大きく値型と参照型とに分類でき、双方にはさまざまな違いがあります。その1つが、代入での挙動です。まずは、具体的なサンプルで確認してみましょう（リスト3.4）。

▶リスト3.4　Substitution.cs

```
using System.Text;
...中略...
var x = 1;
var y = x;
x += 10;
Console.WriteLine(x);  // 結果：11 ─────────────┐
Console.WriteLine(y);  // 結果：1 ──────────────┤ ❶

var builder1 = new StringBuilder("あいう");
var builder2 = builder1;
builder1.Append("えお");
Console.WriteLine(builder1.ToString());  // 結果：あいうえお ──┐
Console.WriteLine(builder2.ToString());  // 結果：あいうえお ──┤ ❷
```

　❶は直観的にも問題ないでしょう。値型の値は、変数にもそのまま格納されるので、変数xの値を変数yに引き渡す際にも、その値はコピーされます。よって、元の変数xを変更しても、コピー先の変数yに影響はおよびません。

　一方、参照型の代入はもう少し複雑です。❷では、例としてStringBuilderオブジェクトを変数builder1に代入し、その中身をさらに変数builder2に代入しています。しかし、参照型では、（値そのものではなく）値を格納しているメモリー上のアドレスが変数に格納されます。よって、「builder2 = builder1」とは、

　　変数builder1に格納されているアドレスを、変数builder2にコピーしている

にすぎません。結果、変数builder1、builder2は同じオブジェクトを指していることになり、変数builder1への変更はそのままbuilder2にも影響をおよぼすことになります（図3.4）。

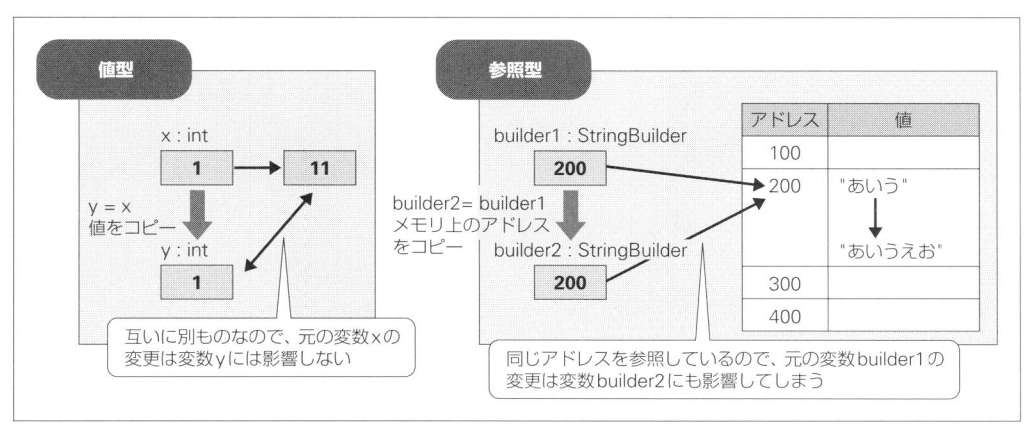

❖図3.4　値型と参照型の違い（代入）

> **note** プログラムで扱う値は、コンピューター上のメモリーに格納されます。メモリーには、それぞれの場所を表すための番地（**アドレス**）が振られています。
>
> ただし、コード中で意味のない番号を記述するのでは読みにくく、タイプミスの原因にもなります。そこで、それぞれ値の格納先に対して、人間が視認しやすい名前を付けておくのが変数の役割です。変数とは、メモリー上の場所に対して付けられた名札とも言えます。

3.3　関係演算子

　関係演算子は、左辺と右辺の値を比較し、その結果をtrue ／ falseとして返します（表3.3）。詳細については後で触れますが、比較演算子は、主にif、while、forなどの条件分岐／繰り返し命令で、条件式を表すために利用します。**比較演算子**とも言います。

❖表3.3　主な関係演算子

演算子	概要	用例	
==	左辺と右辺の値が等しい場合はtrue	7 == 7	➡ true
!=	左辺と右辺の値が等しくない場合にtrue	7 != 7	➡ false
<	左辺が右辺より小さい場合にtrue	7 < 10	➡ true
>	左辺が右辺より大きい場合にtrue	7 > 10	➡ false
<=	左辺が右辺以下の場合にtrue	7 <= 10	➡ true
>=	左辺が右辺以上の場合にtrue	7 >= 10	➡ false
?:	条件演算子。「条件式 ? 式1 : 式2」。条件式がtrueの場合は式1、falseの場合は式2を返す	(10 > 1) ? "正解" : "不正解"	➡ 正解
??	null合体演算子。左式がnullでなければその値、nullならば右辺の値を返す	null ?? "なし"	➡ なし

比較演算子は、算術演算子と並んで直観的に理解しやすい演算子ですが、よく利用するがゆえに細かな点では注意すべきポイントもあります。

3.3.1 同一性と同値性

比較演算子を利用するうえで、**同一性**（Identity）と**同値性**（Equivalence）を区別することは重要です。

- 同一性：オブジェクト参照同士が同じオブジェクトを参照していること
- 同値性：オブジェクトが同じ値を持っていること

以上を踏まえて、まずはリスト3.5のサンプルを見てみましょう。

▶リスト3.5　CompareStringBuilder.cs

```
using System.Text;
...中略...
var builder1 = new StringBuilder("あいう");
var builder2 = new StringBuilder("あいう");
Console.WriteLine(builder1 == builder2);  // 結果：false
```

変数builder1、builder2は、いずれも「あいう」という文字列を表します。しかし、双方を「==」演算子で比較した結果はfalse ── 等しくないと見なされてしまうのです。

これはバグではなく、「==」演算子の仕様です。「==」演算子は（デフォルトで）オペランドの同一性を比較します(図3.5)。この例であれば、builder1、builder2は一見して同じ文字列を表しますが、別々に作成された異なるオブジェクトです。よって、「==」演算子も「同一でない」と見なすわけです。

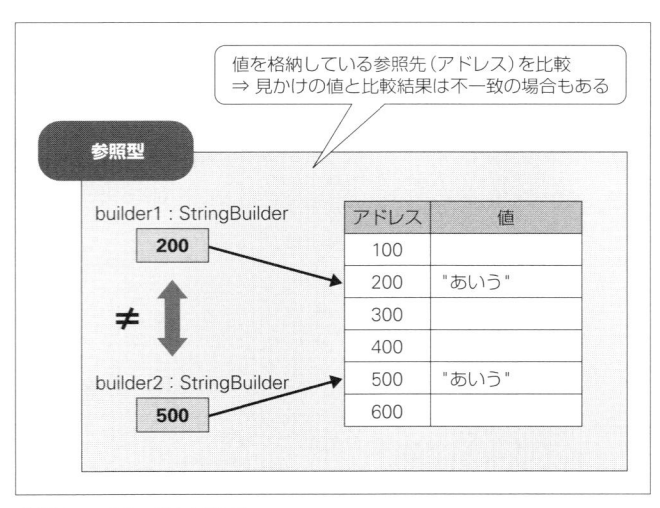

❖図3.5　同一性と同値性

そこで登場するのが、Equalsメソッドです。Equalsメソッドは、オブジェクトをその値によって比較します。たとえば、StringBuilderオブジェクトであれば、含まれる文字列を比較します。

```
Console.WriteLine(builder1.Equals(builder2));  // 結果：true
```

同値性の比較ルールはクラス（オブジェクト）によって異なりますが、まずは、オブジェクト（参照型）はEqualsメソッドによって比較する、と覚えておいてください。

ちなみに、値そのものを格納している値型では、値が比較の対象となるので、こうした問題は発生しません。

文字列の比較は「==」演算子で

ただし、文字列は、例外的に「==」演算子、Equalsメソッドいずれで比較してもかまいません。というのも、Stringクラスでは「==」演算子を上書きして、内部的にEqualsメソッドを呼び出すようにしているからです。

ということで、いずれもほぼ同じ意味なのですが、string型では「==」演算子を優先して利用することをお勧めします。というのも、Equalsメソッドは型安全ではないためです。

たとえばリスト3.6は、string型の値とint型の値とをEqualsメソッド／「==」演算子で比較したコードです。

▶リスト3.6　CompareString.cs

```
string data = "123";
int data2 = 123;
Console.WriteLine(data.Equals(data2));  // 結果：false ──────────────❶
Console.WriteLine(data == data2);       // 結果：エラー ──────────────❷
```

この場合もEqualsメソッドはエラーを返さず（任意の型を受け取れるためです）、ただfalse（＝等しくない）という結果だけを返します（❶）。これはバグを見つけにくくするという意味でも、望ましい状況ではありません。

一方、==演算子はオペランドの型をチェックするので、❷は「演算子'=='を'string'と'int'型のオペランドに適用することはできません」のようなコンパイルエラーとなります。

▎3.3.2　浮動小数点数の比較

浮動小数点数は内部的には2進数として扱われるため、厳密な演算には不向きです。その事情は、浮動小数点数の比較においても同様です。

浮動小数点数の比較では、decimal型（3.1.5項）を利用するか、リスト3.7のような方法を利用してください。

```
const double EPSILON = 0.00001; ──────────────────────────────── ❶
double x = 0.2 * 3;
double y = 0.6;
Console.WriteLine(Math.Abs(x − y) < EPSILON);  // 結果：true
```

　定数EPSILONは、誤差の許容範囲を表します（❶）。**計算機イプシロン、丸め単位**などとも呼ばれます。この例では、小数第5位までの精度を保証したいので、イプシロンは0.00001とします。

　後は、浮動小数点数同士の差を求め（`Math.Abs`は絶対値を求める命令です）、その値がイプシロン未満であれば、保証した桁数までは等しいということになります（図3.6）。

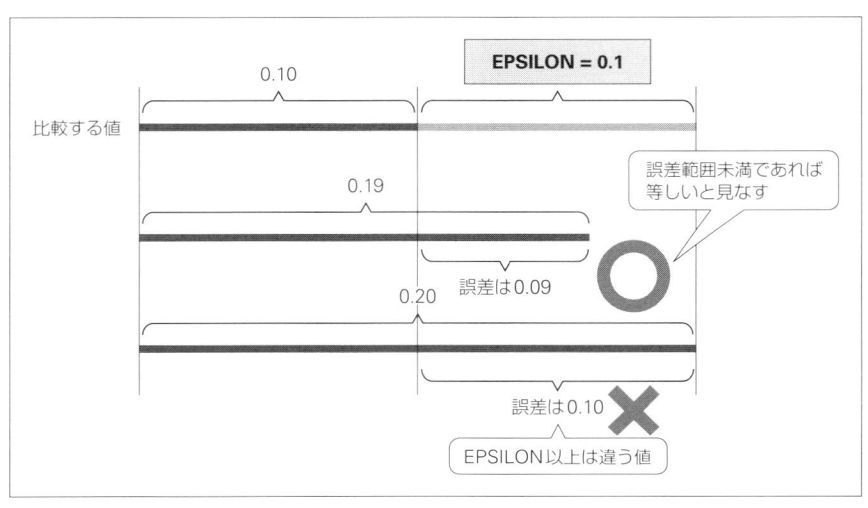

❖図3.6　浮動小数点数の比較（小数点以下第1位の場合）

3.3.3　配列の比較

　配列の比較には、「==」演算子はもちろん、Equalsメソッドも利用できません。いずれも参照を比較するため、たとえばリスト3.8のようなコードは期待した結果を得られません。

▶リスト3.8　CompareArray.cs

```
var data1 = new[] { "い", "ろ", "は" };
var data2 = new[] { "い", "ろ", "は" };
Console.WriteLine(data1 == data2);         // 結果：false
Console.WriteLine(data1.Equals(data2));  // 結果：false
```

配列を比較するには、Enumerable クラスの SequenceEqual メソッド（System.Linq 名前空間）を利用してください。

```
Console.WriteLine(data1.SequenceEqual(data2));  // 結果：true
```

3.3.4　条件演算子（?:）

条件演算子は、指定された条件式の真偽に応じて、対応する式の値を返します。

構文 条件演算子

```
条件式 ? 式1 ： 式2
```

　リスト 3.9 は、変数 score が 70 以上であれば「合格」、さもなければ「不合格...」を表示するサンプルです。

▶リスト 3.9　Condition.cs

```
var score = 75;
Console.WriteLine(score >= 70 ? "合格！" : "不合格...");  // 結果：合格！
```

　変数 score の値を 70 未満にしたときに、結果が変化することも確認してください。

> _note_　条件演算子は、オペランドを3個必要とすることから、**三項演算子**と呼ばれることもあります。ちなみに、「*」「/」のように、オペランドが2個の演算子を**二項演算子**、「++」「--」のようにオペランドが1個の演算子を**単項演算子**と呼びます。一般的には、二項演算子では演算子の前後にオペランドを、単項演算子では演算子の前後いずれかにオペランドを、それぞれ記述します。
> 　最も種類が多いのは二項演算子で、逆に三項演算子は条件演算子（?:）だけです。演算子によっては、「-」のように用途によって単項演算子になったり二項演算子になったりするものもあります（たとえば「-5」「5 - 2」のように、です）。

　式の値を振り分けるような状況では、if命令（4.1.1項）よりもシンプルに表現できますが、以下のような制約もあるので要注意です。

[1] 式1、2はなんらかの値を返すこと

　たとえば、以下のようなコードは不可です。WriteLine メソッドは値を返さないからです。

```
flag ? Console.WriteLine("OK") : Console.WriteLine("NG");
```

　この例であれば、if命令で表すか、以下のように文字列だけを分岐します。

```
Console.WriteLine(flag ? "OK" : "NG");
```

[2] 式1、2は同じ型、もしくは暗黙的な変換（2.4.1項）が可能であること

たとえば、int 値（10）と string 値（"NG"）は暗黙的に変換できないので、以下のようなコードは不可です。

```
Console.WriteLine(flag ? 10 : "NG");
```

[3] $"..."構文（2.3.5項）では条件演算子を丸カッコでくくること

$"..."（というか、その配下の{…}）で、そのまま条件演算子を書くことはできません。たとえば以下のコードはコンパイルエラーとなります。

```
Console.WriteLine($"{ true ? "OK" : "NG" }");
```

条件演算子に含まれる「:」が書式文字列（5.1.8項）を表す「:」と区別できないためです。これを防ぐには、{…}配下の条件演算子は、全体を丸カッコでくくってください。これによって、正しく条件演算子が評価されます。

```
Console.WriteLine($"{( true ? "OK" : "NG" )}");
```

3.3.5　null 合体演算子

条件演算子の特殊形として、**null 合体演算子**もあります。式1がnullでない場合には式1を、さもなければ式2を返します。

構文 null 合体演算子

```
式1 ?? 式2
```

リスト3.10は、変数strがnullでなければその値を、さもなければ変数defの値を表示するサンプルです。

▶リスト3.10　ConditionNull.cs

```
string str = "山田";
string def  = "権兵衛";
Console.WriteLine(str ?? def);  // 結果：山田
```

試しに太字の部分（"山田"）をnullに変更することで、結果が「権兵衛」になることも確認してみましょう。このように、ある変数が空（未定義）の場合に、代わりのデフォルト値を与えたい、という状況で役立つ構文です。

条件演算子を使って、以下のように書いても同じ意味です。

```
Console.WriteLine(str == null ? def : str);
```

1. 変数valueがnullの場合は「既定値」、そうでなければvalueの値を出力するようなコードを、条件演算子、null合体演算子それぞれを利用したパターンで書いてみましょう。

2. 以下の式を評価した場合の結果をtrue／falseで答えてください。エラーになる式は「エラー」とします。

   ① `"123".Equals(123)`

   ② `"123" == 123`

   ③ `new StringBuilder("X") == new StringBuilder("X")`

   ④ `(new[] { 1, 2, 3 }).Equals(new[] { 1, 2, 3 })`

3.4 論理演算子

論理演算子は、複数の条件式（または真偽値）を論理的に結合し、その結果をtrue／falseとして返します（表3.4）。前述の比較演算子と組み合わせて利用するのが一般的です。論理演算子を利用することで、より複雑な条件式を表現できるようになります。

❖表3.4　主な論理演算子（用例のxはtrue、yはfalseを表すものとする）

演算子	概要	用例	
&&	論理積。左右の式がともにtrueの場合にtrue	x && y	➡ false
||	論理和。左右の式いずれかがtrueの場合にtrue	x || y	➡ true
^	排他的論理和。左右の式いずれか一方だけがtrueの場合にtrue	x ^ y	➡ true
!	否定。式がtrueの場合はfalse、falseの場合はtrue	!x	➡ false

論理演算子の結果は、左右の式の真偽値によって決まります。左式／右式の値と具体的な論理演算の結果を、表3.5にまとめておきます。

❖表3.5　論理演算子による評価結果

左式	右式	&&	||	^
true	true	true	true	false
true	false	false	true	true
false	true	false	true	true
false	false	false	false	false

これらの規則をベン図で表現すると、図3.7のようになります。

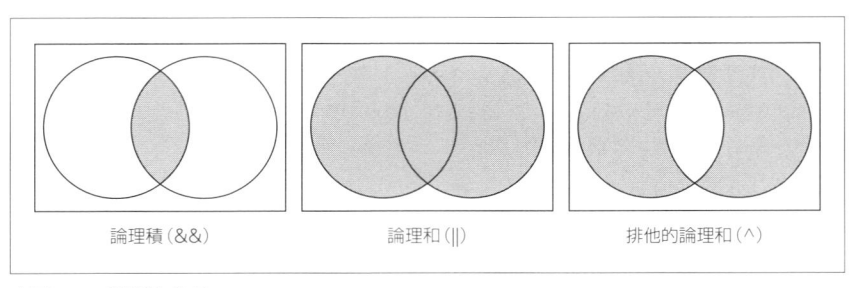

論理積（&&）　　　　　論理和（||）　　　　　排他的論理和（^）

❖図3.7　論理演算子

3.4.1　ショートカット演算（短絡演算）

　論理演算（正確には論理積／論理和）では、「ある条件のもとでは、左式だけが評価されて右式が評価されない」場合があります。このような演算のことを**ショートカット演算**あるいは**短絡演算**と言います。

　具体的な例も見てみましょう（図3.8）。

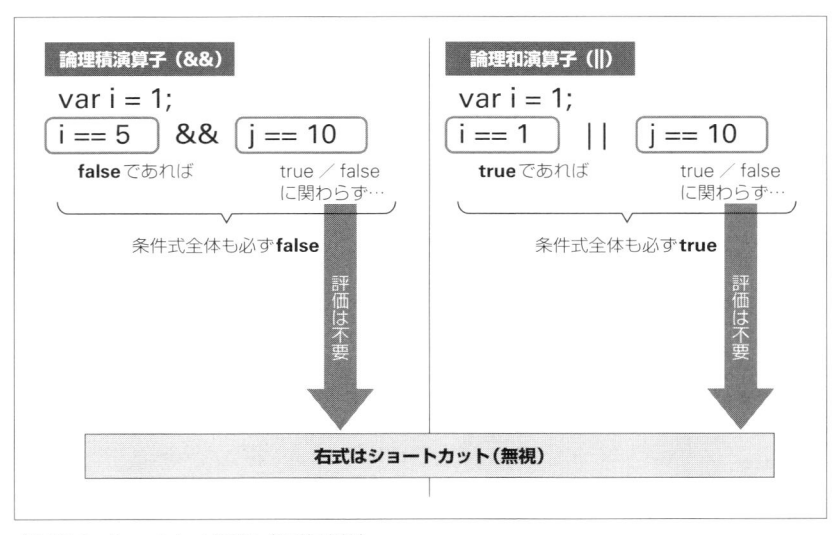

❖図3.8　ショートカット演算（短絡演算）

　表3.5でも触れたように、論理積（&&）演算子では、左式がfalseである場合、右式がtrue／falseいずれであるとに関わらず、条件式全体はfalseとなります。つまり、左式がfalseであった場合、論理積演算子では右式を評価する必要がないわけです。そこで、論理積演算子は、このようなケースで右式の実行をショートカット（スキップ）します。

　論理和（||）演算子でも同様です。論理和演算子では、左式がtrueである場合、右式に関わらず、

条件式全体は必ずtrueとなります。よって、この場合は右式の評価をスキップするのです。

> ちなみに、論理積／論理和演算子には、もう1つ「&」「|」演算子（3.5節）があります。判定の
> ルールは「&&」「||」演算子と同じですが、ショートカットの性質を持た**ない**点が異なります。

　ショートカット演算を利用した典型的なコードを、リスト3.11に示します（if命令については4.1.1項もあわせて参照してください）。

▶リスト3.11　Shortcut.cs

```csharp
string str = null;
// 変数strが「http://」で始まる場合にメッセージを表示
if(str != null && str.StartsWith("http://"))
{
  Console.WriteLine("「http://～」で始まります。");
}
```

　StartsWithは、文字列が指定された文字列（ここでは「http://」）で始まるかどうかを確認するためのメソッドです。StartsWithメソッドだけを呼び出す、以下のコードは不可です。

```csharp
if(str.StartsWith("http://"))
```

　変数strがnullの場合、StartsWithメソッド呼び出しはNullReferenceException例外の原因となるからです（2.5.2項）。これを避けるには、リスト3.8のように、「str != null」でnullチェックをしてからメソッドを呼び出します。先ほども触れたように、「&&」演算子は左式がfalseの場合に右式の評価をスキップします。つまり、この例であれば、変数strがnullであればStartsWithメソッドも呼び出されません。

　ちなみに、リスト3.8を以下のように書き換えた場合には（「&&」→「&」）、やはりNullReferenceException例外（エラー）となります。「&」演算子は、左辺の値に関わらず、ショートカット演算しないからです。

```csharp
if(str != null & str.StartsWith("http://"))
```

3.5　ビット演算子

　ビット演算とは、整数を2進数で表したときの各桁（ビット）に対して論理計算を行う演算のことです（表3.6）。初学者は利用する機会もそれほど多くないので、まず先に進みたいという方は、この節を読み飛ばしてもかまいません（本書では、ビット演算の具体的な例を9.3.4項で扱っています）。

❖表3.6　主なビット演算子
　　　（用例は「元の式→2進数表記の式→2進数での結果→10進数での結果」の形式で表記）

演算子	概要	用例
&	論理積。左式／右式の双方にセットされているビットをセット	10 & 1 ➡ 1010 & 0001 ➡ 0000 ➡ 0
|	論理和。左式／右式のいずれかにセットされているビットをセット	10 | 1 ➡ 1010 |0001 ➡ 1011 ➡ 11
^	排他的論理和。左式／右式のいずれかでセットされており、かつ、双方にセットされていないビットをセット	10 ^ 1 ➡ 1010 ^ 0001 ➡ 1011 ➡ 11
~ （チルダ）	否定。ビットを反転	~10 ➡ ~1010 ➡ 0101 ➡ −11
<<	ビットを左にシフト	10 << 1 ➡ 1010 << 1 ➡ 10100 ➡ 20
>>	ビットを右にシフト	10 >> 1 ➡ 1010 >> 1 ➡ 0101 ➡ 5

　ビット演算子は、さらに**ビット論理演算子**と**ビットシフト演算子**とに分類できます。これらの挙動は初学者にとってはわかりにくいと思いますので、それぞれの大まかな流れを補足しておきます。

3.5.1　ビット論理演算子

　たとえば、図3.9は論理積演算子（&）を利用した演算の流れです。

　このようにビット演算では、与えられた整数を2進数に変換したうえで、それぞれの桁について論理演算を実施します。論理積では、双方のビットが1（true）である場合にだけ結果も1（true）、それ以外は0（false）を返します。ビット演算子は、演算の結果（ここでは0001）を再び10進数に戻したもの（ここでは1）を返します。

　もう1つ、否定（~）演算子についても見てみましょう（図3.10）。

　否定演算では、すべてのビットを反転させるので、結果は1010（10進数で10）になるように思えます。しかし、結果は（実際に試してみればわかるように）−6です。これは、否定演算子が正負を表す符号も反転させているためです。

❖図3.9　ビット論理演算子

❖図3.10　否定演算子

　2.4.2項でも触れたように、ビット値で負数を表す場合、「ビットを反転させて1を加えたものが、その絶対値となる」というルールがあります。つまり、ここでは「1010」を反転させた「0101」に1を加えた「0110」（10進数では6）が絶対値となり、符号を加味した結果が−6となるわけです。

3.5.2 ビットシフト演算子

図3.11は、左ビット演算子を使った演算の例です。

ビットシフト演算も、10進数をまず2進数として捉えるまでは同じです。そして、その桁を左または右に指定の桁だけ移動します。左シフトした場合、シフトした分、右側の桁を0で埋めます。つまり、ここでは「0111」（10進数では10）が左シフトの結果「101000」となるので、演算結果はその10進数表記である40となります。

10進数		2進数		10進数
5	→	1010		
		101000	→	<< 2
		101000	→	40

❖図3.11 ビットシフト演算子

右ビットシフトも、基本的な考えは左シフトと同じですが、シフトの結果、左側にできた空きビットをどのような値で埋めるかが問題となります。何度か触れていますが、整数型では最上位のビットは符号を表します（0が正数、1が負数です）。このとき、最上位のビット（符号）を維持するシフトを**算術シフト**、最上位のビットに関わらず、0で補填するシフトを**論理シフト**と言います（図3.12）。

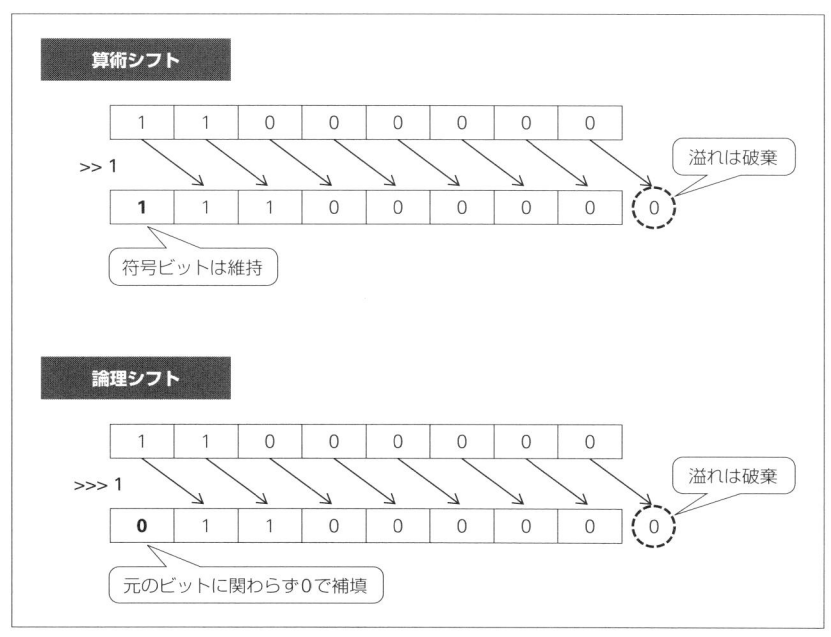

❖図3.12 算術シフトと論理シフト

いずれのシフトを選択するかは、データ型によって決まります。具体的には、左オペランドがint

／ long型（符号あり型）の場合には算術シフトとなり、最上位ビットには元々の符号ビットが設定されます。一方、uint ／ ulong型（符号なし型）の場合には論理シフトとなり、最上位ビットには無条件に0が設定されます。

```
Console.WriteLine(8 >> 1);   // 結果：4
Console.WriteLine(-8 >> 1);  // 結果：-4（符号が維持される）
```

もしもint ／ long型でも強制的に論理シフトしたい場合には、符号なし型（uint ／ ulong）にキャストしてからシフトします。

```
int i = -8;
Console.WriteLine((uint)i >> 1);  // 結果：2147483644
```

3.6　その他の演算子

ここまでのいずれの分類にも属さない演算子です。ここで紹介する他にも、as ／ is ／ typeof演算子（8.2.8項）、new演算子（2.5.1項）、キャスト演算子（2.4.2項）などがありますが、これらはそれぞれ関連する項で解説します。

3.6.1　sizeof演算子

sizeof演算子は、値型のサイズをバイト単位で取得します。

```
Console.WriteLine(sizeof(int));      // 結果：4
Console.WriteLine(sizeof(decimal));  // 結果：16
```

sizeof演算子で指定できるのは、基本的にあらかじめサイズが決まっている数値型（列挙体を含む）です。しかし、unsafeモードを利用することで、参照型を含まない構造体（9.3.5項）、ポインター型（P.43）のサイズを求めることもできます。

```
unsafe
{
  // MyStruct構造体のサイズを取得
  Console.WriteLine(sizeof(MyStruct));
}
```

unsafeモードとは、ポインター型のように既定では無効化されている機能を有効にするためのモードです。できることは広がる半面、誤ったコードを書いたときの危険度は増すため、通常利用する状況はほとんどありません。

unsafeモードを利用するには、上のように該当するコードをunsafeブロックでくくったうえで、

現在のプロジェクトでunsafeモードを有効にしてください。これには、ソリューションエクスプローラーから/Propertiesフォルダーをダブルクリックし、プロジェクトのプロパティシートを開きます（図3.13）。その［ビルド］タブから［アンセーフコードの許可］にチェックを入れてください。

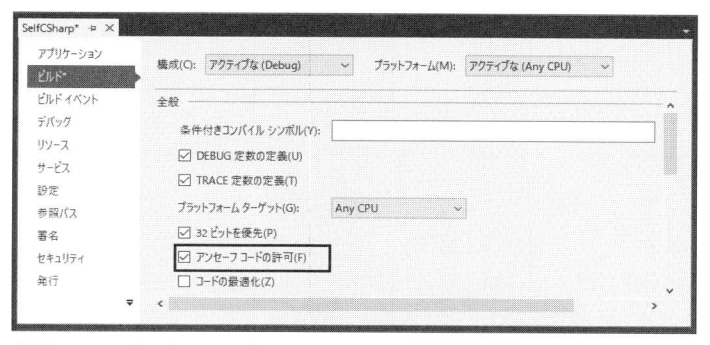

❖図3.13　プロジェクトのプロパティシート

3.6.2　nameof演算子 C#6

nameof演算子は、変数、クラスやそのメンバーなど、識別子を文字列リテラルとして取得します（リスト3.12）。

▶リスト3.12　NameOfBasic.cs

```
class NameOfBasic
{
  int data = 1;

  static void Main(string[] args)
  {
    Console.WriteLine(nameof(NameOfBasic));  // 結果：NameOfBasic
    Console.WriteLine(nameof(data));         // 結果：data
  }
}
```

コードの中で識別子を文字列として扱いたいことはよくあります。たとえばリスト3.13は、Hogeメソッドの引数strがnullの場合にArgumentNullException例外を発生する例です（メソッド定義、例外については、それぞれ7.3節、9.2節で詳述します）。

▶リスト3.13　NameOfNull.cs

```
public void Hoge(string str)
{
  if (str == null)
  {
    throw new ArgumentNullException("str");
  }
}
```

ArgumentNullException例外は引数がnullであることを表します。ここでnullであった変数（引数）名をそのまま文字列として埋め込んでしまうのは、望ましくありません（太字部分）。というのも、この「str」は（識別子としてのstrではなく）単なる文字列です。Visual Studioは［名前の変更］という機能を持っており、識別子の変更をコード全体に自動で反映できます。しかし、文字列リテラルの中のstrは、その対象外です。

しかし、nameof演算子で指定されたstr（以下）は、識別子としてのstrなので、［名前の変更］機能の対象となります。

```
throw new ArgumentNullException(nameof(str));
```

note　識別子を変更するには、コードエディター上で対象の識別子にカーソルを合わせた状態で右クリック、表示されたコンテキストメニューから［名前の変更...］を選択してください（図3.A）。

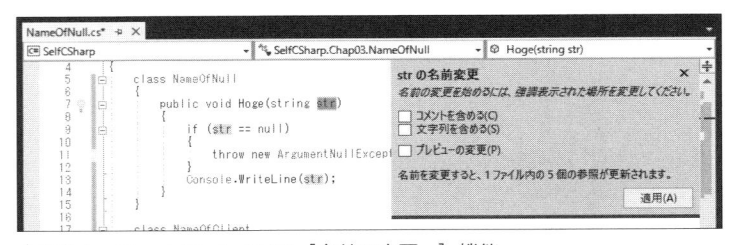

❖図3.A　Visual Studioによる［名前の変更...］機能

［xxxxxの名前変更］ダイアログが表示され、影響する名前の個数が表示されるので、コードエディターから実際に名前を変更してみましょう。確かに対応する名前が即座に変更されることが確認できます。［適用］ボタンをクリックすることで変更は確定されます。

これはnameof演算子を利用する身近な一例ですが、それ以外にも識別子を文字列として指定しなければならない状況はよくあります。INotifyPropertyChanged、依存関係プロパティ（XAML）、Html.ActionLinkなどです。これらについては本書の守備範囲を外れるので、ここでは詳細には踏み込みませんが、今後学習を進めていく中で、これらのキーワードを見かけたら、nameof演算子の利用を検討してみてください。

3.7 演算子の優先順位と結合則

式の中に複数の演算子が含まれている場合、これらがどのような順序で処理されるかを知っておくことは重要です。このルールを規定したものが、演算子の**優先順位**と**結合則**です。特に、式が複雑な場合には、これらのルールを理解しておかないと、思わぬところで思わぬ結果に悩まされることになるので注意してください。

3.7.1 優先順位

たとえば、数学の世界で考えてみましょう。「$5 + 4 \times 6$」は、「$9 \times 6 = 54$」ではなく「$5 + 24 = 29$」です。こうなるのは、数学の世界では「+」演算よりも「×」演算を先に計算しなければならないというルールがあるためです。言い換えれば、「×」演算は「+」演算よりも優先順位が高い、ということです。

同様に、C#の世界でも、すべての演算子に対して優先順位が決められています。1つの式の中に複数の演算子がある場合、C#は優先順位の高い順に演算を行います。

この章ではまだ触れていないものもありますが、まずはどのような演算子があるのか、ながめてみてください（表3.7）。

❖表3.7 演算子の優先順位

優先順位	演算子
高い	`.`、`?.`、`?`、`()`、`[]`、`++`、`--`、`new`、`typeof`、`checked`、`unchecked`、`default`、`sizeof`
↑	`+`、`-`、`!`、`~`、`++`、`--`、`(T)`、`await`
	`*`、`/`、`%`
	`+`、`-`
	`<<`、`>>`
	`<`、`>`、`<=`、`>=`、`is`、`as`
	`==`、`!=`
	`&`
	`^`
	`|`
	`&&`
	`||`
	`??`
↓	`?:`
低い	`=`、`+=`、`-=`、`*=`、`/=`、`%=`、`&=`、`|=`、`^=`、`<<=`、`>>=`、`=>`

このようにして見ると、ずいぶんとたくさんあるものです。これだけの演算子の優先順位をすべて覚えるのは現実的ではありませんし、苦労して書いたコードを後で読み返したときに、演算の順序が一目でわからないようでは、それもまた問題です。そこで、複雑な式を書く場合には、できるだけ丸カッコを利用して、演算子の優先順位を明確にしておくことをお勧めします。丸カッコで囲まれた式は、最優先で処理されます（数学の場合と同じです）。

　　　5 * 3 + 4 * 12　➡　(5 * 3) + (4 * 12)

　この程度の式であれば、あえて丸カッコを付ける必要性は感じられないかもしれませんが、もっと複雑な式の場合は、丸カッコによって優先順位が明確になるので、コードが読みやすくなり、誤りも減ります。

3.7.2　結合則

　異なる演算子の処理順序を決めるのが優先順位であるとすれば、同じ優先順位の演算子を処理する順序を決めるのが結合則です。結合則は、優先順位の同じ演算子が並んでいる場合に、演算子を左から右、右から左のいずれの方向に処理するかを決めるルールです。

　以下に、基本的なルールをまとめておきます。

[1] 代入演算子を除く二項演算子は左結合

　たとえば、以下の式は意味的に等価です。

　　　5 + 7 - 1　⟷　(5 + 7) - 1

　これは「+」「-」演算子の優先順位は同じで、かつ、左→右（**左結合**）の結合則を持つためです。

[2] 代入演算子と条件演算子は右結合

　たとえば、以下の式は同じ意味です。

　　　j = i += 10　➡　j = (i += 10)

　「=」「+=」が同じ優先順位で、右結合の性質を持つので、右から順に評価されているのです。上記の式では、変数 i に 10 を加えた結果が変数 j に代入されます。

　概念だけ聞くと、結合則は難しく思えるかもしれませんが、具体的に見れば、実はごく当たり前のルールを示していることがわかるでしょう（図3.14）。

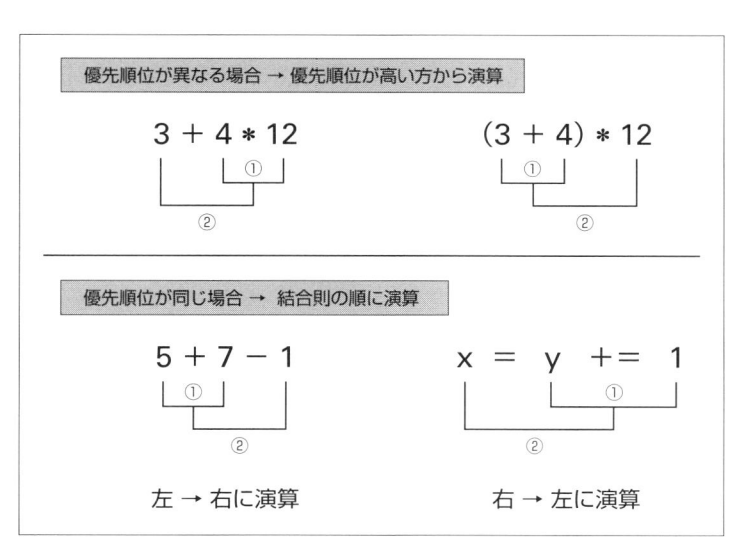

❖図3.14　結合則

☑ この章の理解度チェック

1. 以下の表は、C#で利用できる演算子についてまとめたものです。空欄を埋めて表を完成させてください。ただし、⑥は3個以上挙げてください。

❖C#で利用できる主な演算子

種類	演算子
①	+、−、*、/、%、++、−− など
②	=、+=、−=、*=、/= など
関係演算子	==、!=、<、>、条件演算子(③)、null合体演算子(④)など
⑤	&&、||、! など
ビット演算子	⑥
その他の演算子	sizeof、nameof など

2. 次のコードは、代入演算子を利用したものです。コードが終了したときの変数xとy、builder1、builder2の値を答えてください。

▶リスト3.A　Practice2.cs

```
using System.Text;
...中略...
var x = 5;
var y = x;
x -= 3;

var builder1 = new StringBuilder("abc");
var builder2 = builder1;
builder1.Append("def");
```

3. 次のコードは正しく動作しません。その理由を説明したうえで、正しいコードに直してみましょう。

 **ヒント** EndsWithは、文字列が指定された文字列で終わるかどうかを確認するためのメソッドです。

▶リスト3.B　Practice3.cs

```
string str = null;
if(str.EndsWith(".zip"))
{
    Console.WriteLine("拡張子は.zipです。");
}
```

4. 以下の文章は、演算子の処理についてまとめたものです。空欄を埋めて、文章を完成させてください。

> 式の中に複数の演算子が含まれている場合、どのような順序で処理するのかを定義したものが ① と ② です。「a + b * c」では、「a + b」よりも「b * c」のほうが ① が ③ ので、「b * c」が先に計算されます。
> また、「a + b - c」では、「+」「-」演算子の ① は ④ で、かつ、左→右の ② を持つので、「a + b」が先に計算されます。
> 右→左の ② を持つ二項演算子は ⑤ だけです。

Chapter 4

制御構文

この章の内容

4.1 条件分岐
4.2 繰り返し処理
4.3 ループの制御
4.4 制御命令のその他の話題

一般的に、プログラムの構造は以下のように分類できます。

- **順次（順接）**：記述された順に処理を実行
- **選択**：条件によって処理を分岐
- **反復**：特定の処理を繰り返し実行

順次／選択／反復を組み合わせながらプログラムを組み立てていく手法のことを**構造化プログラミ
ング**と言い、多くのプログラミング言語の基本的な考え方となっています。そして、それはC#でも
例外ではなく、構造化プログラミングのための制御構文を標準で提供しています。本章では、これら
の制御構文について解説していきます。

4.1 条件分岐

ここまでのプログラムは、記述された順に処理を実行していくだけでした（いわゆる順次です）。
しかし、実際のアプリでは、ユーザーからの入力値や実行環境、その他の条件に応じて、処理を切り
替えるのが一般的です。いわゆる構造化プログラミングの「選択」です。

本節では、条件分岐構文に属するif／switchという命令について、順に見ていくことにします。

4.1.1 if命令 —— 単純分岐

ifは、与えられた条件がtrue／falseいずれであるかによって、実行すべき処理を決める命令です。
その名のとおり、「もしも～だったら…、さもなくば…」という構造を表現しているわけです。

構文 if命令

```
if(条件式)
{
  ...条件式がtrueのときに実行する処理...
}
else
{
  ...条件式がfalseのときに実行する処理...
}
```

具体的なサンプルも見てみましょう。リスト4.1は、変数iの値が10であった場合に「変数iは10
です。」というメッセージを、そうでなかった（＝変数iが10でなかった）場合に「変数iは10では
ありません。」というメッセージを表示します。

```
var i = 10;
if (i == 10)
{
  Console.WriteLine("変数iは10です。");
}
else
{
  Console.WriteLine("変数iは10ではありません。");
}  // 結果：変数iは10です。
```

　変数iを10以外の値に書き換えて実行すると、「変数iは10ではありません。」というメッセージが表示されることも確認してみましょう。

　このように、if命令では、指定された条件式がtrue（真）である場合は、その直後のブロックを、false（偽）である場合にはelse以降のブロックを、それぞれ選択して実行します。

　ブロックとは、{...}で囲まれた部分のことです。if、else直後のブロックのことを、それぞれifブロック、elseブロックとも呼びます。

> *note*　この程度の分岐であれば、条件演算子を利用してもかまわないでしょう。以下のコードはリスト4.1のif命令を条件演算子で置き換えたものです。
>
> ```
> Console.WriteLine((i == 10) ? "変数iは10です。" : "変数iは10ではありません。");
> ```

　変数iが10のときだけ処理を実行したい場合には、リスト4.2のようにelseブロックを省略してもかまいません。

▶リスト4.2　IfBasic2.cs

```
var i = 10;
if (i == 10)
{
  Console.WriteLine("変数iは10です。");
}
```

補足 条件式を指定する場合の注意点

　if命令に限らず、制御構文を扱うようになると、条件式の記述は欠かせません。以下では、条件式を表す場合に注意しておきたい点を、いくつかまとめておきます。

[1] 「10 == i」という書き方

比較演算子は「=」ではなく「==」である点に注意してください。言語によっては、

```
if (i = 10)
```

のような条件式を認めるものもあるため（そして、それは大抵誤りです）、人によっては、意図して以下のようなコードを書く場合もあります。

```
if (10 == i)
```

このようにすることで、誤って「10 = i」とした場合にも、数値リテラル（10）に変数は代入できず、コンパイルエラーとなるからです。

しかし、C#ではそもそも「i = 10」は、bool値を返さないので、コンパイルエラーとなります。あえて「10 == i」といった一見して特異な式を表す必要はありません（特別な意図があるのではないかと勘繰られてしまうため、むしろ「読みにくいコード」となります）。

[2] bool型の変数を「==」で比較しない

以下のようなコードを書くべきではありません。

```
if(flag == true)
```

これは、単に、

```
if(flag)
```

と書けば十分だからです。同じく、「flag == false」は「!flag」と表すべきです。

「flag == true」「flag == false」という表現が望ましくないのは、単に冗長という理由だけではありません。

[1] でも触れたように、「==」を誤って「=」と書いてしまうのはよくあることです。そして、

```
if(flag = false)
```

は代入式「flag = false」がfalseを返すので、コンパイルエラーとなりません。しかも、flagの値に関わらず、ブロックの内容は実行されなくなってしまいます。

このような問題も、bool値の「==」比較を避ければ、未然に防げます。

[3] 条件式からはできるだけ否定を取り除く

論理演算子は複合的な条件を表すのに欠かせませんが、時として、思わぬバグの温床ともなるので要注意です。特に否定＋論理演算子の組み合わせは一般的に混乱の元なので、できるだけ肯定表現に置き換えるべきです。

```
// 役職がマネージャーでもチーフでもない場合
if ((!member.IsManager()) && (!member.IsChief())) { /* 任意の処理 */ }
```

このような場合に利用できるのが**ド・モルガンの法則**です。一般的に、以下の関係が成り立ちます。

```
!A && !B == !(A || B)
!A || !B == !(A && B)
```

上記の関係が成り立つことは、ベン図を利用することで簡単に証明できます（図4.1）。

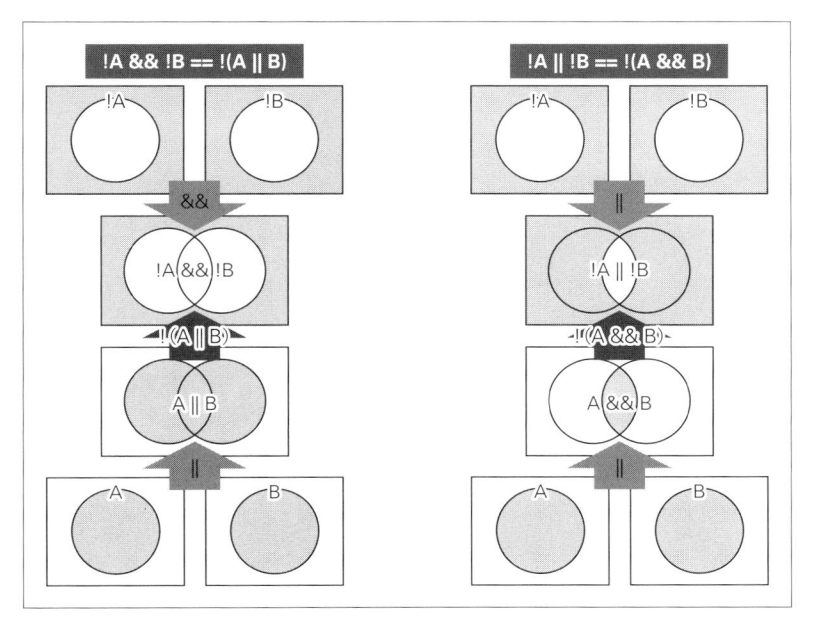

❖図4.1　ド・モルガンの法則

　ド・モルガンの法則を利用することで、先ほどの条件式は以下のように書き換えられます。否定同士の論理積に比べると、ぐんと意味が取りやすくなったと思いませんか。

```
if (!(member.IsManager() || member.IsChief())) { /* 任意の処理 */ }
```

さらに否定を取り除くならば、処理そのものをelseブロックに移動してもかまいません。

```
if (member.IsManager() || member.IsChief())
{
  ;
}
else
{
  /* 任意の処理 */
}
```

　ifブロックは省略できないので、このように空文だけを書いておきます。**空文**とは文末のセミコロンだけを示した中身のない文のことです。実質的な意味はありませんが、空文を明示することで、コードの抜けではなく、意図して空としていることを示せます。

4.1.2 if命令 —— 多岐分岐

else ifブロックを利用することで、「もしも～だったら…、～であれば…、いずれでもなければ…」という多岐分岐も表現できます。

構文 if...else if命令

```
if(条件式1)
{
   ...条件式1がtrueのときに実行する処理...
}
else if(条件式2)
{
   ...条件式2がtrueのときに実行する処理...
}
...
}
else
{
   ...条件式1、2...がいずれもfalseのときに実行する処理...
}
```

else ifブロックは、分岐の数だけ列記できます。具体的な例も見てみましょう（リスト4.3）。

▶リスト4.3　IfElse.cs

```
var i = 100;
if (i > 50)
{
  Console.WriteLine("変数iは50より大きいです。");
}
else if (i > 30)
{
  Console.WriteLine("変数iは30より大きく、50以下です。");
}
else
{
  Console.WriteLine("変数iは30以下です。");
}  // 結果：変数iは50より大きいです。
```

もっとも、この結果に疑問を感じる人もいるかもしれません。変数iは、条件式「i > 50」にも「i > 30」にも合致するのに、表示されるメッセージは「変数iは50より大きいです。」だけです。

メッセージ「変数iは30より大きく、50以下です。」も表示されるのではないでしょうか。

結論から言ってしまうと、ここで示したものが（当然ながら）正しい結果です。というのも、if...else if命令では、

複数の条件に合致しても、実行されるブロックは最初に合致した1つだけ

だからです。つまり、ここでは「i ＞ 50」のブロックに最初に合致するので、それ以降のブロックは無視されます。

したがって、リスト4.4のようなコードは意図した結果にはなりません。

▶リスト4.4　IfElse2.cs

```
var i = 100;
if (i > 30)
{
  Console.WriteLine("変数iは30より大きく、50以下です。");
}
else if (i > 50)
{
  Console.WriteLine("変数iは50より大きいです。");
}
else
{
  Console.WriteLine("変数iは30以下です。");
}  // 結果：変数iは30より大きく、50以下です。
```

この場合、変数iは最初の条件式「i ＞ 30」に合致してしまうため、次の条件式「i ＞ 50」はそもそも判定すらされません（図4.2）。else ifブロックを利用する場合には、条件式を範囲の狭いものから順に記述するようにしてください。

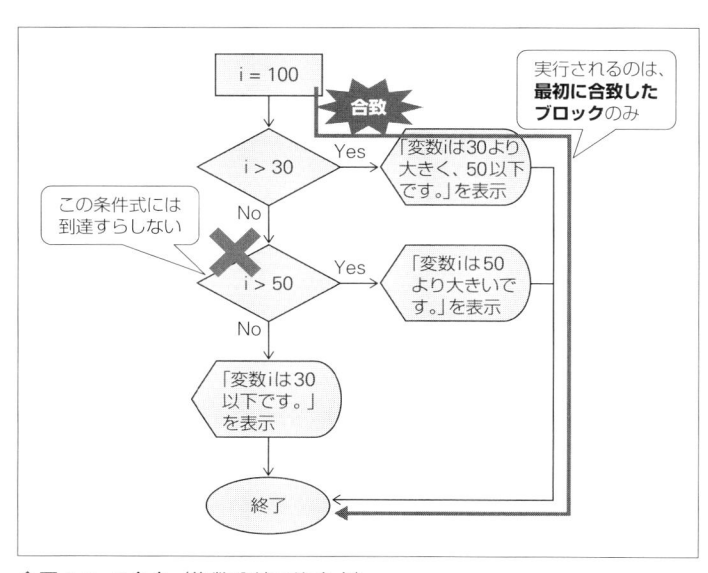

❖図4.2　if命令（複数分岐の注意点）

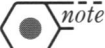

note 別解として、リスト4.4の太字部分（i > 3Ø）を「i > 3Ø && i <= 5Ø」のように書き換えて
も動作します。しかし、あえて条件式を複雑にするよりも、リスト4.3のように正しい順序で記
述したほうがコードも簡潔になりますし、思わぬ間違いも防げるでしょう。

4.1.3 if命令 —— 入れ子構造

if命令は、互いに入れ子にすることもできます。たとえばリスト4.5は、図4.3のような分岐を表現
する例です。

▶リスト4.5　IfNest.cs

```
var i = 1;
var j = Ø;
if (i == 1)
{
  if (j == 1)
  {
    Console.WriteLine("変数i、jは1です。");
  }
  else
  {
    Console.WriteLine("変数iは1ですが、jは1ではありません。");
  }
}
else
{
  Console.WriteLine("変数iは1ではありません。");
}  // 結果：変数iは1ですが、jは1ではありません。
```

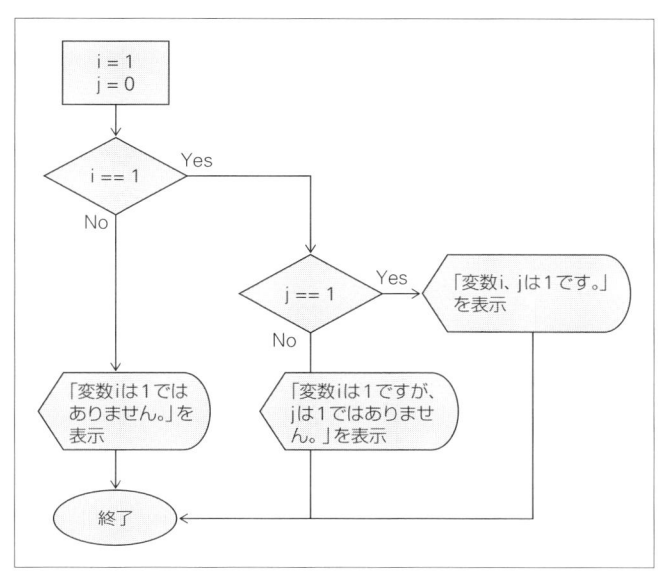

❖図4.3　if命令（入れ子）

　このように制御命令同士を入れ子に記述することを**ネストする**と言います。ここでは、if命令のネストについて例示しましたが、後述するswitch、while／do...while、for／foreachなどの制御命令でも同じようにネストは可能です。

　ネストの深さには制限はありませんが、コードの読みやすさ、テストの容易性という意味では、あまりに深いネストは避けるべきです。また、ネストに応じてインデント（字下げ）を付けることで階層を視覚的に把握できるので、コードの可読性が向上します。構文規則ではありませんが、心掛けておくと良いでしょう。

> *note*
>
> Visual Studioでは、標準でコードメトリックスを測定するための機能を提供しています。**コードメトリックス**とは、コードの保守性／可読性を表すための指標のことです。コードメトリックスを利用することで、単なる感覚値ではなく、客観的な基準値をもとにコードを改善すべきかどうかを判断できます。
>
> コードメトリックスを求めるには、Visual Studioのメニューから［分析］→［コードメトリックスを計算する］→［ソリューション用］（または［<プロジェクト名>の場合]）を選択してください。［コードメトリックスの結果］ウィンドウ（図4.A）で表示される指標の意味は、表4.Aのとおりです。

❖図4.A　［コードメトリックスの結果］ウィンドウ

項目	概要
保守容易性インデックス	保守性の高さを示す値。0 ～ 100で、高いほど保守性に優れる。黄／赤が点灯した場合には要修正
サイクロマティック複雑度	制御構文によるコード経路の個数による指標。高いほどテストケースが増え、保守性は劣化
継承の深さ	ルートクラスまでの継承（8.2節）の深さ。階層が深いほど、メンバーの（再）定義場所が把握しにくくなり、継承元の変更が及ぼす影響範囲が広がる
クラス結合度	クラス同士の結合度合い。高いほど、クラスの変更が他に及ぼす影響が大きく、再利用もしにくくなる
コード行	中間言語に基づいた行数（元のコードではありません）

保守性を高めるには、条件分岐やループを減らし、クラスそのものの継承関係を単純化することです。また、メソッドを分割し、できるだけコードを短くシンプルに保つことを心掛けてください。

4.1.4 　補足　中カッコは省略可能

if、else if、elseブロック配下の文が1つである場合、ブロックを表す {…} は省略できます。よって、リスト4.6は構文的には正しいコードです。

▶リスト4.6　IfOmit.cs

```
var i = 1;
if (i == 1)
  Console.WriteLine("変数iは1です。");
else
  Console.WriteLine("変数iは1ではありません。");
```

ただし、{…} を省略しても、それほどコードが短くなるわけではありません。むしろ、ブロックの範囲が不明確になり、バグの温床にもなりやすいことからお勧めしません。

たとえば、リスト4.7のような例を考えてみましょう。

▶リスト4.7　IfOmit2.cs

```
var i = 1;
var j = 0;
if (i == 1)
  if (j == 1)
    Console.WriteLine("変数i、jは1です。");
else
  Console.WriteLine("変数iは1ではありません。");
```

インデントからは、「変数i、jの双方が1の場合」または「変数iが1でない場合」に、それぞれ対応するメッセージを表示するコードに見えます。よって、上記の例であれば、なにも表示されない、が正しい結果のはずです。

しかし、実際には「変数iは1ではありません。」というメッセージを表示します。結論から言ってしまうと、

中カッコを省略した場合、elseブロックは直近のif命令に対応している

と見なされるのです。そのため、ここでは条件式「j == 1」がfalseなので、対応するelseブロックでメッセージ「変数iは1ではありません。」が表示されてしまう、というわけです。もちろん、これは本来の意図からすれば、誤った動作です。

意図した挙動で実行するには、リスト4.8のように{…}で、ブロックの対応関係を明示してください。

▶リスト4.8 IfOmit3.cs

```
var i = 1;
var j = 0;
if (i == 1)
{
  if (j == 1)
  {
    Console.WriteLine("変数i、jは1です。");
  }
}
else
{
  Console.WriteLine("変数iは1ではありません。");
}
```

サンプルを実行すると、今度はなにも表示されなくなり、正しく条件分岐されていることが確認できます。ここで示したのは、{…}を省略した場合の紛らわしい例の1つにすぎませんが、このような状況を考えても、{…}はきちんと明示するのが無難です（そもそも後から文を書き足した場合に、{…}をいちいち書き足すのはかえって面倒ですし、それこそ漏れの元となります）。

4.1.5 switch命令

ここまでの例を見てもわかるように、if命令を利用することで、シンプルな条件分岐から複雑な多岐分岐までを柔軟に表現できます。しかし、リスト4.9のような例ではどうでしょうか。

```
var rank = "甲";

if (rank == "甲")
{
  Console.WriteLine("大変良いです。");
}
else if (rank == "乙")
{
  Console.WriteLine("良いです。");
}
else if (rank == "丙")
{
  Console.WriteLine("がんばりましょう。");
}
else
{
  Console.WriteLine("？？？");
} // 結果：大変良いです。
```

「変数 == 値」の条件式が同じように並んでいるため、見た目にも冗長に思えます。このような
ケースでは、switch命令を利用すべきでしょう。switch命令は、「等価演算子による多岐分岐」に特
化した条件分岐命令です。switch命令を利用することで、同じような式を繰り返し記述する必要が
なくなるので、コードがすっきりと読みやすくなります。

構文 switch命令

```
switch(式)
{
  case 値1:
    ...「式 = 値1」の場合に実行する処理...
    break;
  case 値2:
    ...「式 = 値2」の場合に実行する処理...
    break;
  ...
  default:
    ...すべての値に合致しない場合に実行する処理...
    break;
}
```

リスト4.10は、先ほどのコードをswitch命令で書き換えたものです。

▶リスト4.10　SwitchBasic.cs

```
var rank = "甲";

switch (rank)
{
  case "甲":
    Console.WriteLine("大変良いです。");
    break;

  case "乙":
    Console.WriteLine("良いです。");
    break;

  case "丙":
    Console.WriteLine("がんばりましょう。");
    break;

  default:
    Console.WriteLine(" ？？？ ");
    break;
}
```

switch命令では、以下の流れで実行すべき処理を決定します。

1. switchブロックの式を評価

2. 1.の値に合致するcase句を実行

3. 対応するcase句が見つからない場合には、default句を実行

「式」には、整数型、char ／ string型、または列挙型（9.3節）のいずれかを指定できます。

構文上、default句は必須ではありませんが、どのcase句にも合致しなかった場合の挙動をあいまいにしないという意味で、省略すべきではありません。また、構文上は、default句をcase句の前に記述することもできますが、混乱の元にもなるので、そうすべきではありません（最後の落としどころ、という意味でも末尾に書くべきです）。

case ／ defaultは句

case ／ defaultはブロックではなく、「***xxxxx* :**」の形式で表された**句**（ラベル）である点にも注目です。

ifは、条件に合致したelse if ／ elseブロックを選択的に実行するための命令でしたが、switch命令

では、式に合致したcase句に処理を移動するだけです（図4.4）。該当する句を終えた後、switchブロックを抜けるには、明示的にbreak命令を指定しなければなりません（もしくは、goto（4.4.1項）、return（7.3.3項）でも可能です）。

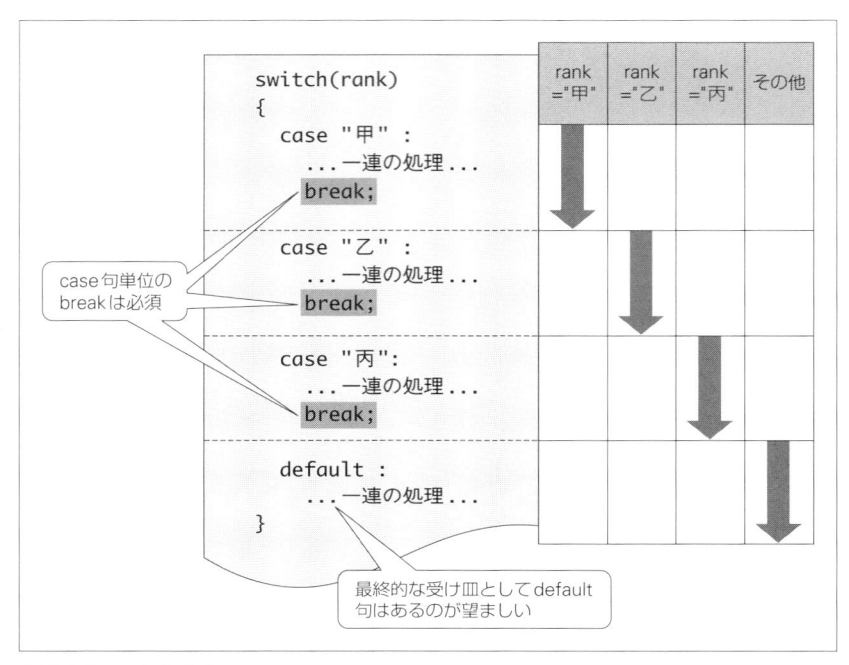

❖図4.4　switch命令

break命令のないcase／default句は「コントロールは1つのcase　ラベル（'case "甲":'）から別のラベルへ流れ落ちることはできません。」のようなエラーとなるので注意してください。

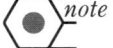*note* C／C++のような言語では、以下のようなコードが許されていました。break命令を省略することで、複数のcase句が続けて実行するわけです。これを**フォールスルー**と言います。

```
int rank = 3;
switch(rank) {
  case 3:
    printf("大変良いです。¥n");   // 「3」のときに実行
  case 2:
    printf("合格です。¥n");       // 「3」「2」いずれでも実行される
}
```

しかし、一般的にフォールスルーは単なるbreakの漏れであることがほとんどです。そこでC#では、break命令が必須となったわけです。
決まりきった記述であれば、breakを書かなくても良い仕様にしてほしい、と思ってしまいますが、現時点ではそれがルールです。元々C#はC／C++といった言語の系譜をくんでいるため、その名残りということなのでしょう。

フォールスルーが許されるケース

ただし、唯一の例外として、リスト4.11のようにcase句が連続している場合には、break命令を挟まない —— フォールスルーが可能です。

▶リスト4.11　SwitchFall.cs

```
var drink = "ビール";
switch (drink)
{
  case "日本酒":
  case "ビール":
  case "ワイン":
    Console.WriteLine("醸造酒です。");
    break;
  case "ブランデー ":
  case "ウイスキー ":
    Console.WriteLine("蒸留酒です。");
    break;
}  // 結果：醸造酒です。
```

列記されたcase句は、いわゆるor条件を表します。よって、この例では変数drinkが「日本酒」「ビール」「ワイン」である場合に「醸造酒です。」というメッセージを、「ブランデー」「ウイスキー」である場合に「蒸留酒です。」というメッセージを、それぞれ出力します。

4.1.6　switch命令による型判定 C#7

C# 7では、case句に（リテラル値だけでなく）型を指定できるようになりました。式を（値ではなく）型で判定し、合致する場合に対応する句を実行するわけです。

たとえばリスト4.12は、変数objがint型の場合にはその絶対値を、string型である場合には先頭の文字を、それぞれ表示する例です。

▶リスト4.12　SwitchType.cs

```
// object型（2.2.6項）には任意の型の値を代入できる
object obj = –123;
switch(obj)
{
  // 変数objがint型の場合、絶対値を求める
  case int i:
    Console.WriteLine(Math.Abs(i));
    break;
```

```
  // 変数objがstring型の場合、先頭文字を取得
  case string str:
    Console.WriteLine(str[0]);
    break;
  // それ以外の型の場合はエラーメッセージ
  default:
    Console.WriteLine("意図しない型です。");
    break;
}  // 結果：123
```

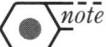 *note* Math.Absは与えられた数値の絶対値を求めるためのメソッド、ブラケット構文（str[0]）は先頭文字（0番目の文字）を取得します。詳しくは5.1.6項、5.5.1項も参照してください。

型判定を利用する場合には、以下の構文でcase句を表します。

構文 case句（型判定）

```
case 型名 変数名:
```

「変数名」にはcase句の配下でアクセスできる変数名を表します。型判定された後の「変数名」は（object型ではなく）それぞれ対応するint、string型と見なされるので、それぞれの型に応じたMath.Absメソッド、ブラケット構文などが正しく呼び出せる点にも注目してください。

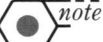 *note* case句の配下で変数へのアクセスが必要ない場合には、変数名として「_」を指定することで「型変換後の変数は用意しない」という意味になります。「case int:」のように、変数名を省略することは**できない**点、「case int _:」を利用した場合も「_」という名前の変数が用意されるわけではない点に、注意してください。

型判定に条件式を加える

型判定を伴うcase句では、when句を加えて条件式を付与することもできます。たとえばリスト4.13は、

ⓐ 変数objがint型で、かつ、15以上のとき

ⓑ 変数objがint型のとき

ⓒ 変数objがstring型で、かつ、文字列長が10未満のとき

に、それぞれ該当するcase句を実行する例です。

```
object obj = 123;
switch (obj)
{
  case int i when i >= 15:
    Console.WriteLine("15以上の数値です。");
    break;
  case int i:
    Console.WriteLine("数値です。");
    break;
  case string str when str.Length < 10:
    Console.WriteLine("10文字未満の文字列です");
    break;
  default:
    Console.WriteLine("意図しない値です。");
    break;
}  // 結果：15以上の数値です。
```

（図中注記）
- ⓐ（`case int i when i >= 15:` の行）
- ⓑ（`case int i:` の行）
- ⓒ（`case string str when str.Length < 10:` の行）

when付きのcase句を利用する場合には、

> 複数のcase句が条件に合致する場合がある

点に注意してください。たとえば上記の例では、ⓐとⓑの値範囲が重複しています（正しくは、ⓑがⓐを含んでいます）。

このような場合にも、実行されるのは合致した**最初のcase句**です（図4.5）。合致したすべてのcase句が実行されるわけではありません。

よって、when付きのcase句を利用する場合には、値範囲の狭いものから先に記述しなければなりません。リスト4.13でⓐとⓑとを逆にした場合、コードは正しく動作しません。

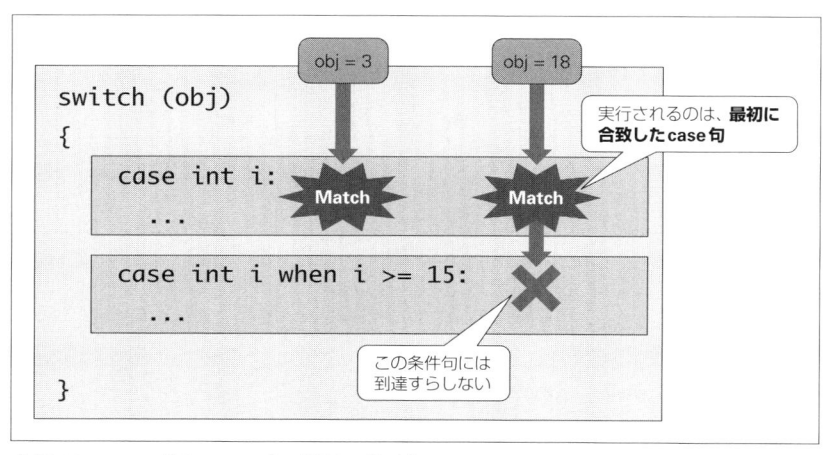

❖図4.5　when付きのcase句（順序に注意）

4.2 繰り返し処理

条件分岐と並んでよく利用されるのが、繰り返し処理 —— 構造化プログラミングでいうところの「反復」です。繰り返し命令には、while ／ do...while、for、foreach など、よく似た命令が用意されています（図4.6）。個々の構文だけではなく、それぞれの特徴を理解しながら学習を進めてください。

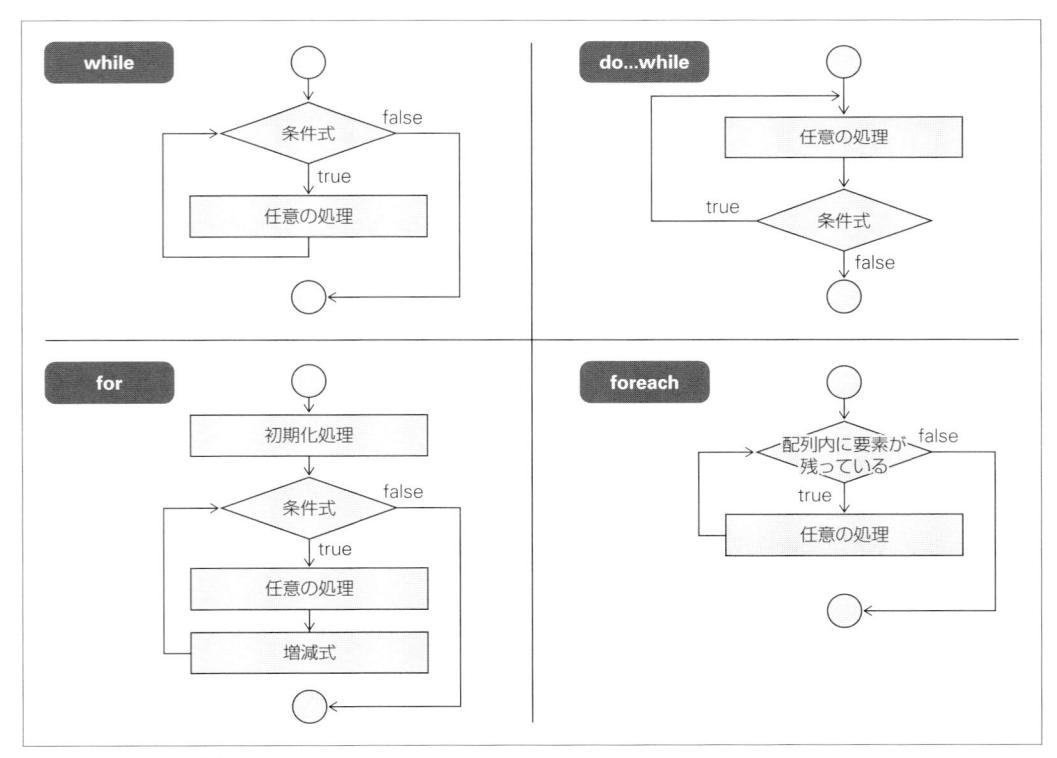

❖図4.6　繰り返し構文 —— while ／ do...while ／ for ／ foreach

4.2.1 while ／ do...while命令

while ／ do...while命令は、与えられた条件式がtrue（真）である間、配下の処理を繰り返します。while ／ do...while命令の一般的な構文は、以下のとおりです。

構文 while命令

```
while(条件式)
{
  ...条件式がtrueである間、繰り返し実行する処理...
}
```

構文 do...while命令

```
do
{
  ...条件式がtrueである間、繰り返し実行する処理...
} while(条件式);
```

do...while命令の末尾には、文の終端を表すセミコロン（；）が必要となる点に注意してください。

それではさっそく、具体的な例も見てみましょう。リスト4.14、リスト4.15は、それぞれ変数iの値が1〜5で変化する間、処理を繰り返し実行するコードです。

▶リスト4.14　WhileBasic.cs

```
var i = 1;
while (i < 6)
{
  Console.WriteLine($"{i}番目のループです。");
  i++;
}
```

▶リスト4.15　WhileDo.cs

```
var i = 1;
do
{
  Console.WriteLine($"{i}番目のループです。");
  i++;
}
while (i < 6);
```

いずれも、結果は以下のとおりです。

```
1番目のループです。
2番目のループです。
3番目のループです。
4番目のループです。
5番目のループです。
```

　結果だけを見ると、while命令もdo…while命令も同じ動きをしているように見えるかもしれません。実際、while／do…while命令は、多くの場合に同じように振る舞います。しかし、実はwhile／do…while命令には、リスト4.14、リスト4.15の結果だけではわからない重要な違いがあります。

　試しに、各リストの太字部分を「i = 6」のように書き換えてみましょう。すると、リスト4.15では「6番目のループです。」というメッセージが一度だけ表示されますが、リスト4.14ではなにも表示されません（図4.7）。

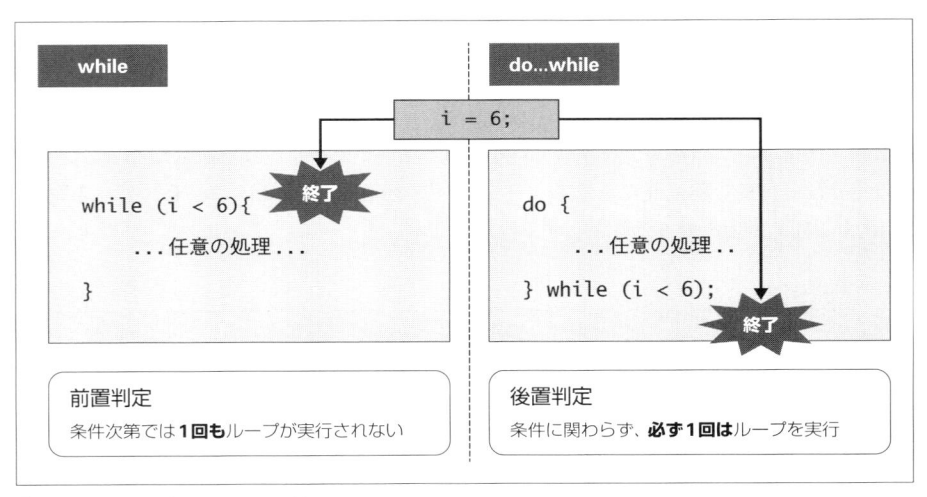

❖図4.7　whileとdo…whileの違い

　これは、while命令がループの先頭で条件式を判定（**前置判定**）するのに対して、do…while命令はループの末尾で判定（**後置判定**）するからです。このため、条件式が最初からfalseである場合に、while命令は一度もループを実行しませんが、do…while命令は最低一度はループを実行することになります。

{…}は省略しないこと！

　if命令と同じく、while／do…whileなどの繰り返し命令でも、配下の文が1つ1つであれば{…}を省略できます。しかし、そうするべきではありません。たとえば、リスト4.16のようなコードではどのような結果を得られるでしょうか。

```
var i = 1;
while (i < 6)
  Console.WriteLine(i++);
  Console.WriteLine("--------");
```

　感覚的には、変数iの値（1、2…）と「--------」が交互に表示されるようにも思えますが、実際には以下のような結果が得られます。

```
1
2
3
4
5
--------
```

　{…}が省略されたときの暗黙のブロックは1文だけだからです。これはインデントに惑わされた一例にすぎませんが、ブロックの範囲を視覚的にも明らかにするためにも、{…}は省略すべきではありません。

4.2.2　補足　無限ループ

　無限ループとは、永遠に終了しない —— 終了条件がtrueにならないループのことです。たとえば、リスト4.14から「i++;」を削除、またはコメントアウトしてみましょう。「1番目のループです。」というメッセージが延々と表示され、応答がなくなってしまいます。

　リスト4.14でのループの終了条件は「i < 6」がfalseになること、つまり、変数iが6以上になることですが、「i++;」を取り除いたことで、変数iが1のまま変化せず、ループを終了できなくなっているのです（図4.8）。

　このような無限ループは、コンピューターへの極端な負荷の原因ともなり、（アプリだけでなく）コンピューターそのものをフリーズさせる原因ともなります。繰り返し処理では、まずループが正しく終了するかをきちんと確認するようにしてください。

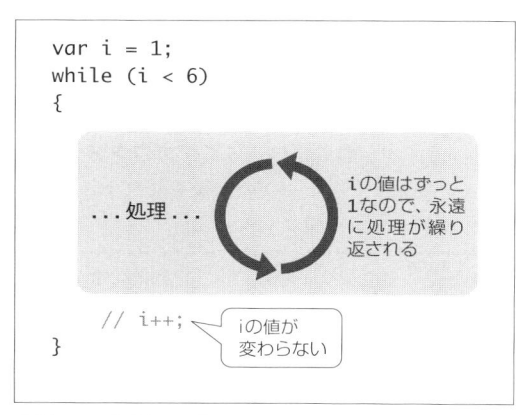

❖図4.8　無限ループ

 プログラミングのテクニックとして、意図的に無限ループを発生させることもあります。しかし、その場合も必ずループの脱出ルートを確保しておくべきです。手動でループを脱出する方法については、4.3節で解説します。

4.2.3 for命令

条件式の真偽によってループを制御するwhile／do...while命令に対して、for命令はあらかじめ指定された回数だけ処理を繰り返します。

構文 for命令

```
for(初期化子; 条件; 反復子)
{
  ...ループ内で実行する処理...
}
```

たとえばリスト4.17は、先ほどのリスト4.15をfor命令で書き換えたものです。

▶リスト4.17　ForBasic.cs

```
for (var i = 1; i < 6; i++)
{
  Console.WriteLine($"{i}番目のループです。");
}
```

先ほどの構文でも見たように、for命令は「初期化子」「条件」「反復子」というセクションでもって、ループの継続／終了を管理します。

[1] 初期化子セクション（初期化式）

まず、初期化式（ここでは「var i = 1」）は、forブロックに入った最初のループで一度だけ実行されます。一般的には、ここで**カウンター変数（ループ変数）**を初期化します。カウンター変数とは、for命令によるループの回数を管理する変数のことです。

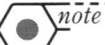 カウンター変数には、慣例的にi、j、k...を利用します。この慣例は、古くはFORTRANの時代にまでさかのぼります。FORTRANでは「暗黙の型宣言」という仕組みがあり、i～nで始まる変数は整数型と見なされるという規則がありました。

カウンター変数は、原則として、初期化式の中で宣言と初期化とをまとめるようにしてください。

リスト4.18のように書くことも可能ですが、そうすべきではありません。

▶リスト4.18　ForBad.cs

```
int i;
for(i = 1; i < 6; i++) {...}
```

コードが冗長になるだけでなく、カウンター変数がforブロックの外でも参照できてしまうからです。初期化式として宣言されたカウンター変数はforブロックの中でのみ有効です（変数の有効範囲については7.3.8項も参照してください）。

[2] 条件セクション（ループ継続条件式）

次の条件セクションは、forループを継続するための条件を表します。ループを開始するたびに判定し、条件を満たさなくなったところで、forブロックを終了します。

この例では「i < 6;」なので、カウンター変数iが6未満（1〜5）である間だけループを繰り返します。

[3] 反復子セクション

そして最後の反復子セクションは、ループ内の処理が1回終わるたびに実行されます。一般的には、カウンター変数を増減するためのインクリメント／デクリメント、代入演算子を指定します（**増減式**）。ここでは「i++」としているので、ループの都度、カウンター変数iに1加算します。もちろん、「i += 2」とすればカウンター変数を2ずつ加算することもできますし、「i--」として1ずつ減算することも可能です。

以上を前提に、forループの挙動を図4.9にまとめておきます。

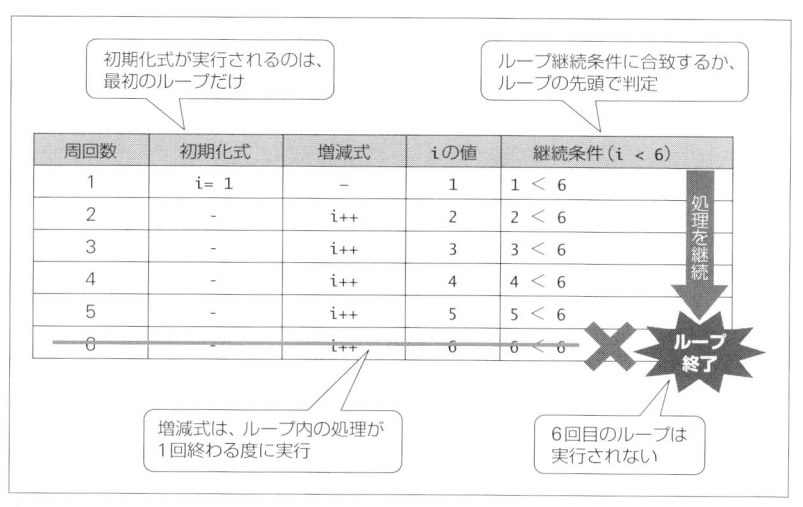

❖図4.9　forループを処理する流れ

リスト4.14、リスト4.15と比べるとわかるように、カウンター変数を伴うループではfor命令を利用することで、変数の管理を1か所にまとめられるので、コードがシンプルになり、たとえば増減式の欠落など、誤りも防ぎやすくなります。

for命令の注意点

for命令を利用するうえで、注意すべき点を以下にまとめておきます。

[1] 無限ループはfor命令でも発生する

無限ループは、while ／ do...while命令でだけ発生するものではありません。for命令でも、式の組み合わせによっては無限ループの原因となります。たとえば、次に示すforブロックは無限ループです。

```
for (var i = 1; i < 6; i--) {...}
```

カウンター変数iの初期値が1で、その後は「i--」で減算されていくだけなので、条件式「i < 6」がfalseになることは永遠にないからです。

また、次のようなforループも無限ループです。

```
for (i = 1; ; i++) { ... }  // 条件式を省略
for (; ;) { ... }  // すべてのセクションを省略
```

ループ継続条件式が省略されると、for命令は無条件にtrue（継続）と見なすためです。

while ／ do...while 命令と同じく、意図的に無限ループを表すこともありますが、その場合も必ず別の脱出ルートを確保するのを忘れないようにしてください（ループの脱出については4.3項も参照してください）。

[2] カウンター変数に浮動小数点数を利用しない

カウンター変数に浮動小数点数を利用するのは意味がないだけでなく、有害なだけなので避けてください。たとえば、リスト4.19のコードは正しく動作しません。

▶リスト4.19　ForFloat.cs

```
for (var i = 0.1f; i <= 1.0; i += 0.1f)
{
  Console.WriteLine(i);
}
```

```
0.1
0.2
0.3
0.4
0.5
0.6
0.7
0.8000001
0.9000001
```

　浮動小数点型では、0.1を厳密に表現できません。そのため、わずかながら演算誤差が発生し、ループは9回で終了してしまいます。また、出力した変数iの値も正しくありません。

[3] ブロック配下でカウンター変数を操作しない

　たとえば、リスト4.20のようなコードは避けてください。

▶リスト4.20　ForBlock.cs

```
for (int i = 1; i <= 10; i++)
{
  if (i % 2 == 0)
  {
    i++;
  }
  Console.WriteLine(i);
}
```

```
1
3
5
7
9
11
```

　変数iが偶数である（＝2で割り切れる）場合に変数iをインクリメントすることで、奇数だけを出力するようにしています（もちろん、この例であれば、増減式で「i += 2」とすれば良いだけなのですが、それはさておきます）。

　しかし、これはいくつかの点で問題があります。まず、変数iの変化を追うのが、こんなに単純なコードであるにもかかわらず、困難です。また、バグも混入しています。本来、変数iの上限は10で

あることを想定していますが、サンプルを実行すると、上限を超えて11まで出力されます。

これは、カウンター変数を操作したことによる問題の一例ですが、まずは、

カウンター変数は増減式でのみ更新する

ことを原則としてください。特定の条件でループをスキップしたい場合には、continue命令（4.3.2項）を利用します。

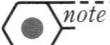

note for命令に限ったことではありませんが、繰り返し処理を記述するにあたっては、以下の点にも留意してください。

[1] ループ内のオブジェクト生成

オブジェクトの生成はそれなりにオーバーヘッドの高い処理です。細かな生成／破棄の繰り返しは、ガベージコレクトを頻発させ、アプリのパフォーマンスを劣化させます。ループ内のオブジェクト生成は要否を吟味し、最大限避けるようにしてください。特に文字列連結のように無意識にオブジェクトを生成するような状況には要注意です（具体的な対策は3.1.2項も参照してください）。

[2] ループ内の例外処理

try...catchは例外（エラー）処理のための命令です（詳しくは9.2節で解説します）。catchブロックへの移動は、相応のオーバーヘッドがかかることはよく知られています。ループ内のtry...catch命令はループ数に比例してオーバーヘッドも膨らみやすく、処理効率を悪化させるので、最大限避けるべきです。

ループ内で例外が発生したときに残りのループを継続させなければならないのか（その場合はループ内側の例外処理が必要です）は、常に要否を吟味してください。

補足 反復子セクションには複数の文／式も可

反復子セクションには、カンマ区切りで複数の文／式を指定することもできます。たとえばリスト4.17は、リスト4.21のように書き換えることもできます。

▶リスト4.21　ForComma.cs

```
for (var i = 1; i < 6; Console.WriteLine($"{i}番目のループです。"), i++) ;
```

この場合、WriteLineメソッドとインクリメント演算子とが、反復子としてループのたびに実行されるわけです。ブロックがない場合は、「for(…);」のように末尾をセミコロンで終了する点に注意してください。

最後のセミコロン（;）は空文です。セミコロンがない場合、次の文がfor配下の命令と見なされてしまうので要注意です。

好みにもよりますが、ブロック内の記述がごく単純な場合には、カンマ式を用いることで、コードをコンパクトに記述できます。

もう1つ例を見てみましょう（リスト4.22）。

▶リスト4.22　ForComma2.cs

```
for (int i = 1, j = 1; i < 6; i++, j++)
{
  Console.WriteLine(i * j);
}
```

```
1
4
9
16
25
```

　ここでは、初期化式でカウンター変数i／jを初期化し、増減式ではi／jの双方をインクリメントしています。カンマ式を用することで、より複雑なforループを表現することもできるのです。

　特に前者は積極的に利用すべき書き方ではありませんが（ましてや濫用すべきではありません）、他人が書いたコードを読める目を育てるという意味で、このような書き方**も**できることを押さえておくのは無駄ではありません。

4.2.4　foreach命令

　ここまでに紹介してきたwhile／do...while命令とはやや毛色の異なる命令がforeachです。foreachは、指定された配列やコレクション（第6章）の要素を取り出して、先頭から順番に処理します。

構文 foreach命令

```
foreach(データ型 仮変数 in 配列／コレクション)
{
    ...個々の要素を処理するためのコード...
}
```

　仮変数とは、配列／コレクションから取り出した要素を一時的に格納するための変数です。foreachブロックの配下では、仮変数を介して個々の要素にアクセスします（図4.10）。

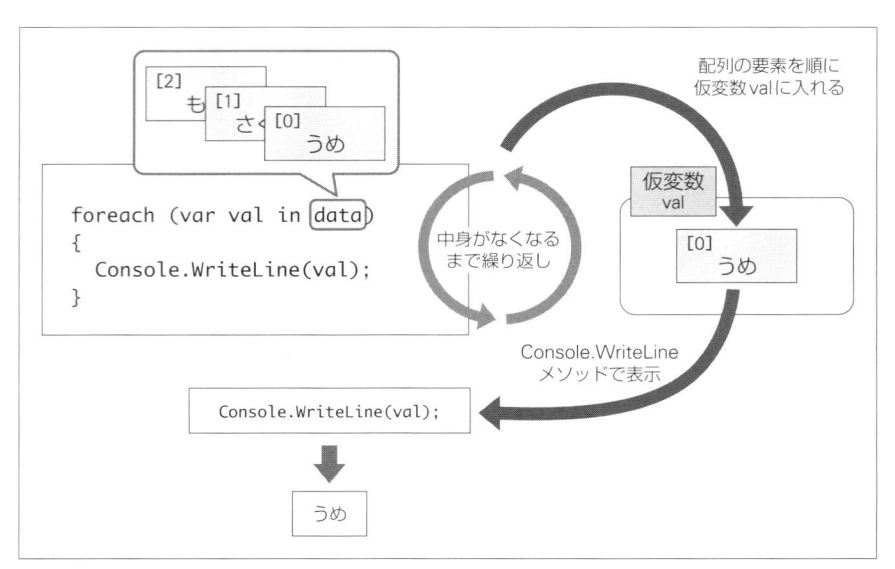

❖図4.10 foreach命令

　たとえば以下は、配列の内容を順に読み出すコードです。同じ内容を、リスト4.23はfor命令で、リスト4.24はforeach命令で、それぞれ表しています。

▶リスト4.23　ForeachFor.cs

```
var data = new[] { "うめ", "さくら", "もも" };
for (var i = 0; i < data.Length; i++)
{
  Console.WriteLine(data[i]);
}
```

▶リスト4.24　Foreach.cs

```
var data = new[] { "うめ", "さくら", "もも" };
foreach (var val in data)
{
  Console.WriteLine(val);
}
```

　いずれも、結果は以下のとおりです。

```
うめ
さくら
もも
```

両者を比べれば一目瞭然、シンプルさにおいては後者が勝っています。カウンター変数はあくまでループを管理するための便宜的な変数で、特にネストされたループの中ではtypoの原因ともなります。foreach命令では、いわゆる便宜的な変数を排除することで、潜在的なバグの原因を取り除いています。

例 コマンドライン引数を取得する

　実行時にアプリに引き渡すパラメーターのことを**コマンドライン引数**と言います。Visual Studioからの実行時にコマンドライン引数を設定するには、ソリューションエクスプローラーから /Properties フォルダーをダブルクリックし、表示されたプロパティシートから［デバッグ］タブを開きます（図4.11）。

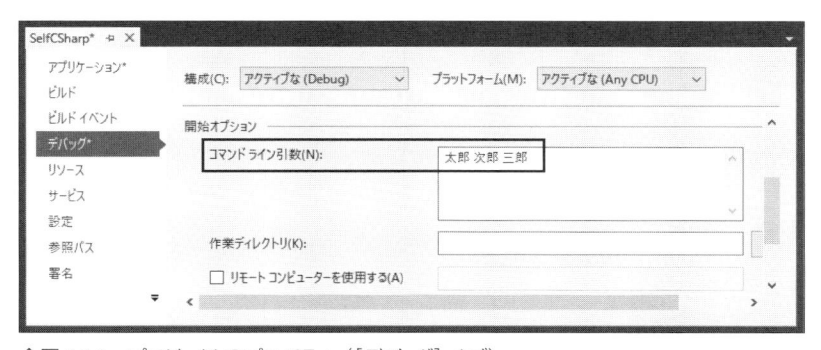

❖図4.11　プロジェクトのプロパティ（［デバッグ］タブ）

　［開始オプション］→［コマンドライン引数］に対して「太郎　次郎　三郎」のように空白区切りで引数を入力します。この場合、「太郎」「次郎」「三郎」という3個の引数を指定したという意味になります。

　このように指定されたコマンドライン引数は、エントリーポイント（Main メソッド）の引数args として受け取れます。引数argsは文字列配列なので、ここでは、foreachループで順に取り出してみましょう（リスト4.25）。

▶リスト4.25　CommandArgs.cs

```
foreach (var value in args)
{
  Console.WriteLine($"こんにちは、{value}さん!");
}
```

⬇

```
こんにちは、太郎さん!
こんにちは、次郎さん!
こんにちは、三郎さん!
```

　なお、一般的にはコンソールから実行するはずなので、その方法についても触れておきます。ソリューション（プロジェクト）をビルドした後、コンソールから以下のコマンドを実行します。

```
> cd C:¥data¥SelfCSharp¥bin¥Debug      ➡カレントフォルダーを移動
> SelfCSharp.exe 太郎 次郎 三郎
```

練習問題　4.2

1.　while命令とdo...while命令との違いを説明してください。

2.　for命令を利用して、図4.Bのような九九表を作成してみましょう。

ヒント　文字列を改行なしで出力するには、Console.Writeメソッドを使用します。

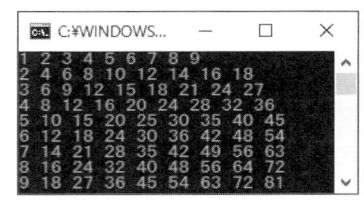

❖図4.B　九九表を表示

4.3　ループの制御

　while／do...while、for／foreach命令では、あらかじめ決められた終了条件を満たしたタイミングでループを終了します。しかし、処理によっては、（終了条件に関わらず）特定の条件を満たしたところで強制的にループを中断したい、あるいは、特定の周回だけをスキップしたいということもあるでしょう。

C#では、このような場合に備えていくつかのループ制御命令を用意しています。

4.3.1 break命令

ここまで何度か触れたように、break命令は現在のループを強制的に中断する命令です。4.1.5項ではswitchブロックを抜けるための命令と述べましたが、一般的にはfor／foreach、while／do...whileなどのブロックの中で利用できます。

さっそく、具体例を見てみましょう。リスト4.26は、1〜100の値を加算していき、合計値が1000を超えたところでループを脱出します（図4.12）。

▶リスト4.26　Break.cs

```csharp
int i;
int sum = 0;

for (i = 1; i <= 100; i++)
{
  sum += i;
  if (sum > 1000)
  {
    break;
  }
}

Console.WriteLine($"合計が1000を超えるのは、1〜{i}を加算したときです。");
    // 結果：合計が1000を超えるのは、1〜45を加算したときです。
```

この例のように、break命令はifのような条件分岐命令とあわせて利用するのが一般的です（無条件にbreakしてしまうと、そもそもループが1回しか実行されません）。

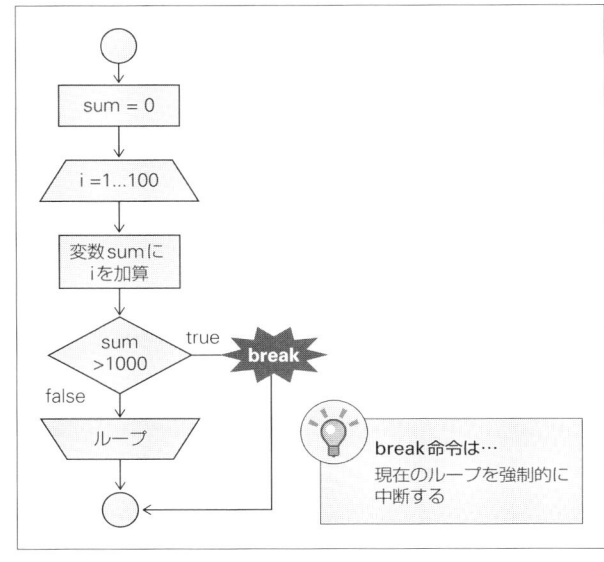

❖図4.12　break命令

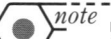note リスト4.26で変数iをfor命令とは別に宣言しているのは、変数iをforループの外でも参照する
ためです。for命令の初期化式として宣言されたカウンター変数は、ループの中でしか参照できま
せん（詳しくは7.3.8項で解説します）。

4.3.2 continue命令

ループそのものを完全に抜けてしまうbreak命令に対して、現在の周回だけをスキップし、ループ
そのものは継続して実行するのがcontinue命令の役割です。

リスト4.27は、1 ～ 100の範囲で偶数値だけを加算し、その合計値を求めるサンプルです。

▶リスト4.27　Continue.cs

```csharp
int sum = 0;

for (int i = 0; i <= 100; i++)
{
  if (i % 2 != 0)
  {
    continue;
  }
  sum += i;
}

Console.WriteLine($"合計値は{sum}です。");  // 結果：合計値は2550です。
```

このように、continue命令を用い
ることで、特定条件のもと（ここで
はカウンター変数iが奇数のとき）
で、現在の周回をスキップすること
ができます（図4.13）。

偶数／奇数の判定は、値が2で割
り切れるか（2で割った余りが0か）
どうかで判定しています。

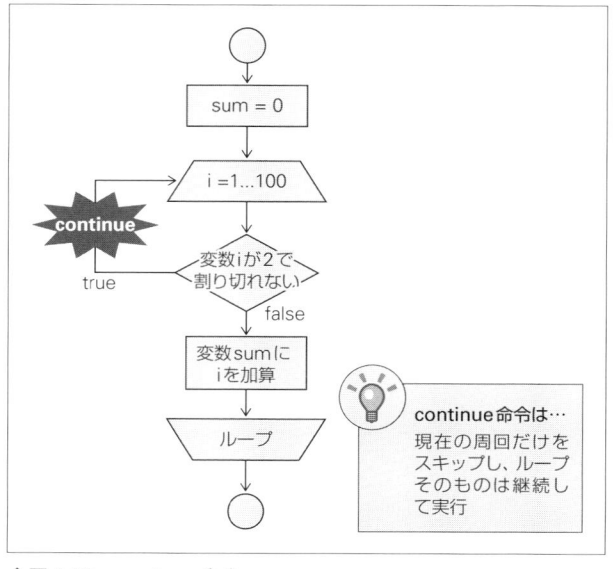

❖図4.13　continue命令

4.3.3　ループのネストとbreak ／ continue命令

　制御命令は、互いに入れ子（ネスト）にできます。ネストされたループの中で、break ／ continue命令を使用した場合、内側のループだけを脱出／スキップします。

　具体的な例も見てみましょう。リスト4.28は、九九表を作成するためのサンプルです。ただし、各段ともに40を超えた値は表示しないものとします。

▶リスト4.28　BreakNest.cs

```
for (var i = 1; i < 10; i++)
{
  for (var j = 1; j < 10; j++)
  {
    var result = i * j;
    if (result > 40)
    {
      break;
    }
    Console.Write($"{result,2} ");
  }
  Console.WriteLine();  // 改行
}
```

❷内側のループ　　❶外側のループ

```
1  2  3  4  5  6  7  8  9
2  4  6  8 10 12 14 16 18
3  6  9 12 15 18 21 24 27
4  8 12 16 20 24 28 32 36
5 10 15 20 25 30 35 40
6 12 18 24 30 36
7 14 21 28 35
8 16 24 32 40
9 18 27 36
```

 note　「$"{result,2} "」は、変数resultを最低2桁で表示しなさい、という意味です。詳しくは5.1.8項も参照してください。

　ここでは、変数result（カウンター変数iとjの積）が40を超えたところで、break命令を実行しています。これによって内側のループを脱出するので、結果として、積が40以下である九九表を出力できるわけです。

同様に、ループ内のswitch命令についても要注意です。switchブロックの中でbreakを呼び出しても、switchブロックを脱出するだけです（ループを抜け出すことはできません）。

では、ネストされたループ（switchを含む）からまとめて脱出するにはどうすれば良いのでしょうか。これの詳細は4.4.1項で解説するので、ここではまず、

> break ／ continue命令は現在のループだけを脱出／スキップする

と覚えておいてください。

練習問題 4.3

1. 現在のループをスキップする命令、現在のループを脱出する命令を、それぞれ答えてください。

2. リスト4.27のコードをwhile命令で書き換えてみましょう。

4.4 制御命令のその他の話題

本節では、ここまでで扱いきれなかった制御命令としてgotoを、また、（正しくは制御命令ではありませんが）コンパイラーへの指示を担うプリプロセッサについて解説します。

4.4.1 goto命令

goto命令を利用することで、コードの処理を強制的に他の場所に移動できます。以下は、具体的な例です。

▶リスト4.29　Goto.cs

```
goto THERE;
Console.WriteLine("ここはスキップされます。");　——————————————❶

THERE:
Console.WriteLine("コードが終了しました。");
```

コードが終了しました。

goto命令を利用する場合には、まず移動先を表すラベルを準備する必要があります。ラベルは次の形式で指定し、ラベル名には2.1.2項に則って任意の名前を付けることができます（末尾はセミコロンではなく、コロンです！）。

> ラベル名 :

このラベルに移動するためのgoto命令の構文も、ごく単純です。

構文 goto命令

> goto ラベル名

この例であれば「goto THERE;」で「THERE :」ラベルに移動するので、❶のコードは実行されません。

> *note* 以下のようにすることで、疑似的なループを実装することも可能です。ただし、無限ループとなりますし、ループであることを明確にするためにも、通常はwhile命令などを利用すべきです。
>
> ```
> BEGIN :
> Console.WriteLine("永遠に実行されます。");
> goto BEGIN;
> ```

goto命令の注意点

このように、goto命令の用法はシンプルですが、いくつか注意すべき点もあります。

[1] どこへでも移動できるわけではない

goto命令を使えば、無条件にどこへでも移動できるわけではありません。goto命令には、次のような制限があります。

- 他のメソッドに移動することはできない
- ループの外からループの内部には移動できない

逆に、ループの中から外に移動することはできます（具体的な例はこの後、確認します）。

[2] 濫用すべきではない

goto命令は、多くの場合、スクリプトの流れを読みにくくする原因になります（goto命令であちこちに飛び回るコードのことを、俗に**スパゲッティコード**と呼びます）。そのため、そもそもgoto命令を利用すべきではない、と主張するプログラマーも多くいます。

本書では、goto 命令の是非に関する議論は避けますが、それでも少なくとも濫用は絶対に避けるべきでしょう。ほとんどの処理は基本的にgoto以外で置き換えることができます。

goto命令の使いどころ

繰り返しですが、goto命令はできれば利用すべきではありません。にもかかわらず、利用すべき局面があるとしたら、以下のようなケースです。

［1］ネストされたループから脱出する場合

ループがネストされている場合、break／continue命令は現在のループだけを脱出／スキップします。もしもすべてのループをまとめて抜けたい場合には、goto命令を利用します。

たとえばリスト4.30は、P.137のリスト4.28を「積が一度でも40を超えたら、九九表の出力自体を停止」するように修正した例です。

▶リスト4.30　GotoNest.cs

```
for (var i = 1; i < 10; i++)
{
  for (var j = 1; j < 10; j++)
  {
    var result = i * j;
    // 40を超えたところでラベルENDに移動
    if (result > 40)
    {
      goto END;
    }
    Console.Write($"{result,2} ");
  }
  Console.WriteLine();
}

END:
Console.WriteLine("終了しました。");
```

```
 1  2  3  4  5  6  7  8  9
 2  4  6  8 10 12 14 16 18
 3  6  9 12 15 18 21 24 27
 4  8 12 16 20 24 28 32 36
 5 10 15 20 25 30 35 40 終了しました。
```

gotoの移動先ラベル（ここではEND）を、ループの直後に置くことで、条件を満たしたところでループから脱出するわけです。

[2] switch命令で特定のラベルに制御を移動する場合

switch命令の中で、あるcaseラベルから別のcaseラベルに移動する場合にも利用できます。たとえばリスト4.31は、変数rankの値が甲、乙の場合に、それぞれ固有のメッセージを表示した後、「case 丙」句で共通のメッセージを表示する例です。

▶リスト4.31　GotoSwitch.cs

```
var rank = "甲";

switch (rank)
{
  case "甲":
    Console.WriteLine("大変良いです。");
    goto case "丙";
  case "乙":
    Console.WriteLine("良いです。");
    goto case "丙";
  case "丙":
    Console.WriteLine("合格です。");
    break;
  case "丁":
    Console.WriteLine("がんばりましょう。");
    break;
  default:
    Console.WriteLine(" ？？？ ");
    break;
}
```

```
大変良いです。
合格です。
```

4.4.2　プリプロセッサディレクティブ

プリプロセッサディレクティブは、コンパイラーに対する命令（ディレクティブ）を表すものです。正しくは、実行時の処理を制御する制御命令とは別ものですが、定数の宣言や条件分岐など、制御命令と共通した構文も多いため、ここでまとめて説明します。

プリプロセッサには、表4.1のようなものがあります。

ディレクティブ	概要
#define A	シンボルAを定義
#undef A	シンボルAを未定義に
#if A...#else...#endif	シンボルAがある場合、#if...#elseの間のコードを、ない場合、#else...#endifの間のコードをコンパイル
#if A...#elif B...#elif C...#endif	シンボルAがある場合、if A...#elif Bの間のコードを、シンボルBがある場合、if B...#elif Cの間のコードを、シンボルCがある場合、if C...#endifの間のコードを、それぞれコンパイル
#region...#endregion	コードブロックを指定
#warning message	警告メッセージを表示
#error message	エラーメッセージを表示
#line n "file"	エラー／警告時の行番号（n）／ファイル名（file）を設定
#pragma warning [disable | restore] list	リストlistで示された警告を有効化（restore）／無効化（disable）

ディレクティブは、他と区別するために「#」で始まるキーワードで表します。

さまざまな機能が用意されていますが、以下では、特によく利用すると思われる#define、#if、#regionについて説明しておきます。

条件コンパイル

#define、#ifディレクティブを利用することで、デバッグ時にだけ有効にしたいコード（＝リリース時には除去したいコード）を定義できます。

まずは、具体的な例を見てみましょう（リスト4.32）。

▶リスト4.32　PreIf.cs

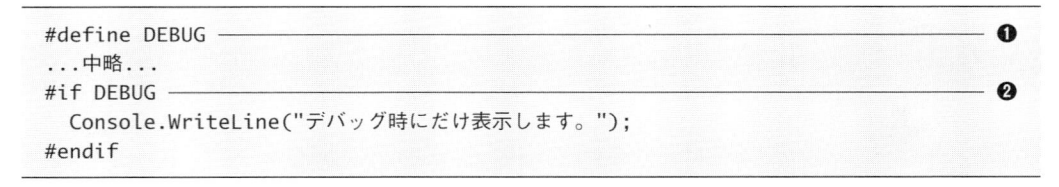

```
#define DEBUG ──────────────────────────────── ❶
...中略...
#if DEBUG ──────────────────────────────────── ❷
  Console.WriteLine("デバッグ時にだけ表示します。");
#endif
```

#defineディレクティブは、プリプロセッサで利用できるシンボルを定義します（❶）。シンボルは値を持たない目印のようなもの、と思っておけば良いでしょう。この例であれば、DEBUGというシンボルを定義しています。変数／定数のように値を持つことはできません。

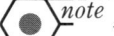

note #defineディレクティブは複数列記できますが、その場合も、ファイルの先頭でまとめて記述しなければならない点に注意してください。プリプロセッサ以外の他の命令が、#defineディレクティブの前にあってはいけません。
また、シンボルの有効範囲は現在のファイルだけです。

#defineで定義されたシンボルは、#if／#elseifディレクティブの条件式として参照できます。❷であれば、「シンボルDEBUGが存在すれば、配下の命令を有効に（コンパイル）しなさい」という意味になります。

サンプルを実行し、メッセージが表示されること、❶をコメントアウトすることで、メッセージが表示されなくなることを、それぞれ確認してみましょう。

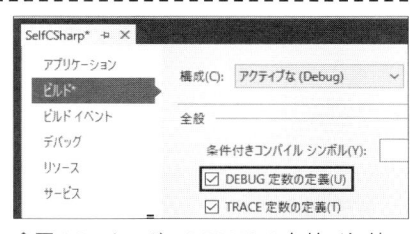

❖図4.B　シンボルDEBUGの有効／無効（［ビルド］タブ）

補足 #ifディレクティブの条件式

#ifディレクティブの条件式には、!（否定）をはじめ、「&&」「||」などの論理演算子を利用できます。

```
#if (DEBUG && TESTED)    ➡DEBUG／TESTEDがともに存在すれば
#if (DEBUG || TESTED)    ➡DEBUG／TESTEDのいずれかが存在すれば
#if (!DEBUG)             ➡DEBUGが存在しなければ
```

「==」「!=」を利用することもできます。たとえば、「DEBUG」と「DEBUG == true」は同じ意味です。ただし、好んで冗長な記述をする必要はないので、まずは比較演算子を利用しないと覚えておけば良いでしょう。

折りたたみ可能なブロック

#regionディレクティブを利用することで、Visual Studioのコードエディター上で折りたたみが可能なコードブロックを定義できます（リスト4.33）。

▶リスト4.33　PreRegion.cs

```csharp
static void Main(string[] args)
{
  #region 定数／変数の定義
  const string Publisher = "翔泳社";
  const double Tax = 1.08;
  var author = "WINGSプロジェクト";
  var title = "一人で学ぶC#";
  var price = 1000;
  #endregion

  Console.WriteLine($"{title}（{Publisher}刊、{author}著）発売開始");
  Console.WriteLine($"{price * Tax}円");
}
```

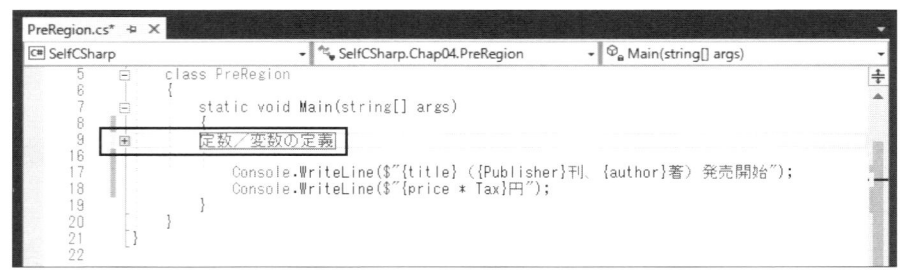

❖図4.14　#region 〜 #endregionの範囲が折りたたみ可能に

　#region 〜 #endregionで囲まれた部分が ─ ➕ のクリックで開閉可能になっていることが確認できます。長いメソッドなどでは（本来あるべきではありませんが）、特定のコードブロックを折りたたみ可能にすることで、コードの全体を見通しやすくなります。

　#regionで指定された文字列は折りたたんだときにも表示されますので、ブロックの概要をまとめておくと良いでしょう。

☑ この章の理解度チェック

1. for命令とcontinue命令とを使って、100 〜 200の範囲にある奇数値の合計を求めてみましょう。

2. リスト4.26を、while命令を使って書き換えてみましょう。

3. リスト4.Aは、コマンドライン引数から受け取った整数値を順に取り出し、一律、1.5倍したものを出力するコードです（引数に数値以外が渡された場合は考慮しません）。空欄を埋めて、コードを完成させてください。

　▶リスト4.A　Practice3.cs

```
static void Main(string[] args)
{
    ①    (var tmp in   ②   )
    {
      int i = Int32.  ③   (tmp);
      Console.WriteLine(  ④   * 1.5);
    }
}
```

4. switch命令を使って、変数languageの値が「C#」「Visual Basic」「F#」であれば「.NET対応言語」、「Python」「Ruby」であれば「スクリプト言語」、さもなければ「不明」と表示するコードを作成してください。

5. 4のコードをif命令を使って書き換えてみましょう。

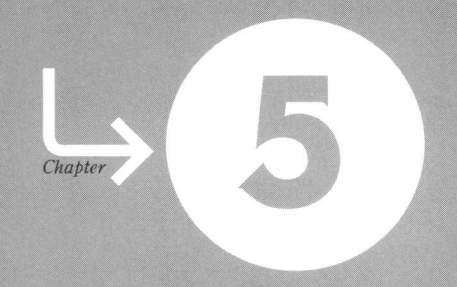

標準ライブラリ

.NET Frameworkでは、.NET対応の言語から共通して利用できるライブラリを提供しています（.NETクラスライブラリ）。2.2.1項では、データ型を大きく組み込み型とユーザー定義型（カスタム型）とに分類しましたが、.NETクラスライブラリは、標準で提供された巨大なカスタム型であるとも言えます。

もちろん、本書で.NETクラスライブラリの膨大な機能をすべて解説することはできませんが、その中でもよく利用するものは限られます。本章では、初学者がまず押さえておきたい基本的なクラスに絞って解説していきます（表5.1）。

なお、クラスのインスタンス化、メンバー呼び出しなどの基本的な構文については、2.5.1項もあわせて参照してください。

❖表5.1　本章で解説するクラス／構造体

クラス／構造体	概要
String	文字列の加工／整形、部分文字列の検索／取得など
Regex	正規表現を利用した文字列の検索や置換、分割など
DateTime	日付／時刻を操作
TimeSpan	時間間隔を操作
StreamWriter ／ StreamReader	ファイルの読み書き
DirectoryInfo ／ FileInfo	フォルダー／ファイルの情報を管理／操作
Directory ／ File	フォルダー／ファイルの情報を管理／操作（静的メソッド）
Math	絶対値や平方根、四捨五入、三角関数などの演算機能
BigInteger	long ／ ulong 型の範囲を超える整数を扱う
Array	配列を操作

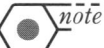 *note* 構造体は、クラスのようなものです。int、long、doubleのような単純型もまた、基本的に構造体として提供されています。クラスと構造体との違いについては、9.3.5項で解説します。

5.1 : 文字列の操作

string型の実体は、Stringクラス（System名前空間）です。Stringクラスは、文字列の加工／整形、部分文字列の検索／取得など、文字列の操作に関わる機能を提供します。

5.1.1　文字列の長さを取得する

文字列の長さ（文字数）を取得するには、Lengthプロパティを利用します（リスト5.1）。

```
var str1 = "WINGSプロジェクト";
Console.WriteLine(str1.Length);  // 結果：11 ──────────────── ❶

var str2 = "叱る";
Console.WriteLine(str2.Length);  // 結果：3 ──────────────── ❷
```

　❶のように、Lengthプロパティは日本語（マルチバイト文字）も1文字としてカウントします。ただし、特殊な例外がある点に注意してください。たとえば❷は、見た目の文字数は2文字ですが、結果は3文字。どこで1文字増えているのでしょうか。

　結論から言うと、これは「叱」という文字が**サロゲートペア**であることから生じる問題です。一般的に、Unicodeは1文字を2バイトで表現します。しかし、Unicodeで扱うべき文字が増えるに従って、2バイトで表現できる文字数（65536文字）では不足する状況が出てきました。そこで一部の文字を4バイトで表現することで、扱える文字数を拡張することになりました。これがサロゲートペアです。

　しかし、Lengthプロパティではサロゲートペアを識別できませんので、4バイト＝2文字と見なします。先ほどの例であれば、「叱」が2文字、「る」が1文字で、合計3文字となります。

　サロゲートペアを含んだ文字列を正しくカウントするには、Lengthプロパティの代わりに、StringInfoクラス（System.Globalization名前空間）のLengthInTextElementsプロパティを利用してください（リスト5.2）。

▶リスト5.2　StrInfoLength.cs

```
using System.Globalization;
...中略...
var str = "叱る";
StringInfo strInfo = new StringInfo(str);
Console.WriteLine(strInfo.LengthInTextElements);  // 結果：2
```

　StringInfoクラスはSystem.Globalization名前空間に属するので、using命令であらかじめインポートしておくのを忘れないようにしてください。後は、new演算子でインスタンス化する際には、対象の文字列を渡すだけです。

5.1.2　文字列を大文字小文字、全角半角、ひらがなカタカナを区別せずに比較する

　まず、「==」演算子、Equalsメソッドによる文字列比較については、3.3.1項で触れました。ただし、これらはいずれも大文字／小文字を区別して文字列を比較します。もしも大文字／小文字を区別しないで比較するならば、リスト5.3のようにします。

▶リスト5.3　StrCompare.cs

```
var str1 = "wings";
var str2 = "WINGS";
Console.WriteLine(str1.Equals(
  str2, StringComparison.OrdinalIgnoreCase));        // 結果：true ——————— ❶
Console.WriteLine(string.Compare(
  str1, str2, StringComparison.OrdinalIgnoreCase));  // 結果：0 ——————— ❷
```

　まず❶は、Equalsメソッドの第2引数に`StringComparison.OrdinalIgnoreCase`値を設定した方法です。これで、Equalsメソッドで大文字小文字を無視しなさい、という意味になります。

　❶と等価なコードが❷です。Compareメソッドは、引数str1／str2を比較して、str1＞str2であれば正数、str1＝str2であればゼロ、str1＜str2であれば負数を返します。Equalsメソッドと同じく、既定では大文字小文字を区別しますので、第3引数に`StringComparison.OrdinalIgnoreCase`値を指定しておきます。

構文 Compareメソッド

```
public static int Compare(string strA,
  string strB[, StringComparison comparisonType])
```

strA、*strB*　　　：比較する文字列
comparisonType：比較する文字列：比較ルール

> note
> クラスメソッドであるCompareに対して、インスタンスメソッドとして呼び出せるCompareToメソッドもあります。ただし、CompareToメソッドではオプション（`CompareOptions.Xxxxxx`）指定はできません。
>
> ```
> Console.WriteLine(str1.CompareTo(str2));
> ```

　さらに、全角／半角、ひらがな／カタカナを区別しないで比較したい場合には、CompareInfoクラス（System.Globalization名前空間）のCompareメソッドを利用してください（リスト5.4）。`CompareOptions.IgnoreWidth`で全角／半角の違いを、`CompareOptions.IgnoreKanaType`でひらがな／カタカナの違いを、それぞれ無視します。

```
using System.Globalization;
...中略...
var full = "ＷＩＮＧＳ";
var half = "WINGS";


var ci = CultureInfo.CurrentCulture.CompareInfo; ─────────────────❶
Console.WriteLine(ci.Compare(full, half));  // 結果：1（異なる）
Console.WriteLine(ci.Compare(full, half, CompareOptions.IgnoreWidth));
    // 結果：0（等しい）
var hiragana = "ぷろじぇくと";
var katakana = "プロジェクト";
Console.WriteLine(ci.Compare(hiragana, katakana));  // 結果：1（異なる）
Console.WriteLine(ci.Compare(hiragana, katakana, CompareOptions.IgnoreKanaType));
    // 結果：0（等しい）
```

❶の「CultureInfo.CurrentCulture.CompareInfo」は、現在の地域情報に基づいて文字列の比較ルール（CompareInfoオブジェクト）を取得しなさい、という意味です。CompareInfoクラスは、new演算子ではインスタンス化できません。

5.1.3　文字列がnull／空文字であるかを判定する

文字列がnull、または空文字であるかを判定するには、IsNullOrEmpty静的メソッドを利用します（リスト5.5）。

▶リスト5.5　StrEmpty.cs

```
var str1 = "";
Console.WriteLine(String.IsNullOrEmpty(str1));  // 結果：true
```

「str == null || str == ""」でも置き換え可能ですが、メソッドを利用したほうが漏れなく、null／空文字を判定できます。

よく似たメソッドとして、IsNullOrWhiteSpace静的メソッドもあります（リスト5.6）。こちらはnull／空文字列（""）に加えて、空白だけの文字列も検出できます。空白には半角スペース、タブ、改行、全角スペースも含まれます。

▶リスト5.6　StrEmpty.cs

```
var str2 = "    ";
Console.WriteLine(String.IsNullOrWhiteSpace(str2));  // 結果：true
```

5.1.4 文字列を検索する

ある文字列の中で、特定の部分文字列が登場する文字位置を取得するには、IndexOf ／ LastIndexOf メソッドを利用します。IndexOf ／ LastIndexOf メソッドの違いは、検索を前方／後方いずれから開始するかです。

構文 IndexOf ／ LastIndexOf メソッド

```
public int IndexOf(T value[, int startIndex, int count]]);
public int LastIndexOf(T value [, int startIndex, int count]]);

T          ：引数valueの型（char ／ string）
value      ：検索する要素
startIndex：検索開始位置
count      ：検索範囲
```

まずは、具体的なサンプルを見てみましょう（リスト5.7）。

▶リスト5.7　StrIndex.cs

```
var str = "にわにはにわにわとりがいる";
Console.WriteLine(str.IndexOf("にわ"));        // 結果：0 ─────────── ❶
Console.WriteLine(str.IndexOf("にも"));        // 結果：-1 ─────────── ❷
Console.WriteLine(str.LastIndexOf("にわ"));     // 結果：6 ─────────── ❸
Console.WriteLine(str.IndexOf("にわ", 3));      // 結果：4 ─────────── ❹
Console.WriteLine(str.LastIndexOf("にわ", 3));  // 結果：0 ─────────── ❺
Console.WriteLine(str.IndexOf("にわ", 2, 5));   // 結果：4 ─────────── ❻
Console.WriteLine(str.LastIndexOf("にわ", 5, 3)); // 結果：4 ─────────── ❼
//Console.WriteLine(str.IndexOf("にわ", 5, 10)); // 結果：エラー ─────── ❽
```

❶は IndexOf メソッドの最も基本的な例です。文字列を先頭から順に検索して、見つかった場合にはその文字位置を返します。文字位置は、配列と同じく、先頭文字が0となる点に注意してください。引数 startIndex が見つからなかった場合には、IndexOf メソッドは-1を返します（❷）。

同じく、❸は LastIndexOf メソッドの最もシンプルな例です。文字列を後方から検索します。ただし、戻り値はあくまで**先頭からの文字位置**である点に注意してください。

引数 startIndex を指定することで、検索開始位置を指定することもできます（❹❺）。それぞれ❹は引数 startIndex から文字列末尾まで、❺は文字列先頭までが検索範囲です。

さらに検索範囲を特定したい場合には、引数 count を指定します（❻❼）。これで引数 startIndex から何文字目までを検索対象とするかが決まります。

引数 startIndex ／ count はいずれも負数、もしくは文字列範囲を超えた指定はエラーとなります。たとえば❽は引数 count が文字列末尾を超えているため、エラーです。

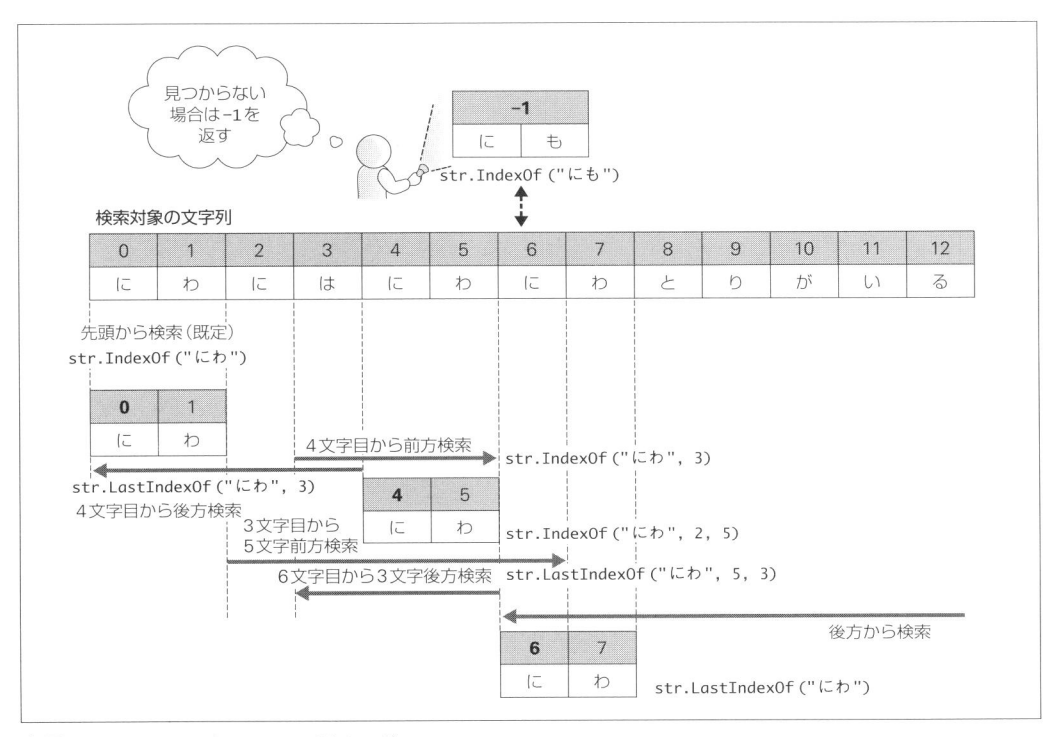

❖図5.1　IndexOf ／ LastIndexOfメソッド

5.1.5　文字列に特定の文字列が含まれるかを判定する

　文字列に指定された文字列が含まれるかを判定するには、Containsメソッドを利用します（リスト5.8）。単に含まれるかだけでなく、ある文字列が先頭／末尾位置に位置するか（＝文字列がある文字列で始まる／終わるか）を判定するならば、StartsWith ／ EndsWithメソッドも利用できます。

▶リスト5.8　StrContains.cs

```
var str = "WINGSプロジェクト";

Console.WriteLine(str.Contains("プロ"));        // 結果：true
Console.WriteLine(str.StartsWith("WINGS"));   // 結果：true
Console.WriteLine(str.EndsWith("WINGS"));     // 結果：false
```

　別解として、IndexOfメソッドが0であるかで判定することも可能です。ただし、コードが冗長になるうえ、意図としても不明瞭になるので、あえてそうする理由はありません。ある目的を実現するために複数の方法があるならば、より目的に特化した方法を優先して利用するのが原則です。それに

よって、コードの趣旨をより誤解なく表現できます。

```
Console.WriteLine(str.IndexOf("プロ") > 0);      // 結果：true（部分一致）
Console.WriteLine(str.IndexOf("WINGS") == 0);   // 結果：true（前方一致）
```

文字列に特定の条件を満たした文字が含まれるかを判定する —— Any メソッド

Any メソッドを利用することで、文字列に特定の文字が含まれるかどうかを確認することもできます。たとえばリスト5.9は、文字列に数字が1つでも含まれるかを判定するコードです。

▶リスト5.9　StrAny.cs

```
using System.Linq;
...中略...
var str = "WINGS2号";
Console.WriteLine(str.Any(ch => Char.IsDigit(ch)));  // 結果：true
```

> *note* 本項の理解には、ラムダ式の理解が前提となります。ここではコードの意図のみを説明しますので、10.1.5項でラムダ式を理解した後、再度読み解くことをお勧めします。

Any メソッドでは、文字列から文字を順に取り出して、ラムダ式に渡していきます（図5.2）。ラムダ式では、渡された文字（ここでは引数ch）をラムダ式が判定していくわけです。この例であれば、Char.IsDigit メソッドで文字が10進数値であるかを判定し、その結果（true／false）を返します。

Any メソッドでは、ラムダ式から一度でも true が返ってきた場合に、最低1文字以上は数値が含まれていると見なして、true を返します。もちろん、ラムダ式による判定内容は、自由に変更できます。

この他、Char クラスによる判定メソッドには、表5.2のようなものがあります。

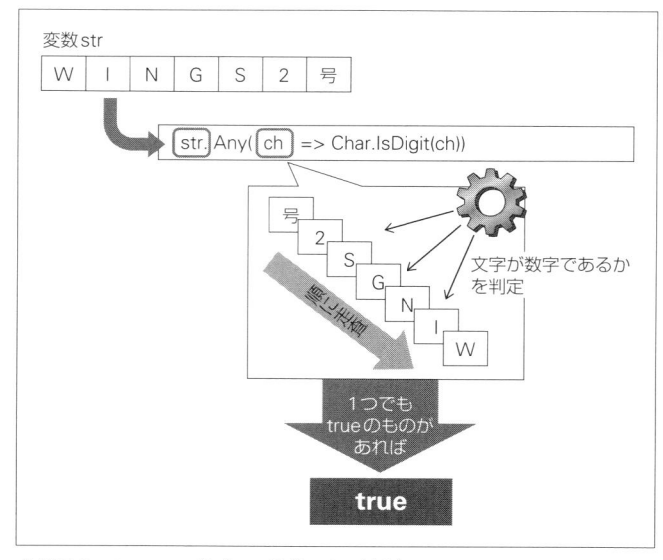

❖図5.2　Any メソッド（ラムダ式による判定）

メソッド	概要
IsDigit	10進数の数値か
IsNumber	数字か（①②...、ⅠⅡ...などを含む）
IsLetter	文字か
IsControl	制御文字か
IsUpper	大文字か
IsLower	小文字か
IsWhiteSpace	空白文字か

　Anyメソッドによく似たメソッドとして、Allメソッドもあります。Anyメソッドが「1つでも条件に合致した文字があるか」（＝ラムダ式が一度でもtrueを返すか）を判定するのに対して、Allメソッドは「すべての文字が条件に合致するか」（＝すべてのラムダ式がtrueを返すか）を判定します。

　たとえば、文字列のすべての文字が数値であるかを判定するには、リスト5.10のように書きます。

▶リスト5.10　StrAll.cs

```
using System.Linq;
...中略...
var str = "WINGS2号";
Console.WriteLine(str.All(ch => Char.IsDigit(ch)));  // 結果：false
```

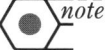

note　Any／Allメソッドは、いずれも拡張メソッド（8.2.9項）という機能を利用して提供されています。利用するには、System.Linq名前空間をインポートしなければなりません。

5.1.6　部分文字列を取得する

　Substringメソッドは、元の文字列から部分文字列を抜き出します。

構文　Substringメソッド

```
public string Substring(int startIndex [,int length])
```

startIndex：検索開始位置
length 　：部分文字列の長さ

　引数startIndex／lengthで文字列範囲を特定する点は、IndexOfメソッドと同様です（リスト5.11）。引数startIndex／lengthが負数、または文字列の末尾を超える場合にはエラーとなるのも同じなので、注意してください。

```
var str = "WINGSプロジェクト";
Console.WriteLine(str.Substring(5, 2));  // 結果：プロ
```

　LastIndexOfメソッドと合わせて利用することで、たとえばパス文字列から「.」以降の文字列（＝拡張子）だけを取り出すようなことも可能です（リスト5.12）。

▶リスト5.12　StrSubstring.cs

```
var path = @"C:¥data¥wings.jpg";
Console.WriteLine(path.Substring(path.LastIndexOf(".") + 1));  // 結果：jpg
```

　ただし、1文字単位で抜き出したい場合には、（Substringメソッドではなく）ブラケット構文を利用してください。たとえば以下は0番目の文字を抜き出すコードです。

```
Console.WriteLine(path[0]);  // 結果：C
```

　もしもすべての文字を順に取得するならば、foreach命令も利用できます。要は、文字列は文字の配列として操作できるわけです（リスト5.13）。

▶リスト5.13　StrFor.cs

```
var str = "ウイングス";
foreach (var s in str)
{
  Console.WriteLine(s);
}
```

```
ウ
イ
ン
グ
ス
```

5.1.7　文字列を特定の区切り文字で分割する

　文字列を特定の区切り文字で分割するには、Splitメソッドを利用します。

```
ⓐ    public string[] Split(params char[] separator)
ⓑ    public string[] Split(char[] separator [,int count]
      [,StringSplitOptions options])
```

separator ：区切り文字
count　　 ：分割の最大数
options　 ：分割オプション

まずは、具体的な例を見てみましょう（リスト5.14）。

▶リスト5.14　StrSplit.cs

```
var str1 = "うめ,もも,さくら";
var result1 = str1.Split(',');
Console.WriteLine(string.Join("&", result1));
    // 結果：うめ＆もも＆さくら                        ❶


var str2 = "うめ,もも,さくら|あんず";
var result2 = str2.Split(',', '|');
Console.WriteLine(string.Join("&", result2));
    // 結果：うめ＆もも＆さくら＆あんず                ❷


var str3 = "うめ　もも¥tさくら¥nあんず";
var result3 = str3.Split();
Console.WriteLine(string.Join("&", result3));
    // 結果：うめ＆＆もも＆さくら＆あんず              ❸


var str4 = "うめ,もも,さくら,あんず";
var result4 = str4.Split(new[] { ',' }, 2);
Console.WriteLine(string.Join("&", result4));
    // 結果：うめ＆もも,さくら,あんず                  ❹


var str5 = "うめ¥t¥tもも¥tすもも¥tあんず";
var result5 = str5.Split(new[] { '¥t' },
  StringSplitOptions.RemoveEmptyEntries);
Console.WriteLine(string.Join("&", result5));
    // 結果：うめ＆もも＆すもも＆あんず                ❺


var result6 = str5.Split(new[] { '¥t' });
Console.WriteLine(string.Join("&", result6));
    // 結果：うめ＆＆もも＆すもも＆あんず              ❻
```

❶は最もスタンダードな例です（構文❶）。引数separatorで指定された区切り文字で文字列を分割します。区切り文字（引数separator）は、必要な数だけ列記することもできます。たとえば❷は、「,」「|」のいずれかで分割する例です。

> *note* このように個数が決まっていない引数のことを**可変長引数**と言います（構文上はparamsキーワードで表しています）。可変長引数については、7.6.3項でも詳しく解説します。

引数separatorは省略することもできます（❸）。この場合、文字列は空白で分割されます。空白には、半角スペースだけでなく、タブ／改行／全角スペースなどが含まれます（要はIsNullOrWhiteSpaceメソッドがtrueとなる文字です）。

❹は、引数countを指定した例です（構文❻）。この場合、Splitメソッドは引数countの指定値を上限に分割処理を実施します。最後の要素には、分割されなかった残りの文字列がまとめて含まれる点に注目してください。

また、引数count ／ optionsを指定した場合、引数separatorは、

　配列として指定しなければならない

点にも注意です。❹であれば、「,」1つだけの文字配列を指定しています。

❺は、引数optionsを指定した例です。StringSplitOptions.RemoveEmptyEntities値を指定することで、分割した文字列が空白になった場合には戻り値から除去されます。引数optionsが省略された場合、またはStringSplitOptions.None値を指定した場合には、空白文字はそのまま維持されます（❻）。

なお、❶～❻での結果表示にも利用していますが、文字列配列を特定の区切り文字で連結するには、Joinメソッドを利用します。

構文 Joinメソッド

```
public static string Join(string separator, string[] value)
```

separator：区切り文字
value　　：連結対象の配列

引数separatorがnullの場合、引数valueの内容は区切り文字なしでそのまま連結されます。

5.1.8　文字列を整形する

Formatメソッドを利用することで、指定された書式文字列に基づいて文字列を整形できます。

```
public static string Format([IFormatProvider provider,]
  string format [, object args [, ...]])
```

provider：整形に利用するカルチャ（地域）情報
format　：書式文字列
args　　：オブジェクト配列

引数format（書式文字列）には、**書式指定子**と呼ばれるプレースホルダーを埋め込むことができます（図5.3）。プレースホルダーとは、引数args...で指定された文字列を埋め込む場所、と考えれば良いでしょう。書式文字列で書式指定子以外の部分はそのまま出力されます。

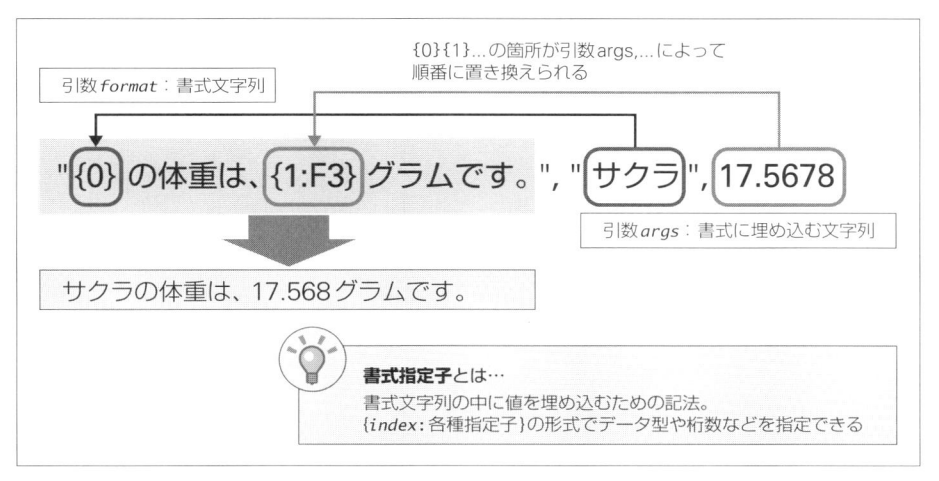

❖図5.3　String.Formatメソッド

書式指定子は、以下の形式で表します。

構文 書式指定子

```
{index, [,align] [:format[prec]]}
```

index　：引数argsの何番目の値を埋め込むか（先頭は0番目）
align　：文字列の幅（正数の場合は右詰め、負数は左詰め）
format：出力すべき値（引数args）の型
prec　：数値の桁数（意味はformatによって変化）

formatに指定できる型には、表5.3のようなものがあります。下表では数値関連の型をまとめていますが、日付関連の型も利用できます。

❖表5.3　formatで扱える数値関連の型（日付関連の型についてはP.182の表5.16を参照）

分類	型	概要
基本	C、c	通貨表記
	D、d	10進数表記（整数）
	E、e	指数表記
	F、f	固定小数点表記（桁数省略時は、カルチャ情報に準ずる）
	G、g	全般表記。固定小数点表記または指数表記のいずれか最も簡潔な形式
	N、n	桁区切り付き表記
	P、p	パーセント表記。数値に100をかけて%記号を付ける
	X、x	16進数表記
カスタム	Ø	桁数分を0で置換
	#	桁数を指定
	.	小数点の位置を指定
	,	桁区切りを指定
	E+Ø、E-Ø、EØ	指数表記。Eはeでも可。結果の大文字／小文字に反映される

ここで具体的な例も見ていきましょう（リスト5.15）。

▶リスト5.15　StrFormat.cs

```
using System.Globalization;
...中略...
Console.WriteLine(string.Format(
    "{Ø}は{1}、{2}歳です。", "サクラ", "女の子", 1));
        // 結果：サクラは女の子、1歳です。


Console.WriteLine(string.Format(
    "名前は{Ø}です。{Ø}は元気です。", "サクラ", "女の子"));
        // 結果：名前はサクラです。サクラは元気です。


Console.WriteLine(string.Format(
  "名前は{Ø, 5}です。", "サクラ"));  // 結果：名前は　サクラです。


Console.WriteLine(string.Format(
  "名前は{Ø, -5}です。", "サクラ"));  // 結果：名前はサクラ　です。


Console.WriteLine(string.Format(
  "10進数で8桁:{Ø:d8}", 12345));  // 結果：10進数で8桁:ØØØ12345


Console.WriteLine(string.Format(
  "指数:{Ø:e2}", 12345));  // 結果：指数:1.23e+ØØ4
```

❶
❷
❸
❹
❺
❻

```
Console.WriteLine(string.Format(
    "指数（大文字）:{0:E2}", 12345));   // 結果：指数（大文字）:1.23E+004      ❼

Console.WriteLine(string.Format(
    new CultureInfo("da-DK"), "通貨（デンマーク）:{0:C}", 12345));             ❽
      // 結果：通貨（デンマーク）:12.345,00 kr.

Console.WriteLine(string.Format(
    "カスタム（0補完）:{0:0,000.000}", 1234.56));                              ❾
      // 結果：カスタム（0補完）:1,234.560

Console.WriteLine(string.Format(
    "カスタム（補完なし）:{0:#,###.###}", 1234.56));                           ❿
      // 結果：カスタム（補完なし）:1,234.56

Console.WriteLine(string.Format(
    "カスタム（複合）:{0,13:0,000.000}", 1234.56));                           ⓫
      // 結果：カスタム（複合）:    1,234.560

Console.WriteLine(string.Format("日付:{0:D}", DateTime.Now));                ⓬
      // 結果：日付:2017年12月13日（結果は実行日によって異なります）

var price = 1000;
Console.WriteLine($"価格:{price:c}");                                        ⓭
      // 結果：価格:¥1,000
```

それぞれの結果について、補足しておきます。

❶〜❷シンプルなパターン

❶は、最もシンプルなパターンです。書式指定子のindexだけを指定しています。この場合、{0}、{1}…が、それぞれ引数args, …によって順に置き換えられます。❷のように、同じindexのプレースホルダーがあってもかまいませんし、（意味はありませんが）引数args, …に対応するプレースホルダーがなくてもかまいません（たとえば❷であれば、「女の子」に対応すべき{1}がありません）。

❸〜❹文字列の表示幅

❸は、引数align（文字列の最小幅）を指定したパターンです。最小幅なので、埋め込まれた値の長さ（幅）がalign以上の場合には、意味がありません。alignよりも小さい場合には空白で補完されます。

❸は値の左側が空白で埋められます（＝右詰め）が、右側を埋めたい（＝左詰め）場合にはalignを負数で指定してください（❹）。

❺〜❼標準の書式

❺〜❼はformat／precを指定した例です。出力の型（format）に応じて、桁数（prec）の意味も異なります。たとえばd（10進数表記）の場合、precは最小桁数を表すので、これに満たない場合、0で補完されます（❺）。また、c（通貨）、e（指数）の場合であれば、precは小数部の桁数を表します（❻）。E、Xのようにformatを大文字表記した場合には、指数、16進数を表すアルファベットも大文字になります（❼）。

❽は、Formatメソッドにカルチャ情報（引数provider）を渡した例です。Formatメソッドでは、指定されたカルチャ（地域）によって整形の結果も変化する点に注目です。たとえばこの例では、カルチャをデンマークとしているので、通貨はkr、桁区切り文字が「.」、小数点が「,」で表記されています。

❾〜⓫カスタムの書式

標準の書式は単一の文字で表すのに対して、カスタム書式は0、#などの組み合わせで表します。「Ø,ØØØ.ØØØ」（❾）であれば、

　　整数部を最小4桁（桁区切り文字あり）、小数部を最大3桁で表現し、不足部分は0で補う

という意味になります。「#,###.###」とした場合にもほぼ同じ意味ですが、不足部分は無視されます（❿）。⓫のように、指定子align／formatを同時に指定しても、もちろんかまいません。

⓬日付の書式

⓬は、日付／時刻型の値を埋め込む例です。日付／時刻型の書式指定子については5.3.2項で触れるので、ここではまず、Formatメソッドでは日付の埋め込みもできることを押さえておきましょう。

⓭$"..."構文

C# 6以降では$"..."形式の文字列リテラルに{...}で変数値を埋め込めます。この場合もFormatメソッドと同じく、書式指定子を指定できます。異なるのは書式指定子indexの代わりに、変数（式）を指定している点だけです。Formatメソッドよりもシンプルで、しかも、視認性も高まるため、今後はこちらを優先して利用していくべきです。

練習問題　5.1

1. Substringメソッドを利用して、文字列「プログラミング言語」から「ミング」という文字列を抜き出してみましょう。

2. Splitメソッドを利用して、「鈴木¥t太郎¥t男¥t50歳¥t広島県」のようなテキストをタブ文字で区切り、その結果を順に出力してみましょう。

　正規表現（Regular Expression）とは「あいまいな文字列パターンを表現するための記法」です。わかりやすくするために、誤解をおそれずに言えば、「ワイルドカードをもっと高度にしたもの」です。ワイルドカードとは、たとえばWindowsのエクスプローラーなどでファイルを検索するために使う「*.cs」、「*day*.cs」といった表現です。「*」は0文字以上の文字列を意味しているので、「*.cs」であれば「Math.cs」や「X.cs」のようなファイル名を表しますし、「*day*.cs」なら「Today.cs」や「day01.cs」「Today99.php」のように、ファイル名に「day」という文字を含む.csファイルを表します。

　ワイルドカードは比較的なじみのあるものだと思いますが、シンプルな記法なのであまり複雑なパターンは表現できません。そこで登場するのが正規表現です。たとえば、[0-9]{3}-[0-9]{4}という正規表現は一般的な郵便番号を表します（図5.4）。「0 〜 9の数値3桁」＋「−」＋「0 〜 9の数値4桁」という文字列のパターンを、これだけ短い表現の中で端的に表しているわけです。

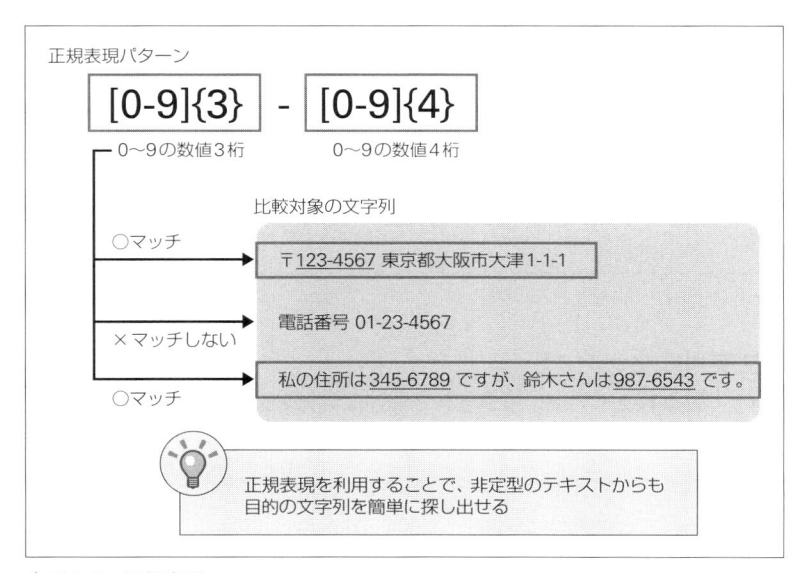

❖図5.4　正規表現

　たったこれだけのチェックでも、正規表現を使わないとしたら、煩雑な手順を踏まなければなりません（おそらく、文字列長が8桁であること、4桁目に「−」を含むこと、それ以外の各桁が数値で構成されていることを、何段階かに分けてチェックしなければならないでしょう）。しかし、正規表現を利用すれば、正規表現パターンと比較対象の文字列を指定するだけで、後は両者が合致するかどうかを正規表現エンジンが判定してくれるのです。

単にマッチするかどうかの判定だけではありません。正規表現を利用すれば、たとえば、掲示板への投稿記事から有害なHTMLタグだけを取り除いたり、任意の文書からメールアドレスだけを取り出したり、といったこともできます。

正規表現とは、非定型のテキスト、HTMLなど、散文的な（ということは、コンピューターにとって再利用するのが難しい）データを、ある定型的な形で抽出し、データとしての洗練度を向上させる —— 言わば、人間のためのデータと、システムのためのデータをつなぐ橋渡し的な役割を果たす存在とも言えます。

5.2.1　正規表現の基本

正規表現によって表されたある文字列規則のことを**正規表現パターン**と言います。また、与えられた正規表現パターンが、ある文字列の中に含まれる場合、文字列が正規表現パターンに**マッチする**と言います。

先ほどの図でも見たように、正規表現パターンにマッチする文字列は1つだけとは限りません。1つの正規表現パターンにマッチする文字列は、多くの場合、複数あります。

ここでは、正規表現の中でも特によく使うものについて、その記法を紹介していきます。取り上げるのは、数多くあるパターンのほんの一部ですが、これらを理解し、組み合わせるだけでもかなりの状況に対応できるようになるはずです。

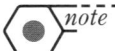

> note　ただし、正規表現は実に奥深い世界で、本節だけで説明しきれるものではありません。正規表現をきちんと理解したいという方は、『詳説 正規表現 第3版』（オライリージャパン）などの専門書を参照してください。

[1]　XYZ —— 特定の文字列にマッチ

最も基本となる正規表現です。対象の文字列が、指定された部分文字列を含んでいる場合に、マッチしていると見なします（表5.4）。

❖表5.4　正規表現パターンの例［1］

パターン	比較する文字列	マッチするか
soo	**soo**n	○
soo	sost	×
ame	My n**ame** is Rio.	○
Wings	WINGS Project	×

既定では、正規表現パターンは大文字／小文字を区別するので、最後の例はマッチしません。大文字／小文字を区別する方法については、5.2.5項で後述します。

[2] [XYZ] —— いずれかの文字にマッチ

　文字集合をブラケット（[…]）でくくった場合、その中の文字のいずれか1文字にマッチするかどうかを判定します（表5.5）。[^XYZ] のように、先頭に「^」を指定することで、「いずれの文字にもマッチしない」ことも判定できます。ブラケットの中の「^」は否定を意味します。

❖表5.5　正規表現パターンの例［2］

パターン	文字列	マッチするか
[vwxyz]	**yes**	○
[vwxyz]	Yes	×
h[ijk]l	**hill**	○
h[^ijk]l	hill	×
h[^ijk]l	**hel**lo	○

[3] [0-9] —— 特定範囲の文字にマッチ

　たとえば、数字にマッチするかどうかを調べたい場合、[2] の記法を利用して [0123456789] のように表すこともできます。しかし、これではパターンそのものが見にくいのはもちろん、指定漏れの原因にもなります。このような場合には、[0-9] のように書き換えることで、0 ～ 9のいずれかという意味を表すことができます（表5.6）。アルファベットや数値など、同種の文字をパターンとして表したい場合には、こちらの記法を利用することで、より読みやすく、間違いも少ないパターンを表現できます。

❖表5.6　正規表現パターンの例［3］

パターン	文字列	マッチするか
[a–e]	**b**ook	○
[a–e]	Book	×
[a–eA–E]	**b**ook、**B**ook	○
[1–3]	No.**3**、best**1**	○
[1–3]	500yen	×

[4] 「.」 —— 任意の1文字

　「.」は、任意の1文字を表します（表5.7）。

❖表5.7　正規表現パターンの例［4］

パターン	文字列	マッチするか
h.t	**hat**、**hot**dog	○
h.t	heat	×
h..t	**heat**	○

[5] 「^」「$」── 先頭／末尾を検出

文字列の先頭／末尾に特定のパターンがマッチするか確認したい場合には、「^」（行頭）、「$」（行末）を利用します（表5.8）。ブラケットの中での「^」（否定）とは異なるので、混同しないようにしてください。

❖表5.8　正規表現パターンの例 [5]

パターン	文字列	マッチするか
^pla	**pla**n、**pla**ce	○
^pla	replay、splash	×
ple$	ap**ple**、peo**ple**	○

[6] 文字列の繰り返しパターンを表現

正規表現では、直前の文字の繰り返しを表現することもできます（表5.9）。このような正規表現のことを**量指定子**と言います。

❖表5.9　正規表現パターンの例 [6]

パターン	概要	例	マッチする文字列	マッチしない文字列
X*	0文字以上のX	so*n	sn、son、soon、sooon	con
X+	1文字以上のX	so+n	son、soon、sooon	sn
X?	0または1文字のX	so?n	sn、son	soon、Con
X{n}	n文字のX	so{2}n	soon	son、sooon
X{n,}	n文字以上のX	so{2,}n	soon、sooon	sn、son
X{m,n}	m～n文字のX	so{2,3}n	soon、sooon	son、sooooon

[7] 特定の文字セットを表現

「¥文字」で、特殊な文字範囲を表現することもできます（表5.10）。

❖表5.10　特定の文字セット

パターン	概要
¥t	タブ文字
¥n	改行（ラインフィード）
¥r	復帰（キャリッジリターン）
¥d	数値にマッチ（[0-9]と同じ）
¥D	数値以外にマッチ（[^0-9]と同じ）
¥s	空白文字にマッチ（[¥t¥n¥f¥r]と同じ）
¥S	空白以外の文字にマッチ（[^¥s]と同じ）
¥w	大文字／小文字のアルファベット、数字、アンダースコア、ひらがな、カタカナ、漢字
¥W	文字以外にマッチ（[^¥w]と同じ）
¥b	英数字とその他の文字との境界

パターン	概要
¥p{Is*Xxxxx*}	IsHiragana（ひらがな）、IsKatakana（カタカナ）、IsCJKUnifiedIdeographs（漢字）など、Unicode定義の名前付きブロックの文字にマッチ
¥P{Is*Xxxxx*}	IsHiragana（ひらがな）、IsKatakana（カタカナ）、IsCJKUnifiedIdeographs（漢字）など、Unicode定義の名前付きブロックの文字以外にマッチ
¥p{P}	句読点

「¥」は、特定の予約文字を無効化させる働きも持ちます。たとえば「¥¥」「¥$」「¥^」のように記述することで、それぞれ（正規表現パターンとして意味のある文字ではなく）単なる「¥」「$」「^」として認識させることができます。

以上、正規表現そのものの解説が長くなってしまいましたが、ここからはこれらの正規表現を、C#から利用する方法について解説していきます。

5.2.2　文字列が正規表現パターンにマッチしたかを判定する

正規表現パターンが文字列にマッチしているかを判定するには、Regexクラス（System.Text.RegularExpressions名前空間）のIsMatchメソッドを利用します。たとえばリスト5.16は、文字列配列telを順にチェックし、電話番号が含まれる場合にはその値を、さもなければ「アンマッチ」と出力する例です。

▶リスト5.16　RegIsMatch.cs

```
using System.Text.RegularExpressions;
...中略...
var tel = new[] { "080-0000-0000", "084-000-0000", "184-0000" };
var rgx = new Regex(@"¥d{2,4}-¥d{2,4}-¥d{4}"); ——————————— ❶
foreach (var t in tel)
{
  Console.WriteLine(rgx.IsMatch(t) ? t : "アンマッチ" ); ——————— ❷
}
```

```
080-0000-0000
084-000-0000
アンマッチ
```

正規表現を利用するにあたっては、まずRegexクラスをインスタンス化しておきましょう（❶）。

```
public Regex(string pattern [, RegexOptions options])
```

pattern：正規表現パターン
options：正規表現オプション（5.2.5項を参照）

　この際、引数patternは一般的には逐語的文字列リテラル（@"…"）で表す点に注目です。というのも、正規表現パターンにはその性質上、「¥」文字が多く含まれます。「¥」は文字列リテラルではエスケープシーケンスを表すため、通常の文字列で❶の正規表現を表すならば、以下のように「¥」を「¥¥」にエスケープしなければなりません。

```
"¥¥d{2,4}-¥¥d{2,4}-¥¥d{4}$"
```

　これは一般的には冗長で、正規表現パターンが読みにくくなる元となります。しかし、逐語的文字列リテラルを利用することで、エスケープシーケンスが無効化されるので、「¥¥」のような記述は無用となります。

> *note* ここでは、単に「¥d{2,4}-¥d{2,4}-¥d{4}」としているので、文字列に電話番号が含まれていたら（部分一致）の意味となります。もしも前方一致、後方一致、完全一致にしたいならば、以下のようにしてください。
>
> ● 前方一致　^¥d{2,4}-¥d{2,4}-¥d{4}
> ● 後方一致　¥d{2,4}-¥d{2,4}-¥d{4}$
> ● 完全一致　^¥d{2,4}-¥d{2,4}-¥d{4}$

　Regexオブジェクトが生成できたら、後はIsMatchメソッドに検索対象の文字列を渡すだけです。❷ではIsMatchメソッドがtrueを返した（＝文字列がマッチした）場合に、検索対象の文字列をそのまま出力しています。

構文 IsMatchメソッド

```
public bool IsMatch(string input [,int startat])
```

input　：検索する文字列
startat：検索開始位置

5.2.3　正規表現で文字列を検索する

単にマッチしたかどうかだけでなく、マッチした文字列を抜き出したい場合には、Matchメソッド
を利用します。

構文 Matchメソッド

```
public Match Match(string input [,int beginning [,int length]])
```

input	：検索する文字列
beginning	：検索開始位置
length	：検索範囲の長さ

たとえばリスト5.17は、文字列から電話番号だけを抜き出すためのコードです。

▶リスト5.17　RegMatch.cs

```
var str = "電話番号は、084-000-0000です。";
var rgx = new Regex(@"(¥d{2,4})-(¥d{2,4})-(¥d{4})");
var match = rgx.Match(str);                                    ❶

// マッチした場合のみ出力処理
if (match.Success)                                             ❷
{
  Console.WriteLine(
    $"位置:{match.Index} マッチ文字列：{match.Value}");

  // サブマッチ文字列を順に出力
  foreach (Group m in match.Groups)
  {                                                           ❸
    Console.WriteLine(m.Value);
  }
}
```

```
位置:6 マッチ文字列：084-000-0000
084-000-0000
084
000
0000
```

Matchメソッドの戻り値は、マッチング情報を表すMatchオブジェクトです（❶）。Matchクラスは、表5.11のようなプロパティを提供しています。

❖表5.11　Matchクラスの主なプロパティ

プロパティ	概要
Groups	マッチしたグループのコレクション
Index	元の文字列内の位置
Length	マッチした部分文字列の長さ
Name	マッチしたグループの名前
Success	マッチしたか
Value	マッチした部分文字列

❷であれば、Successプロパティでマッチしたかを確認した後、マッチした場合には、その文字位置（Index）、マッチした部分文字列（Value）、サブマッチ文字列（Groups）を表示してるわけです。
サブマッチ文字列とは、正規表現の中で丸カッコでくくられた部分（**サブマッチパターン**）にマッチした部分文字列のことです（図5.5）。**グループ**とも言います。

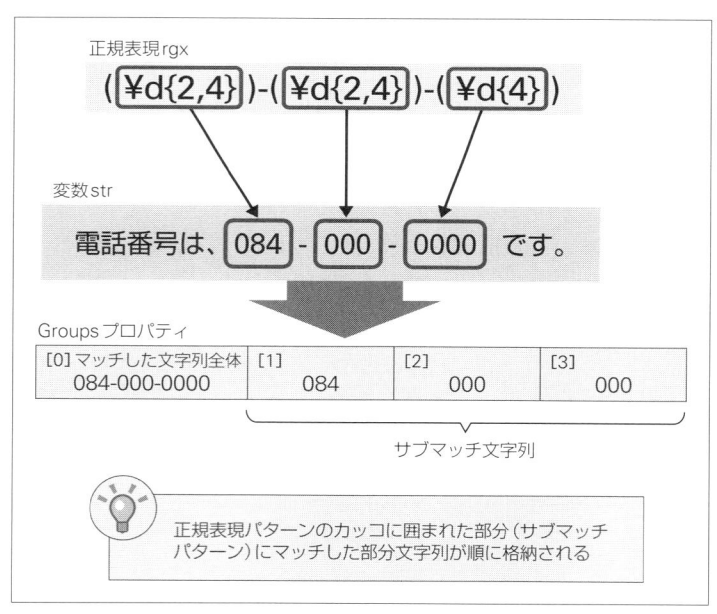

❖図5.5　マッチング情報の格納（Groupsプロパティ）

Groupsプロパティの戻り値は、GroupCollectionオブジェクトです（❸）。GroupCollectionは配列ライクなクラスで、先頭要素にはマッチした文字列全体が、以降の要素にはサブマッチ文字列が先頭から順に格納されています。よって、❸のforeachループでは、先頭から順に「電話番号全体」「市外局番」「市内局番」「加入者番号」を出力することになります。

5.2.4 正規表現で文字列をグローバル検索する

Matchメソッドは正規表現パターンにマッチした文字列を最初の1つだけ取得します。もしもマッチするすべての文字列を取得したいならば、Matchesメソッドを利用してください。

構文 Matchesメソッド

```
public MatchCollection Matches(string input [,int startat])
```

input ：検索する文字列
startat：検索開始位置

たとえばリスト5.18は、文字列からすべての電話番号を抜き出すためのコードです。

▶リスト5.18　RegMatches.cs

```
var str = "自宅の電話番号は、084-000-0000です。携帯は、080-0000-0000です。";
var rgx = new Regex(@"¥d{2,4}-¥d{2,4}-¥d{4}");
var result = rgx.Matches(str);                              ❶
Console.WriteLine(result.Count);                            ❷
Console.WriteLine(result[0]);

foreach (Match m in result)
{
  Console.WriteLine(                                        ❸
    $"位置:{m.Index} 長さ：{m.Length} マッチ文字列：{m.Value}");
}
```

```
2
084-000-0000
位置:9 長さ：12 マッチ文字列：084-000-0000
位置:28 長さ：13 マッチ文字列：080-0000-0000
```

Matchesメソッドの戻り値は、MatchCollectionオブジェクトです（❶）。MatchCollectionはGroupCollectionと同じく、一種配列のようなクラスで、たとえばresult[0]で最初の結果（Matchオブジェクト）にアクセスできますし、マッチした個数を得たいならばresult.Countにアクセスします（❷）。

また、すべての結果にアクセスしたいならば、foreach命令でMatchオブジェクトを順に取り出すことも可能です（❸）。

最長一致と最短一致

　ここで、正規表現の重要な原則である**最長一致**について補足しておきます。最長一致とは、正規表現で「*」「+」などの量指定子を利用した場合、できるだけ長い文字列を一致させなさい、というルールです。

　具体的な例で、挙動を確認してみましょう（リスト5.19）。

▶リスト5.19　RegLongest.cs

```
var tags = "<p><strong>WINGS</strong>サイト<a href='index.html'><img src=⏎
'wings.jpg'></img></a></p>";
var rgx = new Regex(@"<.+>");  ─────────────────────────────── ❶
var result = rgx.Matches(tags);

foreach (Match m in result)
{
  Console.WriteLine(m.Value);
}
```

　「<.+>」は、

　　<...>の中に「.」（任意の文字）が「+」（1文字以上）

で、<strong>、<img>のようなタグにマッチすることを想定しています。

　このコードを実行してみると、どのような結果を得られるでしょうか。おそらくは以下のような結果を期待しているはずです。

```
<p>
<strong>
</strong>
<a href='index.html'>
<img src='wings.jpg'>
</img>
</a>
</p>
```

　しかし、そうはならず、すべてのタグ文字列がまとめて出力されます。

```
<p><strong>WINGS</strong>サイト<a href='index.html'><img src='wings.jpg'>⏎
</img></a></p>
```

　これが「できるだけ長い文字列を一致」させる、最長一致の挙動です。もしも個々のタグを取り出したいならば、❶を、

```
var rgx = new Regex(@"<.+?>");
```

のように修正します。「+?」は最短一致を意味し、今度は「できるだけ短い文字列を一致」させよう
とします。果たして、今度は個々のタグが分解された結果が得られるはずです。

同じく「*?」「{n,}?」「??」などの最短一致表現も可能です。

5.2.5　正規表現オプションでマッチング時の挙動を制御する

Regexクラスをインスタンス化する際には、第2引数に動作オプションを渡すこともできます。表
5.12に、主なオプションをまとめておきます。

❖表5.12　主な正規表現オプション

オプション	概要
Compiled	正規表現をコンパイル（実行速度は速まるが、起動時間は遅くなる）
IgnoreCase	大文字／小文字の違いを無視
Singleline	シングルラインモード
Multiline	マルチラインモード

ここでは、主なオプションについて具体的な例とともに動作を確認しておきます。

大文字／小文字を区別しない

リスト5.20は、文字列に含まれるメールアドレスを、大文字／小文字を区別せずに検索する例です。

▶リスト5.20　RegIgnore.cs

```
using System.Text.RegularExpressions;
...中略...
var str = "仕事用はwings@example.comです。プライベート用はYAMA@example.comです。";
var rgx = new Regex(@"[a-z0-9.!#$%&'*+/=?^_{|}~-]+@[a-z0-9-]+↵
(?:¥.[a-z0-9-]+)*", RegexOptions.IgnoreCase);
var result = rgx.Matches(str);

foreach (Match m in result)
{
  Console.WriteLine(m.Value);
}
```

```
wings@example.com
YAMA@example.com
```

大文字小文字を無視するには、RegexOptions.IgnoreCase値を指定します。大文字小文字に関わらず、すべてのメールアドレスが取得できていることが確認できます。

また、太字の部分（, RegexOptions.IgnoreCase）を省略すると、結果が「wings@example. com」だけになることも確認しておきましょう。

> *note* 別解として、「A-Za-z」のように大文字／小文字双方のパターンを明示することも可能です。ただし、オプションで指定したほうがシンプルですし、なにより間違い（抜け）の元となります。まずはオプションを優先して利用するようにしてください。
>
> ```
> @"[A-Za-z0-9.!#$%&'*+/=?^_{|}~-]+@[A-Za-z0-9-]+(?:¥.[A-Za-z0-9-]+)*"
> ```

マルチラインモードを有効にする

マルチラインモード（複数行モード）とは「^」「$」の挙動を変更するためのモードです。まずは、マルチラインモードが無効である場合の挙動からです（リスト5.21）。

▶リスト5.21　RegMulti.cs

```
var str = "10人のインディアン。¥n1年生になったら";
var rgx = new Regex(@"^¥d+");
var result = rgx.Matches(str);

foreach (Match m in result)
{
  Console.WriteLine(m.Value);
}
```

この場合、正規表現「^」は、単に文字列の先頭を表すので「10」だけにマッチします。では、マルチラインモードを有効にするとどうでしょう。

```
var rgx = new Regex(@"^¥d+", RegexOptions.Multiline);
```

この場合、「^」は行頭を意味するようになります。結果、文字列先頭の「10」はもちろん、改行の直後にある「1」にもマッチするようになるのです。

これは「$」（文字列の末尾）についても同様です。マルチラインモードを有効にした場合、「$」は行末にもマッチします。

> *note* オプション値を複数同時に設定する場合には、「|」で連結します。
>
> ```
> var rgx = new Regex(@"^[a-z0-9._-]*",
>     RegexOptions.Multiline | RegexOptions.IgnoreCase);
> ```

シングルラインモードを有効にする

　シングルラインモード（単一行モード）とは「.」の挙動を変更するためのモードです。まずは、シングルラインモードが無効である場合の挙動からです（リスト5.22）。

▶リスト5.22　RegSingle.cs

```
var str = "初めまして。¥nよろしくお願いします。";
var rgx = new Regex(@"^.+");
var result = rgx.Matches(str);

foreach (Match m in result)
{
  Console.WriteLine(m.Value);
}
```

```
初めまして。
```

　既定では正規表現「.」は、「¥n」（改行）を除く任意の文字にマッチします。よって、文字列先頭（^）から改行の前までがマッチング結果として得られます。

　では、シングルラインモードを有効にするとどうでしょう。

```
var rgx = new Regex(@"^.+", RegexOptions.Singleline);
```

　この場合、「.」は改行文字も含むようになります。結果、以下のように、改行をまたがったすべての文字列にマッチするようになります。

```
初めまして。
よろしくお願いします。
```

5.2.6　正規表現で文字列を置換する

Replaceメソッドを利用すれば、正規表現にマッチした文字列を置き換えることもできます。

ⓐ public string Replace(string *input* [,string *replacement*
　　[,int *count* [,int *startat*]]])

ⓑ public string Replace(string *input* [,MatchEvaluator *evaluator*
　　[,int *count* [,int *startat*]]])

input	：検索する文字列
replacement	：置換する文字列
count	：置換する最大回数
startat	：検索開始位置
evaluator	：マッチごとに実行する処理

たとえばリスト5.23は、文字列に含まれるURLをHTMLのアンカータグで置き換える例です。

▶リスト5.23　RegReplace.cs

```
var str = "サポートサイトはhttp://www.wings.msn.to/です。";
var rgx = new Regex(@"http(s)?://([¥w-]+¥.)+[¥w-]+(/[a-z_0-9-./?%&=]*)?",
  RegexOptions.IgnoreCase);
Console.WriteLine(rgx.Replace(str, "<a href='$0'>$0</a>"));
```

サポートサイトは<a href='http://www.wings.msn.to/'>http://www.wings.msn.to/</a> です。

　構文そのものはごくシンプルですが、ここで注目したいのは、正規表現による置き換えでは、置き換え後の文字列（引数replacement）に置き換え前のマッチした文字列を含めることができるという点です。$0はマッチした文字列全体、$1、$2…はそれぞれサブマッチ文字列を表します。この例であれば、表5.13のような値がそれぞれ $0…$3 に格納されます（ここで利用しているのは $0 だけです）。

❖表5.13　特殊変数の中身（サンプルの場合）

変数	格納されている値
$0	http://www.wings.msn.to
$1	（なし）
$2	msn.
$3	/

サブマッチパターンに名前を付ける

　サブマッチパターンには「?<名前>」の形式で名前を付与することもできます。ここで付けた名前は、引数replaceに ${名前} で埋め込めます。

たとえばリスト5.24は、メールアドレスからローカル名とドメイン部を取り出して「＜ドメイン部＞の＜ローカル名＞」と置き換える例です。

▶リスト5.24　RegReplaceNamed.cs

```
var str = "仕事用はwings@example.comです。";
var rgx = new Regex(@"(?<localName>[a-z0-9.!#$%&'*+/=?^_{|}~-]+)⏎
@(?<domain>[a-z0-9-]+(?:¥.[a-z0-9-]+)*)", RegexOptions.IgnoreCase);
Console.WriteLine(rgx.Replace(str, "${domain}の${localName}"));
    // 結果：仕事用はexample.comのwingsです。
```

${…}構文を利用することで、サブマッチパターンが複数ある場合（さらに、それを順不同で埋め込む場合）に、対応関係がわかりやすいというメリットがあります。

置き換え文字列を加工する

Replaceメソッドの第2引数にラムダ式を渡すことで、マッチング文字列を加工したうえで置換後の文字列（引数replacement）に反映できるようになります（構文❻）。たとえばリスト5.25は、マッチしたメールアドレスをすべて大文字に変換したものを、置換後の文字列に反映させます。

▶リスト5.25　RegEvaluate.cs

```
var str = "メールアドレスはwings@example.comです。";
var rgx = new Regex(@"[a-z0-9._-]+@[a-z0-9._-]+¥.[a-z]{2,4}");
Console.WriteLine(rgx.Replace(str, m => m.Value.ToUpper()));
    // 結果：メールアドレスはWINGS@EXAMPLE.COMです。
```

> *note*　本項の理解には、ラムダ式の理解が前提となります。ここではコードの意図のみを説明しますので、10.1.5項でラムダ式を理解した後、再度読み解くことをお勧めします。

Replaceメソッドに渡すラムダ式の条件は、以下のとおりです。

- 引数としてマッチング文字列を受け取る（ここでは引数m）
- 戻り値として、置換後の文字列に埋め込むべき値を返す

ここでは受け取ったマッチング文字列を大文字に変換したものを返しています。

固定文字列で文字列を置き換える

固定文字列で文字列を置き換えるならば、RegexクラスのReplaceよりもStringクラスのReplaceメソッドを利用します。

```
public string Replace(char oldChar, char newChar)
public string Replace(string oldValue, string newValue)
```

oldChar、*oldValue*：置換前の文字／文字列
newChar、*newValue*：置換後の文字／文字列

たとえばリスト5.26は文字列中の「wings」を「WINGSプロジェクト」で置き換える例です。

▶リスト5.26　StrReplace.cs

```
var str = "wingsは、執筆コミュニティです。wingsではメンバーを募集中です。";
Console.WriteLine(str.Replace("wings", "WINGSプロジェクト"));
```

```
WINGSプロジェクトは、執筆コミュニティです。WINGSプロジェクトではメンバーを募集中です。
```

5.2.7　正規表現で文字列を分割する

正規表現で文字列を分割するには、Splitメソッドを利用します。

構文 Splitメソッド

```
public string[] Split(string input [,int count [,int startat]])
```

input　：分割する文字
count　：分割する最大回数
startat：検索開始位置

たとえばリスト5.27は、文字列を「1桁以上の数字＋わ」で分解するコードです。

▶リスト5.27　RegSplit.cs

```
var str = "にわに3わうらにわに51わにわとりがいる";
var rgx = new Regex(@"¥d{1,}わ");
var result = rgx.Split(str);
Console.WriteLine(string.Join("、", result));
```

```
にわに、うらにわに、にわとりがいる
```

ただし、区切り文字の指定に正規表現を利用しない場合には、StringクラスのSplitメソッド（5.1.7項）を利用したほうがコードもシンプルで、高速です。

note　本文では、Regexクラスのインスタンスメソッドを例に解説しましたが、それぞれのメソッドは対応する静的メソッドを持っています。

- IsMatch(*input* [,*pattern* [, *options*]])
- Match(*input* [, *pattern* [, *options*]])
- Matches(*input* [,*pattern* [,*options*]])
- Replace(*input* [,*pattern* [,*replacement* [,*options*]]])
- Replace(*input* [,*pattern* [,*evaluator* [,*options*]]])
- Split(*input* [,*pattern* [,*options*]])

Regexクラスでは、静的メソッドによって呼び出された正規表現パターンをコンパイルしたうえでメモリキャッシュします（インスタンスメソッドはキャッシュしません）。
同一の正規表現パターンを何度も利用する場合には、静的メソッドを利用することで、コンパイル処理の分だけオーバーヘッドを軽減できる可能性があります。

練習問題　5.2

1. 正規表現検索を利用して、文字列「住所は〒184-0000　鎌ヶ谷市梶野町0-0-0です。¥n あなたの住所は〒273-0000　嬬恋市大野町0-9-9ですね」から郵便番号だけを取り出してみましょう。

2. 正規表現を利用して、文字列「お問い合わせはhoge@example.comまで」のメールアドレス部分を

   ```
   <a href="mailto:メールアドレス">メールアドレス</a>
   ```

   で置き換えてみましょう。なお、メールアドレスは正規表現で「[a-z_0-9]+([-+.][a-z_0-9]+)*@[a-z_0-9]+([-.][a-z_0-9]+)*¥.[a-z_0-9]+([-.][a-z_0-9]+)*」と表すものとします。

5.3 　日付／時刻

日付／時刻値を操作するには、DateTime構造体を利用します。DateTime構造体では、日付／時刻を操作するためのメソッドとともに、演算子も提供しており、int ／ doubleのような組み込み型と同じ要領で、日付／時刻値を操作できます。

5.3.1 日付／時刻オブジェクトを生成する

DateTime構造体は、オブジェクトを生成／初期化するためのさまざまな方法を用意しています。

[1] 現在の日付／時刻から生成する

DateTimeオブジェクトを取得する最も簡単な方法です。DateTime.Nowプロパティにアクセスすることで、現在の日時を取得できます（リスト5.28）。よく似たプロパティとしてTodayもありますが、こちらは今日の日付を取得します（時刻情報は含みません）。

▶リスト5.28　TimeNow.cs

```
Console.WriteLine(DateTime.Now);    // 結果：2017/12/13 11:35:30
Console.WriteLine(DateTime.Today);  // 結果：2017/12/13 0:00:00
```

[2] 指定された年月日、時分秒から生成する

new演算子で年月日、時分秒を指定することもできます。任意の日付／時刻を生成したい場合に利用します（リスト5.29）。

▶リスト5.29　TimeNew.cs

```
Console.WriteLine(new DateTime(2018, 02, 15, 13, 17, 23));
    // 結果：2018/02/15 13:17:23
```

引数には、それぞれの時間範囲を超えた値を指定することはできません（自動的な繰り上げ／繰り下げは行われません）。たとえば、月であれば1 ～ 12ですし、分であれば0 ～ 60です。年は1 ～ 9999の範囲で指定します。

[3] 日付／時刻文字列から変換する

Parseメソッドを利用することで、指定された日付／時刻文字列をDateTimeオブジェクトに変換できます（リスト5.30）。

▶リスト5.30　TimeParse.cs

```
using System.Globalization;
...中略...
var dt1 = "2018/02/15 13:17:23";
Console.WriteLine(DateTime.Parse(dt1));  // 結果：2018/02/15 13:17:23

var dt2 = "平成30年2月15日 13時17分23秒";
Console.WriteLine(DateTime.Parse(dt2));  // 結果：2018/02/15 13:17:23 ——— ❶
```

```
var dt3 = "Donnerstag, 15. Februar 2018 13:17:23";
Console.WriteLine(DateTime.Parse(dt3, new CultureInfo("de-DE")));
    // 結果：2018/02/15 13:17:23 ─────────────────────────── ❷
```

日本語環境であれば、問題なく和暦も解釈してくれます（❶）。

カルチャ（地域）を変更するには、引数providerを指定してください。たとえば、❷はカルチャとして、de-DE（ドイツ語／ドイツ）を指定した例です。地域依存の日付／時刻文字列を解析する場合に利用します。

構文 Parseメソッド

```
public static DateTime Parse(string s
  [,IFormatProvider provider [,DateTimeStyles styles]])
```

s　　　　：変換する文字列
provider：カルチャ情報
styles　：日時の解析オプション（表5.14）

❖表5.14　日時の解析オプションの主な設定値

値	概要
None	既定のオプション
AdjustToUniversal	日時をUTCで返す
AllowWhiteSpaces	文字列内の余分な空白を無視
AssumeLocal	タイムゾーンが無指定の場合、現地時間を返す
AssumeUniversal	タイムゾーンが無指定の場合、日時をUTCと見なす
NoCurrentDateDefault	文字列中に日付が含まれていない場合、西暦1年1月1日と見なす

ただし、指定された文字列が日付／時刻として正しく解析できない場合、Parseメソッドはエラー（例外）を発生します。変換に失敗した場合に（例外ではなく）false値を返したいという場合には、TryParseメソッドを利用してください（リスト5.31）。

▶リスト5.31　TimeParseTry.cs

```
DateTime dt;
if (DateTime.TryParse("2018/02/15 13:17:23", out dt))
{
  Console.WriteLine(dt);
}
```

「out dt」は、変換された結果を変数dtに渡しなさい、という意味です。結果の出力を目的とし

た引数なので、**出力引数**とも言います。出力引数については、改めて7.6.6項で解説します。

　ここでは指定された日付／時刻文字列が正しく解釈できた場合にだけ、結果が表示されることを確認してください。たとえば太字の部分を「**201802**15131723」のような文字列にした場合にはなにも表示されません。

構文 TryParseメソッド

```
public static bool TryParse(string s [,out DateTime result])
public static bool TryParse(string s [,IFormatProvider provider
  [,DateTimeStyles styles [,out DateTime result]]])
```

```
s         ：変換する文字列
result    ：変換結果の値
provider  ：カルチャ情報
styles    ：日時の解析オプション（表5.14）
```

[4] 任意の書式文字列から取得する

　任意の書式文字列を指定できるParseExact ／ TryParseExact メソッドもあります。

構文 ParseExact ／ TryParseExactメソッド

```
public static DateTime ParseExact(string s, string format,
  IFormatProvider provider [,DateTimeStyles style])
public static bool TryParseExact(string s, string format,
  IFormatProvider provider, DateTimeStyles style,
  out DateTime result)
```

```
s         ：変換する文字列
format    ：書式指定子
provider  ：カルチャ情報
style     ：日時の解析オプション
result    ：変換結果の値
```

　たとえばリスト5.32は、「yyyyMMddHHmmss」形式の日付／時刻文字列を解析する例です。

▶リスト5.32　TimeExact.cs

```
using System.Globalization;
...中略...
var str = "20180215131723";
DateTime dt = DateTime.ParseExact(str, "yyyyMMddHHmmss",
  new CultureInfo("ja-JP"));
Console.WriteLine(dt);  // 結果：2018/02/15 13:17:23
```

書式文字列（引数format）で利用できる書式指定子については、5.3.3項も参照してください。引数formatには単一の書式だけでなく、配列形式で複数の書式を指定することも可能です。その場合は、複数の書式いずれか可能なほうで文字列の解析を試みます。

```
var formats = new[] { "yyyyMMddHHmmss", "yyyy/MM/dd HHmmss" };
DateTime dt = DateTime.ParseExact(str, formats,
    new CultureInfo("ja-JP"), DateTimeStyles.None);
```

引数formatを文字列配列とした場合、解析オプション（引数style）は省略できない点に注意してください。

5.3.2　年月日、時分秒などの時刻要素を取得する

DateTimeオブジェクトから年月日、時分秒など、個々の要素を取得するために、表5.15のようなプロパティが用意されています。

❖表5.15　日付／時刻要素を取得するためのプロパティ

プロパティ	概要
Year	年
Month	月
Day	日
DayOfWeek	曜日
DayOfYear	年初からの日数
Hour	時
Minute	分
Second	秒
Millisecond	ミリ秒
Ticks	経過時間

それぞれの戻り値を、具体的なコードでも確認しておきます（リスト5.33）。

▶リスト5.33　TimeGet.cs

```
var dt = new DateTime(2018, 02, 15, 13, 17, 23, 123);
Console.WriteLine(
  $"{dt.Year}年{dt.Month}月{dt.Day}日 {dt.DayOfWeek} {dt.Hour}時{dt.Minute}分⏎
{dt.Second}秒{dt.Millisecond}ミリ秒");
    // 結果：2018年2月15日 Thursday 13時17分23秒123ミリ秒
Console.WriteLine($"経過時間:{dt.Ticks} 年初から{dt.DayOfYear}日目");
    // 結果：経過時間:636542974431230000 年初から46日目
```

Ticksプロパティの戻り値は、0001年1月1日00:00:00からの経過時間（100ナノ秒単位）です。コードの中で細かな経過時間などを計測する場合などに利用します。

5.3.3 日付／時刻値を整形する

日付／時刻値を整形するには、ToStringメソッドを利用します。

構文 ToStringメソッド

```
public string ToString(string format [,IFormatProvider provider])
```

format ：書式指定子
provider：カルチャ情報

引数formatには、表5.16のような書式指定子を含めることができます。

❖表5.16 日付／時刻の主な書式指定子

分類	指定子	概要	例
標準	d	短い形式の日付	2018/02/15
	D	長い形式の日付	2018年2月15日
	f	完全な形式の日時（時刻は短い形式）	2018年2月15日 13:17
	F	完全な形式の日時（時刻は長い形式）	2018年2月15日 13:17:23
	g	一般的な形式の日時（時刻は短い形式）	2018/02/15 13:17
	G	一般的な形式の日時（時刻は長い形式）	2018/02/15 13:17:23
	t	短い形式の時刻	13:17
	T	長い形式の時刻	13:17:23
カスタム	d	日（1～31）	2
	dd	日（01～31）	02
	ddd	曜日の省略形（月、火…）	木
	dddd	曜日の完全形（月曜日、火曜日…）	木曜日
	h	12時間形式の時間（1～12）	1
	hh	12時間形式の時間（01～12）	01
	H	24時間形式の時間（1～24）	13
	HH	24時間形式の時間（01～24）	13
	m	分（0～59）	17
	mm	分（00～59）	17
	M	月（1～12）	2
	MM	月（01～12）	02
	s	秒（0～59）	23
	ss	秒（00～59）	23
	t	AM/PMの最初の文字	P
	tt	AM/PM	PM
	y	年（0～99）	18
	yy	年（00～99）	18
	yyyy	年（4桁の数値）	2018
	g、gg	時代／年号	西暦

では、具体的な例も見てみましょう（リスト5.34）。

▶リスト5.34　TimeString.cs

```
var dt = new DateTime(2018, 02, 15, 13, 17, 23);
Console.WriteLine(dt.ToString("f"));  // 結果：2018年2月15日 13:17 ─────── ❶
Console.WriteLine(dt.ToString("yy/MM/dd (ddd) tt hh:mm:ss")); ─────── ❷
    // 結果：18/02/15 （木） 午後 01:17:23
```

標準指定子は、それ単体で呼び出すことで、あらかじめ決められた形式で日付／時刻を出力します（❶）。

一方、カスタム指定子（❷）は、一般的には複数を組み合わせて利用します（単独で利用して間違いではありませんが、あまりそうする機会はないでしょう。特定の日付／時刻要素を取り出したいならば、前項のプロパティを利用したほうが明快だからです）。標準の指定子では表現できない書式を作成するために利用します。

標準指定子 or カスタム指定子

書式文字列は、できるだけ標準指定子で賄うことを優先してください。標準指定子のほうがシンプルに表せるというのもそうですが、現在のロケール（地域）情報に応じて適切なフォーマットを選択してくれるからです。

たとえばリスト5.35の例を見てみましょう。ToStringメソッドでは第2引数にCultureInfoオブジェクトを渡すことで、現在の地域情報を指定できます。

▶リスト5.35　TimeStringCulture.cs

```
using System.Globalization;
...中略...
var dt = new DateTime(2018, 02, 15, 13, 17, 23);
var culture = new CultureInfo("ja-JP");

Console.WriteLine(dt.ToString("f", culture));
Console.WriteLine(dt.ToString("yy/MM/dd ddd曜日 tt hh:mm:ss", culture));
```

```
2018年2月15日 13:17
18/02/15 木曜日 午後 01:17:23
```

```
Thursday, February 15, 2018 1:17 PM
18/02/15 Thu曜日 PM 01:17:23
```

結果は上がja-JP（日本語／日本）、下がen-US（英語／アメリカ）の場合です。カルチャの切り替えには、太字（"ja-JP"）の部分を編集してください。

カスタム指定子では、（当たり前ですが）ロケールに関わらず、日付／時刻の位置は固定されてしまいますし、元々の書式文字列に含まれていた日本語が残ってしまいます。

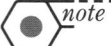

> *note* 標準指定子のD、d、T、tに対応して、表5.Aのような専用メソッドもあります。これらの指定子を利用する場合には、ToXxxxxStringメソッドを利用したほうが、コードの意図としてより明快になるでしょう。

❖表5.A　主なToXxxxxStringメソッド

メソッド	概要
ToLongDateString	日付に変換（長い書式）
ToShortDateString	日付に変換（短い書式）
ToLongTimeString	時刻に変換（長い書式）
ToShortTimeString	時刻に変換（短い書式）

和暦を表示する

CultureInfo／JapaneseCalendarクラス（System.Globalization名前空間）を利用することで、日付を和暦で出力することも可能です（リスト5.36）。

▶リスト5.36　TimeJapanese.cs

```
using System.Globalization;
...中略...
var dt = new DateTime(2018, 02, 15, 13, 17, 23);
var cal = new CultureInfo("ja-JP");
cal.DateTimeFormat.Calendar = new JapaneseCalendar();
Console.WriteLine(dt.ToString("ggyy年MM月dd日 (ddd) tt hh:mm:ss", cal));
    // 結果：平成30年02月15日 (木) 午後 01:17:23
```

CultureInfoオブジェクトのDateTimeFormat.Calendarプロパティは現在のカルチャ（地域）で利用するカレンダーを表します。この例であれば、和暦を表すJapaneseCalendarオブジェクトをセットしておきます。

後は準備済みのカルチャ情報を、先ほどと同じくToStringメソッドの第2引数に引き渡すだけです。

5.3.4 日付を加算／減算する

日付／時刻を加算／減算するには、AddXxxxx メソッドを利用します。Xxxxx は、演算する日付／時刻要素に応じて、Years ／ Months ／ Days、Hours ／ Minutes ／ Seconds ／ Milliseconds、Ticks などがあります。

構文 AddXxxxx メソッド

```
public DateTime AddXxxxx(T value)
```

```
Xxxxx ：Years ／ Months ／ Days、Hours ／ Minutes ／ Seconds ／ Milliseconds、Ticks
T     ：引数の型（int ／ double ／ long）
value ：加算／減算する値
```

具体的な例は、リスト5.37のとおりです。

▶リスト5.37　TimeAdd.cs

```
var dt = new DateTime(2018, 02, 15, 13, 17, 23);
Console.WriteLine(dt.AddYears(10));      // 結果：2028/02/15 13:17:23
Console.WriteLine(dt.AddMonths(-3));     // 結果：2017/11/15 13:17:23
Console.WriteLine(dt.AddDays(20));       // 結果：2018/03/07 13:17:23
Console.WriteLine(dt.AddHours(5));       // 結果：2018/02/15 18:17:23
Console.WriteLine(dt.AddMinutes(-20));   // 結果：2018/02/15 12:57:23
Console.WriteLine(dt.AddSeconds(45));    // 結果：2018/02/15 13:18:08
```

加算したい場合には引数valueに正数を、減算には負数を、それぞれ指定します。

より汎用的なメソッドとして、Add ／ Subtract メソッドもあります。

構文 Add ／ Subtract メソッド

```
public DateTime Add(TimeSpan value)
public DateTime Subtract(TimeSpan value)
```

```
value：加算／減算する値
```

Add ／ Subtract メソッドで加算／減算する日付／時刻は、TimeSpan オブジェクトで表します。

```
public TimeSpan([int days,] int hours,
  int minutes ,int seconds [,int milliseconds])
public TimeSpan(long ticks)
```

days	：日の間隔
hours	：時の間隔
minutes	：分の間隔
seconds	：秒の間隔
milliseconds	：ミリ秒の間隔
ticks	：100ナノ秒単位で表される間隔

たとえばリスト5.38は、与えられた日付に対して3日15時間30分後の日時を求める例です。

▶リスト5.38　TimeSpanAdd.cs

```
var dt = new DateTime(2018, 02, 15, 13, 17, 23);
var span = new TimeSpan(3, 15, 30, 0);
Console.WriteLine(dt.Add(span));  // 結果：2018/02/19 4:47:23
```

5.3.5　日付／時刻値の差分を取得する

　日付／時刻値（DateTimeオブジェクト）同士の差分を取るにも、Subtractメソッドを利用します。ただし、今度は引数が（TimeSpanオブジェクトではなく）DateTimeオブジェクトとなります。

構文 Subtractメソッド（2）

```
public TimeSpan Subtract(DateTime value)
```

value：減算する値

　リスト5.39は、その具体的な例です。

▶リスト5.39　TimeSub.cs

```
var dt1 = new DateTime(2018, 02, 15, 13, 17, 23);
var dt2 = new DateTime(2009, 08, 05, 05, 15, 10);
var sub = dt1.Subtract(dt2);
Console.WriteLine(sub.ToString("c"));            // 結果：3116.08:02:13
Console.WriteLine(sub.ToString(@"d¥.h¥:m¥:s"));  // 結果：3116.8:2:13
```

Subtractメソッドに DateTime オブジェクトを渡した場合の戻り値は、TimeSpan オブジェクトです（TimeSpan オブジェクトを渡した場合には DateTime オブジェクトを返します）。TimeSpan オブジェクトの内容は ToString メソッドで取得できます。

構文 ToStringメソッド

```
public string ToString([string format [,IFormatProvider provider]])
```

format ：書式指定文字列
provider ：カルチャオブジェクト

書式文字列には表5.17のような指定子を含めることができます。DateTime 構造体の ToString メソッドと考え方は同じですが、利用できる指定子は異なるので注意してください。

❖表5.17 書式文字列で利用できる指定子

分類	指定子	概要
標準	c	固定の書式。[–][d.]hh:mm:ss[.fffffff] の形式（カルチャ非依存）
	g	短い書式。[–][d:]h:mm:ss[.FFFFFFF] の形式（カルチャ依存）
	G	長い書式。[–]d:hh:mm:ss.fffffff の形式（カルチャ依存）
カスタム	d、%d	日数（先頭に0を付けない）
	dd 〜 dddddddd	日数（桁数分だけ先頭に0が付く）
	h、%h	時間数（0 〜 23）
	hh	時間数（00 〜 23）
	m、%m	分数（0 〜 59）
	mm	分数（00 〜 59）
	s、%s	秒数（0 〜 59）
	ss	秒数（00 〜 59）
	f、%f	1/10秒数（後続の小数が0の場合も表示）
	ff 〜 fffffff	1/100 〜 1/10000000秒数（後続の小数が0の場合も表示）
	F、%F	1/10秒数（後続の小数が0の場合は表示しない）
	FF 〜 FFFFFFF	1/100 〜 1/10000000秒数（後続の小数が0の場合は表示しない）

「%」付きのカスタム指定子があるのは、それ単独で利用した場合に、標準の指定子と区別するためです（「h」は標準の指定子のように見えますが、「%h」とすることでカスタム指定子を単体で利用しているとわかります）。

> *note* 表5.17で示した以外の文字は、すべて「¥.」「¥:」のようにエスケープしなければならない点にも注意してください。エスケープされないその他の文字は、すべてカスタム指定子と見なされるからです。

5.3.6 日付／時刻を演算子で操作／比較する

DateTime構造体では、「+」「−」「==」「!=」「<」「<=」「>」「>=」演算子を独自に定義しています。これらの演算子を利用することで、日付の大小比較、加算／減算を数値演算と同じように表現できます（リスト5.40）。

もちろん、メソッドで同等の記述は可能ですので、いずれを利用するかは好みによるところもあります。ただし、アプリの中での記述は統一すべきです。

▶リスト5.40　TimeOpe.cs

```
var dt1 = new DateTime(2018, 02, 15, 13, 17, 23);
var dt2 = new DateTime(2009, 08, 05, 05, 15, 10);
var span = new TimeSpan(3, 15, 30, 0);
Console.WriteLine(dt1 + span);  // 結果：2018/02/19 4:47:23
Console.WriteLine(dt1 − span);  // 結果：2018/02/11 21:47:23
Console.WriteLine(dt1 == dt2);  // 結果：false
Console.WriteLine(dt1 >= dt2);  // 結果：true
```

練習問題　5.3

1. 日付／時刻文字列「2018/02/15 13:17:23」を解析し、その中から日、時間だけを取り出してみましょう。

2. 今日を基点に15日後の日付を求めてみましょう。

5.4　ファイルの操作

データの保存というと、まずはデータベースを思い浮かべるかもしれませんが、自由形式の小さなデータを扱う場合、ファイルは準備も不要で、気軽に使える代物です。エラー情報のロギング、ユーザーが作成したテキスト、画像の保存など、さまざまな状況でファイルの入出力は活用できます。

本節では、ファイルを読み書きする基本としてStreamWriter ／ StreamReaderクラスを利用したテキストファイルの操作について解説します。また、後半では、フォルダー／ファイルの情報を管理するとともに、作成／コピー／削除など基本的な機能を提供するDirectoryInfo ／ FileInfoクラス、Directory ／ Fileクラスについても触れます。

これらのクラス群は、いずれもSystem.IO名前空間で提供されています。

5.4.1 テキストをファイルに書き込む

　まずは、テキストファイルへの書き込みからです。これには、StreamWriterクラス（System.IO名前空間）を利用します。たとえばリスト5.41はログファイル「c:¥data¥data.log」に対して、アプリの実行時刻を記録する例です。

▶リスト5.41　StreamWrite.cs

```
using System.IO;
...中略...
using (var writer = new StreamWriter(@"c:¥data¥data.log"))      ❶
{
  writer.WriteLine(DateTime.Now.ToString());                    ❷
}                                                                ❸
```

❖図5.6　data.logをエディターで開いたところ

　比較的シンプルなコードですが、リスト5.41にはファイル操作の基本である、

- ● ファイルを開く（オープン）
- ● ファイルを読み書きする
- ● ファイルを閉じる（クローズ）

が含まれています。以下でも、この流れを念頭に、個々の構文を解説していきます。

❶書き込み用にテキストファイルを開く

　ファイルにテキストを書き込むには、StreamWriterクラス（System.IO名前空間）を利用します。

構文 StreamWriterクラス

```
public StreamWriter(string path [,bool append
  [,Encoding encoding [,int bufferSize]]])

path      ：ファイルのパス
append    ：追記するか（true）、上書きするか（false）
encoding  ：ファイルの文字エンコーディング
bufferSize：バッファーサイズ（バイト単位）
```

引数pathのように「¥」を含んだ文字列は、エスケープを抑止するために逐語的文字列リテラル（@"…"）で表すべきです。インスタンス化に際して、usingブロックを伴っている点については、後で改めて解説します。

引数appendは、ファイルを追記モードで開くかどうかを表します。既定はfalse（上書き）なので、繰り返しサンプルを実行した場合にも記録されるのは常に1行だけです。

図5.7は引数appendをtrueにして、サンプルを複数回実行した場合の結果です。サンプルを実行した回数だけ時刻が記録されていることを確認してください。

❖図5.7　サンプルを実行した回数だけ時刻が追記される（引数appendをtrueにした場合）

引数encodingは、テキストファイルの文字コードを表します。リスト5.41では省略しているので、既定のUTF-8 —— Encoding.UTF8プロパティ（System.Text名前空間）で開きます。

もしもShift-JISでファイルを開きたいならば、以下のように指定してください。

```
using System.Text;
...中略...
using (var writer = new StreamWriter(@"c:¥data¥data.log", true,
  Encoding.GetEncoding("Shift-JIS"))) { ... }
```

そして、引数buffersizeはバッファーのサイズを表します。**バッファー**とは、文字列などのデータを一時的に保存するためのメモリー上の領域のことです。バッファーを利用することで、（Writeメソッドであれば）データをいったんバッファーに蓄積し、いっぱいになったところでまとめてファイルに出力するようになります（図5.8）。これによって、ファイルへのアクセスが減るので、処理効率を改善できます。既定のバッファーサイズは1024バイトです。

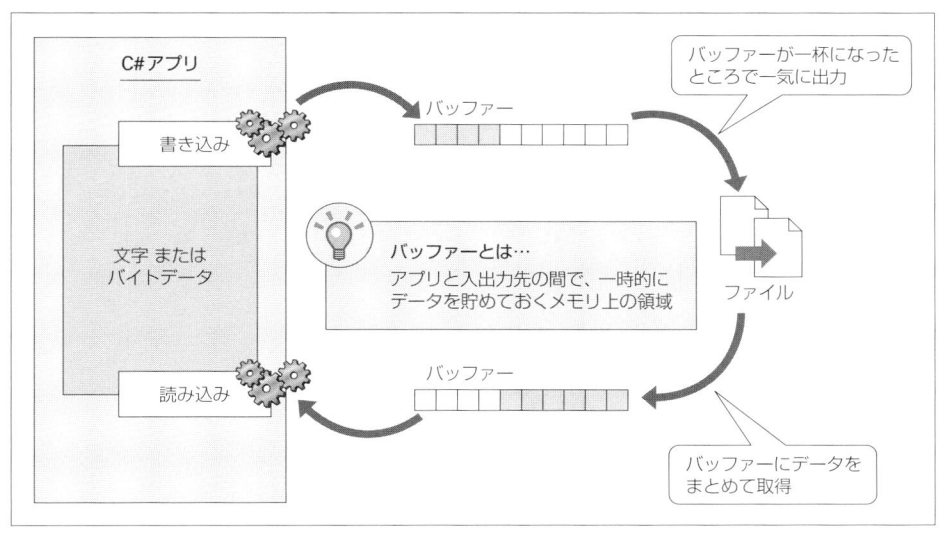

❖図5.8　バッファーによる読み書き

❷テキストを書き込む

テキストを書き込むのは、WriteLineメソッドの役割です。

構文 WriteLineメソッド

```
public virtual void WriteLine([T value])

T      ：任意のデータ型
value ：書き込むデータ
```

WriteLineメソッドは、名前のとおり、文字列末尾に無条件に改行を付与します。もしも改行なしの文字列を書き込みたい場合には、Writeメソッドを利用してください。以下は、リスト5.41-❷をWriteメソッドで書き換えたものです。

```
writer.Write(DateTime.Now.ToString() + "¥r¥n");
```

note File.WriteAllLinesメソッドを利用することで、用意された文字列配列をまとめてファイルに書き込むこともできます。

▶リスト5.A　StreamWriteAll.cs

```
using System.IO;
...中略...
var lines = new[] { "2017/12/31 23:59:59", "2018/01/01 06:15:30" };
File.WriteAllLines(@"c:¥data¥data.log", lines);
```

❸ファイルを確実にクローズする

単にCloseメソッドを呼び出すことでも、ファイルをクローズできます。しかし、「確実に」クローズするには不十分です。ファイルを開いている間に、なんらかの理由でエラー（例外）が発生した場合を考えてみましょう（図5.9）。

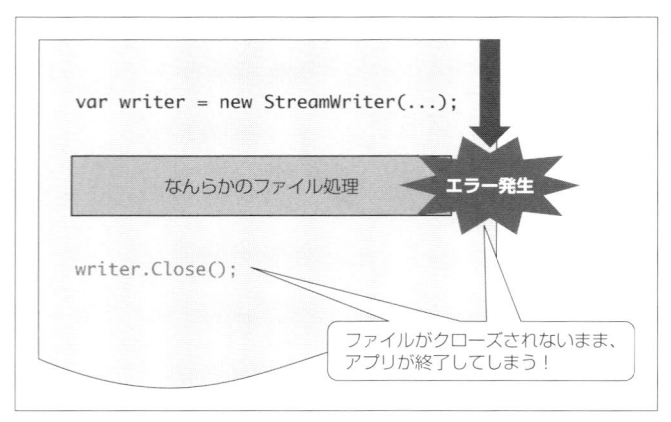

❖図5.9　Close前にエラーが発生したら

Closeメソッドが呼び出されないまま、アプリが終了してしまう可能性があるということです。結果、アプリがファイルを占有してしまい、他の用途でファイルを開けないという状態が発生します。

このような問題を避けるのが、using命令の役割です。名前空間をインポートするためのusing（1.3.2項）とキーワードは同じですが、用途としてはまったくの別ものです。

構文 using命令

```
using(オブジェクト生成式) {
  ...オブジェクトの操作...
}
```

using命令によって生成されたオブジェクトは、ブロックを抜けたところで自動的に破棄されます。処理の途中で例外が発生した場合にも、例外が発生したタイミングで破棄します。

using命令を利用することで、ファイルを「即座に、かつ、確実に」クローズできるのです。ファイル、データベースなど、他のアプリと共有するようなリソースを利用する場合には、using命令で宣言するのが原則です。

> *note* 正しくは、usingブロックを抜けるときにDisposeメソッドを呼び出します。Disposeはオブジェクトを解放するためのメソッドです。StreamWriterクラスであれば、内部的にCloseメソッドを呼び出した後、オブジェクトそのものを破棄します。
> その性質上、using命令で宣言できるのは、Disposeメソッド（正しくはIDisposableインター

フェイス）を実装しているオブジェクトだけです。インターフェイスについては8.3.3項で解説します。

 note using命令を列記することで、複数のリソースを宣言することもできます。

```
using (var writer = new StreamWriter(@"c:¥data¥data.log"))
using (var reader = new StreamReader(@"c:¥data¥sample.txt"))
{
  ...StreamWriter ／ StreamReader を利用した処理...
}
```

5.4.2　テキストファイルを読み込む

　同じように、今度はあらかじめ用意されたテキストファイルを読み込んで、その内容を出力してみましょう（リスト5.42）。

▶リスト5.42　StreamRead.cs

```
using System.IO;
...中略...
using (var reader = new StreamReader(@"c:¥data¥sample.txt")) ─────── ❶
{
  Console.WriteLine(reader.ReadToEnd()); ─────────────── ❷
}
```

```
犬も歩けば棒に当たる
論より証拠
花より団子
憎まれっ子世に憚る
骨折り損のくたびれ儲け
```

　テキストファイルを読み込み用途で利用するのは、StreamReaderクラス（System.IO名前空間）の役割です（❶）。StreamWriterと同じく、確実に破棄されるよう、using命令で宣言するのを忘れないようにしてください。

構文 StreamReaderクラス

```
public StreamReader(string path [,Encoding encoding
  [,bool detectEncodingFromByteOrderMarks [,int bufferSize]]])
```

path	：ファイルのパス
encoding	：ファイルの文字エンコーディング
detectEncodingFromByteOrderMarks	：ファイル先頭のBOMを検索するか
bufferSize	：バイト単位のバッファーサイズ

後は、ReadToEndメソッド（❷）を呼び出すことで、テキストの内容を一気に読み込めます。

補足 バイト順マーク

BOM（Byte Order Mark：バイト順マーク）とは、Unicode形式テキストの先頭に付与される数バイトのデータのことです。BOMを利用することで、そのテキストがUnicodeで記述されていること、また、その種類（UTF-8、UTF-16、UTF-32など）を識別できます（図5.10）。

ただし、UnicodeにBOMが必須というわけではなく、特にBOMを想定していないアプリでは、誤認識の原因となる可能性もあります。BOMを前提としている環境でない限り、一般的にはBOMは利用**しない**ことを原則とするのが無難でしょう。

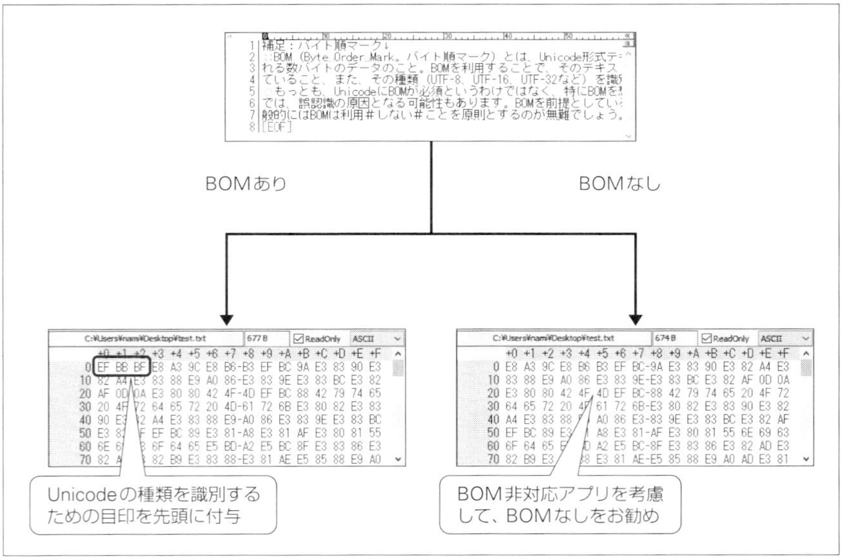

❖図5.10　バイト順マーク（Unicode形式のテキストをバイナリエディターで確認したところ）

StreamWriterクラスによる書き込みでは、引数の指定によってBOMを付与するかどうかが変化するので注意してください。

1. 文字エンコーディングを指定しなかった場合は付与しない

2. Encoding.UTF8のように明示的に指定した場合は付与

3. 既存のファイルを操作する場合は、そのまま維持される

2. のように文字エンコーディングを明示する場合で、BOMを付与したくない場合には、Encoding. UTF8プロパティの代わりにUTF8Encodingクラス（UnicodeEncoding、UTF7Encoding、UTF32 Encodingなど）を利用してください。以下のように、インスタンス化に際して引数を渡さない（もしくはfalseを指定する）ことで、BOMなしのUTF-8という意味になります。

```
var writer = new StreamWriter(@"c:¥data¥kenshou.log",
  false, new UTF8Encoding());
```

テキストを行単位に読み込む

ReadToEndメソッドによる読み込みは手軽ですが、問題もあります。というのも、ファイルの内容をまとめて読み込むという性質上、ファイルサイズの増加に伴って、メモリーの消費も大きくなるのです。

まずは、行単位に読み込むReadLineメソッドを利用してください。リスト5.43は、先ほどの例をReadLineメソッドで書き換えたものです。

▶リスト5.43　StreamReadLine.cs

```
using System.IO;
...中略...
using (var reader = new StreamReader(@"c:¥data¥sample.txt"))
{
  while (!reader.EndOfStream)
  {
    Console.WriteLine(reader.ReadLine());        ❶
  }
}
```

❷

ReadLineは、ファイルポインターを1行ずつ進めながら、現在行を読み込み、文字列として返すためのメソッドです（❶）。**ファイルポインター**とは、ファイルを読み書きしている現在位置を表す目印のようなものです。StreamReader（正しくはStream）では、このファイルポインターを利用することで、自分がいまファイルのどの部分を読み書きしているのかを記憶しています（図5.11）。ファイルを開いた直後の状態では、ファイルポインターはファイルの先頭に位置しています。

EndOfStreamプロパティは、ポインターがファイルの末尾にあるかをtrue／falseで返します。❷では、EndOfStreamプロパティがfalseの間、whileループを繰り返すことで、sample.txtのすべての行を読み込んでいます。

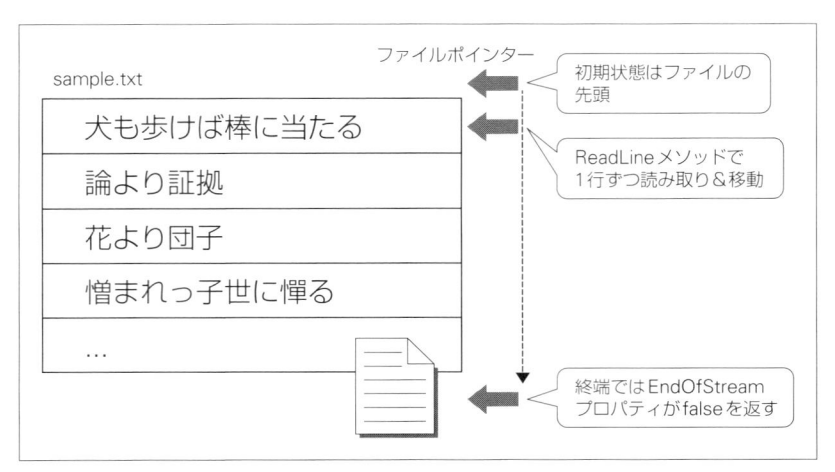

❖図5.11　ファイルの読み込み（StreamReaderクラス）

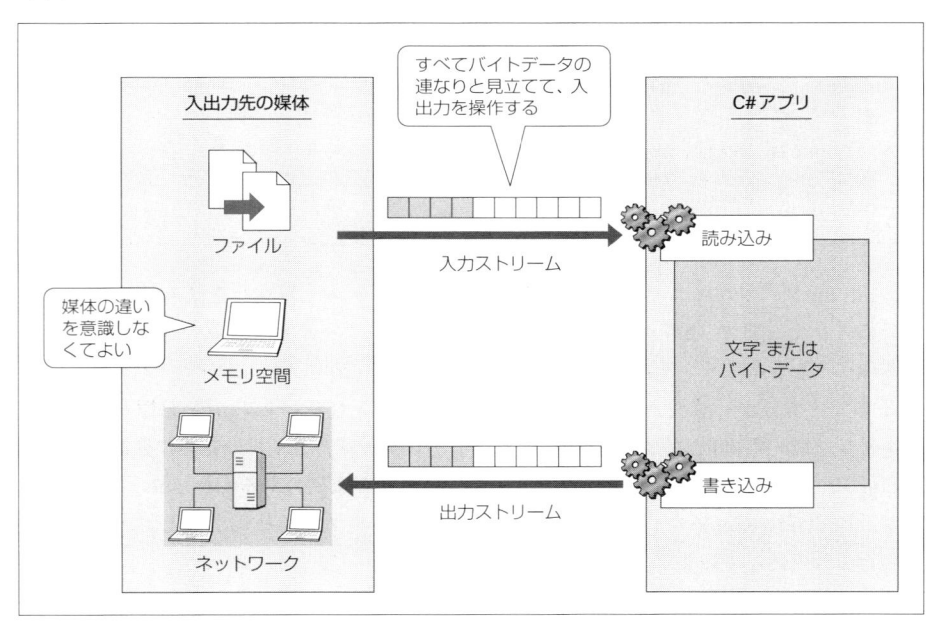

❖図5.A　ストリームとは?

.NETクラスライブラリでは、ストリームを扱うためのFileStream（ファイル）、MemoryStream（メモリー）、NetworkStream（ネットワーク）などのクラスが用意されています。ただし、これらのクラスはいずれも、データをバイト列として扱います。

これらのクラスに対してテキストを橋渡しするのがStreamWriter／StreamReaderクラスです。本文のようにファイルパスを指定した場合、内部的にはFileStreamが生成されますが、任意の*XxxxxStream*オブジェクトを渡すことも可能です。

```
using (var fs = new FileStream(@"c:\data\sample.log",
  FileMode.CreateNew))
using (var writer = new StreamWriter(fs)) { ... }
```

5.4.3　フォルダー／ファイルを操作する

System.IO 名前空間には、フォルダー（ディレクトリ）／ファイルを操作するためのDirectoryInfo／FileInfoクラスが用意されています。これらのクラスを利用することで、フォルダー／ファイルの情報を取得したり、生成／コピー／移動／削除といった基本的な操作が可能になります。

以下では、主なメソッドを利用した例を解説します。

ファイルの操作

まずは、FileInfoクラスを利用したファイルの操作からです（リスト5.44）。sample.txtは、配布サンプルのChap5フォルダー配下に用意しているので、「C:\data」にコピーして使ってください。

▶リスト5.44　FileProcess.cs

```
using System.IO;
...中略...
// FileInfoオブジェクトを生成（引数はファイルのパス）
var file = new FileInfo(@"C:\data\sample.txt");

// ファイルが存在するか
Console.WriteLine(file.Exists);  // 結果：true
// ファイル名を取得
Console.WriteLine(file.Name);    // 結果：sample.txt
// フォルダー名を取得
Console.WriteLine(file.DirectoryName);  // 結果：C:\data
// 読み取り専用か
Console.WriteLine(file.IsReadOnly);    // 結果：false
// ファイルの最終アクセス日時、最終更新日時、サイズを取得
Console.WriteLine(file.LastAccessTime); // 結果：2017/07/31 16:49:30
Console.WriteLine(file.LastWriteTime);  // 結果：2017/07/31 15:48:36
Console.WriteLine(file.Length);         // 結果：128
```

```
// ファイルをコピー
var file2 = file.CopyTo(@"C:¥data¥sample_copy.txt", true);

// ファイルを移動
file2.MoveTo(@"C:¥data¥SelfCSharp¥sample_copy.txt");

// ファイル名を変更
file2.MoveTo(@"C:¥data¥SelfCSharp¥sample_renamed.txt");

// ファイルを削除
file2.Delete();
```

CopyToメソッドの第2引数（true）は、コピー先にすでにファイルが存在する場合も上書きすることを意味します。上書きを禁止したい場合には、第2引数を省略するか、falseを指定します。

フォルダーの操作

フォルダーを操作するにはDirectoryInfoクラスを利用します（リスト5.45）。対象がフォルダーになっただけで、ほとんどの操作はFileInfoクラスと共通しています。

▶リスト5.45　DirectoryProcess.cs

```
using System.IO;
...中略...
var dir = new DirectoryInfo(@"C:¥data¥SelfCSharp");

// フォルダーが存在するか
Console.WriteLine(dir.Exists);  // 結果：true
// フォルダーの親フォルダーを取得
Console.WriteLine(dir.Parent);  // 結果：data
// フォルダーのルートを取得
Console.WriteLine(dir.Root);    // 結果：C:¥
// ファイルの作成日時、最終アクセス日時、最終更新日時を取得
Console.WriteLine(dir.CreationTime);    // 結果：2017/07/12 15:07:00
Console.WriteLine(dir.LastAccessTime);  // 結果：2017/09/08 8:52:01
Console.WriteLine(dir.LastWriteTime);   // 結果：2017/09/08 8:52:01
```

```
// サブフォルダーの一覧を取得
var dirs = dir.GetDirectories();
foreach (var d in dirs)
{
  Console.WriteLine(d.FullName);
}                                                              ❶


// フォルダーの作成
var dir2 = new DirectoryInfo(@"C:\data\smp");
dir2.Create();

// フォルダー名の変更
dir2.MoveTo(@"C:\data\test");

// フォルダーの移動
dir2.MoveTo(@"C:\data\SelfCSharp\test");

// サブフォルダーの作成
dir2.CreateSubdirectory("sub");

// フォルダーの削除
dir2.Delete(ture);                                             ❷
```

❶は、現在のフォルダー配下の全サブフォルダーを取得し、foreach ループで順に取り出しています。もしも特定の条件でサブフォルダーを絞り込みたい場合には、以下のように引数として検索条件を指定してください。

```
// 「Chap」で始まるフォルダーだけを検索
var dirs = dir.GetDirectories("Chap*");
```

ワイルドカードのルールは、エクスプローラーなどで利用できるものと同じで、「*」が0文字以上の文字を、「?」は0～1文字を、それぞれ表します。

さらに、第2引数としてSearchOption.AllDirectoriesを指定することで、直下のサブフォルダーだけでなく、配下の全サブフォルダーを検索の対象とすることもできます。

```
var dirs = dir.GetDirectories("*", SearchOption.AllDirectories);
```

フォルダーではなく、配下のファイルを取得するならば、GetFiles メソッドを利用してください。利用できる引数の意味は、GetDirectories メソッドと同じです。

```
var dirs = dir.GetFiles();
```

❷のDeleteメソッドは、既定で現在のフォルダーを削除します。フォルダー配下にサブフォルダー／ファイルが存在する場合にはエラーとなるので注意してください。もしも配下のサブフォルダー／ファイルともども削除したい場合には、サンプルのように引数としてtrueを渡します。

```
dir4.Delete(true);
```

静的メンバーを提供するFile ／ Directoryクラス

FileInfo／DirectoryInfoクラスがインスタンスメンバーを提供するのに対して、ほぼ同等の静的メンバーを提供するのがFile／Directoryクラスです。ファイル／フォルダーに対して単発的な操作を行うならば、File／Directoryクラスを利用することで、インスタンスを明示的に生成しなくて良い分、コードがシンプルになります。一方、特定のフォルダー／ファイルに対して、複数の操作を行うならば、FileInfo／DirectoryInfoクラスを利用したほうが、重複してパスを指定しなくて良い分、コードはシンプルになります。

リスト5.46とリスト5.47は、リスト5.44とリスト5.45を、それぞれDirectory／Fileクラスを利用して書き換えたものです（一部、DirectoryInfo／FileInfoクラスにしかないメンバーは割愛しています）。

▶リスト5.46　FileStaticProcess.cs

```
using System.IO;
...中略...
Console.WriteLine(File.Exists(@"C:\data\sample.txt"));  // 結果：true
Console.WriteLine(File.GetLastAccessTime(@"C:\data\sample.txt"));
    // 結果：2017/07/31 16:33:10
Console.WriteLine(File.GetLastWriteTime(@"C:\data\sample.txt"));
    // 結果：2017/07/31 15:48:36

// ファイルを上書きコピー
File.Copy(@"C:\data\sample.txt", @"C:\data\sample_copy.txt", true);

// ファイルを移動
File.Move(@"C:\data\sample_copy.txt", @"C:\data\SelfCSharp\sample_copy.txt");

// ファイル名を変更
File.Move(@"C:\data\SelfCSharp\sample_copy.txt", @"C:\data\SelfCSharp\sample_↵
renamed.txt");

// ファイルを削除
File.Delete(@"C:\data\SelfCSharp\sample_renamed.txt");
```

```csharp
using System.IO;
...中略...
// フォルダーが存在するか
Console.WriteLine(Directory.Exists(@"C:¥data¥SelfCSharp"));  // 結果：true
// フォルダーの親フォルダーを取得
Console.WriteLine(Directory.GetParent(@"C:¥data¥SelfCSharp"));
    // 結果：C:¥data
// フォルダーのルートを取得
Console.WriteLine(Directory.GetDirectoryRoot(@"C:¥data¥SelfCSharp"));
    // 結果：C:¥

// ファイルの作成日時、最終アクセス日時、最終更新日時を取得
Console.WriteLine(Directory.GetCreationTime(@"C:¥data¥SelfCSharp"));
    // 結果：2017/07/12 15:07:00
Console.WriteLine(Directory.GetLastAccessTime(@"C:¥data¥SelfCSharp"));
    // 結果：2017/09/11 9:17:38
Console.WriteLine(Directory.GetLastWriteTime(@"C:¥data¥SelfCSharp"));
    // 結果：2017/09/11 9:17:38

// サブフォルダーの一覧を表示
var dirs = Directory.GetDirectories(@"C:¥data¥SelfCSharp");
foreach (var d in dirs)
{
  Console.WriteLine(d);
}

// フォルダーの作成
Directory.CreateDirectory(@"C:¥data¥smp");

// フォルダー名の変更
Directory.Move(@"C:¥data¥smp", @"C:¥data¥test");

// フォルダーの移動
Directory.Move(@"C:¥data¥test", @"C:¥data¥SelfCSharp¥test");

// フォルダーの削除
Directory.Delete(@"C:¥data¥SelfCSharp¥test");
```

5.5 : その他の機能

以降では、これまでに取り上げなかったその他のクラスについて扱います。

5.5.1 数学演算 —— Mathクラス

Mathクラス（System名前空間）では、絶対値や平方根、四捨五入、三角関数などの演算機能を提供します（表5.18）。すべての機能がクラスメソッドとして提供されているので、利用にあたってMathクラスをインスタンス化する必要はありませんし、また、インスタンス化できません（このようなクラスを**静的クラス**と言います）。

❖表5.18　Mathクラスの主なメソッド（Tは任意の数値型）

分類	メソッド	概要
基本	Abs(*T val*)	絶対値
	Max(*T val1*, *T val2*)	最大値
	Min(*T val1*, *T val2*)	最小値
	Ceiling(*T val*)	数値の切り上げ
基本	Floor(*T val*)	数値の切り捨て
	Round(*T val*[,int *d*] 　　[,MidpointRounding *mode*])	指定した小数部の桁数*d*に丸め（*d*の既定値は0。*mode*の値は以下） | 設定値	概要
---	---
AwayFromZero	0から遠い方向に丸め
ToEven	最も近い偶数方向に丸め	
	Sqrt(double *val*)	平方根
	Pow(double *x*, double *y*)	*x*の*y*乗
	Sign(*T val*)	数値の符号（正数は1、0は0、負数は−1を返す）
三角関数	Cos(double *r*)	コサイン（*r*はラジアン）
	Sin(double *r*)	サイン（*r*はラジアン）
	Tan(double *r*)	タンジェント（*r*はラジアン）
	Acos(double *d*)	アークコサイン（*d*はコサイン値）
	Asin(double *d*)	アークサイン（*d*はサイン値）
	Atan(double *d*)	アークタンジェント（*d*はタンジェント値）
	Atan2(double *x*, double *y*)	アークタンジェント（*x*、*y*は座標）
対数関数	Exp(*num*)	e（自然対数の底）の*num*乗
	Log(double *d* [,double *base*])	底*base*（既定はe）の対数
	Log10(double *d*)	底10の対数

リスト5.48に、それぞれのメソッドの利用例を示します。

```
Console.WriteLine(Math.Abs(-100));              // 結果：100
Console.WriteLine(Math.Max(6, 3));              // 結果：6
Console.WriteLine(Math.Min(6, 3));              // 結果：3
Console.WriteLine(Math.Ceiling(1234.56));       // 結果：1235
Console.WriteLine(Math.Floor(1234.56));         // 結果：1234
Console.WriteLine(Math.Round(1234.56, MidpointRounding.AwayFromZero));
    // 結果：1235
Console.WriteLine(Math.Sqrt(10000));                // 結果：100
Console.WriteLine(Math.Pow(2, 4));                  // 結果：16
Console.WriteLine(Math.Sign(-100));                 // 結果：-1
Console.WriteLine(Math.Cos(Math.PI / 180 * 60));    // 結果：0.5
Console.WriteLine(Math.Sin(Math.PI / 180 * 30));    // 結果：0.5
Console.WriteLine(Math.Tan(Math.PI / 180 * 45));    // 結果：1
Console.WriteLine(Math.Log(125, 5));                // 結果：3
Console.WriteLine(Math.Log10(100));                 // 結果：2
```

5.5.2　long型以上の整数を演算する――BigInteger構造体

　long／ulong型の範囲を超える整数を扱いたい場合、.NET Framework 4以降ではBigInteger構造体を利用できます。BigIntegerでは、基本的な算術／関係／ビット演算子が用意されているため、組み込み型と同じように演算式を記述できます。

　たとえば以下では、1〜25の階乗をBigIntegerを利用して計算してみます。

[1] アセンブリを追加する

　BigIntegerは、既定ではプロジェクトに組み込まれていません。利用にあたっては、BigIntegerを提供するアセンブリ（System.Numerics.dll）を追加してください。

　これには、ソリューションエクスプローラーからプロジェクトを右クリックし、表示されたコンテキストメニューから［追加］→［参照...］を選択します。

　［参照マネージャー］ダイアログ（図5.12）が起動するので、左ペインから［アセンブリ］→［フレームワーク］を選択したうえで、リストから「System.Numerics」にチェックを入れて、［OK］ボタンをクリックします。

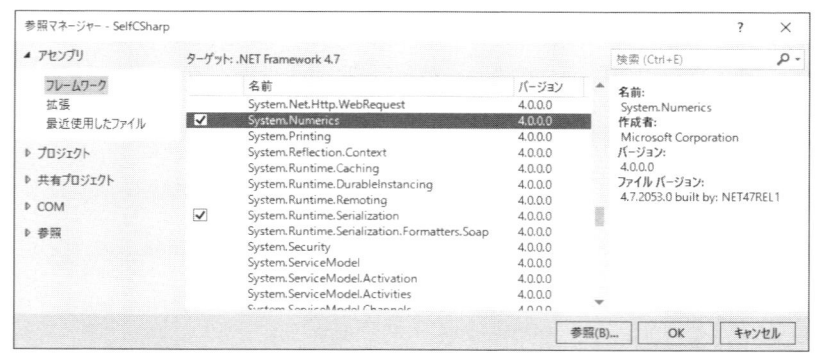

❖図5.12　［参照マネージャー］ダイアログ

［2］アセンブリを確認する

　ダイアログが閉じたら、ソリューションエクスプローラーの［参照］配下に「System.Numerics」が追加されたことを確認しておきましょう（図5.13）。これでBigIntegerを利用できます。

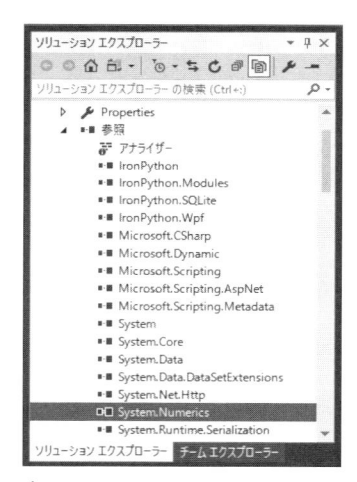

❖図5.13　System.Numericsアセンブリが追加された

［3］階乗計算のコードを準備する

　階乗計算のための、リスト5.49のようなコードを準備します。まずは、標準のlong型を使った例からです。

▶リスト5.49　Factorial.cs

```
long result = 1; ──────────────────────────────── ❶
for (var i = 1; i < 26; i++)
{
  // 1 ～ 25の値を順に乗算
  result *= i;
  Console.WriteLine(result);
}
```

```
1
2
6
...中略...
1216451004088832000
2432902008176640000
-4249290049419214848
-1250660718674968576
8128291617894825984
-7835185981329244160
7034535277573963776
```

long型の上限を超えた箇所からオーバーフロー（桁あふれ）を起こして、予期しない値が出力されていることが確認できます。

では、❶（long result = 1;）を以下のようにBigInteger型で書き換えるとどうでしょう。

```
using System.Numerics;
...中略...
BigInteger result = 1;
```

```
1
2
6
...中略...
```

```
1216451004088332000
2432902008176640000
5109094217170944000 ─────┐
1124000727777607680000      │
2585201673888497664000000    ├─── long値を超えた値も正しく出力できる
6204484017332394393600000    │
15511212100433309859840000000 ─┘
```

標準的なintリテラルをそのままBigInteger型に代入できる点にも注目です。ただし、long／ulong型を超える値をBigInteger型として表す場合には、Parseメソッドを利用します。

```
BigInteger num = BigInteger.Parse("18446744073709551615");
```

5.5.3　配列を操作する──Arrayクラス

配列は、内部的にはArrayクラス（System名前空間）のインスタンスです。すでにLength／Rankプロパティについては解説しましたが、Arrayクラスには、その他にも配列を操作するためのさまざまなメソッドが用意されています（表5.19）。

❖表5.19　Arrayクラスの主な静的メソッド（Tは配列要素の型）

メソッド	概要
BinarySearch(T[] array [,int index, int len], T v)	並べ替え済みの配列arrayから値vを検索（引数indexは検索開始位置、lenは検索する要素数）
Clear(Array a, int index, int len)	配列aのindex番目からlen個の要素に既定値を設定
Copy(Array a [,int indexA], Array b [,int indexB], int len)	配列aの指定範囲の要素を配列bにコピー（引数indexAはコピー元の開始位置、indexBはコピー先の開始位置、lenはコピーする要素数）
Resize(ref T[] a, int size)	配列aのサイズをsizeに変更
Reverse(Array a)	配列aの要素の並び順を反転
Sort(T[] array)	要素を並べ替え（詳細は6.4.2項も参照）

リスト5.50に、それぞれのメソッドの利用例を示します。

▶リスト5.50　ArrayExample.cs

```
var array1 = new[] { "dog", "cat", "mouse", "fox", "lion" };
// BinarySearchを呼び出す前にソート
Array.Sort(array1);
Console.WriteLine(string.Join("& ", array1));
    // 結果：cat& dog& fox& lion& mouse

// ソート済み配列を検索
Console.WriteLine(Array.BinarySearch(array1, "mouse"));  // 結果：4
```

```
// 配列array2の2～4番目を配列array3の2番目以降の要素にコピー
var array2 = new[] { "あ", "い", "う", "え", "お" };
var array3 = new string[5];
Array.Copy(array2, 1, array3, 1, 3);
Console.WriteLine(string.Join("& ", array3));
    // 結果：& い& う& え&

// 配列array1のサイズを3拡張
Array.Resize(ref array1, array1.Length + 3); ─────────────────────── ❶
Console.WriteLine(string.Join("& ", array1));
    // 結果：cat& dog& fox& lion& mouse& & &（空要素が3個増えた）

// 配列array2の2～3番目をクリア
Array.Clear(array2, 1, 2);
Console.WriteLine(string.Join("& ", array2));
    // 結果：あ& & & え& お

// 多次元配列のコピー（3～6番目の要素をコピー）
var multi1 = new string[,] {
  { "ハ","ニ","ホ","ヘ","ト" }, { "ど","れ","み","ふぁ","そ" } };
var multi2 = new string[2, 3];
Array.Copy(multi1, 2, multi2, 0, 6);
foreach (var v in multi2) { Console.WriteLine(v); }
    // 結果：ホ、ヘ、ト、ど、れ、み
```

　Resizeメソッド（❶）の「`ref array1`」は、指定された配列array1をメソッドの中でそのまま操作しなさい、という意味です。ref引数の詳細は7.6.4項で改めて解説します。

☑ この章の理解度チェック

1. Stringクラス、DateTime構造体を利用して、以下のようなコードを書いてみましょう。

　①文字列「となりのきゃくはよくきゃくくうきゃくだ」の最後に登場する「きゃく」の位置を検索する。

　②文字列「□○の気温は□○℃です。」という書式文字列に「弘前」「15.156」という文字列と数値を埋め込む。ただし、数値は小数点以下1桁までを表示する。

　③文字列「ボクの名前は太郎です。」に含まれる「ボク」を「私」に置き換える。

④現在の日時を基点に5日と4時間後の日時を求める。

⑤2018/02/13から2020/08/04まで何日あるかを求める。

2. 複数のURL文字列を含むテキスト**sample.dat**があるとします。**sample.dat**を順番に読み込み、テキストに含まれるURL文字列を一覧表示してみましょう。空欄を埋めて、スクリプトを完成させてください。

▶リスト5.B　Practice2.cs

```
using System.IO;
using   ①  
...中略...
var rgx = new Regex(@"http(s)?://([¥w-]+¥.)+[¥w-]+⏎
(/[a-z_0-9-./?%&=]*)?", RegexOptions.IgnoreCase);

  ②   (var reader = new StreamReader(  ③  "C:¥data¥SelfCSharp⏎
¥Chap05¥sample.dat"))
{
  while (!reader.  ④  )
  {
    var result = rgx.  ⑤  (reader.  ⑥  ());
    foreach (Match m in result)
    {
      Console.WriteLine(m.  ⑦  );
    }
  }
}
```

```
http://www.wings.msn.to/
http://www.web-deli.com/
```

3. コマンドライン引数の内容をカンマで連結した文字列を**data.dat**に書き出してみましょう。**data.dat**の文字コードはShift-JIS、複数回実行された場合には追記するものとします。

4. Mathクラス、Arrayクラスを利用して、以下のようなコードを書いてみましょう。

①5の3乗を求める。

②-12の絶対値を求める。

③105、18、25、30といった値を持つ配列を定義し、これをソートする。

Chapter → **6**

コレクション

この章の内容

コレクションとは、モノ（オブジェクト）の集合を表すためのクラスのことです。もっとも、用途に応じてコレクションを表現／操作する方法はさまざまです。そこでC#では、数多くのコレクションの構造、操作のアプローチ（＝アルゴリズム）を、標準ライブラリ（System.Collections.Generic名前空間）として提供しています。

System.Collections.Generic名前空間は、コレクションを扱うための汎用的なクラス／インターフェイスの集合です（総称して、**コレクションAPI**とも言います）。「オブジェクトを束ねるなら、配列があるではないか」と思う人がいるかもしれませんが、配列の機能はごく限られています（たとえば配列はサイズを変更することすらできません）。片や、コレクションを利用することのメリットには、以下のようなものがあります。

- 既知のデータ構造／アルゴリズムを利用できるため、開発生産性に優れる

- 同じ理由から、パフォーマンスにも優れる

- 共通的な操作をインターフェイス（8.3.3項）として定義していることから、データ構造／アルゴリズムによらず、同じように操作できる

以上のような理由からも、アプリの中でオブジェクトの集合を扱うならば、まずはコレクションを利用することをお勧めします。

6.1 コレクションAPIの基本

コレクションAPIは、正しくはSystem.Collections名前空間とSystem.Collections.Generic名前空間とに分類できます。ただし、System.Collections名前空間はC# 1.0（.NET Framework 1.0）の時代から提供されている古いライブラリであり、ジェネリックと呼ばれる機能に対応していません。このことから、System.Collections名前空間は現在ではほとんど利用しませんし、また、利用すべきではありません。

まずはコレクションと言ったら、System.Collections.Generic名前空間に属するジェネリック対応のクラスを利用するようにしてください（本書でもこちらを解説していきます）。

ジェネリック版のクラスは、さらにそのデータ構造、用途に応じて、図6.1のように分類できます。

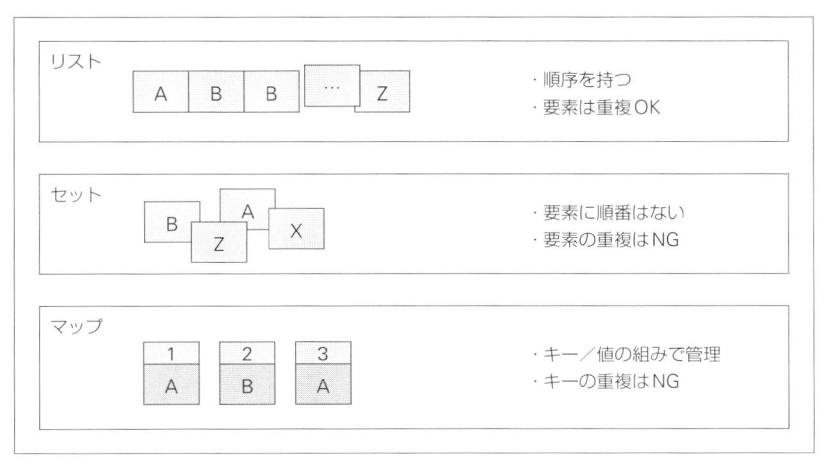

❖図6.1　ジェネリック版のコレクションクラス

　それぞれの代表的な実装クラスを、表6.1にまとめておきます。

❖表6.1　ジェネリック版のコレクションに属する主なクラス

分類	クラス	概要
リスト	List	要素を順に格納したリスト
	LinkedList	要素同士を双方向リンクで連結したリスト
	Stack	後入れ先出しのデータ構造
	Queue	先入れ先出しのデータ構造
セット	HashSet	重複しないデータの集合（順序を保証しない）
	SortedSet	重複しないデータの集合（順序を保証）
ディクショナリ	Dictionary	基本的なディクショナリ（キーの順序を保証しない）
	SortedDictionary	キーの順序を管理できるディクショナリ
	SortedList	キーの順序を管理できるディクショナリ（二分探索が可能）

　次節以降では、これら個々のクラスについて解説していきますが、本節ではそれに先立って、コレクションを利用するうえでの共通的な基本構文について解説しておきます。

6.1.1　ジェネリック構文

　ジェネリック（Generics）とは、一言でいうと、汎用的なクラス／メソッドを特定の型に対応付けるための仕組みです。List<string>のように、本来の汎用型（ここではList）に対して、<...>の形式で個別の型（ここではstring）を関連付けることで、（なんでも格納できる汎用的なリストではなく）文字列を格納するための専用リストになります。

　ジェネリックは、別にコレクションに特化した仕組みというわけではありませんが、コレクションを理解する前提となるので、ここで解説しておきます。より詳細な解説は、9.5節で行います。

ジェネリックの登場以前

ジェネリックが導入される前（.NET Framework 1.0）の従来のコレクションでは、以下のようなコードを書く必要がありました。

```
ArrayList list = new ArrayList();
list.Add("あいうえお");
list.Add("かきくけこ");  // 要素を追加
string str = (string)list[0];  // 要素を取得（キャスト）
```

非ジェネリックなコレクションでは、すべての要素をobject型として扱うので、要素を取り出す際には型キャストが必要となるのです（追加する際には、拡大変換なのでキャストは不要です）。これは、コードが冗長になるというだけではありません。たとえば以下のように、意図しない型を追加しても、コンパイル時に検出することはできません。

```
ArrayList list = new ArrayList();
list.Add(12345);  // 要素を追加（文字列ではない！）
string str = (string)list[0];  // 実行時エラー
```

それぞれの型に特化したStringList／Int32Listのようなクラスを用意するという選択肢もありますが、似たようなコードが重複することを思えば、良い解決策とは言えません。

ジェネリックによる解決

しかし、ジェネリックによって、こうした問題が解決します。以下は、ジェネリック版コレクションをインスタンス化する構文です。

構文 ジェネリックコレクションのインスタンス化

```
var 変数名 = new コレクションクラス<要素の型>();
```

```
var list = new List<string>();
list.Add("あいうえお");
string str = list[0];  // string型であることがわかっているので、キャスト不要
list.Add(12345);        // コンパイルエラー（文字列でない！）
```

この例であれば、List<string>で「string型の要素を格納するためのリスト」を生成しているわけです。これによって、格納される値の型が正しいことをコンパイル時に型チェックでき、また、値を取り出すときのキャストも不要になります（このようなジェネリックの性質を**型安全**あるいは**タイプセーフ**と呼びます）。しかも、Listクラスそのものは、すべての型を受け入れられる汎用的な型なので、StringList／Int32Listのような専用型を用意する必要もありません。

6.1.2　基本的なコーディング手法

　以下に、コレクションを使ってコーディングする際によく利用する構文上のイディオムについてま
とめておきます。

コレクションの初期化

　コレクション初期化子を利用することで、インスタンス化のタイミングでまとめてコレクションを
初期化できます。

```
var list = new List<string>(){
  "あいうえお",
  "かきくけこ",
  "さしすせそ",
};
```

　{...}の部分がコレクション初期化子の構文です。個々の要素をカンマで区切る記法はほぼ配列のそ
れですので、特筆すべき点はほとんどありません。一点だけ、初期化子構文で、コンストラクターが
引数を取らない場合には「()」は省略できます。よって、上のコードは、以下のように書いても同
じ意味です。

```
var list = new List<string> { ... };
                           ()は省略可能
```

ここではリストの例ですが、セット、スタック、キューなどでも同じように表すことが可能です。

同じくToArrayメソッドを利用することで、コレクションを配列に変換することもできます。

```
var list = new List<string>
{
  "バラ",
  "ひまわり",
  "あさがお"
};

var array = list.ToArray();
```

インデックス初期化子 C#6

ディクショナリもコレクション初期化子を利用して、初期化できます。ただし、ディクショナリではキー／値を持つため、「キー , 値」形式の配列を入れ子に持つ多次元配列のような形式で表現します。

```
var flower = new Dictionary<string, string>() {
  { "Rose", "バラ" },
  { "Sunflower", "ひまわり" },
  { "Morning Glory", "あさがお" }
};
```

ただし、この記法はキーと値が区別しにくく、視認性が高いとは言えません。そこでC# 6以降では**インデックス初期化子**と呼ばれる記法が追加されています。今後は、こちらの記法を優先して利用することをお勧めします。

```
var flower = new Dictionary<string, string>()
{
  ["Rose"] = "バラ",
  ["Sunflower"] = "ひまわり",
  ["Morning Glory"] = "あさがお"
};
```

コレクションを順に処理する

コレクション配下の要素を順番に処理するには、まずは、foreach命令を利用します（リスト6.1）。

```
using System.Collections.Generic;
...中略...
var list = new List<string>
{
  "バラ",
  "ひまわり",
  "あざみ"
};

foreach (var s in list)
{
  Console.WriteLine(s);
}
```

```
バラ
ひまわり
あざみ
```

　このforeach構文、内部的には**列挙子**を利用したwhile命令のシンタックスシュガー（より簡単化された構文）です。列挙子とは、コレクションの要素を順番に取り出す（＝列挙する）ための仕組みです。

　コードをシンプルに表現できることから、一般的には列挙子を直接利用する機会はほぼありませんし、利用すべきではありません。しかし、後からイテレーター（7.6.9項）などの仕組みを学ぶときに備えて、原始的な列挙子の仕組みを理解しておくことは無駄ではありません。

　リスト6.2は、リスト6.1のコード（太字部分）を列挙子を使って書き換えたものです。

▶リスト6.2　ListForeach.cs

```
using System.Collections.Generic;
...中略...
var enu = list.GetEnumerator();                                    ❶
while (enu.MoveNext())
{
  string str = enu.Current;                              ❸      ❷
  Console.WriteLine(str);
}
```

　コレクションからは、GetEnumeratorメソッドを利用することで、それぞれの実装に応じた列挙子 ── Enumeratorオブジェクト（ここではList<T>.Enumerator）を取得できます（❶）。列挙子で利用できるメンバーは、表6.2のとおりです。

メンバー	概要
T Current	現在の要素（*T*はリストの要素型）
bool MoveNext()	列挙子を次の要素に移動
void Reset()	列挙子をリセット（最初の要素に戻す）

　列挙子では、コレクションの中で現在位置を1つずつずらしながら、現在位置の要素を取り出すのが基本です。列挙子は、取得時点でコレクションの先頭に位置しています（図6.2）。

　MoveNextメソッドは、この列挙子を次の要素に移動させるとともに、次の要素がない場合にfalseを返します。ここでは、この性質を利用して、MoveNextメソッドがfalseを返すまでwhileループを繰り返すことで（❷）、コレクションのすべての要素を取得しているというわけです。現在の要素を取得するにはCurrentプロパティにアクセスします（❸）。

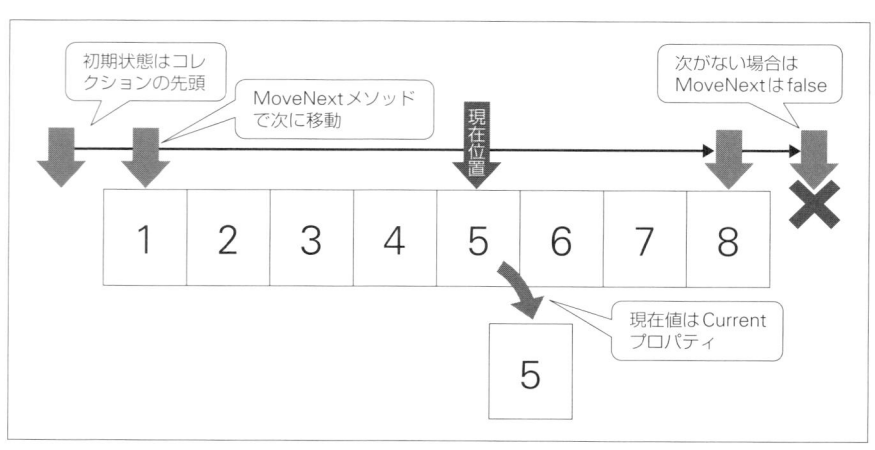

❖図6.2　列挙子

　以上、コレクションの基本を理解できたところで、ここからは個別のクラスについて理解していきます。

 note　特殊な用途のコレクションとして、表6.Aのようなクラスも用意されています。

❖表6.A　特殊な用途のコレクション

名前空間	クラス	概要
System.Collections.ObjectModel	ReadOnlyCollection	読み取り専用コレクションの基本クラス
	ReadOnlyDictionary	読み取り専用のディクショナリ
System.Collections.Concurrent	ConcurrentBag	スレッドセーフなコレクション
	ConcurrentQueue	スレッドセーフなキュー
	ConcurrentStack	スレッドセーフなスタック

読み取り専用の*Xxxxx*Collectionクラスは、文字通り、コレクションの変更を禁止したい場合に利用します。以下のように、本来のコレクションをもとにインスタンス化（＝**ラッピング**と言います）することで生成できます。

```
var rolist = new ReadOnlyCollection<string>(list);
```

Concurrent*Xxxxx*はマルチスレッド対応のコレクションです。

既定のコレクションでは、マルチスレッドに対応していません。これは、単一のスレッドから利用されることがわかっている場合、マルチスレッド処理（＝排他処理）はそのままパフォーマンスの低下となるためです。代わりに、マルチスレッド環境では、System.Collections.Concurrent名前空間のクラスを利用することで、スレッドセーフにコレクションを扱うことができます。マルチスレッドについては11.1節で改めて解説します。

6.2　リスト

リストは、配列のように配下の要素が順序付けられたコレクションです。リストに分類されるクラスには、以下のようなものがあります。

- List
- LinkedList
- Stack
- Queue
- ArrayList

ただし、ArrayListはジェネリックの導入以前からある古いクラスで、型安全ではありません。まずは、型安全なListを優先して利用するようにしてください。

6.2.1　List（リスト）

Listは、要素を内部的には配列を利用したデータ構造です。ただし、配列と異なり、サイズを後か

らでも動的に変更できるという点が異なります。

　また、その性質上、インデックス値による値の読み書き（ランダムアクセス）の性能に優れるという特長があります。要素の保存位置に関わらず、ほぼ一定の時間でアクセスできます。

　反面、要素の挿入／削除は先頭に近くなるほど、遅くなります。これは、Listでの要素の挿入／削除は、図6.3のようなデータの移動を伴うためです。

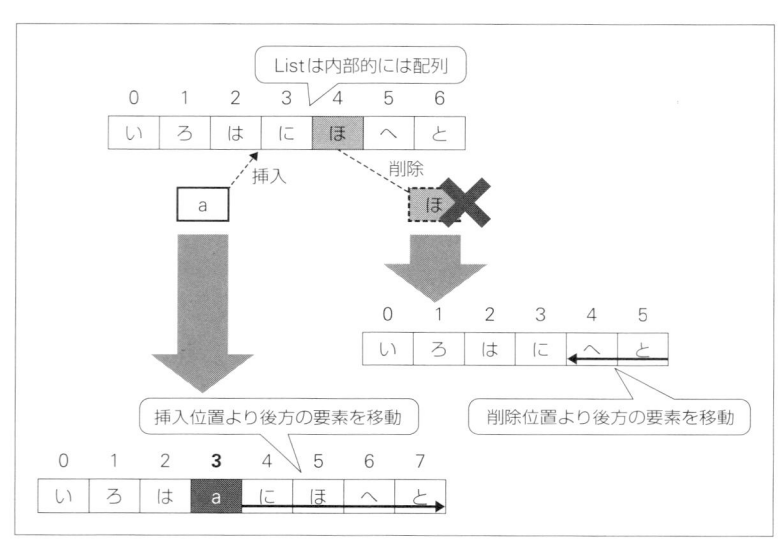

❖図6.3　Listの挿入／削除

　また、挿入に際しては、メモリー（配列）の再割り当てが発生する場合がある点にも注意してください。Listは、あらかじめ一定サイズの領域を準備しています。そして、要素の追加に伴って領域が不足すると、自動的に一定量だけサイズを拡張するのです。

　しかし、メモリーの再割り当ては、相応のオーバーヘッドを要する処理ですし、リストのサイズに比例して処理も重くなります。もしも必要となるサイズ（要素数）があらかじめ想定できているならば、インスタンス化に際して、サイズを宣言することをお勧めします。

```
var list = new List<int>(30);
```

Listの基本操作

　Listクラスで用意されている主なメンバーには、表6.3のようなものがあります。

❖表6.3　Listクラスの主なメンバー

分類	メンバー	概要
取得	List<T> GetRange(int *index*, int *count*)	*index*番目から*count*個の要素を取得
	int Capacity	格納可能な要素数を取得／設定
	int Count	格納されている要素数を取得（読み取り専用）

分類	メンバー	概要
追加／削除	void Add(*T item*)	末尾に要素*item*を追加
	void AddRange(IEnumerable<*T*> *collection*)	コレクションを要素の末尾に追加
	void Insert(int *index*, *T item*)	*index*番目に要素*item*を挿入
	bool Remove(*T item*)	最初にマッチした要素*item*を削除
	void RemoveRange(int *index*, int *count*)	*index*番目から*count*個の要素を削除
	void Clear()	リストをクリア
検索	bool Contains(*T item*)	リストに要素*item*を含むか
	int IndexOf(*T item* [,int *index* [,int *count*]])	要素*item*の位置を検索 （引数*index*は開始位置、*count*は検索する要素数）
	int LastIndexOf(*T item* [,int *index* [,int *count*]])	要素*item*の位置を後方から検索 （引数*index*は開始位置、*count*は検索する要素数）
変換	void CopyTo([int *index*,] *T*[] *array* [,int *arrayIndex* [,int *count*]])	リストの内容を配列*array*にコピー （引数*index*はリスト側の開始位置、*arrayIndex*は配列側の開始位置、*count*はコピーする要素数）
	void Reverse([int *index*, int *count*])	要素の順序を反転
	Sort(Comparison<*T*> *comparison*)	要素を並べ替え
	T[] ToArray()	要素を配列にコピー

　これらのメソッドを利用した具体的なコードを、リスト6.3に示します（PrintList メソッドは、リストの内容をカンマ区切りで出力するための自作のメソッドです）。

▶リスト6.3　ListBasic.cs

```csharp
using System.Collections.Generic;
...中略...
var list = new List<int> { 10, 15, 30, 60 };
var list2 = new List<int> { 1, 5, 3, 6 };

list.Insert(2, 7);
list.Add(120);

foreach(var v in list)
{
  Console.WriteLine(v);
} // 結果：10、15、7、30、60、120

Console.WriteLine(list.Count);  // 結果：6
Console.WriteLine(list[0]);     // 結果：10
Console.WriteLine(list.Contains(30)); // 結果：true
Console.WriteLine(list.IndexOf(30));  // 結果：3
Console.WriteLine(list.LastIndexOf(30));  // 結果：3
Console.WriteLine(list.Remove(60));  // 結果：true
PrintList(list);  // 結果：10,15,7,30,120
```

```
list.AddRange(list2);
PrintList(list);  // 結果：10,15,7,30,120,1,5,3,6

PrintList(list.GetRange(2, 4));  // 結果：7,30,120,1

list.Reverse();
PrintList(list);  // 結果：6,3,5,1,120,30,7,15,10

var ary = new int[3];
list.CopyTo(2, ary, 0, 3);
Console.WriteLine(String.Join(",", ary));  // 結果：5,1,120
```

6.2.2 LinkedList（二重リンクリスト）

LinkedListは、要素同士を双方向のリンクで参照する**二重リンクリスト**の実装です（図6.4）。

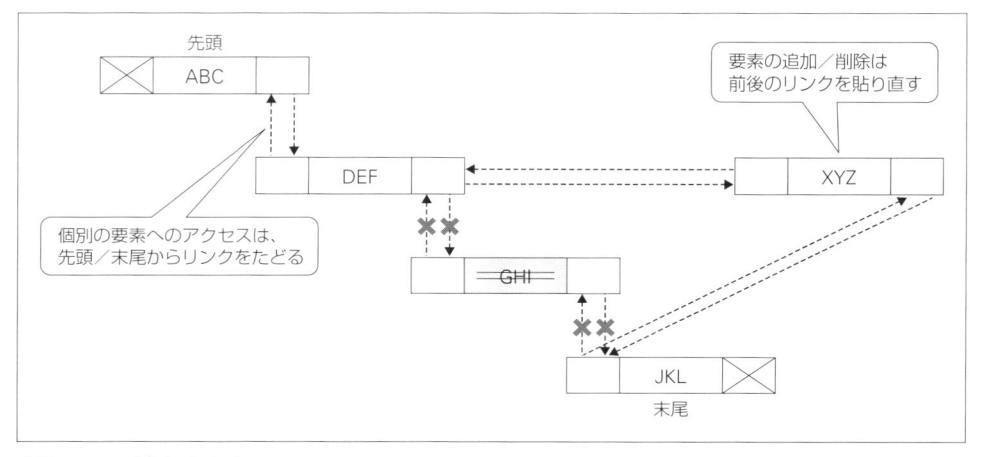

❖図6.4　二重リンクリスト

　その性質上、インデックス値から要素を読み書きすることはできません。リンクを使って、先頭、または末尾から要素を順にたどるだけです。理論上は、リストの先頭／末尾へのアクセスは速く、中央に位置する要素は最も遅くなります。

　一方、要素の挿入／削除は高速です。Listとは異なり、挿入／削除にあたって要素の移動が不要で、前後のリンクを付け替えれば良いだけだからです。ただし、一般的には挿入／削除の操作に先立って、特定の要素を検索するための操作が加わるはずなので、そちらのオーバーヘッドを考慮しなければなりません。

以上のような理由から、（一般的には）要素の挿入／削除が頻繁に発生する、また、リストに順にアクセスしていくような用途が主となる場合はLinkedListを、それ以外——要素の取得や既存要素の書き換えが多い場合にはListを、という使い分けになるでしょう。

LinkedListの基本操作

LinkedListクラスで用意されている主なメンバーには、表6.4のようなものがあります。要素の挿入／削除を主用途とする性質上、Add*Xxxxx* / Remove*Xxxxx*系のメソッドが充実している点に注目です。

❖表6.4　LinkedListクラスの主なメンバー

分類	メンバー	概要
取得	int Count	要素数を取得（読み取り専用）
	LinkedListNode<*T*> First	最初の要素を取得（読み取り専用）
	LinkedListNode<*T*> Last	最後の要素を取得（読み取り専用）
追加／削除	LinkedListNode<*T*> AddFirst(*T value*)	リスト先頭に要素*value*を追加
	void AddFirst(LinkedListNode<*T*> *node*)	リスト先頭に要素*node*を追加
	LinkedListNode<*T*> AddLast(*T value*)	リスト末尾に要素*value*を追加
	void AddLast(LinkedListNode<*T*> *node*)	リスト末尾に要素*node*を追加
	LinkedListNode<*T*> AddAfter(LinkedListNode<*T*> *node*, *T value*)	要素*node*の後に要素*value*を追加
	void AddAfter(LinkedListNode<*T*> *node* , LinkedListNode<*T*> *new*)	要素*node*の後に要素*new*を追加
	LinkedListNode<*T*> AddBefore(LinkedListNode<*T*> *node*, *T value*)	要素*node*の前に要素*value*を追加
	void AddBefore(LinkedListNode<*T*> *node* , LinkedListNode<*T*> *new*)	要素*node*の前に要素*new*を追加
	bool Remove(*T value*)	最初にマッチした要素*value*を削除
	void Remove(LinkedListNode<*T*> *node*)	指定した要素*node*を削除
	void RemoveFirst()	先頭の要素を削除
	void RemoveLast()	末尾の要素を削除
	void Clear()	すべての要素を削除
検索	bool Contains(*T value*)	リストに要素*value*を含むか
	LinkedListNode<*T*> Find(*T value*)	リスト前方から*value*を含む要素を検索
	LinkedListNode<*T*> FindLast(*T value*)	リスト後方から*value*を含む要素を検索
その他	void CopyTo(*T*[] *array* [,int *index*])	リストを配列*array*にコピー（*index*は配列の開始位置）

LinkedListNodeクラスは、LinkedListを構成する個々の要素（ノード）を表します。こちらについても、主なプロパティをまとめておきます（表6.5）。

❖表6.5　LinkedListNodeクラスの主なプロパティ（*は読み取り専用）

メンバー	概要
LinkedList<*T*> List*	ノードが属するリスト
LinkedListNode<*T*> Previous*	直前のノード
LinkedListNode<*T*> Next*	直後のノード
T Value	ノードの値

これらのメソッドを利用した具体的なコードを、リスト6.4に示します（PrintListメソッドは、リストの内容をカンマ区切りで出力するための自作のメソッドです）。

▶リスト6.4　ListLinked.cs

```
using System.Collections.Generic;
using System.Linq;
...中略...
var animals = new[] {  "とら", "うさぎ" , "たつ" };
var list = new LinkedList<string>(animals);

foreach(var v in list)
{
  Console.WriteLine(v);
} // 結果：とら、うさぎ、たつ

Console.WriteLine(list.Count); // 結果：3
Console.WriteLine(list.Contains("とら")); // 結果：true

list.AddFirst("ねずみ");
list.AddLast("いのしし");
list.AddBefore(list.Last, "いぬ");
list.AddAfter(list.First, "うし");
PrintList(list); // 結果：ねずみ,うし,とら,うさぎ,たつ,いぬ,いのしし

list.Remove("たつ");
list.RemoveLast();
PrintList(list); // 結果：ねずみ,うし,とら,うさぎ,いぬ

var node = list.First;
list.Remove(node); ─────────────────────────────────── ❶
list.AddLast(node); ───────────────────────────────
PrintList(list); // 結果：うし,とら,うさぎ,いぬ,ねずみ
```

一点だけ❶のコードに注目です。ここではFirstプロパティで取得したノードをLinkedListの末尾に追加しています。ただし、Firstプロパティで取得したノードは、その時点ですでにLinkedListに属しているので、そのままでは追加できません。いったん、RemoveメソッドでLinkedListから削除する必要があります。

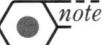

note　LinkedListクラスはAddメソッドを持たないので、コレクション初期化子も利用できない点に注意してください。同じ理由で、後述するStack／Queueクラスでもコレクション初期化子は利用できません。

6.2.3 Stack（スタック）

　スタックは、後入れ先出し（LIFO：Last In First Out）、または先入れ後出し（FILO：First In Last Out）とも呼ばれる構造のことです。たとえば、キャリアカー（＝乗用車を運搬するためのトラック）のようなものをイメージしてみると良いかもしれません（図6.5）。この場合、先に積み込んだ乗用車は後から積み込んだ乗用車を下ろさないと下ろすことはできません。

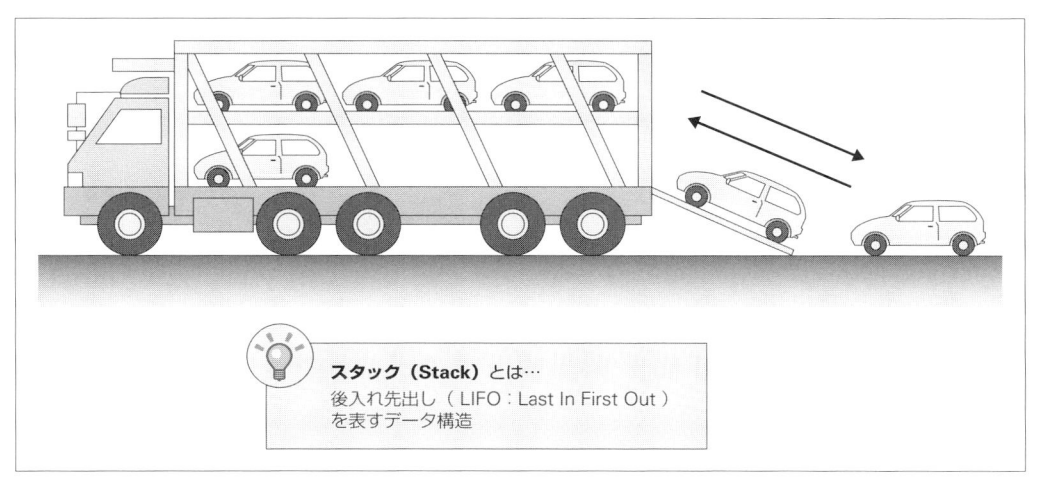

スタック（Stack）とは…
後入れ先出し（LIFO：Last In First Out）
を表すデータ構造

❖図6.5　スタック（Stack）

　アプリでは、たとえばUndo機能などがスタックで管理されています。操作を履歴に順に保存し、最後に行った操作をまず取り出す、というわけですね。

　このようなスタック構造を表すのがStackクラスです。内部的には配列リストですが、読み書きするためのメソッドが異なります（表6.6）。

❖表6.6　Stackクラスの主なメンバー

メンバー	概要
int Count	要素数を取得（読み取り専用）
void Push(T item)	スタックの末尾に要素itemを追加
T Pop()	スタックの末尾から要素を取得＆削除
T Peek()	スタックの末尾から要素を取得（削除はしない）
void Clear()	すべての要素を削除
bool Contains(T item)	指定の要素itemを含むか
void CopyTo(T[] array, int index)	スタックを配列arrayにコピー（indexは配列の開始位置）
T[] ToArray()	要素を配列にコピー

　これらのメソッドを利用した具体的なコードを、リスト6.5に示します。

```
using System.Collections.Generic;
using System.Linq;
...中略...
var s = new Stack<int>();
s.Push(10);
s.Push(15);
s.Push(30);
s.Push(60);

foreach (var v in s)
{
  Console.WriteLine(v);
}  // 結果：60、30、15、10

Console.WriteLine(s.Count());  // 結果：4
Console.WriteLine(s.Contains(30));  // 結果：true
Console.WriteLine(s.Pop());    // 結果：60
Console.WriteLine(s.Peek());   // 結果：30
Console.WriteLine(s.Pop());    // 結果：30

Console.WriteLine(String.Join(",", s.ToArray()));  // 結果：15,10
```

　スタックではPushメソッドで要素を押し込み、Popメソッドで要素を取り出す（＝取得した要素を削除する）のが基本です。ただし、スタックに要素を残したまま、末尾の要素を参照したい、という場合には、Peekメソッドを利用してください（Peekとはちらっと覗くという意味です）。

　スタックをforeachループで取得した場合にも、末尾から順に値が取り出される点にも注目です。

6.2.4　Queue（キュー）

　キューは、スタックの後入れ先出しに対して、先入れ先出し（FIFO：First In First Out）と呼ばれる構造です。**待ち行列**と呼ばれることもあります。イメージとしては、スーパーのレジに並ぶ人を思い浮かべれば良いでしょう（図6.6）。この場合、レジに先に並んだ人が最初に精算を終え、出ていくことができます。

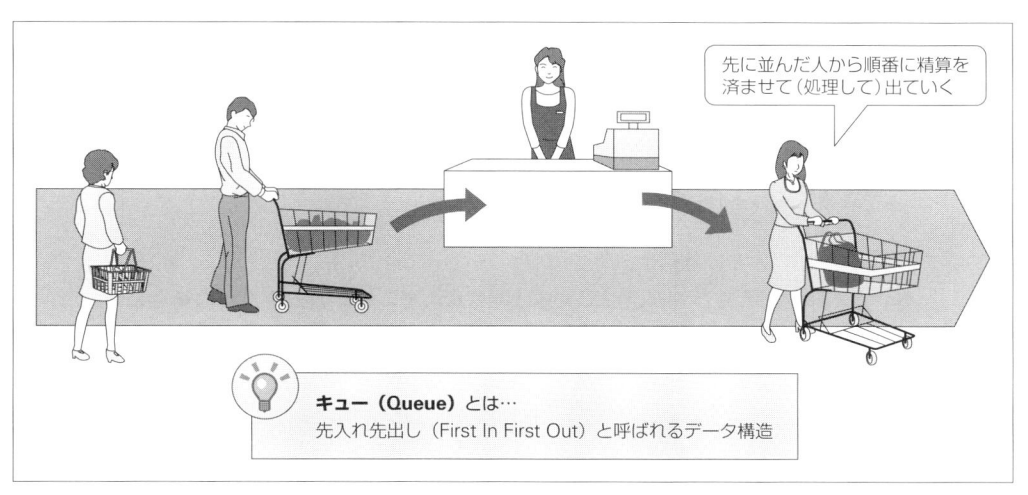

❖図6.6　キュー（Queue）

　このようなキュー構造を表現するのがQueueクラスです。キューの内部的な実装は**循環配列**です。循環配列とは、基本的には配列ですが、先頭から順に要素を格納するのではなく、配列内の任意の範囲（head番目からtail番目まで）に要素を格納しているのが特徴です（図6.7）。要素の挿入／削除によって、（要素そのものではなく）先頭／末尾位置だけを移動させていくわけです。要素の挿入によって末尾要素（tail）が配列の末尾を超えたら、配列先頭に循環するように要素を配置します。

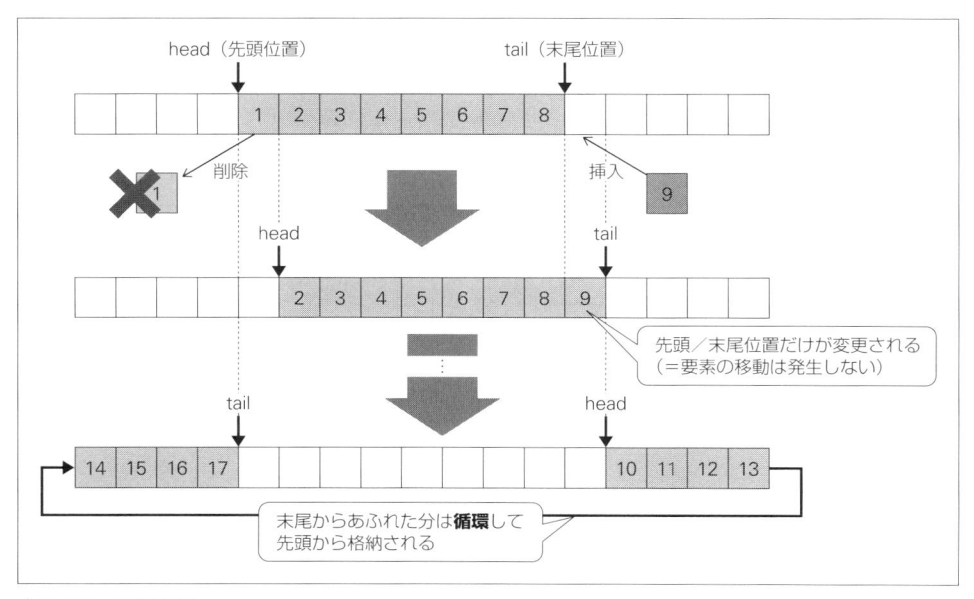

❖図6.7　循環配列

このような構造を採用しているのは、キューでは配列の先頭から要素を削除しなければならないからです。配列では、先頭への挿入／削除は要素の移動を伴うため、低速です。しかし、循環配列であれば、先頭からの削除はそのまま現在のhead位置を移動させるだけで、要素の移動は伴いません。

循環配列の実際の格納位置は、

（インデックス番号＋head位置）% 配列サイズ

で求めることができます（「%」は剰余演算子です）。

ただし、あくまで操作が特殊というだけで実体は配列なので、サイズが不足した場合には、List／Stack クラスと同じく、配列の再割り当てが発生します。

Queueの基本操作

Queue クラスで用意されている主なメンバーには、表6.7のようなものがあります。

❖表6.7　Queueクラスの主なメンバー

メンバー	概要
int Count	要素数を取得（読み取り専用）
void Enqueue(*T item*)	キュー先頭に要素*item*を追加
T Dequeue()	キューの末尾から要素を取得＆削除
T Peek()	キューの末尾から要素を取得（削除はしない）
void Clear()	すべての要素を削除
bool Contains(*T item*)	指定の要素*item*を含むか
void CopyTo(*T*[] *array*, int *index*)	キューを配列*array*にコピー（*index*は配列の開始位置）
T[] ToArray()	要素を配列にコピー

これらのメソッドを利用した具体的なコードを、リスト6.6に示します。

▶リスト6.6　ListQueue.cs

```
using System.Collections.Generic;
using System.Linq;
...中略...
var list = new Queue<int>();
list.Enqueue(10);
list.Enqueue(15);
list.Enqueue(30);
list.Enqueue(60);

foreach (var v in list)
{
  Console.WriteLine(v);
}  // 結果：10、15、30、60
```

```
Console.WriteLine(list.Count());      // 結果：4
Console.WriteLine(list.Contains(30));  // 結果：true
Console.WriteLine(list.Dequeue());     // 結果：10
Console.WriteLine(list.Peek());        // 結果：15
Console.WriteLine(list.Dequeue());     // 結果：15

Console.WriteLine(String.Join(",", list.ToArray()));  // 結果：30,60
```

　スタックと操作方法は似ていますが、メソッド名が異なります。要素を追加するにはEnqueueメソッドを、要素を取り出す（＝参照したうえで削除する）にはDequeueメソッドを、それぞれ利用します。ただ要素を参照するだけで削除はしない場合には、Peekメソッドを利用してください。

練習問題　6.2

1. 以下、リストを新規に作成して、その内容を更新した後、一覧表示する例です。空欄を埋めて、コードを完成させてください。

▶リスト6.A　PList.cs

```
using System.Collections.Generic;
...中略...
var list = new List  ①  { 10, 15, 30, 60 };
list   ②   = 75;
list.  ③  (15);
list.  ④  (2, 108);
foreach(var  ⑤  in list)
{
  Console.WriteLine(v);
}  // 結果：10、30、108、75
```

6.3　セット

　セットとは、リストと違って要素の重複を許しません（図6.8）。数学における集合の概念ともよく似ており、ある要素（群）がセットに含まれているか、他のセット（コレクション）との包含関係などに関心があるような状況で、よく利用します。

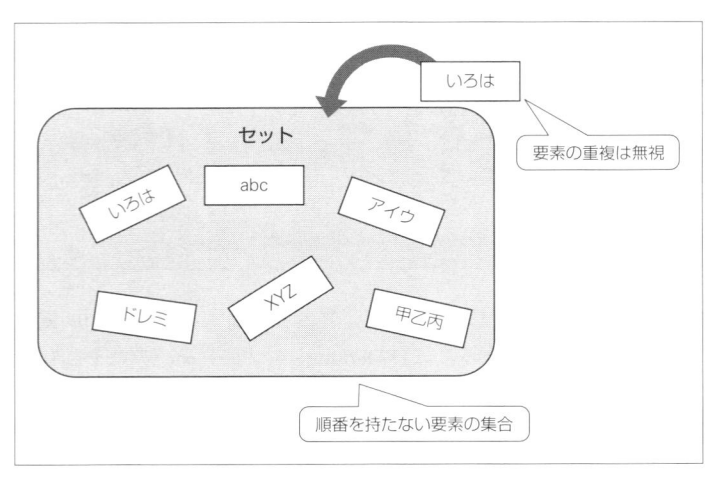

❖図6.8　セット

セットの主な実装クラスには、以下のようなものがあります。

- HashSet
- SortedSet

非ジェネリック系のコレクションには、セットの実装クラスはありません。

6.3.1　セットの基本操作

HashSetクラスで用意されている主なメンバーには、表6.8のようなものがあります。

❖表6.8　HashSetクラスの主なメンバー

分類	メンバー	概要
追加／削除	`bool Add(T item)`	要素itemを追加
	`bool Remove(T item)`	要素itemを削除
	`void Clear()`	すべての要素を削除
集合	`void ExceptWith(IEnumerable<T> other)`	現在のセットから指定されたコレクションに含まれる要素を削除（差集合）
	`void UnionWith(IEnumerable<T> other)`	現在のセットと指定されたコレクションいずれかに存在するすべての要素を取得（和集合）
	`void IntersectWith(IEnumerable<T> other)`	現在のセットと指定されたコレクションの両方に存在する要素だけを取得（積集合）
	`void SymmetricExceptWith(` `  IEnumerable<T> other)`	現在のセットと指定されたコレクションのどちらか一方に存在する要素だけを取得
	`bool IsProperSubsetOf(` `  IEnumerable<T> other)`	指定されたコレクションにすべて含まれているか（部分集合で、両者は等しくない）

分類	メンバー	概要
集合	bool IsProperSupersetOf(IEnumerable<*T*> *other*)	指定されたコレクションをすべて含むか （上位集合で、両者は等しくない）
	bool IsSubsetOf(IEnumerable<*T*> *other*)	指定されたコレクションに含まれるか （部分集合。等しくても良い）
	bool IsSupersetOf(IEnumerable<*T*> *other*)	指定されたコレクションを含むか （上位集合。等しくても良い）
	bool Overlaps(IEnumerable<*T*> *other*)	指定されたコレクションと共通の要素があるか
	bool SetEquals(IEnumerable<*T*> *other*)	指定されたコレクションと（重複を無視した場合に）要素が同じであるか
その他	bool Contains(*T item*)	指定の要素*item*を含むか
	void CopyTo(*T*[] *array* [,int *arrayIndex* [,int *count*]])	セットの内容を配列*array*にコピー （引数*arrayIndex*は配列の開始位置、*count*はコピーする要素数）
	int Count	要素数を取得（読み取り専用）

集合関係のメソッドは、それぞれ図6.9のような関係を表します。

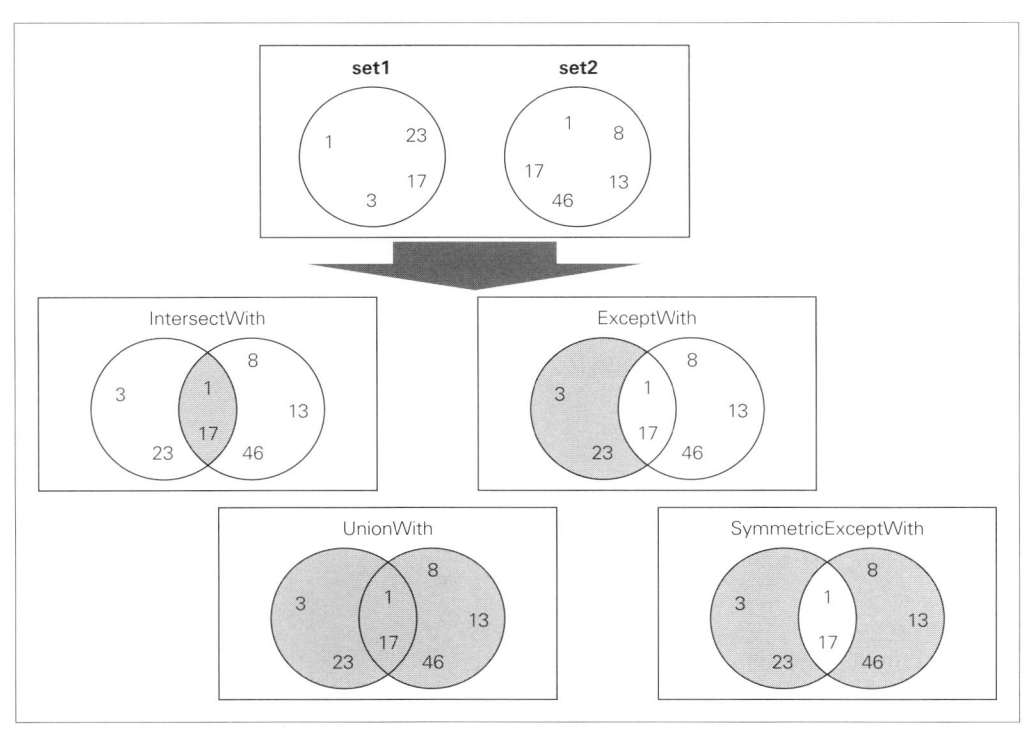

❖図6.9　Setクラスの集合系メソッド

これらのメソッドを利用した具体的なコードを、リスト6.7に示します（PrintSetメソッドは、セットの内容をカンマ区切りで出力するための自作のメソッドです）。

```csharp
using System.Collections.Generic;
using System.Linq;
...中略...
var hs = new HashSet<int> { 1, 20, 30, 60, 10, 15 };
hs.Add(10); ─────────────────────────────────────────────── ❶
hs.Add(5);
hs.Remove(60);

foreach (var v in hs)
{
  Console.WriteLine(v);
}  // 結果：1、20、30、10、15、5

Console.WriteLine(hs.Count);  // 結果：6
Console.WriteLine(hs.Contains(10));  // 結果：true

var hs2 = new HashSet<int> { 10, 15, 30 };
Console.WriteLine(hs.IsSupersetOf(hs2));        // 結果：true
Console.WriteLine(hs.IsProperSupersetOf(hs2));  // 結果：true
Console.WriteLine(hs.IsSubsetOf(hs2));  // 結果：false
Console.WriteLine(hs.IsProperSubsetOf(hs2));  // 結果：false
Console.WriteLine(hs.Overlaps(hs2));    // 結果：true
Console.WriteLine(hs.SetEquals(hs2));   // 結果：false

var hs3 = new HashSet<int> { 1, 10, 20, 30, 60 };
PrintSet(hs);  // 結果：1,20,30,10,15,5
hs.IntersectWith(hs3);
PrintSet(hs);  // 結果：1,20,30,10

var hs4 = new HashSet<int> { 15, 30 };
hs.ExceptWith(hs4);
PrintSet(hs);  // 結果：1,20,10

hs.UnionWith(hs2);
PrintSet(hs);  // 結果：1,20,15,10,30
```

　冒頭で触れたように、セットでは要素の重複を許しません。❶のように重複した値を挿入した場合に、重複分は無視されていることにも注目してください。

6.3.2 並び順を管理するSortedSetクラス

　一切の並び順を管理しないHashSetクラスに対して、並び順を管理するSortedSetクラスもあります。SortedSetクラスでは、追加された要素が自動的にソートされる点を除けば、HashSetクラスと同じ挙動を採ります。

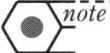

note 並び順をカスタマイズする方法については6.4.2項でも解説しますので、あわせて参照してください。

　具体的な例も見ておきましょう（リスト6.8）。

▶リスト6.8　SetSorted.cs

```
using System.Collections.Generic;
using System.Linq;
...中略...
var set = new SortedSet<int> { 30, 60, 10, 15 };

set.Add(10);
set.Add(5);
set.Remove(60);

foreach (var s in set)
{
  Console.WriteLine(s);   // 結果：5、10、15、30
}

Console.WriteLine(set.Count);   // 結果：4
Console.WriteLine(set.Min);     // 結果：5
Console.WriteLine(set.Max);     // 結果：30

var set2 = new SortedSet<int> { 10, 15, 30 };
Console.WriteLine(set.IsSupersetOf(set2));   // 結果：true

set.ExceptWith(new HashSet<int> { 15, 30 });
set.Remove(10);
PrintSet(set);   // 結果：5
```

　SortedSetクラスは順番を持っていることから、最大値／最小値を表すMax ／ Minプロパティを提供する点に注目です。それ以外のメンバーはHashSetクラスと同等です。

1. リストとの違いに着目して、セットについて説明してください。また、セットの代表的な実装
   （クラス）を挙げて、その違いを説明してみましょう。

6.4 ディクショナリ

ディクショナリは、一意のキーと値のペアで管理されるデータ構造を表します（図6.10）。言語に
よっては、マップ、ハッシュ、連想配列などと呼ぶこともあります。

リスト／セットと異なり、個別の要素に対して、キーという意味ある情報でアクセスできる点が
ディクショナリの特徴です。キーには任意の型を利用できますが、まずは文字列を使う機会が多いで
しょう。

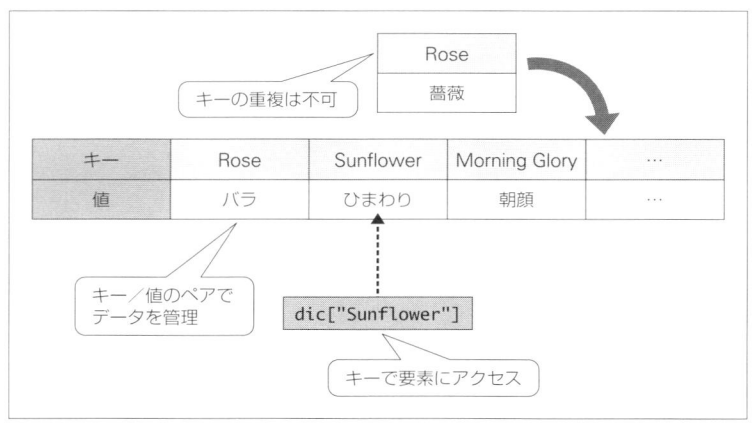

❖図6.10　ディクショナリ

ディクショナリの主な実装クラスには、以下のようなものがあります。

- Dictionary
- SortedDictionary
- SortedList
- Hashtable

ただし、Hashtableはジェネリック構文の導入以前からある古いクラスであり、後方互換性を目的
として残っています。現在、積極的に利用する理由はありませんので、Dictionaryを優先して利用し
てください。

以降では、その他のクラスについて、特徴をまとめます。それぞれの大きな違いは、キーをどのように管理するかという点にあるので、その点に注目して見ていきます。

6.4.1 Dictionary（ディクショナリ）

最も一般的なディクショナリの実装です。キーの順序は保証されませんので、順番を意識した操作を要する場合には、後述する SortedDictionary を利用してください。

理解を深めるために、Dictionary の基本的なデータ構造について補足しておきます（図6.11）。

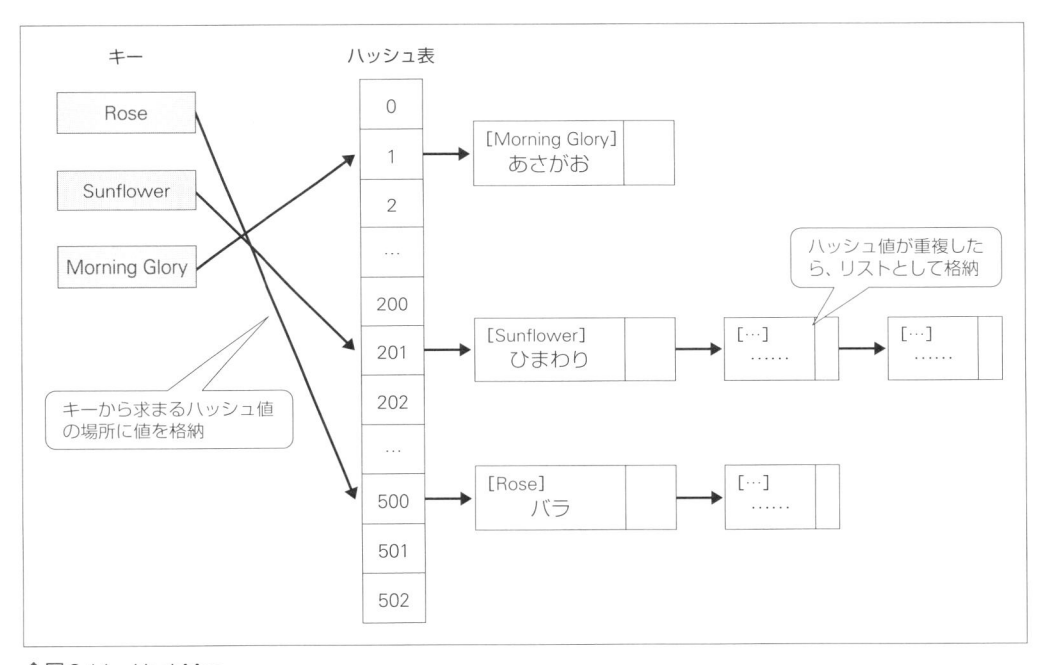

❖図6.11　HashMap

Dictionary は、内部的に**ハッシュ表**（ハッシュテーブル）と呼ばれる配列を保持しています。要素を保存する際に、キーからハッシュ値を求めることで、ハッシュ表のどこにオブジェクトを保存するかを決めます。

> *note* **ハッシュ値**は、オブジェクトの値をもとに算出した任意のint値で、オブジェクト同士が等しければハッシュ値も等しい、という性質があります（ただし、ハッシュ値が等しくても、オブジェクトが等しいとは限りません）。
> 具体的なハッシュ値の算出方法については、9.6.4項で解説します。

しかし、ハッシュ値のすべてのパターンに対応するサイズのハッシュ表（int型の値範囲）を用意しておくのは現実的ではありません。よって、一般的には任意サイズのハッシュ表を用意しておいて、「ハッシュ値÷ハッシュ表のサイズ」を計算した余りによって、格納先を決定します。

また、そもそもハッシュ値は重複する可能性もあります（オブジェクトの値は、一般的にint値の範囲よりも広いはずです）。その場合には、値をリンクリストなどで管理します。

Dictionary利用の注意点

以上のような性質から、Dictionaryを利用する場合には、以下の点に注意しなければなりません。

[1] GetHashCodeメソッドは適切に実装する

GetHashCodeは、オブジェクトのハッシュ値を求めるためのメソッドです。自作のクラスをディクショナリのキーにする場合は、GetHashCodeメソッドを適切にオーバーライドしてください。具体的には、以下のルールに沿って実装します。

- 同じ値のオブジェクトは同じハッシュ値を返すこと
- 重複が発生しにくいよう、適切に分布していること

ハッシュ表では値の重複が発生すると、リンクをたどらなければならない分だけキー検索の効率が低下します。たとえば、無条件に固定値を返すようなGetHashCodeメソッドの実装は避けてください。

[2] ハッシュ表のサイズを適切に設定する

同じ理由からハッシュ表のサイズも、格納すべき要素数に対して十分に大きくあるべきです。小さなハッシュ表では格納先が重複する可能性は高まりますし、そもそも要素数がハッシュ表のサイズを超えた場合には、ハッシュ表の再割り当ても発生します。Listでも触れたように、再割り当ては相応にオーバーヘッドの大きな処理なので、あらかじめ追加すべき要素数が想定できている場合には、インスタンス化に際して初期容量を宣言しておくことをお勧めします。

```
var dic = new Dictionary<int, string>(30);
```

ディクショナリの基本操作

Dictionaryクラスで用意されている主なメンバーには、表6.9のようなものがあります。

❖表6.9　Dictionaryクラスの主なメンバー

分類	メンバー	概要
情報	int Count	要素数を取得（読み取り専用）
	Dictionary<*TKey*, *TValue*>.KeyCollection Keys	キーのコレクションを取得（読み取り専用）
	Dictionary<*TKey*, *TValue*>.ValueCollection Values	値のコレクションを取得（読み取り専用）
	bool TryGetValue(*TKey key*, out *TValue value*)	指定したキーに関連付いた値を取得
追加／削除	void Add(*TKey key*, *TValue value*)	指定したキーと値を追加
	bool Remove(*TKey key*)	指定したキーを持つ値を削除
	void Clear()	すべてのキーと値を削除

分類	メンバー	概要
検索	bool ContainsKey(*TKey key*)	指定したキーが格納されているか
	bool ContainsValue(*TValue value*)	特定の値が格納されているか

これらのメソッドを利用した具体的なコードを、リスト6.9に示します。

▶リスト6.9　DicBasic.cs

```
using System.Collections.Generic;
...中略...
var dic = new Dictionary<string, string>()
{
  ["Rose"] = "バラ",
  ["Sunflower"] = "ひまわり",
  ["Morning Glory"] = "あさがお"
};

Console.WriteLine(dic.Count);  // 結果：3
Console.WriteLine(dic.ContainsKey("Rose"));    // 結果：true
Console.WriteLine(dic.ContainsValue("バラ"));   // 結果：true

dic.TryGetValue("Rose", out string name);
Console.WriteLine(name);   // 結果：バラ

dic.Add("Tulip", "チューリップ"); ─────────────────────┐
dic["Sunflower"] = "向日葵"; ───────────────────────────┘ ❶

foreach (var key in dic.Keys) ─────────────────────────── ❷
{
  Console.WriteLine($"{key}：{dic[key]}");
}  // 結果：Rose：バラ、Sunflower：向日葵、Morning Glory：あさがお、Tulip：チューリップ

foreach (var d in dic.Values)
{
  Console.WriteLine(d);   // 結果：バラ、向日葵、あさがお、チューリップ
}

dic.Remove("Rose");

foreach (var m in dic) ──────────────────────────────────── ❸
{
  Console.WriteLine($"{m.Key}：{m.Value}");
}  // 結果：Sunflower：向日葵、Morning Glory：あさがお、Tulip：チューリップ
```

ディクショナリに値を追加するには、Addメソッドの他、ブラケット構文を利用できます（❶）。ブラケット構文では既存の値を上書きすることもできますが、Addメソッドで既存のキーを指定した場合には、ArgumentException例外（エラー）となる点に注意してください。

　キーを列挙するには、Keysプロパティを利用します（❷）。この例では、キーを列挙しながら対応する値を取得しています。すべての値を取り出すには、Valuesプロパティを利用してください。ディクショナリそのものをforeachループで列挙することもできますが、その場合は仮変数にはKeyValuePair型（キー／値のペア）がセットされます（❸）。KeyValuePairからは、それぞれKey、Valueプロパティでキー／値を取得できます。

6.4.2　SortedDictionary（ソート済みディクショナリ）

　Dictionaryクラスが順序を保証しないディクショナリの実装であるのに対して、SortedDictionaryはキーの順序を管理できるディクショナリです。キーを**Red-Blackツリー（赤黒木）**で管理し、キーの大小（辞書順、数値の大小など）で並びを管理できるのが特徴です。Red-Blackツリーとは二分木の一種で、図6.12のような構造を持ちます。

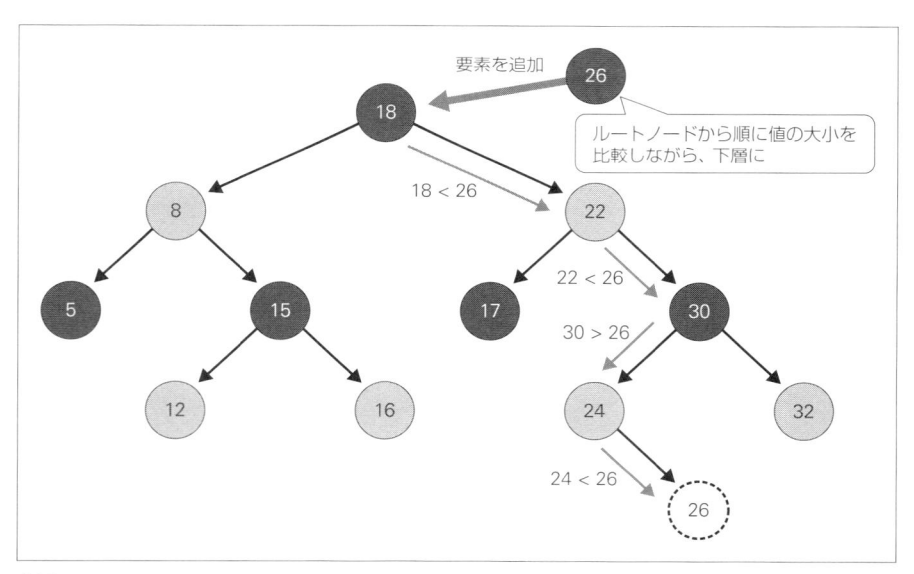

❖図6.12　Red-Blackツリー

　それぞれの節点を**ノード**と呼び、子ノードは最大でも2個です。ノード同士の大小関係が

　　左の子ノード ＜ 現在のノード ＜ 右の子ノード

となるように構成されます。それ以上、上位のノード（親ノード）を持たないノードのことを**ルートノード**と言います。

ツリーに新たなノードを追加する場合にも、ルートノードから大小を比較しながらツリーを下っていき、ノードの大小関係を満たす箇所に追加します。キーを検索する場合の挙動も同様です。

具体的な例も見てみましょう（リスト6.10）。追加された順序に関わらず、foreachループで列挙した結果が、キーについて辞書順に並んでいることが確認できます。

▶リスト6.10　MapSorted.cs

```csharp
using System.Collections.Generic;
...中略...
var sd = new SortedDictionary<string, string>()
{
  ["Rose"] = "バラ",
  ["Sunflower"] = "ひまわり",
  ["Morning Glory"] = "あさがお"
};

foreach (var key in sd.Keys)
{
  Console.WriteLine($"{key}：{sd[key]}");
}
```

```
Morning Glory：あさがお
Rose：バラ
Sunflower：ひまわり
```

キーの並び順をカスタマイズ

SortedDictionaryクラスは、既定でキーとなる型の自然順序（文字列ならば辞書順、数値ならば大小順）に従って、要素の並びを管理します。もしも標準のルールを変更したい場合には、インスタンス化に際して、IComparerインターフェイスの実装クラスを渡すようにします。

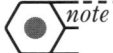 *note* 本項の理解には、インターフェイス／デリゲートの理解が前提となります。ここではコードの意図のみを説明しますので、8.3.3項でインターフェイス、10.1.1項でデリゲートを理解した後、再度読み解くことをお勧めします。

たとえばリスト6.11は、文字列長によってキーを並べる例です。

```csharp
using System.Collections.Generic;
...中略...
class StringLengthComparer : IComparer<string>
{
  public int Compare(string x, string y)
  {
    return x.Length - y.Length;
  }
}
...中略...
class MapSorted2
{
  static void Main(string[] args)
  {
    var d = new SortedDictionary<string, string>(new StringLengthComparer())
    {
      ["Rose"] = "バラ",
      ["Sunflower"] = "ひまわり",
      ["Morning Glory"] = "あさがお"
    };

    foreach (var key in d.Keys)
    {
      Console.WriteLine($"{key}：{d[key]}");
    }
  }
}
```

```
Rose：バラ
Sunflower：ひまわり
Morning Glory：あさがお
```

IComparerインターフェイスは、以下のメソッドを提供しています。

構文 Compareメソッド

```
int Compare(T x, T y)
```

T   ：引数の型
x、y ：比較するオブジェクト

Compareメソッドは、引数x、yを比較し、

- x＜yの場合は負数
- x＝yの場合は0
- x＞yの場合は正数

を返します。SortedDictionaryであれば、キー値を順番に引数x、yに渡していくことで、キーの大小を判定します。

　この例であれば、戻り値として文字列長の差を求めることで、文字列長によって順序を決定するという意味になります（文字列xが文字列yよりも短い場合に負数を、長い場合には正数を返すからです）。別解として、CompareToメソッド（5.1.2項）を使って、以下のように表してもかまいません。

```
return x.Length.CompareTo(y.Length);
```

　リスト6.11の例であれば文字列長について昇順で並びますが、「y.Length － x.Length」とすることで降順に並べることもできます。

補足 配列／リストのソート

　Array／ListクラスのSortメソッドは、既定で配列／リストの内容を、要素の既定のルールによってソートします。しかし、引数にIComparer実装クラスを指定することで、ソート規則を独自のもので置き換えることができます。

構文 Sortメソッド（Listクラス）

```
public void Sort(IComparer<T> comparer)
```

```
T        ：リストの要素型
comparer：要素の比較ルール
```

構文 Sortメソッド（Arrayクラス）

```
public static void Sort<T>(T[] array, IComparer<T> comparer)
```

```
T        ：配列の要素型
array    ：ソート対象の配列
comparer：要素の比較ルール
```

　たとえばリスト6.12は、リストの内容を文字列長について昇順にソートする例です。StringLengthComparerクラスは、リスト6.11でも利用したものを使用しています。

```csharp
using System.Collections.Generic;
...中略...
var list = new List<string>()
{
  "バラ",
  "ひまわり",
  "あざみ"
};

list.Sort(new StringLengthComparer());

foreach (var s in list)
{
  Console.WriteLine(s);
}
```

↓

```
バラ
あざみ
ひまわり
```

　また、SortメソッドはComparisonデリゲートを受け取ることもできます。考え方は同じですが、
IComparer実装クラスを別に用意しなくて良いので、コードはぐんとシンプルになります。

構文 Sortメソッド（Listクラス・デリゲート版）

```
public void Sort([Comparison<T> comparison])
```

T　　　　　　：リストの要素型
comparison：比較を行うデリゲート

構文 Sortメソッド（Arrayクラス・デリゲート版）

```
public static void Sort<T>(T[] array [,Comparison<T> comparison])
```

T　　　　　　：配列の要素型
array　　　　：ソート対象の配列
comparison：比較を行うデリゲート

リスト6.13は、リスト6.12をComparisonデリゲート（10.1.4項）を受け取るように書き換えたものです。

▶リスト6.13　ListSort2.cs

```
using System.Collections.Generic;
...中略...
list.Sort((x, y) => x.Length - y.Length);

foreach (var s in list)
{
  Console.WriteLine(s);
}
```

6.4.3　SortedList（二分探索）

SortedListは、SortedDictionaryと同じく、キーの順序を管理できるディクショナリです。ただし、内部的な構造が異なります。SortedListは、キーをソート済みの配列で管理しておくことで、二分探索と呼ばれる高速なアルゴリズムを利用できるのが特徴です。

二分探索とは、検索にあたって、まずは中央値を見に行き、目的の値がより大きければ右の中央値を、小さければ左の中央値をそれぞれ見に行く、といった手順を繰り返すことで、最終的に目的の要素を見つける手法です（図6.13）。

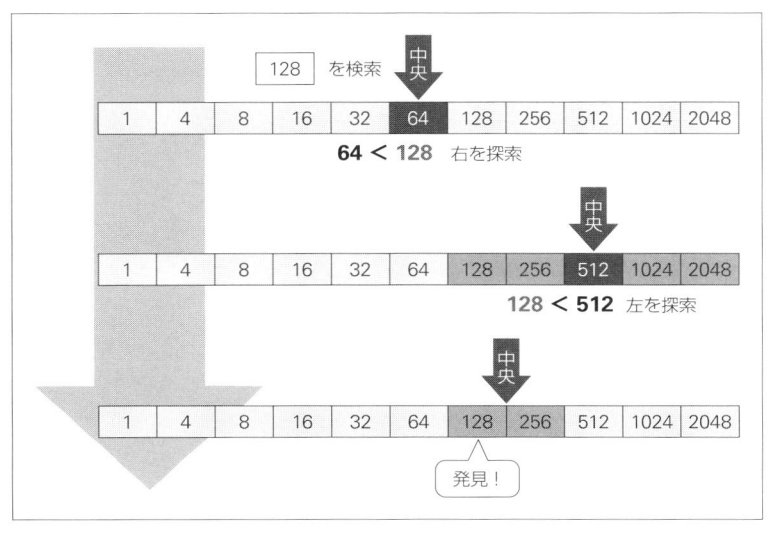

❖図6.13　二分探索

その性質上、検索は高速ですが、要素の挿入／削除はソート済みであることを維持しなければならないので、比較的低速です。また、Listと同じく、内部的には配列なので、サイズが不足した場合には再割り当てのためのオーバーヘッドが発生します。

以上のような理由から、検索を中心とした用途ではSortedListを、挿入／削除が頻繁に発生する状況ではSortedDictionaryを、それぞれ利用すべきです。異なるのは内部的な構造だけで、構文はSortedDictionaryのそれに準じるので、ここでは割愛します。具体的な例もリスト6.9、リスト6.10を参照してください。

☑ この章の理解度チェック

1. 次の文章は、コレクションについて説明したものです。正しいものには○、誤っているものには×を付けてください。

   ( ) Listへの挿入／削除は、位置に関わらずほぼ一定のスピードで可能です。

   ( ) LinkedListへの挿入／削除では要素前後のリンクの付け替えが発生するので、比較的低速である

   ( ) HashSetは要素の重複を許さず、一意の値を決められた順序で保持します。

   ( ) Dictionaryは一意のキーと値のペアでデータを管理します。キーの並び順は保証されません。

   ( ) Stackは先入れ先出し、Queueは後入れ先出しと呼ばれるデータ構造です。

2. 以下はディクショナリを初期化、操作した結果を出力するためのコードです。空欄を埋めて、コードを完成させてください。

   ▶リスト6.B　Practice2.cs

```
using System.Collections.Generic;
...中略...
var dic = new Dictionary  ①  ()
{
  ["lettuce"] = "レタス",
  ["spinach"] = "ホウレンソウ",
  ["cucumber"] = "キュウリ"
};
dic   ②   = "胡瓜";
dic.  ③  ("cabbage", "キャベツ");
dic.  ④  ("spinach");
foreach (var m in dic)
{
  Console.WriteLine($"{  ⑤  }:{  ⑥  }");
```

```
      }
          // 結果：lettuce：レタス、cucumber：胡瓜、cabbage：キャベツ
```

3. 以下はリストを利用したコードですが、誤りが3点あります。これを指摘してください。

▶リスト6.C　Practice3.cs

```
using System.Collections.Generic;
...中略...
var list = new List() { 1, 2, 3, 4 };
list[5] = 5Ø;
list.Insert(1, 5);
list.Remove(6Ø);
foreach (string v in list)
{
  Console.WriteLine(v);
}  // 結果：1、5、2、5Ø、4
```

Column ▶ Visual Studioで利用するC#のバージョンを変更する

Visual Studio Community 2017 Update4をインストールした場合、既定の設定ではC# 7.0が有効になっています。これを変更するには、ソリューションエクスプローラーで/SelfCSharpフォルダー（プロジェクト）を右クリックし、表示されたコンテキストメニューから［プロパティ］を選択してください。プロジェクトのプロパティシート（図6.A）が開くので、［ビルド］タブを選択して［出力］欄の右下にある［詳細設定...］ボタンをクリックします。

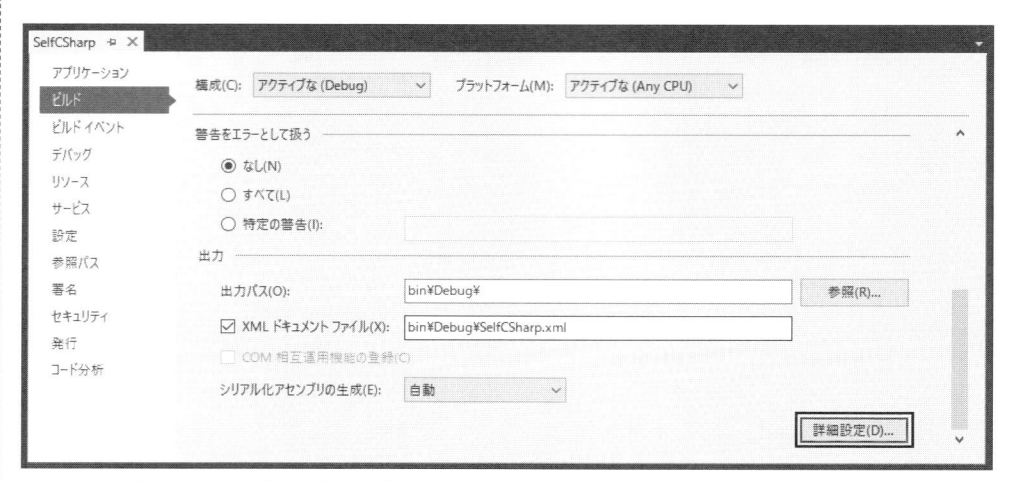

❖図6.A　プロパティシート（［ビルド］タブ）

［ビルドの詳細設定］ウィンドウ（図6.B）が開くので、［言語バージョン］欄からC#のバージョン（たとえば「C# 7.1」）を選択してください。「C#の最新のマイナーバージョン（最新）」を選択すれば、今後、C# 7.2、7.3とバージョンアップした場合にも、これに追随します。また、C# 3.0〜6.0の旧バージョンを選択することも可能です。

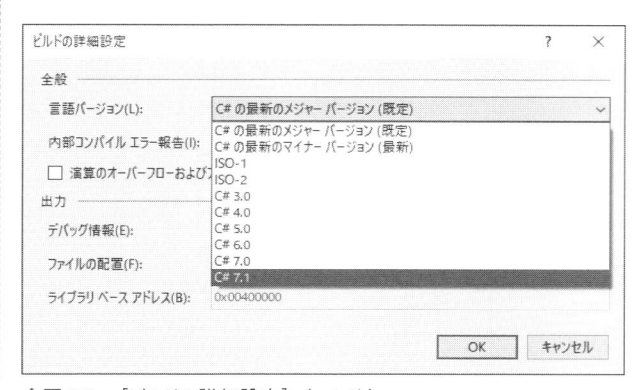

❖図6.B　［ビルドの詳細設定］ウィンドウ

Chapter **7**

オブジェクト指向構文 （基本）

1.3.2節でも触れたように、C#アプリの基本はクラスです。クラスとはアプリの中で特定の機能を担う意味を持ったかたまりであり、C#アプリとはクラスの集合と言っても良いでしょう。これまでのサンプルコードでも、意識するしないに関わらずクラスの定義（classブロック）は何度も目にしてきたものです。

C#を理解するうえで、クラスを中心とするオブジェクト指向構文の理解は欠かすことができません。そこで本書でも、本章でクラスの基本的な構成要素を学んだ後、第8章でカプセル化／継承／ポリモーフィズムなどオブジェクト指向的な概念を、そして、第9章ではその他の付随する概念について、順に学んでいきます。

7.1　クラスの定義

まずは、クラスそのものの定義からです。これまでのサンプルでもクラス定義が出てきましたが、ここで基本的な構文を再確認します。

新たにクラスを定義するのは、class命令の役割です。

構文 class命令

```
[修飾子] class クラス名
{
  ...クラス本体...
}
```

まずは、構文的に最小限のクラスを定義します（リスト7.1）。

▶リスト7.1　ClassBasic.cs

```
public class Person
{
}
```

中身を持たないので、実質的な意味はありませんが、押さえるべきポイントはさまざまです。以下から、順に見ていくことにしましょう。

7.1.1　クラス名

クラスに対して適切な名前を付けるということは、コードの可読性／保守性という観点からも重要なポイントです。というのも、クラスの名前はコードの中だけでなく、クラス図や（一般的には）ファイル名としてもよく目にするものだからです。クラス図（class diagram）とは、クラス配下の

メンバー、クラス同士の関係を表す図のことです（図7.1）。

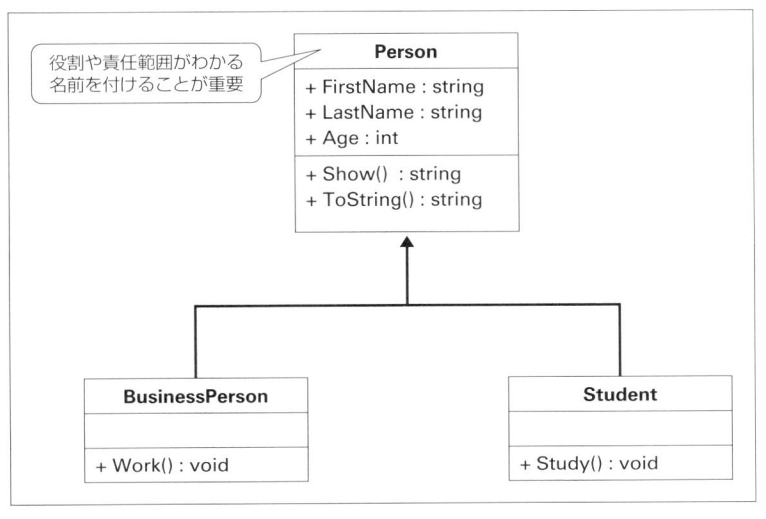

❖図7.1　クラス図の例

　名前によってクラスの役割や責任範囲が表現できていれば、クラス図によって、クラス同士の関係や役割分担が適切か、矛盾が生じていないかを、直観的に把握できます。目的のコードを素早く発見できるというメリットもあるでしょう。

命名のポイント

　以下に、クラスを命名するうえでの留意しておきたいポイントをまとめておきます。

[1] Pascal記法で統一

　すべての単語を大文字で始める記法です。Upper CamelCase（UCC）記法とも言います。Pascal記法は、C#だけでなく、Java、PHP、Rubyなど、代表的なオブジェクト指向言語でクラスを表す際に採用されています。たとえばStringBuilder、LinkedList、StreamReaderのように命名します。

　アンダースコア（_）、マルチバイト文字なども文法上は利用できますが、利用すべきではありません。

[2] 目的に応じてサフィックスを付ける

　具体的には、表7.1のようなサフィックスが使われます。構文規則ではありませんが、慣例的な命名に従うことで、より大きなくくりの中でのクラスの位置づけが明確になるでしょう。

❖表7.1　主なサフィックス

プレフィックス／サフィックス	概要
～ Exception	例外クラス
～ Attribute	属性クラス
～ Test	テストクラス
～ EventArgs	イベント引数

［3］対象／機能が明確となるような単語を選定する

クラスが表す対象、あるいは機能を端的に表す単語でもって命名します。良い命名には、（一概には言えないにせよ）以下のような点に留意しておくと良いでしょう。

まず、名前は英単語を、フルスペルで表記します。ただし、「Temporary→Temp」「Identifier→Id」のように略語が広く認知されているもの、あるいは、開発プロジェクトでなにかしら認知されているものは、その限りではありません。

クラスが継承関係（8.2.1項）にある場合には、上位のクラスよりも下位のクラスがより対象を限定した名前であるべきです。たとえばStreamクラス（P.196）の派生クラスとしてFileStream／MemoryStream／BufferedStreamなどは好例です。

また、名前に連番や接頭辞を付けるのは避けるべきです（たとえば、特定の画面に紐づいたクラスは、画面コードを接頭辞にしたくなることはよくあります）。やむをえず、そうした命名を採る場合にも、接頭辞そのものは3～5文字程度に留め、名前の視認性を維持することに努めてください。

7.1.2 修飾子

修飾子とは、クラスやそのメンバーの性質を決めるキーワードのことです。たとえばリスト7.1で利用しているpublicは「クラスやメソッドがどこからでもアクセスできる」ことを意味する修飾子で、**アクセス修飾子**とも言います。

付与できる修飾子は、クラス、フィールド／メソッドなど、対象となる要素によって異なります。表7.2は、class命令で利用できる修飾子です。

❖表7.2　class命令で利用できる主な修飾子

修飾子	概要
public	すべてのクラスからアクセス可能
internal	同じアセンブリ内からのみアクセス可能（既定）
abstract	抽象メンバーを指定
static	静的メンバーを指定
sealed	他のクラスから継承できない

抽象／静的クラス、継承などについては後続の章を確認いただくとして、以下では残るpublic／internal（アクセス修飾子）についてのみ補足しておきます。

まず、public修飾子は、先ほど触れたように、現在のクラスがすべてのクラスからアクセスできることを、internal修飾子はアセンブリ内部からのみアクセスできることを、それぞれ意味します。

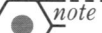
note　**アセンブリ**とは、ビルドによってできあがった実行可能なファイルのことです（より具体的には、.exe／.dllなどのファイルです）。Visual Studioでは、基本的に1プロジェクトが1アセンブリとなるので、internalとは「同一のプロジェクトでアクセス可能」と言い換えることもできます。

アクセス修飾子には、この他にもprotected、protected internal、privateなどがありますが、class命令で指定できるのはpublic／internalの2種類だけです。アクセス修飾子が明示されなかった場合には、アセンブリ内部からのアクセスだけを認めます。

7.1.3　メンバーの記述順

　classブロックには、フィールド／メソッドといった要素（メンバー）を任意の順序で記述できます。ただし、コードの可読性を考慮するならば、同じ要素はまとめ、順序も統一しておくことをお勧めします。図7.2は、その例です。

```
using System;                                    ← using 宣言（1.3.2 項）
namespace SelfCSharp.Chap07.Construct            ← 名前空間（1.3.2 項）
{
    class Person                   ← クラス定義
    {
        public string firstName;                 ← フィールド定義（7.2 節）
        public Person(string firstName, string lastName)
        {
            ....                                 ← コンストラクター定義（7.4 節）
        }

        public string FirstName
        {
            ...                                  ← プロパティ定義（8.1.2 項）
        }

        public void Show()
        {
            ...                                  ← メソッド定義（7.3 節）
        }
    }
}
```

❖図7.2　クラスの構造

　もちろん、この順序はあくまで一例にすぎません。開発プロジェクトとして、なんらかの規約が存在する場合には、そちらを優先してください。

7.2　　フィールド

　フィールドは、classブロックの直下で定義された変数です。**メンバー変数**とも呼ばれ、クラスで管理すべき情報を表します。
　フィールドの構文は、変数（2.1.1項）の構文とほぼ同じですが、「先頭に修飾子を付与できる」「varキーワードは利用でき**ない**」などの点が異なります。

```
[修飾子] データ型 フィールド名 [= 値]
```

たとえばリスト7.2は、Personクラスの配下でstring型のfirstName ／ lastNameフィールドを定義する例です。

▶リスト7.2　FieldBasic.cs（SelfCSharp.Chap07.ClassField名前空間）

```
class Person
{
  public string firstName;
  public string lastName;
}
```

このように定義されたフィールドには、ドット演算子（ . ）を使ってアクセスできます（リスト7.3）。

▶リスト7.3　FieldBasic.cs（SelfCSharp.Chap07.ClassField名前空間）

```
var p1 = new Person();
p1.firstName = "太郎";
p1.lastName = "山田";

var p2 = new Person();
p2.firstName = "花子";
p2.lastName = "鈴木";

Console.WriteLine($"{p1.lastName}{p1.firstName}");  // 結果：山田太郎
Console.WriteLine($"{p2.lastName}{p2.firstName}");  // 結果：鈴木花子
```

new演算子によってインスタンス化されたオブジェクトはそれぞれ独立した実体を持ちます。当然、配下のフィールド値も互いに別ものである点を改めて確認してください。

7.2.1　フィールド名

フィールドの命名規則は、変数の命名規則とほぼ同じです。ただし、以下の点に注意してください。

[1] camelCase記法で統一する

C#では、ほとんどの要素をPascal記法（7.1.1項）で表すのがお作法です。camelCase記法で表すのは、変数（正しくはローカル変数）、フィールド、メソッドの引数くらいなので、こちらを覚えておいたほうがシンプルでしょう。

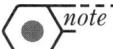

また、ローカル変数、引数と区別するために、名前の先頭に「_」（アンダースコア）を付けることもよくあります。たとえば「`_lastName`」「`_firstName`」のように、です。Visual Studioを利用している場合には、こうすることで「_」をタイプしたところでインテリセンスがフィールドだけに絞り込んでくれるというメリットもあります。

[2] クラス名との重複を避ける

フィールド名には対象を端的に表す具体的な名前を付けるべきですが、クラス名と重複するのは冗長です。たとえばPersonクラスで、名前を表すためにpersonNameフィールドとするのは無駄です。人（Person）の名前であることはクラス名から明らかなので、単にnameフィールドで十分でしょう。もちろん、リスト7.2のように名前を細分して、firstName／lastNameという命名は問題ありません。

7.2.2 修飾子

フィールドで指定できる修飾子には、表7.3のようなものがあります。これまでまだ出てきていないものもありますが、関連する項でおいおい紹介していきます。

❖表7.3 フィールドで利用できる主な修飾子

修飾子	概要
public	すべてのクラスからアクセス可能
protected internal	派生クラスと同じアセンブリ内からのみアクセス可能
protected	同じクラスと派生クラスからのみアクセス可能
internal	同じアセンブリ内からのみアクセス可能
private	同じクラスからのみアクセス可能（既定）
readonly	読み取り専用のフィールドを宣言（7.5.4項）
static	クラスフィールドを宣言（7.5.2項）
new	継承されたメンバーを隠蔽（8.2.2項）
volatile	複数スレッドから値が変更される可能性があることを宣言（11.1.3項）

アクセス修飾子（public、protectedなど）を省略した場合にはprivateとなり、現在のクラス内部でのみアクセスが可能となります。

ここでは説明の便宜上、publicなフィールドを宣言していますが、一般的には、まず既定のprivateを基本としてください。詳しくは8.1.2項で解説しますが、クラス内部へのアクセスを限定することで、クラスを利用する側は内部的なデータの持ち方（具体的な実装）を意識することなく、クラスを利用できるからです。

7.2.3　既定値

メソッドの中で宣言された変数（ローカル変数）と、フィールドとで異なる点が、もう1つあります。それは、変数が既定値を持たないのに対して、フィールドは既定値が決められているという点です。既定値は、フィールドのデータ型によって決まります（表7.4）。

❖表7.4　フィールドの既定値

データ型	既定値
bool	false
byte、int、sbyte、short、uint、ulong、ushort	0
long	0L
double	0.0D
float	0.0F
decimal	0.0M
char	'¥0'
enum	式「(E)0」によって算出された値（Eは列挙型）
struct	すべての値型フィールドを既定値、すべての参照型フィールドをnullに設定した値

よって、フィールドの既定値がその型の既定値そのままである場合には、値を初期化しなくてもかまいません。ただし、既定値に依存するコードは、可読性の観点からは好ましくありません。また、ローカル変数であれば明示的に初期化する、フィールドであれば初期値を省略すると、わざわざ書き分けるくらいならば、すべての変数は初期化する、と考えたほうが明快です。

> *note*　ただし、既定値があるものを同じ値で上書きするのは無駄である、という考え方もあります（ほんのわずかではありますが、非効率です）。どちらが絶対に正しいというものではないでしょう。

7.3　メソッド

メソッドは、クラスの動作／処理、振る舞いを表すものです。主に、クラスで管理されているデータ（フィールド）の値を操作するための役割を担います。これまでのサンプルでは、ほとんどのコードをMainメソッドの配下で記述してきましたが、これはアプリの入り口（エントリーポイント）となる特殊なメソッドで、アプリを起動する際に自動的に呼び出されていました。これに対して、一般的なメソッドは、他のメソッドから呼び出されることで実行されます。

以下は、メソッド定義の一般的な構文です。

```
[修飾子] 戻り値の型 メソッド名([引数の型 引数, ...])
{
  ...メソッドの本体...
}
```

リスト7.4では、PersonクラスにfirstName ／ lastNameフィールドを表示するShowメソッドを追加してみましょう。

▶リスト7.4　MethodBasic.cs（SelfCSharp.Chap07.ClassMethod名前空間）

```
class Person
{
  public string firstName;
  public string lastName;

  public string Show()
  {
    return $"名前は{this.lastName}{this.firstName}です。";
  }
}
```

定義されたShowメソッドには、リスト7.5のようにドット演算子（.）でアクセスできます。

▶リスト7.5　MethodBasic.cs（SelfCSharp.Chap07.ClassMethod名前空間）

```
var p = new Person();
p.firstName = "太郎";
p.lastName = "山田";
Console.WriteLine(p.Show());  // 結果：名前は山田太郎です。
```

最低限の動作を確認できたところで、ここからは構文の細部を詳しく見ていきます。

7.3.1　メソッド名

識別子の命名規則に従うのは、これまでと同じです。Show、ToString、InitializeのようなPascal記法で表します。他の言語（たとえばJava、PHP、Railsなど）では、メソッドはcamelCase記法で表すことが多いので、それらの言語を学んだことのある人は間違えやすいところかもしれません。

加えて、構文規則ではないものの、メソッドとしての役割を把握できるような命名を意識してください。具体的には、AddElementのように「動詞＋名詞」の形式で命名することをお勧めします。

特に、動詞は慣例的によく利用されるものは限られます（表7.5）。慣例に従うことで、名前の意味

を共有しやすくなるでしょう。また、Add／Removeのように反義語の関係にあるものは、対となるよう対応関係を意識してメソッドを準備することで、必要な機能を過不足なく準備できます。

❖表7.5　メソッド名でよく見かける動詞

動詞	役割	動詞	役割
Add	追加	Remove	削除
Get	取得	Set	設定
Insert	挿入	Delete	削除
Begin	開始	End	終了
Start	開始	Stop	終了
Open	開く	Close	閉じる
Read	読み込み	Write	書き込み
Send	送信	Receive	受信
Create	生成	Initialize、Init	初期化

その他、CheckAndAddElementsのように、複数の動詞を連ねた名前も、一般的に避けるべきです。保守性／再利用性、テストのしやすさなどの観点からも、メソッドの役割は1つに限定すべきだからです。この例であれば、Check（チェック）なのかAdd（追加）なのかに限定すべきでしょう。

もちろん、役割と乖離した名前は論外です。たとえばCheckElementメソッドが（なんらかのチェック機能だけでなく）中では要素を追加／削除するなどしていたら、利用者の混乱は避けられません。

名は体を表す —— メソッドに限らず、すべての識別子を命名する場合の基本です。

7.3.2　実引数と仮引数

　引数とは、メソッドの中で参照可能な変数のことです。メソッドを呼び出す際に、呼び出し側からメソッドに値を引き渡すために利用します。より細かく、呼び出し元から渡される値のことを**実引数**、受け取り側の変数のことを**仮引数**と、区別して呼ぶ場合もあります（図7.3）。

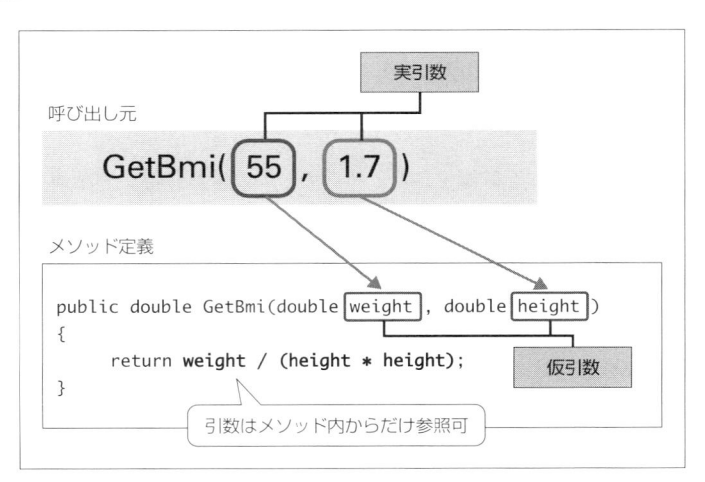

❖図7.3　仮引数と実引数

　引数の個数の上限は65536個なので、実質的には無制限と考えて良いでしょう。ただし、引数の把握しやすさを考えれば、5 ～ 7個程度が実質的な上限です。それ以上になる場合は、関連する引数をクラスにまとめることを検討してください（図7.4）。

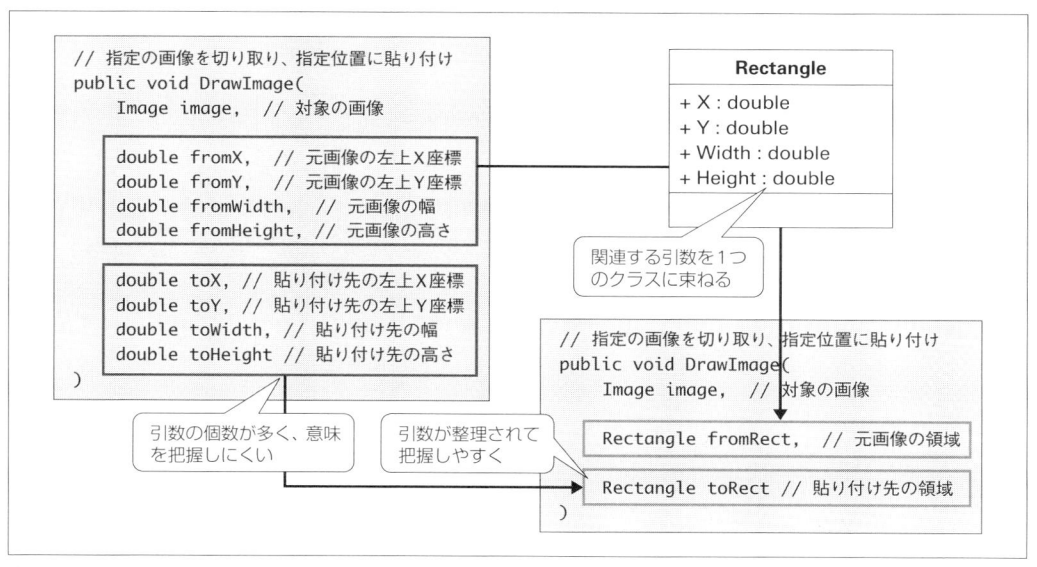

❖図7.4　関連する引数をまとめるには？

引数の並び順の留意点

　引数の並び順は、直観的なメソッドの使い勝手という意味でも重要な要素です。以下の点に留意してみてください。

［1］重要なものから順番に

　メソッドの挙動に深く関わるものを先に記述します。一般的には、アプリ固有のオブジェクト（ビジネスオブジェクト）は、そうでないオブジェクトよりも重要です。

［2］順序に一貫性を持たせる

　クラス内部はもちろん、アプリ（ライブラリ）として、引数の並び順には一貫性があるべきです。たとえば、あるメソッドではwidth→heightの順序であるのに、別のメソッドではheight→widthであるのは混乱の元です。特に、Read ／ Write、Insert ／ Removeのように対称関係にあるメソッドで

はなおさらでしょう。

同じ理由から、同じ意味／役割を持つ引数は名前も等しくします。

[3] 意味的に関連する引数は隣接させる

たとえばwidth（幅）とheight（高さ）、x（X座標）とy（Y座標）のように、意味的に関連する引数は隣接させます。その際、prefecture（都道府県）、city（市町村）、address（番地）のように順序があるものは、引数の並びも従ってください。

ただし、このとき、同じ型の引数が隣接するのは望ましくありません（矛盾するように感じるかもしれませんが）。引数の順序に誤りがあった場合にも、コンパイラーが型で誤りを判定できないためです。その場合には、（引数の個数にもよりますが）図7.4のように関連する引数をクラスとしてまとめることも検討してください。

また、呼び出し側の判断に委ねられますが、名前付き引数という仕組みを利用することも可能です。詳細は7.6.2項で解説します。

7.3.3 戻り値

引数がメソッドの入り口であるとするならば、**戻り値（返り値）** はメソッドの出口 —— メソッドが処理した結果を表します。戻り値はreturn命令によって表します。

構文 return命令

```
return 戻り値
```

return命令はメソッドの任意の位置に記述できますが、return以降の命令は実行されない点に注意してください。一般的には、return命令はメソッドの末尾、もしくはメソッドの途中で呼び出す場合には、if ／ switchなどの条件分岐構文とセットで利用します。

戻り値がない（＝呼び出し元に値を返さない）メソッドでは、return命令は省略してもかまいません。その場合、メソッド定義の「戻り値の型」には、特別な型としてvoidを指定します（リスト7.6）。

▶リスト7.6　MethodBasic.cs（SelfCSharp.Chap07.ClassMethod名前空間）

```
public void Show()
{
  Console.WriteLine($"名前は{this.lastName}{this.firstName}です。");
}
```

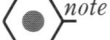 *note* return命令は、メソッドの処理を中断する場合にも利用できます。戻り値を持たない（voidな）メソッドでも、ただ「return;」とすることで、戻り値を返さず、ただ処理を終了しなさい（＝

呼び出し元に処理を返しなさい）という意味になります。

```csharp
public void Show()
{
  Console.WriteLine($"名前は{this.lastName}{this.firstName}です。");
  return;
}
```

戻り値の型がvoidの場合は、「return **null**;」のような表記も含めて不可です。ただの「return;」としなければならない点に注意してください。

7.3.4 修飾子

　メソッドでは、表7.6のような修飾子を指定できます。まだ登場していない用語もありますが、詳細は関連する項で解説します。

❖表7.6　メソッドで利用できる主な修飾子

修飾子	概要
public	すべてのクラスからアクセス可能
protected internal	派生クラスと同じアセンブリ内からのみアクセス可能
protected	同じクラスと派生クラスからのみアクセス可能
internal	同じアセンブリ内からのみアクセス可能
private	同じクラスからのみアクセス可能（既定）
abstract	抽象メソッドを宣言（8.3.2項）
static	クラスメソッドを宣言（7.5.1項）
new	継承されたメソッドを隠蔽する（8.2.2項）
virtual	派生クラスでオーバーライドできるようにする（8.2.3項）
override	virtualメソッドをオーバーライド（8.2.3項）
sealed	派生クラスでオーバーライドできないようにする（8.2.5項）
async	非同期メソッドを宣言（11.1.4項）
extern	メソッドの本体は外部で定義されている

　アクセス修飾子を省略した場合には、フィールドの場合と同じく、現在のクラス内部からのみアクセスが可能です（クラス外部から操作できるようにするには、明示的な指定が必須ということです）。
　extern修飾子は、そのメソッドが外部で（現在のコードとは別に）定義されていることを意味します（リスト7.7）。よって、extern修飾子が指定された場合には、メソッドの本体は省略します。

▶リスト7.7　AccessBasic.cs

```csharp
[DllImport("kernel32.dll")]
private extern static bool Beep(uint dwFreq, uint dwDuration);
```

一般的に、.NETライブラリで用意されていないWin32 APIの機能を呼び出すために利用することになるでしょう。外部ライブラリ（.dllファイル）をインポートするには、サンプルのようにDllImport属性を利用します。上の例であれば、kernel32.dllで定義されているBeepという関数（メソッド）を利用できるようにしているわけです。ダウンロードサンプルでは実際にBeepを呼び出して、ビープ音を鳴らしていますので、確認してみてください。

> *note* 構文規則としては、修飾子は任意の順序で記述できます。しかし、コードの可読性を考慮するならば、一定の順序に沿うのが望ましいでしょう。本書では、以下のルールに沿っています。
>
> - public
> - protected
> - internal
> - private
> - static
> - virtual
> - sealed
> - override
> - new
> - abstract
> - extern
> - async

7.3.5　thisキーワード

　thisは、クラスメンバーの中で暗黙的に（＝宣言しなくても）利用できる特別な変数で、現在のオブジェクトを表します。リスト7.4（MethodBasic.cs）の例であれば、以下のコードで現在のオブジェクトに属するlastName ／ firstNameフィールドを参照しています。

```
return $"名前は{this.lastName}{this.firstName}です。";
```

　以下のようにメソッドの参照にも利用できます。

```
this.MyMethod(...);
```

　ただし、いずれの場合も「**this.**」は必須ではありません。上記の例は、それぞれ以下のように書いても正しいコードです。

```
return $"名前は{lastName}{firstName}です。";
MyMethod(...);
```

　で、結局、フィールド／メソッドなどを参照する際にthisを付けるかどうか、ですが、これといった標準はないように思えます。フィールドとローカル変数とを区別するために、フィールドだけに付

けるという人もいます。付けても付けなくても良いならば、省略したいという人もいます（その場合は、フィールドとローカル変数の区別は、フィールド名の先頭に「_」を付けるなどして識別することが多いようです）。参照先を明確にするために、すべてのメンバーにthisを付ける、という人もいます。

これらの立場について、本書ではいずれが正しいというスタンスは採りません。開発プロジェクトの中で同意と統一が取れていれば、上記いずれのルールを採用しても問題ないからです。本書では「フィールドの参照にはthisを明記する」というルールで進めていきます。

7.3.6 メソッドのオーバーロード

同じクラスに同じ名前のフィールドが存在することは許されません（データ型が異なっていても不可です）。しかし、同じ名前のメソッドは「引数の個数」または「引数のデータ型」が異なっている場合に限って許されます。フィールドが名前だけで識別されるのに対して、メソッドは「名前、引数の型／並び」のセットで識別されるからです。

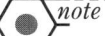
> **note** 名前、引数の型／並びからなるメソッドの識別情報のことを**シグニチャ**と言います。たとえば、「int IndexOf(string value, int startIndex)」というメソッドがあった場合、そのシグニチャは「IndexOf(string, int)」です。戻り値と仮引数名は消えている点に注目してください。

そして、名前は同じで、引数の型／並びだけが異なるメソッドを複数定義することを、メソッドの**オーバーロード**と言います。たとえば、以下は、いずれも正しいメソッドのオーバーロードです。

```
public static decimal Abs(decimal value)
public static double Abs (double value)    ➡引数の型が異なる

public int IndexOf(string value)
public int IndexOf(string value, int startIndex)    ➡引数の個数が異なる
```

ただし、以下のようなコードはコンパイルエラーとなります。メソッドのシグニチャに含まれるのは、名前と引数（型と個数）であって、戻り値の型は含まれ**ない**ことを確認してください。

```
public int IndexOf(string value)
public double IndexOf(string value)    ➡×戻り値の型だけが異なる
```

同じく引数の名前だけが異なるオーバーロードも不可です。

```
public int IndexOf(string value)
public int IndexOf(string str)    ➡×引数の名前だけが異なる
```

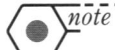

タプル型（7.6.7項）の場合も、メンバーの型が異なる場合にオーバーロードが可能です。

```
void Hoge((string x, int y)    value) { ... }
void Hoge((string x, string y) value) { ... }
```

ただし、型が同じでメンバー名だけが異なる以下のようなパターンでは、オーバーロードとは見なされません。

```
void Hoge((string x, int y) value) { ... }
void Hoge((string m, int n) value) { ... }
```

例 省略可能なパラメーター

オーバーロードの具体的な用途として、ここでは引数の既定値を挙げておきます。たとえば、リスト7.8はStringクラスのToUpperメソッドのコードです。ToUpperメソッドは、現在の文字列を小文字から大文字に変換します。

▶リスト7.8　String.cs

```
public String ToUpper() {
  ...中略...
  return this.ToUpper(CultureInfo.CurrentCulture);
}

public String ToUpper(CultureInfo culture) { ───────────
  ...中略...
  return culture.TextInfo.ToUpper(this);                    ❶
}                                                  ───────
```

❶は、指定されたカルチャ（地域）情報cultureをもとに、小文字から大文字に変換します。❷は、引数cultureを省略したオーバーロードで、現在の環境の既定カルチャによって変換を実施します。

ただし、このようなメソッドで変換コードをオーバーロードの数だけ重複して記述するのは無駄です。そこで、片方のオーバーロードでは、引数の既定値だけを準備して、もう片方のオーバーロードを呼び出すような方法がよく採られます。

この例であれば、太字のコード（this.ToUpper(...)）がそれです。既定カルチャ（CultureInfo.CurrentCulture）を準備して、ToUpper(CultureInfo culture)メソッドを呼び出しています。

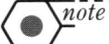

note ただし、C# 4以降では引数に既定値を与える構文が追加されました。ここでは、オーバーロードの把握しやすい例として挙げてみましたが、今後は、「引数の既定値」構文を優先して利用することをお勧めします。

7.3.7 ローカル関数 C#7

C# 7以降では、特定のメソッド配下でのみ利用できる**ローカル関数**を宣言できるようになりました。ローカル関数は、メソッドの配下で定義するというだけで、構文そのものはメソッドのそれに準じます。ただし、アクセス修飾子をはじめとして、ほとんどの修飾子は利用できません（async修飾子のみ可）。

たとえばリスト7.9は、ローカル関数として与えられた価格（price）から値下げ率（rate）を加味した値下げ価格を求めるDiscountを定義する例です。

▶リスト7.9　MethodLocal.cs

```
static void Main(string[] args)
{
  double Discount(int price, double rate)
  {
    return price * (1 - rate);
  }

  Console.WriteLine(Discount(1000, 0.2));  // 結果：800
}
```

ローカル関数というと、ローカル変数と同じく、宣言した後にしか利用できないように思えるかもしれませんが、ローカル関数は宣言した場所によらず、メソッド全体で利用できます。よって、上記のコードはリスト7.10のように書き換えても同じ意味です。

▶リスト7.10　MethodLocal.cs

```
static void Main(string[] args)
{
  // ローカル関数を、宣言位置より前で呼び出し
  Console.WriteLine(Discount(1000, 0.2));  // 結果：800

  double Discount(int price, double rate)
  {
    return price * (1 - rate);
  }
}
```

7.3.8 変数のスコープ

スコープ（有効範囲）とは、コードの中での変数の有効範囲のことです。変数がコードのどこから参照できるかを決める概念と言っても良いでしょう。

これまでは、メソッドの中でコードが完結していたので、ほとんどスコープを意識することはありませんでしたが、メソッド／フィールドという概念を理解したところで、いよいよこのスコープとも無縁ではいられなくなります。

スコープの種類

変数のスコープは、変数を宣言した場所（ブロック）によって決まります（図7.5）。

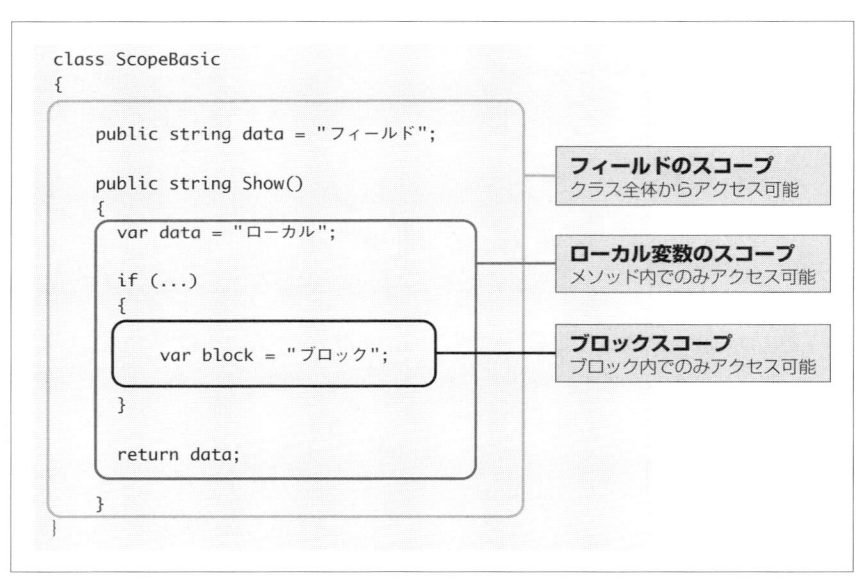

❖図7.5　変数のスコープ

まず、最も有効範囲が広いのが、クラス全体からアクセスできるフィールドです。classブロックの直下で宣言します。

一方、メソッドの定義ブロックで宣言された変数は、**ローカル変数**と呼ばれ、メソッドの中でしかアクセスできません。

最も有効範囲の狭い変数は、メソッド配下のブロックで宣言された変数です。より具体的には、if、while ／ forなどで制御ブロックの配下で宣言された変数と言い換えても良いでしょう。このような変数を**ブロック変数**と言い、ブロック配下でのみアクセスできます。

フィールドとローカル変数

フィールドとローカル変数、いずれであるかは変数の宣言位置によって決まります。では、双方の名前が衝突した場合には、どのような挙動となるのでしょうか。

まずは、具体的なサンプルで実際の動作を確認してみましょう。リスト7.11は、メソッドの内外で同名の変数dataを宣言した例です。

▶リスト7.11　ScopeBasic.cs

```
class ScopeBasic
{
  public string data = "フィールド";  ——————————————————————— ❶

  public string Show()
  {
    string data = "ローカル";  ——————————————————————————— ❷
    return data;
  }

  static void Main(string[] args)
  {
    var s = new ScopeBasic();
    Console.WriteLine(s.Show());   // 結果：ローカル ————————————— ❸
    Console.WriteLine(s.data);     // 結果：フィールド ——————————— ❹
  }
}
```

一見、❶で初期化された変数dataが❷で上書きされて、❸❹の結果はいずれも「ローカル」になるように思えます。しかし、❹の結果は「フィールド」です。理由は、スコープを理解していれば明快です。

> フィールドとローカル変数と、スコープの異なる変数は、名前が同じであっても異なる変数と見なされる

のです。

この理解のもとに、もう一度、リスト7.11を読み解いてみましょう。

まず、❶はフィールド変数としてのdata、❷のローカル変数dataとは別ものです。本来、フィールドはクラス全体で有効なはずですが、❷で同名のローカル変数が宣言されたことで、一時的に隠蔽されてしまうのです。

ただし、これはあくまで一時的に変数を隠しているだけで、値を上書きしているわけではありません。よって、❷の代入がフィールドに影響することはありませんし、❸も（フィールドとは別ものである）ローカル変数を返すだけです。

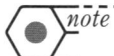

> *note* 実際には、フィールドとローカル変数の名前が重複するようなコードは、可読性を損なうだけなので避けるべきです。

一時的に隠蔽されたフィールドにアクセスするには、thisキーワードを利用します。たとえば、リスト7.11のShowメソッドをリスト7.12のように変更してみましょう（変更部分は太字）。

▶リスト7.12　ScopeBasic.cs

```csharp
class ScopeBasic
{
  public string data = "フィールド";

  string Show()
  {
    string data = "ローカル";                              ❶
    return this.data;
  }

  static void Main(string[] args)
  {
    var s = new ScopeBasic();
    Console.WriteLine(s.Show());   // 結果：フィールド        ❷
    Console.WriteLine(s.data);     // 結果：フィールド
  }
}
```

❶で同名のローカル変数dataが宣言されているにもかかわらず、❷の結果は「フィールド」となり、正しくフィールドにアクセスできていることが確認できます。

隠蔽の有無に関わらず、フィールドへのアクセスでは、常に「this.～」を付与しておくことで、ローカル変数との意図せぬ衝突を防げます。

ブロックスコープ

ローカルスコープよりもさらに小さなスコープの単位が、**ブロックスコープ**です。if、while／for、tryなどの制御ブロックで宣言された変数は、そのブロックの中でしかアクセスできません。

ただし、ブロックスコープの変数は、ローカル変数の一種です。上位のローカル変数と同名のブロックスコープ変数を宣言することはできません。たとえばリスト7.13のコードは、コンパイルエラーとなります。

```
static void Main(string[] args)
{
  var data = "ローカルスコープ";
  {
    var data = "ブロックスコープ";    ➡コンパイルエラー
  }
}
```

同じく、宣言の順序を変えた、リスト7.14のコードも不可です。

▶リスト7.14　ScopeBlock2.cs

```
static void Main(string[] args)
{
  {
    var data = "ブロックスコープ";     ➡コンパイルエラー
  }
  var data = "ローカルスコープ";
}
```

　ブロック変数を宣言した時点では、ローカル変数は未宣言なので、一見してブロック変数はエラーにならないようにも見えます。しかし、ローカル変数data（値が"ローカルスコープ"）はその宣言位置に関わらず、Mainメソッド全体で有効なので、下位のブロック変数data（値が"ブロックスコープ"）はやはり重複していると見なされるのです。

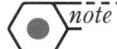

note ただし、ここで勘違いしてはいけないのが、ローカル変数のスコープはメソッド全体ですが、メソッド全体でローカル変数を利用できるわけではない、ということです。たとえば以下のコードはコンパイルエラーとなります。

```
static void Main(string[] args)
{
  ...中略...
  Console.WriteLine(data);  ─────────────────────── Ⓐ
  var data = "ローカルスコープ";
}
```

Ⓐの時点では、ローカル変数dataは初期化されておらず、まだ利用できないのです。スコープの範囲と、利用できる範囲とは別ものであることを確認しておきましょう。

ただし、並列関係にあるブロック同士で同名の変数があるような、リスト7.15のコードは可です（並列に並んだforブロックで、同名のカウンター変数を利用することなどはよくあります）。

▶リスト7.15　ScopeBlock3.cs

```csharp
static void Main(string[] args)
{
  {
    var data = "ローカルスコープ";
    Console.WriteLine(data);   // 結果：ローカルスコープ
  }

  {
    var data = "ローカルスコープ2";
    Console.WriteLine(data);   // 結果：ローカルスコープ2
  }
}
```

練習問題　7.1

1. 以下は、クラスを定義するコードですが、構文的な誤りが3点あります。これを指摘し、正しいコードに修正してください。

　▶リスト7.A　PClass.cs

```csharp
protected class PClass
{
  var data = 10;

  void Hoge(int data)
  {
    if (data < 0)
    {
      var data = 0;
    }
    Console.WriteLine(data);
  }
}
```

2. フィールドとローカル変数の違いを、宣言場所と有効範囲（スコープ）から説明してみましょう。

7.4 ● コンストラクター

ここまでにも何度か触れてきたように、ほとんどのクラスを利用するには、最初にnew演算子によって「インスタンス化」という準備を行う必要があります。このインスタンス化のタイミングで呼び出される特別なメソッドが**コンストラクター**です。

コンストラクターでは、オブジェクト生成のタイミングで呼び出されるという性質上、フィールドの初期化や、クラス内部で利用する外部リソースの準備といった処理を記述するのが一般的です。

構文 コンストラクターの定義

```
[修飾子] クラス名([引数の型 引数, ...])
{
    ...コンストラクターの定義...
}
```

ほとんどはメソッド定義の構文に準じますが、以下の点が異なります。

1. 指定できる修飾子はアクセス修飾子、static、extern
2. 戻り値は持たない
3. 名前はクラス名と一致すること（自由には命名できない）

2. は「戻り値がvoidである」こととは異なるので、混同しないようにしてください。コンストラクターでは、**戻り値の型そのものを記述してはいけません**。

7.4.1 コンストラクターの基本

まずは、具体的な例を見てみましょう。リスト7.16は、PersonクラスのfirstName ／ lastNameフィールドをコンストラクターで初期化するコードです。

▶リスト7.16　ConstBasic.cs（SelfCSharp.Chap07.ClassConst名前空間）

```csharp
class Person
{
  public string firstName;
  public string lastName;

  // コンストラクター
  public Person(string firstName, string lastName)
  {
```

```
      this.firstName = firstName; ─────────────────────────┐
      this.lastName = lastName; ──────────────────────────┘ ──❶
    }

    public string Show()
    {
      return $"名前は{this.lastName}{this.firstName}です。";
    }
}

class ConstBasic
{
  static void Main(string[] args)
  {
    var p = new Person("太郎", "山田");
    Console.WriteLine(p.Show());
  }
}
```

コンストラクターでは、引数firstName ／ lastNameの値を、それぞれ対応するフィールドにセットしています（❶）。「this.フィールド名 = 引数;」という記法については、7.3.5項もあわせて参照してください。

> *note* 呼び出し側から初期値を受け取るのでなければ（単に、フィールドを決められた値で初期化するだけならば）、コンストラクターでなく、フィールドの初期化子を利用してもかまいません。
>
> ```
>     public string firstName = "Yoshihiro";
> ```
>
> フィールド初期化子とコンストラクターとが双方ある場合には、コンストラクターによる初期化が優先されます。

7.4.2 デフォルトコンストラクター

引数のないコンストラクターのことを**デフォルトコンストラクター**と言います。コンストラクター定義を省略した場合、C#は、空のデフォルトコンストラクターを自動的に生成します（これが、これまでコンストラクターを意識しなくて済んでいた理由です）。

よって、以下のコードは意味的に等価です。

```
    class MyClass {
    }
```

```
class MyClass {
  public MyClass() {
  }
}
```

　ただし、コンパイラーによるコンストラクター生成に頼ったコードを記述することは好ましくありません。というのも、デフォルトコンストラクターが自動生成されるのは、あくまで自分でコンストラクターを定義しなかった場合だけです。つまり、自動生成されたコンストラクターは、自分でコンストラクターを追加した瞬間、なかったものとなります。

　このため、以下のように後から引数付きのコンストラクターを追加した場合、デフォルトコンストラクターに頼ったコードはすべてエラーとなってしまいます。

```
class MyClass {
}
...中略...
var mp = new MyClass();
```

⬇

```
class MyClass {
  public MyClass(int i) { ... }
}
...中略...
var mp = new MyClass();  //  エラー
```

　このような問題を回避するには、空であっても、まずは明示的にコンストラクターを定義するのが無難です。

7.4.3　コンストラクターのオーバーロード

　メソッドと同じく、コンストラクターもまた複数のシグニチャを持つことができます。これを、コンストラクターの**オーバーロード**と言います。

　たとえば以下は、StringBuilderクラス（System.Text名前空間）におけるコンストラクターの主なシグニチャです。

- `public StringBuilder()`
- `public StringBuilder(string value)`
- `public StringBuilder(int capacity, int maxCapacity)`

上記の例であれば、文字列（value）、capacity（容量）、maxCapacity（最大容量）などから
StringBuilderオブジェクトを生成できるわけです。

　メソッドのオーバーロードと同じく、引数の既定値を表すためにも、オーバーロードは利用できま
す（C# 4以降であれば、まずは既定値構文を利用すべきです）。ただし、コンストラクターでは「メ
ソッド名（引数, …）」のような呼び出しはできません。代わりに、**コンストラクター初期化子**と呼ば
れる構文を使ってオーバーロードを呼び出します。

　たとえばリスト7.17は、PersonクラスのfirstName ／ lastNameフィールドを、コンストラクター
で初期化する例です。firstName ／ lastNameフィールドを明示的に指定させるコンストラクターと、
これらを省略できるデフォルトコンストラクターを定義しています。

▶リスト7.17　ConstructorBasic.cs（SelfCSharp.Chap07.Construct名前空間）

```
class Person
{
  public string firstName;
  public string lastName;

  // コンストラクター（フィールドの初期値を明示）
  public Person(string firstName, string lastName) ─────────┐
  {
    this.firstName = firstName;                              ├─ ❷
    this.lastName = lastName;
  } ───────────────────────────────────────────────┘

  // コンストラクター（引数を省略）
  public Person() : this("権兵衛", "名無") { } ──────────────── ❶

  public void Show()
  {
    Console.WriteLine($"名前は{this.lastName}{this.firstName}です。");
  }
}

class ConstructorBasic
{
  static void Main(string[] args)
  {
    var p = new Person();
    p.Show();   // 結果：名前は名無権兵衛です。
  }
}
```

❶の太字部分（: this("権兵衛", "名無")）がコンストラクター初期化子です。this キーワードに引数を渡すことで、現在のコンストラクターを呼び出す前に、別のコンストラクターを呼び出しなさい、という意味になります。

```
[修飾子] クラス名([引数の型 引数, ...]) : this(引数, ...)
{
  ...コンストラクターの定義...
}
```

この例であれば、❷のオーバーロードに処理を委ねるだけで、独自の処理はないので、配下のブロックは空としています。もちろん、追加の処理があれば、ブロック内で表してもかまいません。

7.4.4 オブジェクト初期化子

オブジェクト（クラス）を初期化するには、コンストラクターを利用するばかりではありません。**オブジェクト初期化子**という構文を利用することで、コンストラクターを経由せずに、複数のメンバーを初期化できます。

構文 オブジェクト初期化子

```
new クラス名(引数, ...) {
  メンバー名1 = 値1,
  メンバー名2 = 値2, ...
}
```

たとえば、P.250のPersonクラス（リスト7.2）を初期化する際に、lastName ／ firstName フィールドをまとめて初期化するならば、以下のようにします。

```
var p = new Person() {
  lastName = "山田",
  firstName = "太郎"
};
```

コンストラクターに渡すべき引数がないのであれば、そもそも丸カッコは省略可能です。

```
var p = new Person { ... };
              丸カッコは省略可能
```

P.250のリスト7.3と比べると、「p.～」という繰り返しがなくなった分、コードがすっきりしますし、初期化のコードが1つにまとまったことで見通しも改善します。コードの可読性だけでなく、単一の文にまとまったことで、フィールドの初期値として渡すことも可能になります。

```
class MyClass
  public Person member = new Person { ... }; ○
  public Person member = new Person();      ✕─┐
  member.lastName = "山田";                    │
  member.firstName = "太郎"; ──────────────────┘
}
```

フィールドの初期化で複数の文は
書けない（コンストラクターが必要）

制限と注意点

このように便利なオブジェクト初期化子ですが、利用にあたっては、制限や注意すべき点もあります。

[1] 初期化子に記述できるのはアクセス可能なメンバーだけ

オブジェクト初期化子で指定できるのは、その文脈でアクセスできるメンバーだけです。初期化子を書いている場所によってはprotected／internalメンバーにアクセスできる場合もありますが、一般的に初期化子に書けるのはpublicなメンバーです（コンストラクターと異なり、あくまでクラスの外からのアクセスだからです）。

たとえば、リスト7.18のようなprivateなメンバーへのアクセスはコンパイルエラーとなります。

▶リスト7.18　AnonymousBad.cs

```
class Hoge
{
  private int value = Ø;
}

class AnonymousBad
{
  static void Main(string[] args)
  {
    var h = new Hoge { value = 1Ø };    ➡エラー
  }
}
```

[2] 初期化の順番に要注意

オブジェクトは、フィールドの初期化→コンストラクター→オブジェクト初期化子の順で初期化されます。

リスト7.19のようなコードで確認してみましょう。

```
class Hoge
{
  public string value = "field";
                          ❸

  public Hoge() {}

  public Hoge(string value)
  {
    this.value = value;
  }
}

class AnonymousInit
{
  static void Main(string[] args)
  {
    var h = new Hoge("constructor") { value = "initializer" };
                      ❷                       ❶

    Console.WriteLine(h.value);
  }
}
```

valueフィールドの値を、オブジェクト初期化子（❶）、コンストラクター（❷）、フィールド（❸）それぞれで設定しているコードです。最初の状態で結果は「initializer」で、確かにオブジェクト初期化子が優先されていることを確認してください。

そのうえで、❶を削除することで結果が「constructor」に、さらに❷を削除することで「field」に変化することも確認しておきましょう。

7.4.5　デストラクター

コンストラクターとは反対に、オブジェクトが破棄されるタイミングで実行されるのが**デストラクター**です。

構文　デストラクターの定義

```
~クラス名()
{
  ...デストラクターの本体...
}
```

構文上のポイントを以下にまとめておきます。

- 名前は、「~」（チルダ）＋クラス名で固定
- 修飾子／引数／戻り値ともに持てない
- 定義できるデストラクターは1つ（オーバーロードも不可）
- オブジェクト破棄時に自動で呼び出される（明示的な呼び出しはできない）

サンプルで、具体的な挙動も確認しておきましょう（リスト7.20）。

▶リスト7.20　DestructorBasic.cs（SelfCSharp.Chap7.Destruct名前空間）

```csharp
class MyProcess
{
  // コンストラクター
  public MyProcess()
  {
    Console.WriteLine("constructor");
  }

  // デストラクター
  ~MyProcess()
  {
    Console.WriteLine("destructor");
  }
}

class DestructorBasic
{
  static void Main(string[] args)
  {
    var mp = new MyProcess();
  }
}
```

```
constructor
destructor
```

　ただし、一般的なクラスではデストラクターを利用することはほとんどありません。というのも、C#（.NET）の世界ではオブジェクトはガベージコレクションによって破棄されます。そして、ガベージコレクションの実行タイミングは.NETによって決められるので、アプリの側では、いつオブジェ

クトが破棄されるか —— デストラクターがいつ実行されるかがわからないのです。

　そのため、デストラクターを利用するとしたら、.NETの管理下にないオブジェクトを破棄するような状況になるはずですし、また、そうすべきです。

　形式的に空のデストラクターを配置するのも避けてください。デストラクター呼び出しのオーバーヘッドは相応に大きなもので、パフォーマンスを低下させる原因となります。

補足 リソースの明示的な解放

　リソースを明示的に解放するための方法は、5.4.1項でも触れたusing命令です。using命令でリソースを破棄するには、対象となるクラスがDisposeメソッド（IDisposableインターフェイス）を実装している必要があります。ということで、一般的に、クラスの終了時にリソースを破棄するためのコードは、Disposeメソッドで表すのが基本です。

　以下では、その基本的な実装を、MSDNライブラリのコードから引用しつつ解説しておきます。

```
class BaseClass : IDisposable
{
  // Disposeメソッドがすでに呼び出されたか
  bool disposed = false;

  // usingブロックを抜けたときに呼び出される（実体は引数ありのDisposeメソッド）
  public void Dispose() ───────────────────────
  {
    Dispose(true);                                    ── ❷
    GC.SuppressFinalize(this);
  } ───────────────────────────

  // 破棄処理の実体
  protected virtual void Dispose(bool disposing) ──────
  {
    // 破棄処理が呼び出されているならば、そのまま終了
    if (disposed)
      return;

    if (disposing) {                                  ── ❶
      ...マネージリソースの解放...
    }

    ...アンマネージリソースの解放...
    disposed = true;
  } ───────────────────────────
```

```
    // デストラクター
    ~BaseClass() ─────────────────────────────────┐
    {                                              │
      Dispose(false);                              ├─ ❸
    } ─────────────────────────────────────────────┘
  }
```

　破棄すべきリソースは、.NET Frameworkによって管理されるかどうかによって、マネージリ
ソースとアンマネージリソースとに大別できます。このうち、マネージリソースの破棄は.NETに任
せるべきです。デストラクターはオーバーヘッドの大きな処理なので、デストラクターにマネージリ
ソースの破棄を委ねるべきではありません。

　その前提で、Disposeメソッド（❶）でもマネージリソースの解放とアンマネージリソースの解放
とを分離している点に注目です。

　まず、usingブロックで宣言されたオブジェクトでは、usingブロックを抜けたところで引数なし
のDisposeメソッド（❷）が呼び出されます。ここでは「Dispose(true);」とすることで、マ
ネージコード／アンマネージコード双方を解放します。GC.SuppressFinalizeは、ガベージコレク
ターに対してデストラクターの呼び出しが不要であることを通知するためのメソッドです。すでにリ
ソースの破棄が済んでいるならば、二重に破棄するのは無駄であるからです。

　ただし、これだけでは不足です。当たり前ですが、オブジェクトをusingブロックで宣言しなかっ
た場合、Disposeメソッドは呼び出されません。その状態はあるべきではありませんが、そのような
場合にも備えて、デストラクターからもリソースを破棄できるようにしておきます（❸）。

　ただし、デストラクターでマネージリソースを触れるべきでないのは、先ほども触れたとおりで、
「Dispose(false);」とすることで、マネージコードの解放をスキップしています。

　かなり複雑なコードですが、これはアンマネージリソースを扱う可能性がある場合の例です。派生
クラスを含めて、アンマネージリソースを扱わないならば、引数なしのDisposeメソッドに破棄コー
ドをまとめれば十分です。

練習問題 7.2

1. Circleクラスを定義してみましょう。Circleクラスの条件は以下のとおりです。

   ・double型のradius（半径）フィールドと、radiusをもとに円の面積を求めるGetAreaメ
   ソッドから構成される
   ・radiusフィールドはクラスの外からはアクセスできない

   なお、円周率はMath.PIフィールドから取得できます。

2. 1で作成したCircleクラスにデフォルトコンストラクターを追加してみましょう。その際、
   radiusフィールドには既定で1をセットするものとします。

7.5 クラスメソッド／クラスフィールド

クラスメソッド／クラスフィールドとは、インスタンスを生成しなくてもクラスから直接に呼び出せるフィールド／メソッドのことです。**静的メソッド／静的フィールド、staticメソッド／static
フィールド**などと呼ぶ場合もあります。

> *note* **クラスメソッド／クラスフィールド**を総称して、**クラスメンバー**とも言います。
> また、クラスメンバーの対義語として、オブジェクト（インスタンス）経由で呼び出すメンバー
> のことを**インスタンスメンバー**とも言います（それぞれの種類に応じて、**インスタンスメソッド
> ／インスタンスフィールド**とも）。重要な用語が増えてきましたが、いずれもよく出てくるキー
> ワードなので、きちんと記憶に留めておきましょう。

　インスタンスメンバーがオブジェクト（インスタンス）に属するメンバーであるのに対して、クラスメンバーはクラスに属するメンバーであると言っても良いでしょう。インスタンスメンバーはインスタンスそれぞれが独立した実体（値）を持つのに対して、クラスメンバーはクラスで1つだけの存在であり、すべてのインスタンスで共有されます。

7.5.1　クラスメソッド

　クラスメソッドを定義するには、メソッド定義にstatic修飾子を付与するだけです。
　具体的な例も見てみましょう。リスト7.21は、Figureクラスの静的メソッドGetTriangleAreaを
定義し、呼び出す例です。

```
class Figure
{
  // クラスメソッドを定義
  public static void GetTriangleArea(int width, int height)
  {
    Console.WriteLine($"三角形の面積は{ width * height / 2 } ");
  }
}

class StaticBasic
{
  static void Main(string[] args)
  {
    // クラスメソッドを呼び出し
    Figure.GetTriangleArea(10, 20);   // 結果：三角形の面積は100
  }
}
```

　インスタンスメソッドとの違いはstatic修飾子があるかないかだけなので、構文的にはごくシンプルですが、注意すべき点もあります。

[1] クラスメソッドでは変数thisは使えない

　thisは、現在のインスタンスを参照するための変数です。クラスメソッドではインスタンスそのものが作られていませんので、thisキーワードも利用できません。すなわち、クラスメソッドからインスタンスフィールド／インスタンスメソッドへはアクセスできないということです。

[2] クラスメソッドはオブジェクト経由では呼び出さない

　クラスメンバーがすべてのインスタンスで共有されていることを考えると、クラスメソッドを「オブジェクト.メソッド名(...)」でも呼び出せそうにも思えますが、それはできません。たとえば以下のコードは「インスタンス参照でメンバー 'Figure.GetTriangleArea(int, int)'にアクセスできません。代わりに型名を使用してください」のようなコンパイルエラーとなります。

```
var f = new Figure();
f.GetTriangleArea(10, 20);     ➡インスタンス経由での呼び出し
```

7.5.2 クラスフィールド

インスタンスを経由せずに、クラスから直接に呼び出せるフィールドが**クラスフィールド**です。クラスメソッドと同じく、フィールドに対してstatic修飾子を付与するだけで定義できます。

具体的な例も見てみましょう。リスト7.22は、Figureクラスに対して、クラスメンバーとしてPiフィールドとgetCircleAreaメソッドを定義し、これを呼び出す例です。

▶リスト7.22　StaticBasic.cs（SelfCSharp.Chap07.MethodStatic名前空間）

```
class Figure
{
  // クラスフィールドを定義
  public static double Pi = 3.14;
  public static void GetCircleArea(double r)
  {
    Console.WriteLine($"円の面積は{ r * r * Pi }");  ──────────────❶
  }
  ...中略...
}

class StaticBasic
{
  static void Main(string[] args)
  {
    Console.WriteLine(Figure.Pi);  // 結果：3.14 ──────────────❷
    Figure.GetCircleArea(5);  // 結果：円の面積は78.5
    ...中略...
  }
}
```

クラスフィールドであれば、クラスメソッドからもアクセスできる点に注目です（❶）。オブジェクトに属するインスタンスフィールドと異なり、クラスフィールドはクラスに属するものであるからです。

もちろん、アクセス権限さえ満たしていれば、クラス外部からもアクセス可能です（❷）。

7.5.3 例 シングルトンパターン

ただし、クラスフィールドを利用するケースは、それほどありません。というのも、クラスに属するクラスフィールドは、インスタンスフィールドとは異なり、その内容を変更した場合に、関係するすべてのコード（インスタンス）に影響が及んでしまうからです。

そもそも、クラスフィールドとは、他の言語で言うところのグローバル変数（どこからでもアクセスできる変数）に近いものです。クラスフィールドの多用は、クラス間の依存関係が強くなり、結果、動作の追跡が困難になるおそれがあります。

原則として、staticフィールドで定義する値のほとんどは、

- 読み取り専用
- そうでなければ、クラスそのものの状態を監視する

など、ごく限定された用途に留めるべきです。

前者については次項で解説することにし、ここでは後者の用途を示す例を示します（リスト7.23）。

▶リスト7.23 MySingleton.cs

```
class MySingleton
{
  private static MySingleton instance = new MySingleton();  ────────── ❷

  private MySingleton() { } ─────────────────────────────── ❶


  // あらかじめ用意しておいたインスタンスを取得
  public static MySingleton Instance ──────────
  {
    get
    {
      return instance;                                              ❸
    }
  } ─────────────────────────────
}
```

> **note** サンプルの理解には、プロパティの理解が前提となります。ここではコードの意図だけを説明しますので、8.1.2項でプロパティを理解した後、再度読み解くことをお勧めします。

上記のコードは**シングルトン（Singleton）**パターンと呼ばれるデザインパターンの一種です。あるクラスのインスタンスを1つしか生成しないし、また、したくない、という状況で利用します。

リスト7.23のポイントは、コンストラクターをprivate宣言してしまうことです（❶）。そして、アプリで保持すべき唯一のインスタンスをクラスフィールドとして保存しておきます（❷）。これによって、クラスがロードされた初回に一度だけインスタンスが生成され、以降のインスタンス生成はしなく（できなく）なります。

クラスフィールドに保存された唯一のインスタンスを取得するには、❸のようなプロパティを利用します。

これらのフィールド／プロパティは、インスタンスそのものの管理／生成というクラスに属する役割を担うので、クラスメンバーとして定義しなければなりません。

7.5.4 クラス定数

クラス定数とは、classブロックの直下で定義された定数、読み取り専用のフィールドのことです。クラス定数を表すには、const（2.1.4項）、またはreadonly修飾子を利用します。

構文 クラス定数

```
[アクセス修飾子] static readonly データ型 変数名 [= 値];
```

```
[アクセス修飾子] const データ型 変数名 = 値;
```

具体的な例も見てみましょう（リスト7.24）。

▶リスト7.24 FieldStatic.cs（SelfCSharp.Chap07.ClassField名前空間）

```
class MyApp
{
  public static readonly string Title = "独習C#";
}

class FieldStatic
{
  static void Main(string[] args)
  {
    Console.WriteLine(MyApp.Title);  // 結果：独習C#
    MyApp.Title = "本気でおぼえるC#";
        // 結果：エラー（静的読み取り専用フィールドへの割り当てはできません）
  }
}
```

readonly修飾子は、const修飾子と置き換えてもほぼ同じ意味です（リスト7.25）。

▶リスト7.25 FieldStatic.cs（SelfCSharp.Chap07.ClassField名前空間）

```
public const string Title = "独習C#";
```

ただし、readonly ／ const命令は表7.7の点で異なります。

相違点	readonly	const
ローカル変数に付与	できない（フィールドのみ）	できる
初期化	宣言時／コンストラクター	宣言時のみ
クラスメンバー	static指定したときだけ	常にクラスメンバー
値の決定タイミング	実行時	ビルド時
代入できる型	フィールドに代入できるものはなんでも	制限あり

「クラスメンバー」「値の決定タイミング」「代入できる型」については表だけでは理解しにくい点があるので、補足しておきます。

クラスメンバー

（メソッド配下でなく）classブロック直下で宣言されたconst定数は、無条件にstaticメンバーの扱いとなるので、明示的にstatic修飾子を指定する必要はありませんし、そもそも指定できません（リスト7.26）。

▶リスト7.26　ConstantsBasic.cs

```
class Constants
{
  public static const int Value = 10;  // エラー
}
```

対してreadonly修飾子は、static修飾子の有無によってクラスメンバーかインスタンスメンバーかを選択できます。コンストラクターから値を引き渡すことで、インスタンス単位に異なる値を持つことができる、ということです。

ただし、値がクラス共通である場合、あえてインスタンスメンバーにする必要はありません（インスタンス生成のたびに、同じ値をコピーするのは無駄なことです）。まずは、readonlyフィールドにはstatic修飾子を付与することを基本とし、そうする理由があるときにだけ非staticにしてください。

値の決定タイミング

たとえば、リスト7.27のようなMyConfigクラスを含んだMyLib.dllがあったとします。

▶リスト7.27　MyLib.dllのMyConfig.cs（SelfCSharp.Chap07.ClassField名前空間）

```
public const string Title = "独習C#";
```

MyLib.dllはMyApp.exeから参照されているものとします（リスト7.28）。

7

```
using SelfCSharp.Chap07;
...中略...
Console.WriteLine(MyConfig.Title);  // 結果：独習C# ─────────────── ❶
```

この状態で定数MyConfig.Titleを修正してMyLib.dllだけを差し替えます。この状態でMyApp.exeを実行すると、変更が反映されません。

これがconstで定義された値が、ビルド時に値を決定するという意味です。const値は、MyApp.exeをビルドした時点で固定されてしまうのです。つまり、❶は「Console.WriteLine("独習C#");」と書いても同じ意味となります。

const命令を反映させるには、MyApp.exeもビルドし直す必要があります（図7.6）。

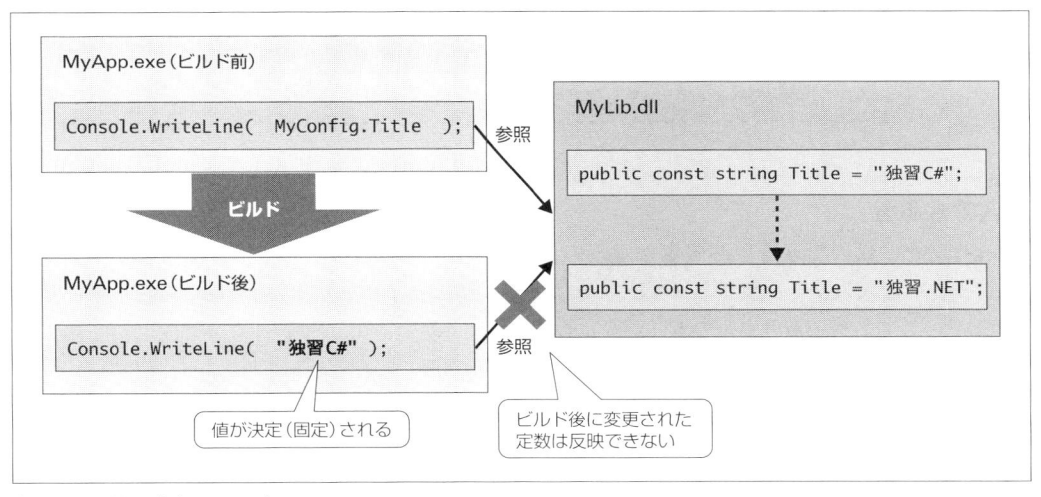

❖図7.6　値の決定タイミング

これを、リスト7.29のようにreadonlyフィールドで書き換えてみるとどうでしょう。

▶リスト7.29　MyConfig.cs

```
public static readonly string Title = "独習C#";
```

今度はMyLib.dllを更新しただけで、MyApp.exeに値を反映できます。readonlyフィールドは実行時に値が決定するからです。

以上から、将来的にも不変の値だけをconstフィールドで、制度の変更などによって将来変更されうる値はreadonlyフィールドで定義すべきです。ただし、将来的にも真に不変である値という状況はあまり多くはないはずで、まずは読み取り専用の値はreadonlyフィールドで定義する、と覚えておくと良いでしょう。

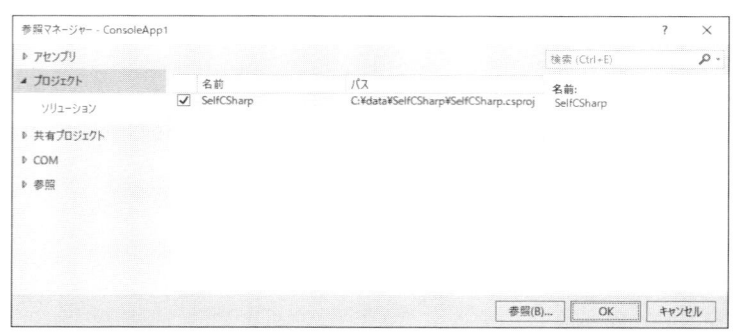
❖図7.A　［参照マネージャー］ダイアログ

代入できる型

const定数に代入できる型が限定されるのに対して、readonlyフィールドは型を限定しません
（フィールドに代入できる型であれば、なんでも扱えます）。この性質上、readonlyフィールドで扱
う型によっては、読み取り専用の意味が変化します。

ここでまた、値型と参照型とに分けて、挙動の違いを理解しておきましょう。

まず値型から。こちらはシンプルです。読み取り専用であるということは、そのまま値を変更でき
ないということだからです。コードでも確認しておきます。

```
public static readonly int Value = 13;
...中略...
Value = 108;  // エラー（静的読み取り専用フィールドへの割り当てはできません）
```

ところが、参照型になると、事情が変わってきます。たとえば以下の例で❶❷はともにエラーにな
るでしょうか。

```
public static readonly int[] Values = { 1, 2, 3 };
...中略...
Values = new[] { 10, 20, 30 }; ─────────────── ❶
Values[0] = 15; ──────────────────────── ❷
```

「読み取り専用」という語感から、❶❷いずれもエラーとなることを期待するはずです。ですが、
そうはなりません。❶はエラーですが、❷は動作します。

readonlyフィールドの読み取り専用とは、正しくは、

フィールド初期化子／コンストラクターでのみ初期化でき、その後の再代入は不可である

という意味なのです。❶であれば、フィールド初期化子／コンストラクター以外で配列オブジェクトそのものを再代入していますので、readonlyの規約違反です。しかし、❷は配列オブジェクトはそのままに、その内容だけを書き換えています。これはreadonly違反とは見なされません。readonlyを文字通りの「読み取り専用」と理解してしまうと、思わぬ挙動にとまどうかもしれません。ここで改めて**readonlyとは「再代入不可なフィールド」である**と理解しておきましょう（図7.7）。

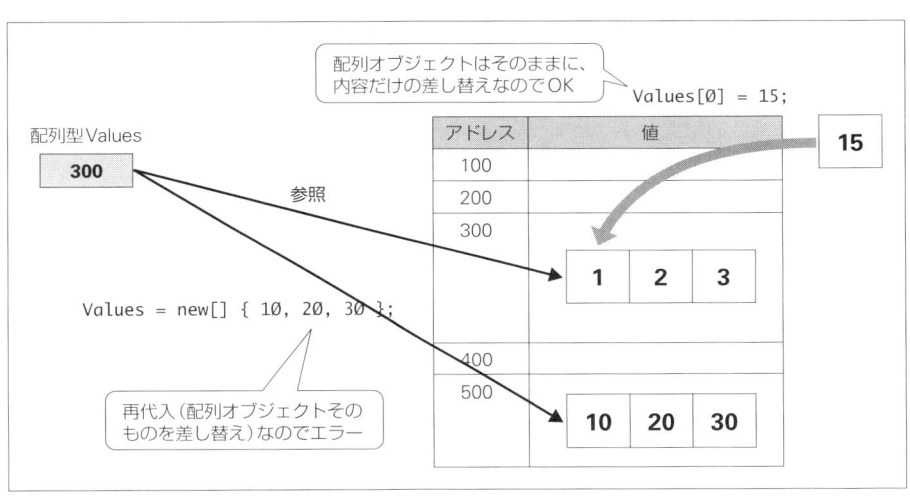

❖図7.7　readonly＝再代入不可なフィールド

なお、const定数で扱えるのは、値型（数値型、列挙型）とstring型です。string型は参照型ですが、3.1.2項でも触れたように変更できない型なので、readonlyフィールドのような問題は起こりません（ごく直観的な定数の挙動となります）。

7.5.5　静的コンストラクター

通常のコンストラクターがオブジェクトを生成するたびに実行されるのに対して、**静的コンストラクター**はクラスを初期化する際に一度だけ実行されます。具体的には、クラスのなんらかのメンバーが初めて呼び出されるときに実行されます。

構文 静的コンストラクター

```
static クラス名()
{
  ...コンストラクターの本体...
}
```

構文上のポイントを以下にまとめておきます。

- static 修飾子は必須
- その他の修飾子は指定できない
- 引数も指定できない（よって、オーバーロードもできない）

通常のコンストラクターが主にインスタンスフィールドを初期化する目的で利用されるのに対して、静的コンストラクターは、主にクラスフィールドを初期化する用途で利用します。

具体的な例も見てみましょう（リスト7.30）。

▶リスト7.30　ConstractorStatic.cs

```csharp
class Message
{
  int number;

  // 静的コンストラクター
  static Message()
  {
    Console.WriteLine("静的コンストラクター ");
  }

  // 通常のコンストラクター
  public Message(int number)
  {
    this.number = number;
    Console.WriteLine($"通常のコンストラクター {number}");
  }
}

class ConstractorStatic
{
  static void Main(string[] args)
  {
    var m1 = new Message(1);
    var m2 = new Message(2);
  }
}
```

```
静的コンストラクター
通常のコンストラクター 1
通常のコンストラクター 2
```

最初のインスタンス化では、静的コンストラクター→通常のコンストラクターの順で、2回目のインスタンス化では、通常のコンストラクターだけが、それぞれ呼び出されていることが確認できます。ここでは、new演算子がクラスへの最初のアクセスなので、そのタイミングで静的コンストラクターが呼び出されていますが、（もちろん）その他、任意のクラスメンバーへのアクセスでも、なんらかの初回アクセス時に静的コンストラクターは呼び出されます。

　また、静的コンストラクターは、とにかくなんらかのクラスアクセスによって呼び出されるという性質上、呼び出し側から明示的に呼び出すことはできません（引数を指定できないというのも、それが理由です）。

　静的コンストラクターのより具体的な例は、10.2.1項でも扱っていますので、あわせて参照してください。

7.5.6　静的クラス

　クラスによっては、クラスメンバーしか持たないものがあります。標準ライブラリであれば、Mathクラス（System名前空間）が代表的な例です（図7.8）。絶対値、平方根、三角関数といった標準的な数学処理を、クラスメソッドとして1つのクラスで束ねています。関連した機能を1つのクラスにまとめることで、目的の機能を探しやすい、コードを読んだときにもその意図がわかりやすいなどのメリットがあります。

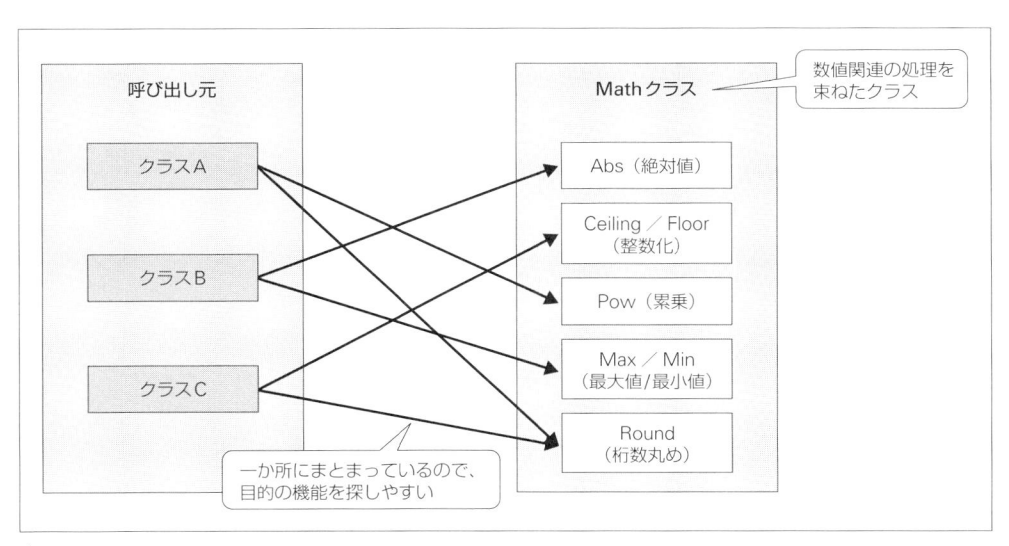

❖図7.8　Mathクラス

　さて、そのようなクラスではインスタンス化は不要ですし、無駄なインスタンスだけ生成できてしまう状態はむしろ有害です。そのような場合には、classブロックにstatic修飾子を付与することで、そのクラスのインスタンス化を禁止できます。このようなクラスのことを**静的クラス**と言います。

```
[修飾子] static class クラス名
{
  ...クラスの定義...
}
```

静的クラスの例として、リスト7.31では、Mathクラスのソースコードを引用しておきます。

▶リスト7.31　Math.cs

```
public static class Math {
  ...中略...
  public static Decimal Ceiling(Decimal d) {
    return Decimal.Ceiling(d);
  }
  ...中略...
}
```

静的クラスをnew演算子でインスタンス化しようとした場合には、「静的クラス 'Math' のインスタンスを作成することはできません。」のようなエラーとなります。

```
var m = new Math();  // エラー
```

補足 privateコンストラクター

インスタンス化を防ぐだけならば、コンストラクターをprivateで修飾する方法もあります。

```
class Hoge
{
  private Hoge() {}
  ...中略...
}
```

コンストラクターをクラスの外から呼び出せない（＝インスタンス化できない）というわけです。これでも静的クラス「的」な制約を課すことはできますが、問題はあります。

というのも、このように定義されたHogeクラスには、インスタンスメンバーを自由に定義できてしまいます。エラーにはなりませんが、インスタンスが生成できないので、絶対にアクセスされない無駄な定義です。

しかし、静的クラスであれば、インスタンスメンバーの定義を明示的に禁止できます。

```
static class Hoge
{
  void Foo() { ... }
    // エラー（静的クラスでインスタンスのメンバーを宣言することはできません。）
}
```

1. 与えられたweight（体重。kg）、height（身長。m）からBMI（体格指数）を求めるクラスメ
ソッドGetBmiを定義してみましょう。クラス名はMyClassとします。
体格指数は「体重÷身長^2」で求められるものとします。

7.6　引数／戻り値のさまざまな記法

クラスを構成するフィールド／メソッド／コンストラクターといった主なメンバーを理解できたと
ころで、以降はメソッドの引数／戻り値に関連するさまざまなテクニックを紹介します。

7.6.1　引数の既定値

代入演算子「=」を利用することで、メソッド／コンストラクターの仮引数に既定値を設定できま
す。たとえばリスト7.32は、Showメソッドの引数greeting（挨拶）、title（敬称）に、既定値として
「こんにちは」「さん」を指定する例です。

▶リスト7.32　ArgsDefault.cs（SelfCSharp.Chap07.MethodArgs名前空間）

```csharp
class Person
{
  public string firstName;
  public string lastName;

  // 引数greeting／titleに既定値を設定
  public void Show(string greeting = "こんにちは", string title = "さん")
  {
    Console.WriteLine($"{greeting}、{this.lastName}{this.firstName}{title} ！");
  }
}

class ArgsDefault
{
  static void Main(string[] args)
  {
```

```
    var p = new Person()
    {
      lastName = "山田",
      firstName = "太郎"
    };
    // 引数の個数を変えて、Showメソッドを呼び出し
    p.Show();   // 結果：こんにちは、山田太郎さん！ ──────────────── ❶
    p.Show("はじめまして");  // 結果：はじめまして、山田太郎さん！ ───────── ❷
  }
}
```

既定値とは、その引数を省略した場合に既定でセットされる値のことです。既定値を持つ引数は、すなわち「省略可能である」ということでもあります（逆に、既定値を持たない引数はすべて必須と見なされます）。

たとえば、❶であれば引数greeting／titleをともに省略しているので、「こんにちは、山田太郎さん！」というメッセージが得られます。

❷は引数titleだけを省略した例です。この場合、引数titleの既定値だけが有効となるので、「こんばんは、山田太郎さん！」となります。

引数greetingだけを省略することはできません。省略できるのは、あくまで後方の引数だけです。たとえば、引数greetingだけを省略したつもりで、

     p.Show("殿");

としても、

     p.Show("こんにちは", "殿");

と見なされることはありません。引数titleが省略された、

     p.Show("殿", "さん");

と解釈されるので、注意してください。

同様の理由で、仮引数に既定値を与えられるのは、それより後方に必須の引数がない場合だけです。したがって、以下のようなコードはエラーとなります。

     void Show(string greeting = "こんにちは", <u>string title</u>)
                                          ×既定値がないので必須の引数

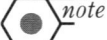

> *note* const定数と同じく、既定値はビルド時に確定する点に注意してください。つまり、メソッド側で既定値を変更した場合、呼び出し側のリビルドも必要ということです。詳しくは7.5.4項も参照してください。

7.6.2 名前付き引数

名前付き引数とは、次のように呼び出し時に名前を明示的に指定できる引数のことです。名前付き引数を利用することで、たとえばリスト7.32のShowメソッドであれば、リスト7.33のような呼び出しが可能になります。

▶リスト7.33　ArgsNamed.cs（SelfCSharp.Chap07.MethodArgs名前空間）

```
p.Show(title: "氏");      ➡前方の引数だけを省略
p.Show(title: "氏", greeting: "おはよう");      ➡引数の順番を入れ替えた
```

```
こんにちは、山田太郎氏！
おはよう、山田太郎氏！
```

「仮引数名: 値」の形式で呼び出すわけです（既定値と異なり、引数と値の区切りは「=」ではないので注意してください）。

名前付き引数を利用することで、以下のようなメリットがあります。

- 引数が多くなっても、意味を把握しやすい
- 必要な引数だけをスマートに表現できる（順番に関わらず、どれを省略しても良い）
- 引数の順序を自由に変更できる

呼び出しに際して、明示的に名前を指定しなければならないので、コードが冗長になるというデメリットもありますが、

- そもそも引数の数が多い
- 省略可能な引数が多く、省略パターンにもさまざまな組み合わせがある

ようなケースでは有効な記法です。その時どきの文脈に応じて、使い分けるようにしてください。

なお、名前付き引数を利用するにあたって、メソッド定義側の準備は不要です。ただし、名前付き引数を利用するということは、これまで単なるローカル変数に過ぎなかった仮引数が、呼び出しのためのキーの一部になるということです。より一層、わかりやすい命名を心掛けるとともに、

仮引数の変更は呼び出し側にも影響する可能性がある

点に注意してください（たとえば仮引数をgreetingからmessageに変更したときは、呼び出し元も変更しなければなりません）。

7.6.3 可変長引数のメソッド

可変長引数のメソッドとは、引数の個数があらかじめ決まっていない（＝実行時に引数の個数が変化しうる）メソッドです。

たとえば、与えられた数値（群）の総積を求めるTotalProductのようなメソッドは、典型的な可変長引数のメソッドです。このようなメソッドでは、呼び出し元が必要に応じて引数の個数を変えられると便利ですし、また、変えられるべきです。

```
Console.WriteLine(v.TotalProducts(12, 15, -1));
Console.WriteLine(v.TotalProducts(5, 7, 8, 2));
```

具体的な実装例も見てみましょう（リスト7.34）。

▶リスト7.34　ArgsParams.cs（SelfCSharp.Chap07.MethodArgs名前空間）

```
public int TotalProducts(params int[] values) ─────────────────────── ❶
{
  int result = 1;
  foreach(var value in values) ──────────────────────────┐
  {                                                       │
    result *= value;                                      ├─ ❷
  }                                                       │
  return result;
}

static void Main(string[] args)
{
  var v = new ArgsParams();
  Console.WriteLine(v.TotalProducts(12, 15, -1));  // 結果：-180
  Console.WriteLine(v.TotalProducts(5, 7, 8, 2));  // 結果：560
}
```

可変長引数は、仮引数にparamsキーワードを付与することで表現できます（❶）。可変長引数として受け取った値は配列として扱うので、引数の型を配列型とするのも忘れないようにしてください。

後は、❷のように、foreachループで引数valuesの値を順に読み込み、変数resultに掛けていくだけです。

> *note*
> 可変長引数とは、言うなれば配列引数です。よって、リスト7.34の例であれば、以下のように書き換えてもほぼ同じ意味です。

```
public int TotalProducts(int[] values)
```

ただし、その場合は呼び出し元でも配列を意識して、以下のように記述しなければなりません。あえて比べるまでもなく記述は冗長になるので、素直に可変長引数を利用すべきです。

```
Console.WriteLine(v.TotalProducts(new[] { 12, 15, -1 }));
```

　可変長引数の基本を理解したところで、いくつか利用にあたっての制限、注意点をまとめます。可変長引数は便利な仕組みですが、反面、使い方によっては使いにくいメソッドを生み出してしまうことにもなります。以下であれば、構文以上にお作法の領域にあたる **[2]** **[3]** には要注意です。

[1] 可変長引数はメソッドに1つ、引数リストの末尾にだけ指定できる

　たとえば、以下のようなメソッド定義は、すべて不可です。

```
void Hoge(params int[] x, int y)          ➡可変長引数が引数リストの末尾でない
void Hoge(params int[] x, params int[] y)          ➡可変長引数が複数ある
```

　いずれも可変長引数の特徴がゆえの制約です。末尾以外にある可変長引数は、どこからどこまでが1つの可変長引数であるかがあいまいとなってしまいます。

　なお、7.6.1項では、「既定値付きの引数（任意引数）の後方に必須引数を置くことはできない」と述べましたが、

　　任意引数の後方に可変長引数を置くことは可能

です（可変長引数の引数も任意引数の一種だからです）。逆に、可変長引数の後方に任意引数を置くことはできませんので注意してください。

[2] 想定される引数まで可変長引数にまとめない

　たとえば、Format メソッド（5.1.8項）は、以下のようなシグニチャを持った可変長引数のメソッドです。

```
string Format(string format, params object[] args)
```

指定された書式文字列に従って、引数argsの内容を表示します。

```
Console.WriteLine(
  string.Format("{0}の体重は、{1:F3}グラムです。", "サクラ", 17.5678));
      // 結果：サクラの体重は、17.568グラムです。
```

　このようなメソッドを、以下のようなシグニチャで定義したくなるかもしれません。可変長引数argsの0番目の要素を書式文字列と見なして、1番目以降の値を埋め込む」ことを意図しているわけです。

```
string Format(params object[] args)
```
×すべての引数を可変長引数にまとめる

このような表現は、構文上は可能ですが、コードの可読性という観点からは避けるべきです。シグニチャから、Formatメソッドが要求するパラメーターが把握できなくなるため、メソッドの使い勝手が低下します（引数argsの先頭が書式文字列でなければならない、という暗黙のルールを知っていなければ使えなくなります）。

通常の引数がまず基本、可変長引数にはメソッドの定義時には個数を特定できないものだけをまとめるのが原則です。

[3] 可変長引数で「1個以上の引数」を表す方法

先ほども述べたように、可変長引数は省略することも可能です。よって、TotalProductメソッド（リスト7.34）であれば、単に「v.TotalProduct()」としても正しい呼び出しです。この場合、引数valuesにはサイズ0の配列が渡されるので、結果は1となります。

可変長引数とは、正確には「0個以上の値を要求する引数」なのです。

ただし、TotalProductのようなメソッドを引数なしで呼び出す意味はなく、最低でも1つ以上の引数を要求したいと思うかもしれません。その対応策として、1つはリスト7.35のようなコードが考えられます（throw命令については9.2.4項で詳しく解説します）。

▶リスト7.35　ArgsParamsBad.cs（SelfCSharp.Chap07.MethodArgs名前空間）

```csharp
class ArgsParamsBad
{
  public int TotalProducts(params int[] values)
  {
    // 引数がない場合にはエラー
    if (values.Length == 0)
    {
      throw new ArgumentNullException();
    }
    int result = 1;
    ...中略...
  }
  ...中略...
}
```

引数valuesのサイズを先頭でチェックし、中身が空の場合は例外（エラー）を発生させているわけです。

ただし、このようなメソッドは最善とは言えません。というのも、このメソッドを引数なしで呼び出したとしても、それを検知するのは実行時となるからです。問題はより早く検知すべきという原則

からすれば、リスト7.36のようなコードとすべきでしょう。

▶リスト7.36　ArgsParamsGood.cs（SelfCSharp.Chap07.MethodArgs名前空間）

```
class ArgsParamsGood
{
  public int TotalProducts(int initial, params int[] values)
  {
    int result = initial;
    ...中略...
  }
  ...中略...
}
```

　引数を1つ受け取ることは確実なので、1つめの引数は（可変長でない）普通の引数initialとして宣言し、2個目以降の引数を可変長引数として宣言するわけです。これで、引数なしでの呼び出しはコンパイル時にエラーとなります。

練習問題　7.4

1. 練習問題　7.2の**2**（P.277）で作成したCircleクラスを修正して、複数のコンストラクターを1つにまとめてみましょう。

2. 任意個数の引数から平均値を求めるクラスメソッドGetAverageを定義してみましょう。

7.6.4　値渡しと参照渡し

　引数の渡し方は、大きく**値渡し**（call by value）と**参照渡し**（call by reference）とに分類できます。C#の場合、なにも指定しなければ値渡しが既定の動作です。

　ただし、これにデータ型としての値型／参照型が絡んでくると、意外と複雑になってきます。

- 値型の値渡し

- 参照型の値渡し

- 値型の参照渡し

- 参照型の参照渡し

と、データ型と引数の渡し方によって挙動が変化するからです。ここでは、それぞれの挙動の違いについて、サンプルを交えながら解説していきます。

値型の値渡し

まずは、最もシンプルなパターンからです（リスト7.37）。

▶リスト7.37　PassBasic.cs

```csharp
class PassBasic
{
  public int CountUp(int data) ─────────────────────── ❸
  {
    data++; ─────────────────────────────────── ❹
    return data;
  }

  static void Main(string[] args)
  {
    var data = 1; ─────────────────────────────── ❶
    var p = new PassBasic();
    Console.WriteLine(p.CountUp(data));  // 結果：2 ───── ❷
    Console.WriteLine(data);  // 結果：1 ──────────── ❺
  }
}
```

値渡しとは、実引数（呼び出し元の値）をメソッド側の仮引数にコピーすることを言います。この例であれば、❶で宣言された変数dataの値が、❷のメソッド呼び出しによって仮引数dataにコピーされます（図7.9）。

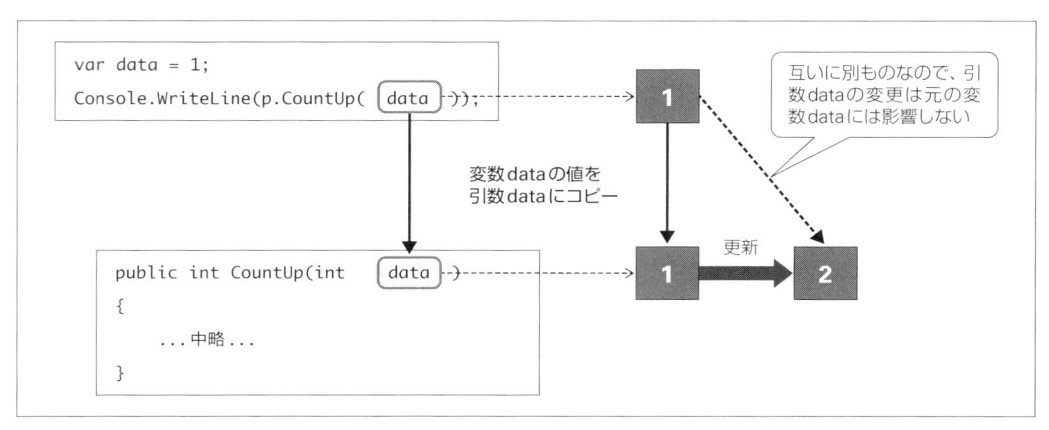

❖図7.9　値型の値渡し

　この時点で、変数data（❶）と仮引数data（❸）とは、値が等しいだけの別ものなので、仮引数dataへの操作（❹）が、元の変数（実引数）dataに影響を及ぼすこともありません（❺）。

参照型の値渡し

しかし、ここに参照型が絡んでくると、話が少し複雑になります（リスト7.38）。

▶リスト7.38　PassArray.cs

```csharp
class PassArray
{
  public int[] Update(int[] data) ────────────────── ❷
  {
    data[0] = 5; ──────────────────────── ❹
    return data;
  }

  static void Main(string[] args)
  {
    var data = new[] { 2, 4, 6 }; ──────────────── ❶
    var p = new PassArray();
    Console.WriteLine(p.Update(data)[0]);  // 結果：5 ──── ❸
    Console.WriteLine(data[0]);  // 結果：5 ────────── ❺
  }
}
```

2.2節でも触れたように、参照型とは、

> （値そのものではなく）値を格納したメモリー上のアドレス情報だけを格納している

型です。そして、参照型を値渡しする場合、コピーすべき値も（値そのものではなく）メモリー上のアドレス情報となります。

つまり、上記の例であれば、❸のメソッド呼び出しによって、実引数data（❶）と仮引数data（❷）とは同じ値を参照することになります（図7.10）。

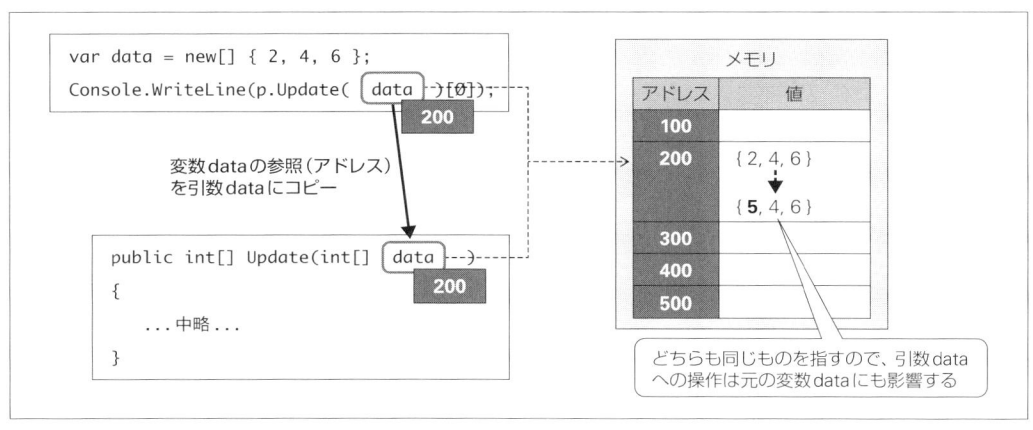

❖図7.10　参照型の値渡し

よって、Updateメソッドで配列dataを操作した場合（❹）、その結果は実引数dataにも反映されることになります（❺）。

ただし、配列そのものを置き換えた場合には、結果が変化します（リスト7.39）。

▶リスト7.39　PassArray.cs

```
class PassArray
{
  public int[] Update(int[] data)
  {
    data = new[] { 10, 20, 30 };
    return data;
  }

  static void Main(string[] args)
  {
    var data = new[] { 2, 4, 6 };
    var p = new PassArray();
    Console.WriteLine(p.Update(data)[0]);  // 結果：10
    Console.WriteLine(data[0]);  // 結果：2
  }
}
```
❷ （data = new[] { 10, 20, 30 }; の行）
❶ （var data〜Console.WriteLine(p.Update(data)[0]); の行）
❸ （Console.WriteLine(data[0]); の行）

この場合は、メソッド呼び出しの時点（❶）で、実引数／仮引数は同じものを指しています。しかし、❷で新たに配列を代入した場合には、参照そのものが置き換わっています（図7.11）。よって、この操作が実引数に影響することはありません（❸）。

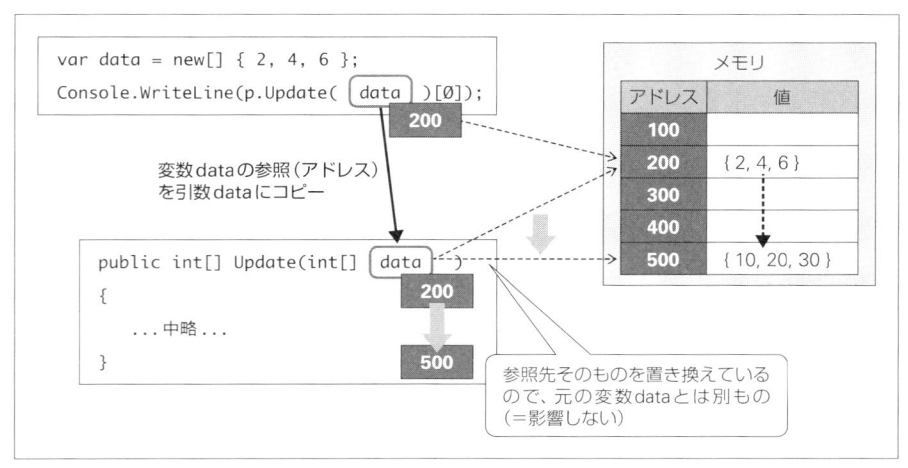

❖図7.11　参照型の値渡し（参照そのものが置き換わる）

値型の参照渡し

値をコピーする値渡しに対して、参照渡しでは、変数の参照情報を引き渡します（リスト7.40）。参照渡しにするには、実引数／仮引数にrefキーワードを付与するだけです（繰り返しですが、値渡しは既定の挙動なので、特別な指定はいりません）。

▶リスト7.40　PassRefBasic.cs

```csharp
class PassRefBasic
{
  public int CountUp(ref int data)                              ❷
  {
    data++;                                                      ❸
    return data;
  }

  static void Main(string[] args)
  {
    var data = 1;                                                ❺
    var p = new PassRefBasic();
    Console.WriteLine(p.CountUp(ref data));  // 結果：2          ❶
    Console.WriteLine(data);  // 結果：2                         ❹
  }
}
```

この例であれば、メソッド呼び出し（❶）によって、仮引数dataが、❷の実引数dataを参照するようになります（図7.12）。よって、仮引数dataへの操作（❸）は、そのまま実引数dataにも反映されることになります（❹）。

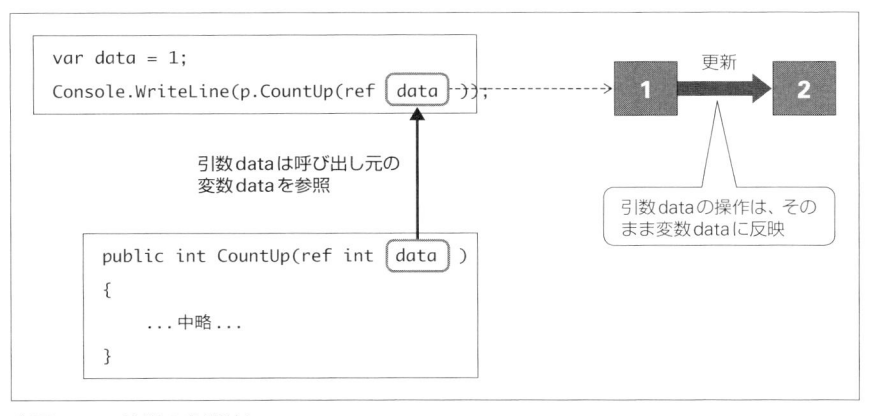

❖図7.12　値型の参照渡し

参照渡しでは、変数の参照情報を引き渡すという性質上、実引数には（リテラル／式ではなく）変数を指定しなければなりません。また、変数はあらかじめ初期化しておかなければならない点に注意してください（❺）。たとえば❺から「int data;」のように初期値を取り除いた場合、コンパイルエラーとなります。

エキスパートに訊く

参照型の参照渡し

　最後に、参照型の値を参照渡ししてみましょう（リスト7.41）。

▶リスト7.41　PassRefArray.cs

```
class PassRefArray
{
  public int[] Update(ref int[] data)
  {
    data[0] = 5;
    return data;
  }

  static void Main(string[] args)
  {
    var data = new[] { 2, 4, 6 };
    var p = new PassRefArray();
    Console.WriteLine(p.Update(ref data)[0]);  // 結果：5
    Console.WriteLine(data[0]);  // 結果：5      ➡渡した先での操作が反映される
  }
}
```

左端：

7

オブジェクト指向構文（基本）

これは問題ないでしょう。参照型が表す参照をさらに参照しています。よって、仮引数dataを操作した場合、その結果はそのまま実引数dataにも反映されます。「参照型の値渡し」と同じ結果が得られます。

異なるのは、リスト7.42のケースです。仮引数で配列そのものを置き換えた例です。

▶リスト7.42　PassRefArray.cs

```
class PassRefArray
{
  public int[] Update(ref int[] data)
  {
    data = new[] { 10, 20, 30 };  ──────────────── ❶
    return data;
  }

  static void Main(string[] args)
  {
    var data = new[] { 2, 4, 6 };
    var p = new PassRefArray();
    Console.WriteLine(p.Update(ref data)[0]);  // 結果：10
    Console.WriteLine(data[0]);  // 結果：10  ➡仮引数の置換も反映される
  }
}
```

この場合、❶は、参照渡しされた実引数の参照を操作するので（参照がコピーされているわけではありません）、仮引数での置換がそのまま実引数にも反映されます。リスト7.39の結果との違いを確認しておきましょう。

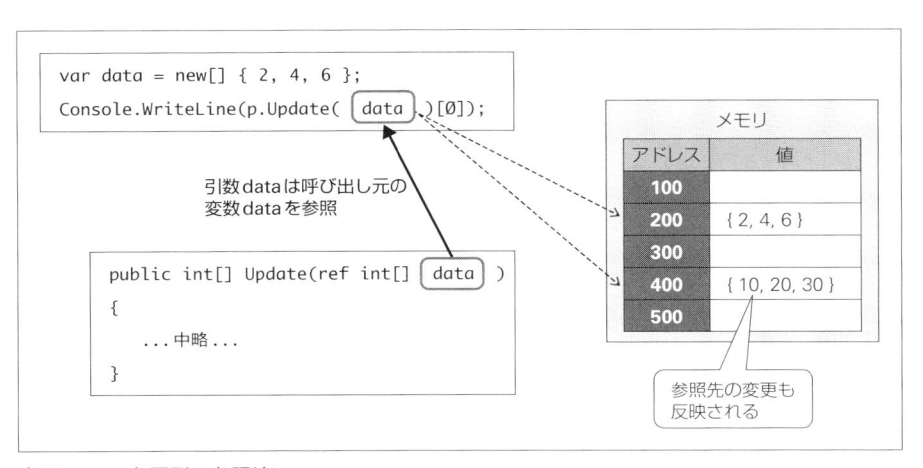

❖図7.13　参照型の参照渡し

7.6.5 戻り値の参照渡し C#7

C# 7以降では、（引数だけでなく）戻り値を呼び出し元に参照渡しすることも可能です。リスト7.43は、参照渡しされた配列要素を更新する例です。まずは戻り値を参照渡しする流れを押さえてみましょう。

▶リスト7.43　PassRefReturn.cs

```
class PassRefReturn
{
  public ref int ReturnRef(int[] data) ──── ⓐ ─────────────┐
  {                                                          │
    return ref data[0]; ──────────── ⓑ              │ ❶
  }                                                          ┘

  static void Main(string[] args)
  {
    var data = new[] { 1, 2, 3 };
    var p = new PassRefReturn();
    ref int num = ref p.ReturnRef(data); ───────────────── ❷
    num = 10; ──────────────────────────── ❸
    Console.WriteLine(num);  // 結果：10
    Console.WriteLine(data[0]);  // 結果：10
  }
}
```

ReturnRefメソッドは、引数として渡された配列dataの先頭要素（data[0]）を、呼び出し元に参照渡しするためのメソッドです（❶）。戻り値を参照戻しするには、メソッド定義（ⓐ）、return命令の戻り値（ⓑ）それぞれにrefキーワードを付与します。

このReturnRefメソッドを呼び出しているのが、❷です。呼び出しに際しても呼び出しそのもの、変数宣言それぞれにrefキーワードが必要です。refキーワードが何度も表れるので冗長にも思われますが、漏れがある場合には正しく参照渡しされないので要注意です（たとえば、以下のコードはコンパイルエラーにもなりません）。

```
int num = p.ReturnRef(data);
```

❸で変数numを更新すると、確かに参照先のdata[0]にも更新が反映されていることが確認できます。

たいしたことをしていないわりに値の受け渡しが複雑なので、図で流れも確認しておきましょう（図7.14）。

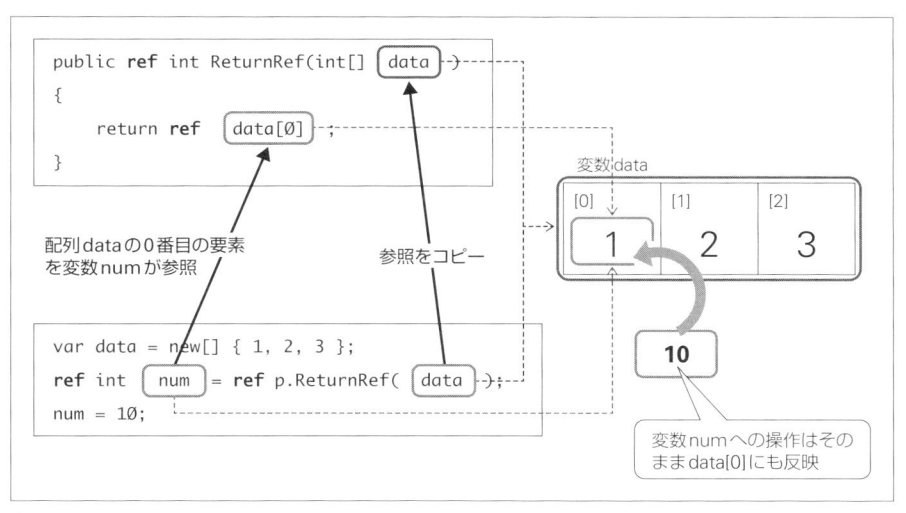

```
public ref int ReturnRef(int[] data )-)------
{
    return ref  data[0] ;
}
```

配列dataの0番目の要素
を変数numが参照

参照をコピー

変数data

[0]	[1]	[2]
1	2	3

10

```
var data = new[] { 1, 2, 3 };
ref int  num  = ref p.ReturnRef( data );
num = 10;
```

変数numへの操作はその
ままdata[0]にも反映

❖図7.14　戻り値の参照渡し

ローカル変数は参照渡しできない

　ローカル変数は、本来、メソッドを終えた時点で破棄されるべきものなので、戻り値として参照渡しすることはできません。たとえば、以下のようなコードは「refパラメーターでもoutパラメーターでもないため、パラメーターを参照'data'渡しで返すことはできません」というエラーになります（仮引数もまた、ローカル変数の一種です）。

```
public ref int ReturnRef(int data)
{
    return ref data;     ➡×ローカル変数は参照渡しできない！
}
```

　先ほどのリスト7.43が動作していたのは、引数dataが参照型であったからです（＝実体は、呼び出し元の配列dataを指しています）。

　もちろん、上記のコードも以下のように参照渡しとすることで、正しく動作させることができます。

```
public ref int ReturnRef(ref int data)
```

7.6.6　出力引数（outキーワード）

　refキーワードを利用することで、呼び出し元の値を書き換えることができます。これを利用すれば、メソッドから複数の値を返せるということです。

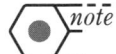

note return命令では、1つのオブジェクトしか返せませんが、ref付きの引数は、複数個指定できます。
ちなみに、C# 7以降では、タプル型（7.6.7項）という仕組みを利用することで、いわゆる複数戻り値を実現できます。

ただし、refキーワードには、以下のような問題もあります。

1. ref引数に値を渡す場合には事前の初期化が必須

2. メソッドの中でref引数に値が渡されなくてもエラーにはならない

元々が値を返すことを目的とした仕組みではないためです。特に**1**は、メソッドの中で必ず値を割り当てることがわかっている場合、無駄な初期化となります。

そこでメソッドから値を返すことを目的としている場合、（refキーワードではなく）outキーワードを利用することをお勧めします。outキーワードの付いた引数は、ref引数と同じく参照渡しされますが、（後で値が割り当てられることがわかっているので）事前の初期化は不要です。また、メソッドの中で明示的に値が割り当てられなかった場合、out引数はコンパイルエラーとなります。

では、具体的なサンプルも確認してみましょう。リスト7.44は、与えられた引数x、yのうち、大きなものをout引数maxで、小さなものをout引数minで返すGetMaxMinメソッドの例です。

▶リスト7.44　PassOut.cs

```csharp
class PassOut
{
  public void GetMaxMin(int x, int y, out int max, out int min)
  {
    if (x >= y)
    {
      max = x;
      min = y;
    }
    else
    {
      max = y;
      min = x;
    }
  }
}
```

❶

```
static void Main(string[] args)
{
  var a = new PassOut();
  int resultMax, resultMin;
  a.GetMaxMin(5, 3, out resultMax, out resultMin);                ❷
  Console.WriteLine(resultMax);   // 結果：5
  Console.WriteLine(resultMin);   // 結果：3
 }
}
```

　out引数には、メソッドの中で返すべき値を代入するだけです（戻り値ではないので、return命令は不要です❶）。

　out引数を含んだメソッドを呼び出す際には、ref引数のときと同じく、該当の実引数に対してもoutキーワードを明示的に宣言しなければならない点に注意してください（❷）。ここでは引数resultMax ／ resultMinがそれです。resultMax ／ resultMinの初期化が不要であることは、先ほども触れたとおりです（初期化してもかまいませんが、メソッド呼び出しのタイミングで未割り当ての状態となるため、意味がありません）。

out引数をよりシンプルに表現する C#7

　C# 7以降では、out引数をメソッド呼び出し時にまとめて宣言できるようになりました。リスト7.44では説明の便宜上、変数宣言とメソッド呼び出しとを別個に記述していましたが、今後は、以下のようにできるだけまとめて記述するようにしてください。

```
a.GetMaxMin(5, 3, out int resultMax, out int resultMin);
```

7.6.7　タプル C#7

　メソッドから複数の値を返したいというケースはよくあります（たとえば前項のGetMaxMinメソッドが一例です）。ただし、「return 1, 2;」のような書き方はできませんので、従来は、

- 配列やクラスなどで戻り値を束ねる
- 出力（out）引数を利用する

などの方法で対処してきました。

　しかし、配列型では「型宣言で要素の個数を決められない」「そもそも異なる型の値を格納できない」などの問題があります。しかし、複数の戻り値を表すのにクラスを準備するのは大げさすぎます。たとえば、最大値と最小値を返すためにmax ／ minのようなメンバーを持ったMaxMinValueのようなクラスを準備すべきでしょうか。この場合、max、minという変数がすべてで、MaxMinValueという名前は意味的に重複します。重複はコードを冗長にするだけでなく、保守性を低下させる原因

にもなります（たとえば、max ／ min という名前を upper ／ lower にリネームしたとき、クラス名も UpperLowerValue に変更するのは面倒なだけでなく、修正漏れによる不整合の原因となります）。

　しかし、出力引数は前項で見たように、記述が冗長になりがちですし、入力のための引数、出力のための戻り値という枠からも外れるため、積極的に利用したいものではありません。

　そこでより簡単に複数の値を束ねるための型として用意されたのが**タプル**型（tuple）です。C# 7 以降で利用できるようになりました。

```
(型1 メンバー名1, 型2 メンバー名2, ...)
```

　タプルでは、引数リストによく似た「型 名前」の形式で、複数の型を列挙します。複数の型を束ねるだけの型なので、名前はありません。

> *note* 複数の型を束ねるという性質上、配下にメンバーを1つも持たない、もしくは1つだけのタプルは許されていません。

　具体的な例も見てみましょう。たとえばリスト7.45は、7.6.6項の GetMaxMin メソッド（P.304）をタプル型を利用して書き換えたものです。

▶リスト7.45　TupleBasic.cs

```
class TupleBasic
{
  public (int max, int min) GetMaxMin(int x, int y)  ─────────── ❶
  {
    return x >= y ? (x, y) : (y, x);  ─────────── ❷
  }

  static void Main(string[] args)
  {
    var a = new TupleBasic();
    var t = a.GetMaxMin(15, 13);  ───┐
    Console.WriteLine(t.max);   // 結果：15        ├─ ❸
    Console.WriteLine(t.min);   // 結果：13 ───┘

    var (resultMax, resultMin) = a.GetMaxMin(5, 3);  ───┐
    Console.WriteLine(resultMax);   // 結果：5        ├─ ❹
    Console.WriteLine(resultMin);   // 結果：3 ───┘
  }
}
```

タプル型の利用法

タプル型を利用するときのポイントは、以下のとおりです。

❶タプルによる型宣言

タプルは型の一種なので、これまで型を書いていた文脈で、ほぼそのまま利用できます。たとえば❶であれば、戻り値の型としてタプル型を渡していますが、引数の型や変数宣言でタプル型を利用することも、もちろん可能です。

```
void Hoge((int x, int y) tuple, string value) {...}    ➡引数の型
(int max, int min) t;    ➡変数の型
```

また、タプルのメンバーとしてタプル型を指定する —— いわゆる入れ子のタプルも可能です。

```
(int max, int min, (int x, int y)) t;    ➡入れ子のタプル
```

ただし、例外的に、new ／ is演算子、using命令（5.4.1項）ではタプルを指定できないので要注意です。たとえば、以下のコードは不可です。

```
var t = new (int x, int y)();
```

❷タプルのリテラル表現

タプルでは、(値,…)の形式でリテラル表現が可能です。この例であれば、引数x、yの大小に応じて、(x, y)、または(y, x)というタプルを生成し、戻り値としています。

この例ではあまりそうする意味はありませんが、メンバー名を明記して、以下のように表しても同じ意味です。

```
return x >= y ? (max: x, min: y) : (max: y, min: x);
```

❸タプル型のメンバーを参照する

タプル型の戻り値を、（もちろん）そのままタプルとして受け取ってもかまいません。その場合、「タプル変数 . メンバー名」—— たとえば「t.max」「t.min」のように、タプル配下のメンバー（フィールド）にアクセスできます。max、minは戻り値の型（❶）として定義した個々のメンバー名です。

ここでは型推論のvarで変数tを宣言していますが、もしも型を明記するならば、以下のようになります。

```
(int max, int min) t = a.GetMaxMin(15, 13);
```

> *note* 上記のコードは、以下のようにも書けます。
>
> ```
> (int upper, int lower) t = a.GetMaxMin(15, 13);
> Console.WriteLine(t.upper);
> Console.WriteLine(t.lower);
> ```

タブル型の代入では（メンバー名ではなく）型と宣言位置だけを見るからです。よって、この例であれば、GetMaxMinメソッドの戻り値（max／minフィールド）は、それぞれ対応するupper／lowerフィールドに代入されます（図7.B）。

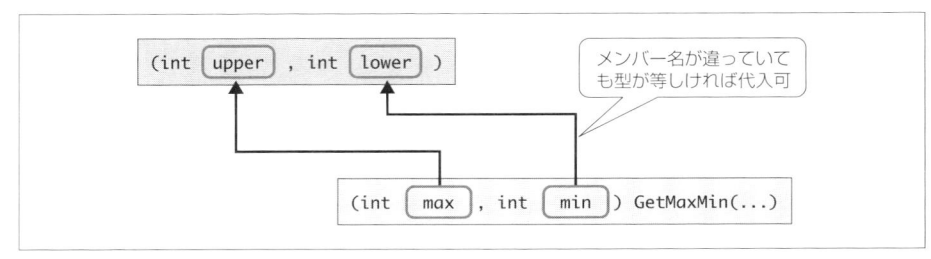

❖図7.B　タプル型の代入

さらに、暗黙的な変換が可能であれば、データ型が同じでなくてもかまいません。

```
(double upper, double lower) t = a.GetMaxMin(15, 13);
```

この場合は、int→double型の変換は暗黙的に可能なので、妥当な代入です。
これを利用すれば、メンバーの値を入れ替えることもできます。たとえば、以下の例であればmax／minフィールドの値が入れ替わります。

```
(int min, int max) t = a.GetMaxMin(15, 13);     ➡順番を逆に定義
```

❹タプルのメンバーを分解する

タプルのメンバーを個々の変数に分解して代入することもできます。

```
var (resultMax, resultMin) = a.GetMaxMin(5, 3);
```

タプル型の宣言に似ているようにも見えますが、これは分解構文です。タプル値の1番目のメンバーが変数resultMaxに、2番目のメンバーが変数resultMinに、それぞれ代入されます。
リスト7.45では、タプル型のメンバーとローカル変数とが区別できるように、別の名前を付けましたが、もちろん、同じ名前を付けてもかまいません。

```
var (max, min) = a.GetMaxMin(5, 3);
```

また、以下のようにvar、もしくは変数の型を丸カッコの中に書いてもかまいません。

```
(var resultMax, var resultMin) = a.GetMaxMin(5, 3);
(int resultMax, int resultMin) = a.GetMaxMin(5, 3);
```

ここではあまりそうする意味はありませんが、変数宣言と分解代入とを分離することも可能です。

```
int resultMax, resultMin;
(resultMax, resultMin) = a.GetMaxMin(5, 3);
```

さらに、タプルの一部のメンバーだけが必要な場合には、特殊変数「_」を利用することで、代入せずに値を破棄することもできます。以下であれば、max は無視して、min だけが変数 resultMin に代入されます（「_」という変数が生成されるわけではありません）。

```
var (_, resultMin) = a.GetMaxMin(5, 3);
```

補足 タプルの無名メンバー

文脈によっては、タプル配下に名前のないメンバーができる場合もあります。以下のように、リテラルをそのまま var 型推論で変数に代入した場合です。

```
var t = (13, 108);        ➡個々のメンバーに名前がない！
```

この場合、「t.Item1」「t.Item2」...で個々のフィールドにアクセスできます。

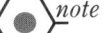

> *note* タプルは、内部的には System.TupleValue 構造体で管理されています。そして、Item1、Item2...も TupleValue 構造体が標準で提供するフィールドです。名前のあるタプルメンバーに対して ItemX フィールドでアクセスすることもできますが、可読性という意味でもそうすべきではありません。

7.6.8 匿名型

タプル型を、名前を付けたくない（＝付けるのが面倒なだけで意味がない）ような状況で利用する型と見なしたとき、よく似た仕組みが C# にはもう1つあります。それが**匿名型**です。

匿名型は、仕組みとしてはタプルとは別ものですが、名前のない型を表現する一手法として、ここでまとめて解説します。

構文 匿名型

```
var 変数名 = new { メンバー名 = 初期値, ... }
```

たとえば、リスト7.46は Title ／ Price フィールド（正しくはプロパティ）を持つ匿名型を定義する例です。

▶リスト7.46　AnonymousBasic.cs

```
var info = new { Title = "速習C#", Price = 1000 };
Console.WriteLine(info.Title);  // 結果：速習C#
Console.WriteLine(info.Price);  // 結果：1000
```

匿名型では型としての名前を持たないので、var 型推論の利用は必須です。また、匿名型で設定したプロパティは読み取り専用となるので、上記の例であれば、

```
info.Title = " ［新版］速習C#";
```

は、「プロパティまたはインデクサー '<anonymous type: string Title, int Price>.Title'
は読み取り専用であるため、割り当てることはできません」のようなエラーとなります。

匿名型の省略構文

他の型のプロパティを、匿名型のプロパティに割り当てる場合、プロパティ名を略記できます（リスト7.47）。

▶リスト7.47　AnonymousShort.cs

```
var info1 = new { Title = "速習C#", Price = 1000 };
var info2 = new { info1.Title, info1.Price };  ─────────────────── ❶
Console.WriteLine(info2.Title);  // 結果：速習C#
```

❶のコードは、

```
var info2 = { Title = info1.Title, Price = info1.Price };
```

と同じ意味になります。代入元のメンバー名がそのまま代入先のメンバーとして引き継がれるわけです。

タプルと匿名型の違い

同じ名前なしの型という意味で、タプルと匿名型を比較してみましょう（表7.8）。

❖表7.8　匿名型とタプルとの違い

相違点	匿名型	タプル
型の分類	参照型（クラス）	値型（構造体）
変更の可否	不可	可
型宣言	利用不可	利用可

用途を左右する違いとして着目したいのは、タプルが型宣言として利用できる —— 変数、引数／戻り値などの型になりうるのに対して、匿名型はそれができない点です。匿名型という名前とは裏腹に、匿名型とは匿名のオブジェクトリテラルを表現するための仕組みと捉えたほうが良いかもしれません。

よって、タプルはメソッドの複数値戻しを主な用途にするのに対して、匿名型はLINQで特定のオブジェクトの部分的なメンバーを切り出すための用途で利用するのが一般的です（その他の用途であまり積極的に利用する機会はありません）。LINQについては、10.2節で詳しく解説します。

練習問題　7.5

1. double型の引数x、yに対して、加算／減算した結果を (addition, subtraction) 形式の
   タプルとして返すクラスメソッドAddSubtractメソッドを定義してみましょう。

7.6.9 イテレーター

イテレーターの見た目は、普通のメソッドです。しかし、普通のメソッドがreturn命令で値を返したらそれで終わりであるのに対して、イテレーターはyield returnという命令を利用することで、その時どきの値を返せる点が異なります。

ただし、この説明だけでは理解しにくいかもしれません。まずは、ごくシンプルな例でイテレーターの挙動を確認してみましょう（リスト7.48）。

▶リスト7.48　IteratorBasic.cs

```csharp
using System.Collections.Generic;
...中略...
class IteratorBasic
{
  // イテレーターを定義
  public IEnumerable<string> GetStrings()
  {
    yield return "あいうえお";
    yield return "かきくけこ";
    yield return "さしすせそ";
  }

  static void Main(string[] args)
  {
    var ite = new IteratorBasic();
    foreach (var str in ite.GetStrings())
    {
      Console.WriteLine(str);
    }
  }
}
```

```
あいうえお
かきくけこ
さしすせそ
```

yield returnは、ただのreturnと同じく、メソッドの値を呼び出し元に返します。しかし、return命令がその場で関数の実行を終了するのに対して、yield return命令は処理を一時的に停止するだけです（図7.15）。つまり、次に呼び出されたときには、その時点から処理を再開できます。

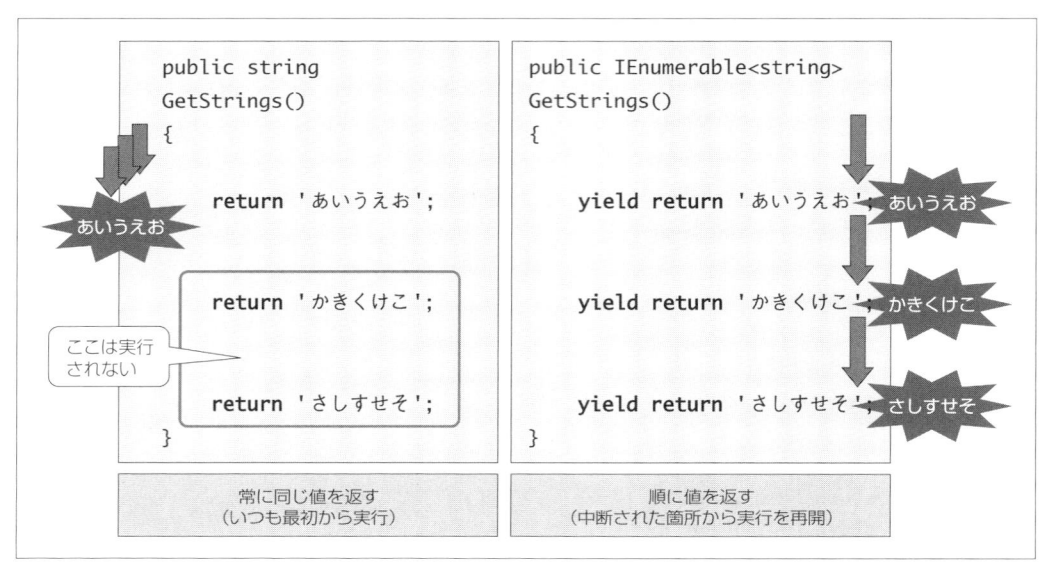

❖図7.15　return命令とyield命令の違い

　よって、定義されたイテレーター GetStringsをforeachループに渡すことで、ループの都度、先頭からyield return命令で指定された値──「あいうえお」「かきくけこ」「さしすせそ」が返されるというわけです。イテレーターとは、foreach命令で処理できるコレクションを生成するためのメソッドと言っても良いでしょう。

　なお、イテレーターの戻り値は、System.Collections.Generic.IEnumerator<T>、またはIEnumerable<T>型とします。enumerateは「列挙する」という意味で、IEnumerator<T> ／ IEnumerable<T>型は「コレクションに対する反復処理を可能にする」ための型です。Tには、yield return命令で返す値の型を指定します。

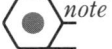*note* IEnumerator<T> ／ IEnumerable<T>は、いずれもインターフェイス（8.3.3項）なので、普通は機能を自ら実装しなければなりません。しかし、yield return命令を利用することで、値を列挙するための機能が内部的に自動生成されます。

note リスト7.48では、インスタンスメソッドをイテレーター化しましたが、基本的に値を返す仕組みを持ったメンバー（いわゆる関数メンバー）であれば、すべてイテレーター化することは可能です。たとえば、クラスメソッド、プロパティ／インデクサー（8.1.3項）などは、イテレーター化が可能です。

ただし、以下の制限もあります。

- ref ／ out引数は利用できない
- unsafe ブロック（3.6.1項）を含んだメソッドは不可
- 匿名メソッドでは利用できない
- try...catch ブロックでの yield return は利用不可（try...finally の try にのみ配置可）
- finally ブロックでの yield break（後述）は利用不可

例 素数を列挙するイテレーター

　もう少し実用性のありそうなイテレーターを定義してみましょう。リスト7.49は、指定された値までの素数を求めるイテレーターの例です。

▶リスト7.49　IteratorPrime.cs

```csharp
using System.Collections.Generic;
...中略...
class PrimeNumber
{
  // max以下の素数を取得するGetPrimesメソッド
  public IEnumerable<int> GetPrimes(int max)
  {
    // ローカル関数IsPrimeを定義（引数valueが素数かどうかを判定）
    bool IsPrime(int value)
    {
      // 素数かどうかを表すフラグ
      var prime = true;
      // 2〜Sqrt(value)で、valueで割り切れる（余りが0の）値があるか
      for (var i = 2; i <= Math.Floor(Math.Sqrt(value)); i++)
      {
        if (value % i == 0)
        {
          prime = false;  // 割り切れるものがあれば素数でない
          break;
        }
      }
      return prime;
    }

    // 最小の素数
    const int Min = 2;
```

❶

```
    // 引数maxが最小の素数未満ならばエラー
    if (max < Min)
    {
      Console.WriteLine("引数maxは2以上の値を指定してください。");
      yield break;
    }


    // 2から順に素数判定し、素数の場合にだけyield return
    for (var num = Min; num <= max; num++)
    {
      if (IsPrime(num))
      {
        yield return num;
      }
    }
  }
}


class IteratorPrime
{
  static void Main(string[] args)
  {
    // 100以下の素数を順に出力
    var p = new PrimeNumber();
    foreach (var value in p.GetPrimes(100))
    {
      Console.WriteLine(value);
    }
  }
}
```

❷

素数の判定には「エラトステネスのふるい」（2から順にすべての整数の倍数を振るい落としていく手法）が有名ですが、ここではシンプルに、2から順に約数があるかを判定しています（❶）。

> *note* for命令の上限は、判定の対象となる値ではなく、Math.Sqrt(value) ── 対象となる値の平方根で十分です。たとえば、24であれば、その約数は1、2、3、4、6、8、12、24です。約数は、それぞれ 4×6、3×8、2×12...と互いを掛け合わせることで、元の数となる組み合わせがあります。平方根（この場合は 4.89...）は、その組み合わせの折り返しとなるポイントなのです。よって、折り返し点より前の値さえチェックすれば、それ以降に約数がないことを確認できます。

なお、yield return命令では、（returnと異なり）メソッドをそのまま終了させることはできません。よって、途中でメソッドを終了させたい場合には、yield break命令を利用してください。この例であれば、GetPrimesメソッドの引数maxが2未満の場合にはyield breakで強制的にイテレーターを終了させています（**❷**）。

（例） クラスそのものを列挙可能にする

配列／コレクションのように、クラスそのものをforeachループで列挙させることもできます。これには、IEnumerable<T>インターフェイスを実装したうえで、GetEnumeratorメソッドを定義するだけです。

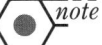 *note* 本項の理解には、インターフェイス／実装の理解が前提となります。ここではコードの意図だけを説明しますので、8.3.3項で理解した後、再度読み解くことをお勧めします。

リスト7.50は、リスト7.49をIEnumerable<int>インターフェイスを実装するように書き換えたものです。**❶**のようにオブジェクトをそのまま反復できていることを確認しておきましょう。

▶リスト7.50　IteratorPrime2.cs

```
using System.Collections;
using System.Collections.Generic;
...中略...
class PrimeList : IEnumerable<int>
{
  // 素数の最大値
  int max = 2;

  public PrimeList(int max)
  {
    this.max = max;
  }

  // IEnumerable<T>型のGetEnumeratorメソッドを実装
  public IEnumerator<int> GetEnumerator()
  {
    bool IsPrime(int value)
    {
      ...リスト7.49参照...
    }
    // 最小の素数
    const int Min = 2;
```

```csharp
      // 引数maxが最小の素数未満ならばエラー
      if (this.max < Min)
      {
        Console.WriteLine("引数maxは2以上の値を指定してください。");
        yield break;
      }

      // 2から順に素数判定し、素数の場合にだけyield return
      for (var num = Min; num <= this.max; num++)
      {
        if (IsPrime(num))
        {
          yield return num;
        }
      }
    }

    // IEnumerable（非ジェネリック型）のGetEnumeratorも実装
    IEnumerator IEnumerable.GetEnumerator()
    {
      return this.GetEnumerator();
    }
  }

class IteratorPrime2
{
  static void Main(string[] args)
  {
    // 100以下の素数を順に出力
    var list = new PrimeList(100);
    foreach (var value in list)
    {
      Console.WriteLine(value);
    }
  }
}
```

❷でIEnumerator型を返すGetEnumeratorメソッドを定義しているのは、IEnumerable<T>が IEnumerable（非ジェネリック型）を継承しているためです。よって、IEnumerable<T>を実装する には、IEnumerable.GetEnumeratorメソッドも合わせて実装しなければなりません（中身は、単に IEnumerator<T>型を返すGetEnumeratorをメソッドを呼び出すだけでかまいません）。

☑ この章の理解度チェック

1. 以下はオブジェクト指向の主要なキーワードについてまとめた表です。空欄を適切な語句で埋めて、表を完成させてみましょう。

❖表7.A　オブジェクト指向構文の主要なキーワード

キーワード	概要
①	メンバーに対するアクセスの可否を定義するキーワードの総称。 ① には public、 ② 、internal、 ③ があります。
④	該当するメソッドがインスタンスを介さずに呼び出せることを示すキーワード。このようなメソッドを ⑤ 、 ⑤ だけからなるクラスのことを ⑥ と言います。
⑦	定数を表すためのキーワード。よく似たキーワードとしてフィールドが読み取り専用であることを表す ⑧ も。
可変長引数	任意個数の引数を受け取るための仕組みで、 ⑨ キーワードで表します。 ⑨ を付けた場合、その引数の型は ⑩ でなければなりません。

2. 以下の文章はオブジェクト指向構文について説明したものです。正しいものには○、誤っているものには×を付けてください。

（　　）フィールド／メソッドは外部から呼び出すことが前提の仕組みなので、アクセス修飾子も既定は public である。

（　　）readonly フィールドでは、値型（数値型、列挙型）と string 型しか扱えない。

（　　）フィールドとローカル変数の名前は重複してはならない。

（　　）for ループで宣言されたカウンター変数は、登場以降、そのメソッドの内部であればアクセス可能である。

（　　）匿名型はその場限りであれば、引数や戻り値の型として利用することも可能である。

3. Hamster クラスは、以下のメンバーを実装しています。

・string 型の name（名前）フィールド、int 型の age（年齢）フィールド（フィールドはコンストラクターからのみ設定できる）

・引数 name、age を指定できるコンストラクター

・引数なしのコンストラクター（既定値として name には権兵衛、age には 0 を設定）

・引数 format（書式文字列）に従って、name ／ age フィールドの値を整形する Show メソッド

以下の空欄を埋めて、コードを完成させてください。

❖リスト7.B　Practice3.cs

```csharp
class Hamster
{
    ①    string name;
    ①    int age;

    public Hamster(string name, int age)
    {
        ②  .name = name;
        ②  .age = age;
    }

    public Hamster() :  ③   { }

    public   ④   Show(string format   ⑤   "{0}は{1}歳です！")
    {
        ⑥   String.Format(format,   ②  .name,   ②  .age);
    }
}
```

4. 引数の参照渡しに関する問題です。次のコードを実行したときの❶❷の出力、また、refキーワード（太字部分）を削除したときの❶❷の出力を、それぞれ答えてください。

❖リスト7.C　Practice4.cs

```csharp
class Practice4
{
    static int Increment(ref int value)
    {
        value += 5;
        return value;
    }

    static void Main(string[] args)
    {
        int value = 10;
        Console.WriteLine(Increment(ref value));  ──────── ❶
        Console.WriteLine(value);  ──────────────── ❷
    }
}
```

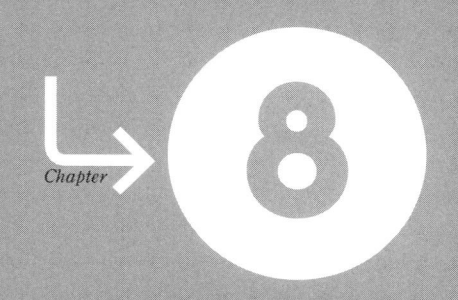

オブジェクト指向構文
（カプセル化／継承／
ポリモーフィズム）

オブジェクト指向プログラミングを学ぶうえで、

- カプセル化
- 継承
- ポリモーフィズム

といったキーワードの理解は欠かせません。これらの仕組みを理解することで、よりオブジェクト指向的なコード —— より読みやすく、開発効率にも優れたコードを記述できるようになります。これらの仕組みが「オブジェクト指向的」であることのすべてではありませんが、基本的な考え方を含んでいます。

これまで以上に抽象的な話も増えてきますが、構文の理解だけで終わらないでください。構文はあくまで表層的なルールにすぎません。その機能の必要性、前提となる背景を理解するように学習を進めてください。

8.1 カプセル化

カプセル化（Encapsulation）の基本は、「使い手に関係ないものは見せない」です。クラスで用意された機能のうち、利用するうえで知らなくても差し支えないものを隠してしまうこと、と言い換えても良いでしょう。

たとえば、よく例として挙げられるのは、テレビのようなデジタル機器です。テレビの中にはさまざまに複雑な回路が含まれていますが、利用者はその大部分には触れられませんし、そもそも存在を意識することすらありません。利用者には、電源や画面、チャンネルなど、ごく限られた機能だけが見えています。

これが、まさにカプセル化です（図8.1）。私たちが触れられる機能はテレビに用意された回路全体からすれば、ほんの一部かもしれません。しかし、それによって私たちが不便に感じることはありません。むしろ使うのに無関係な回路に不用意に触れてしまい、テレビが見られなくなるリスクを回避できます。

小さな子どもから機械の苦手なお年寄りまでがテレビを気軽に利用できるのも、余計な機能が見えない状態になっているからなのです。

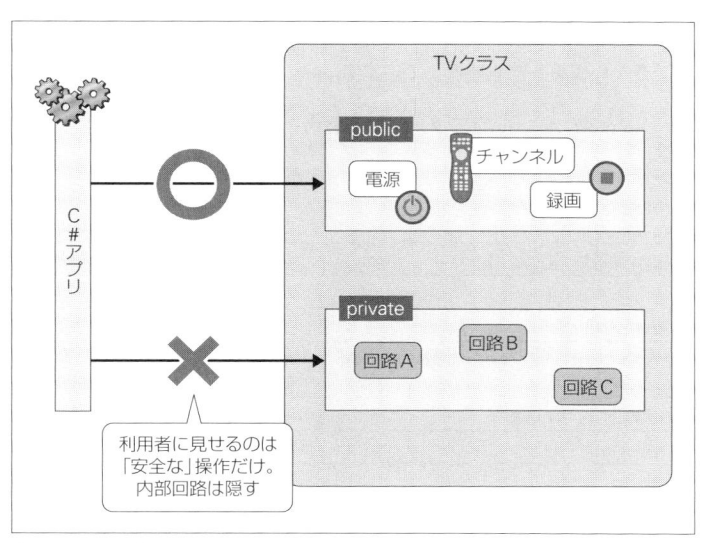

❖図8.1　カプセル化

　クラスの世界でも同様です。クラスにも、利用者に使ってほしい機能と、その機能を実現するためだけの内部的な機能とがあります。それら何十個にも及ぶメンバーが区別なく公開されていたら、利用者にとっては混乱の元です。しかし、「あなたに使ってほしいのは、この10個だけですよ」と、最初から示しておいてもらえれば、クラスを利用するハードルは格段に下がります。

　より安全に、より使いやすく ―― それがカプセル化のコンセプトです。

8.1.1　アクセス修飾子

　クラスの世界で、特定のメンバーを見せるかどうかを管理しているのは**アクセス修飾子**の役割です。すでに、これまでの解説でも何度か登場していますが、ここで改めてまとめておきます（表8.1）。

❖表8.1　アクセス修飾子

アクセス修飾子	概要
public	すべてのクラスからアクセス可能
protected internal	同じアセンブリ内か派生クラスからのみアクセス可能
protected	同じクラスと派生クラスからのみアクセス可能
internal	同じアセンブリ内からのみアクセス可能
private	同じクラスからのみアクセス可能

　たとえば、7.3節で作成したPersonクラス（P.253のリスト7.4）でShowメソッドの権限をpublicからprivateに変更したうえで、サンプルを実行してみましょう。以下のように、コンパイルエラー

となります。

> 'Person.Show()'はアクセスできない保護レベルになっています

アクセス修飾子を明記しない場合、表8.2のルールでアクセス権限が決まります。たとえばクラスのメンバーであれば、private扱いです。

❖表8.2　既定のアクセスレベル

対象の要素	指定できるアクセスレベル	既定のアクセスレベル
名前空間	—	public
型（クラス、構造体など）	public、internal	internal
クラスのメンバー	public、protected、internal、protected internal、private	private
構造体のメンバー	public、internal、private	private
列挙型（enum）のメンバー	—	public
インターフェイスのメンバー	—	public

アクセス修飾子を付与する指針は、1つだけ、

> 要件を満たす範囲で、できるだけ強い制約を選択する

です。つまり、クラスのメンバーが既定でprivate扱い —— 明示的に指定しない限り、一切の外部アクセスを認めないというのは、理に適ったルールと言えます。

特に、public／protectedとそれ以下の権限には、大きな隔たりがあります。internal／privateは、その要素がアセンブリ（プロジェクト）、またはクラス内部で閉じたもの（＝公開APIではない）という位置づけです。よって、後で修正する場合にも互換性の維持などを強く意識する必要はありません（不特定多数の外部に対する責任はないからです）。

それが、public／protected権限を付与した瞬間、話が変わります。これらの権限レベルは「公開」だからです。APIを公開した時点で、クラスの作成者は不特定の利用者に対して責任を負うことになります。

よって、クラスがアセンブリ（プロジェクト）外からのアクセスを想定していないならば、まずはinternal（既定）とすべきです。同じく、クラスのメンバーも既定のprivateを基準と考えてください。権限を昇格するならば、後で他のクラスからアクセスしたくなったときでも決して遅くはありません。

フィールドについては、そもそも権限決定の基準が異なるので、次項で改めて解説します。

8.1.2　フィールドのアクセス権限とプロパティ

これまでクラス内で保持するデータを、フィールドという形で外部に公開してきました。たとえば、リスト8.1のようなコードです。

8

オブジェクト指向構文（カプセル化／継承／ポリモーフィズム）

```
class Triangle
{
  public double width;    // 底辺
  public double height;   // 高さ

  public double GetArea()
  {
    return this.width * this.height / 2;
  }
}
```

しかし、結論から言うと、インスタンスフィールドは原則としてpublic宣言すべきではありません。理由は、以下のとおりです。

[1] 読み書きを制御できない

フィールドとは、オブジェクトの状態を管理するための変数です。そのため、外からの取得は許しても、変更にはなんらかの制限を課したいという場合がほとんどです。複数のフィールドが互いに関連性を持っている場合には、なおさらでしょう。

しかし、フィールドは単なる変数なので、アクセスの可否を決めるのはアクセス修飾子だけです。アクセスを許可した時点で、その値を取得するも変更するも利用者の自由です（readonly修飾子で読み取り専用にはできますが、クラス内部からも値を変更できなくなってしまいます）。

[2] 値の妥当性をチェックできない

たとえば、Triangleクラスのwidth／heightフィールドであれば、正数であることを期待されています。しかし、標準のデータ型では正の浮動小数点型はありませんので、フィールドとして負数やゼロの代入を制限することはできません。

それならば、GetAreaメソッドでwidth／heightフィールドの値をチェックすれば良いのでは、と思うかもしれませんが、これはあまりよくない方法です。ここではwidth／heightフィールドを利用しているのがGetAreaメソッドだけなので、それほど問題はありませんが、複数の場所で利用していたらどうでしょう。同様の検証ロジック（または、その呼び出し）があちこちに散在するのは、コードの保守性などという言葉を持ち出すまでもなく、望ましいことではありません。

[3] 内部表現の変更に弱い

将来的には、内部的な値の持ち方が変更になるかもしれません。たとえば現在、width／heightフィールドはdouble型ですが、int型に変更されたらどうでしょう。width／heightフィールドを利用しているすべてのコードに影響が及びます。

アクセサーメソッド

　このような理由から、クラス内のデータ（フィールド）は、外部からは操作できないようにして、メソッド（もしくはそれに類する仕組み）を介してだけ変更すべきです。これもまた、一種のカプセル化です。

　このような仕組みを実現するための方法として、まずは**アクセサーメソッド**という方法があります。フィールドはprivate宣言しておいて、その読み書きにはアクセスのためのメソッドを利用するアプローチです。たとえばリスト8.2の例であれば、GetWidth ／ GetHeightは値取得のための、SetWidth ／ SetHeightは値設定のための、それぞれメソッドです。

▶リスト8.2　PropAccess.cs（SelfCSharp.Chap08.Accessor 名前空間）

```csharp
class Triangle
{
  // フィールドはprivate権限で定義
  private double width;
  private double height;

  // widthフィールドを取得するメソッド
  public double GetWidth()
  {
    return this.width;
  }

  // widthフィールドを設定するメソッド
  public void SetWidth(double width)
  {
    if (width <= 0)
    {
      throw new ArgumentException("正数で指定してください。");
    }
    this.width = width;
  }

  // heightフィールドを取得するメソッド
  public double GetHeight()
  {
    return this.height;
  }

  // heightフィールドを設定するメソッド
  public void SetHeight(double height)
  {
```

```
    if (height <= 0)
    {
      throw new ArgumentException("正数で指定してください。");
    }
    this.height = height;
  }


  // 面積を求めるGetAreaメソッド
  public double GetArea()
  {
    return GetWidth() * GetHeight() / 2;
  }
}


class PropAccess
{
  static void Main(string[] args)
  {
    var t = new Triangle();
    t.SetWidth(10);
    t.SetHeight(5);
    Console.WriteLine($"三角形の面積は{t.GetArea()}です。");
        // 結果：三角形の面積は25です。
    t.SetWidth(-5);  // 負数なのでエラー
  }
}
```

　アクセサーメソッドは「メソッド」なので、フィールドの読み書きにあたって、任意の処理を加えることもできます（図8.2）。この例であれば、与えられた引数がゼロ以下の場合には例外を発生し、正数の場合にだけ値を設定しています（例外と throw 命令については、9.2節で解説します）。

　もちろん、設定時だけでなく、取得時に値を加工することも可能です。また、Set*Xxxxx* メソッドを省けば、フィールドを読み取り専用にもできますし、Get*Xxxxx* メソッドを省けば書き込み専用にもできます。

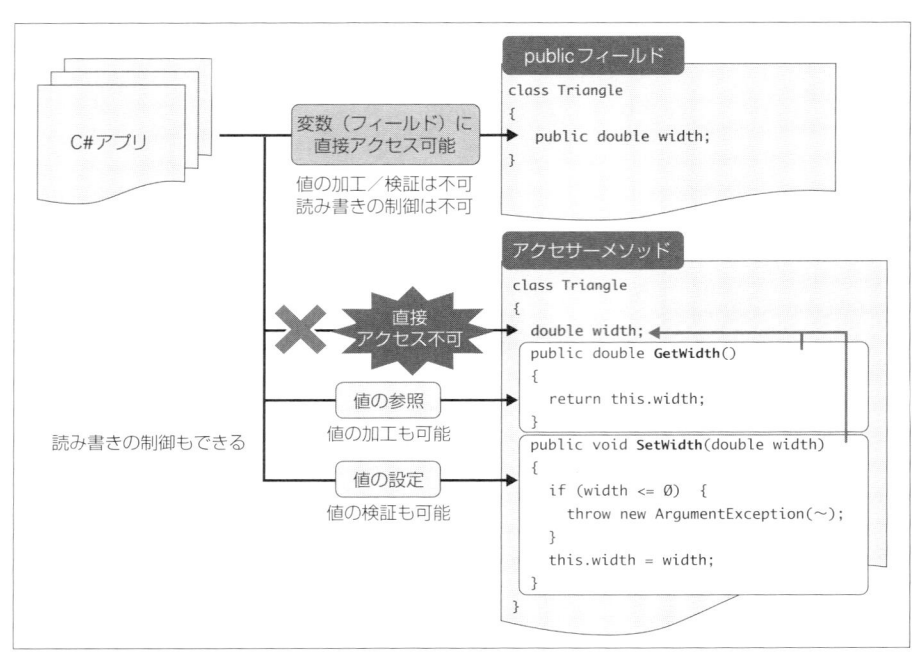

❖図8.2　アクセサーメソッドの意義

プロパティ

　アクセサーメソッドによるカプセル化は、Javaなどの言語ではイディオムですが、最適解ではありません。まず、フィールドの数だけ対応する*GetXxxxx*／*SetXxxxx*メソッドが並ぶのは、あまりスマートではありません。本来の処理を担ったメソッドと、値の取得／設定のためのメソッドとが同列に並ぶため、クラス本来の機能を一望しにくいという問題もあるでしょう。そもそも利用者の視点からしても、値の設定／取得ならば（メソッド呼び出しよりも）変数のように扱えたほうが直観的です。

　そこでC#では、

　　クラス内部ではメソッドのように表現できるが、外からはフィールド（変数）のようにアクセスできる

仕組みを用意しています。これが**プロパティ**です。

　まずは、リスト8.2をプロパティを使って書き換えてみましょう（リスト8.3）。

▶リスト8.3　PropBasic.cs（SelfCSharp.Chap08.Prop名前空間）

```csharp
class Triangle
{
  // フィールドはprivate権限で定義
  private double _width;
  private double _height;
```

```csharp
    // Widthプロパティの定義
    public double Width ──────────────────────────────┐
    {                                                  │
      set ─────────────────────────────────┐          │
      {                                     │          │
        if (value <= 0)                     │          │
        {                                   │          │
          throw new ArgumentException("正数で指定してください。");  ──❷
        }                                   │          │
        this._width = value;                │          │
      } ──────────────────────────────────┘          │
                                                       │
      get { return this._width; } ──────────────── ❸  │
    }                                                  │
                                                       │
    // Heightプロパティの定義                            │
    public double Height                               │  ── ❶
    {                                                  │
      set ─────────────────────────────────┐          │
      {                                     │          │
        if (value <= 0)                     │          │
        {                                   │          │
          throw new ArgumentException("正数で指定してください。");  ──❷
        }                                   │          │
        this._height = value;               │          │
      } ──────────────────────────────────┘          │
                                                       │
      get { return this._height; } ───────────────❸   │
    } ────────────────────────────────────────────────┘

    public double GetArea()
    {
      return Width * Height / 2;
    }
}

class PropBasic
{
    static void Main(string[] args)
    {
```

```
    var t = new Triangle();
    t.Width = 1Ø;
    t.Height = 5;
    Console.WriteLine($"三角形の面積は{t.GetArea()}です。");
        // 結果：三角形の面積は25です。
    t.Width = -5;  // 負数なのでエラー
  }
}
```
❹

プロパティの一般的な構文は、以下のとおりです（❶）。

構文 プロパティの定義

```
修飾子 データ型 プロパティ名
{
  修飾子 set
  {
    ...値設定に伴う処理...
  }

  修飾子 get
  {
    ...値取得に伴う処理...
  }
}
```

プロパティブロックで利用できる修飾子は、表8.3のとおりです。

❖表8.3　プロパティブロックで利用できる主な修飾子

修飾子	概要
public	すべてのクラスからアクセス可能
protected internal	派生クラスと同じアセンブリ内からのみアクセス可能
protected	同じクラスと派生クラスからのみアクセス可能
internal	同じアセンブリ内からのみアクセス可能
private	同じクラス内からのみアクセス可能（既定）
static	静的プロパティを宣言
new	継承されたメンバーを隠蔽
virtual	派生クラスでオーバーライドできるようにする
override	virtualプロパティをオーバーライド
abstract	抽象メンバーを指定
sealed	他のクラスから継承できない

プロパティブロックは、大きくset／getブロックから構成されます（図8.3）。setが値を設定するための、getが値を取得するための、それぞれブロックです。**セッター**、**ゲッター**などと呼ばれることもあります。

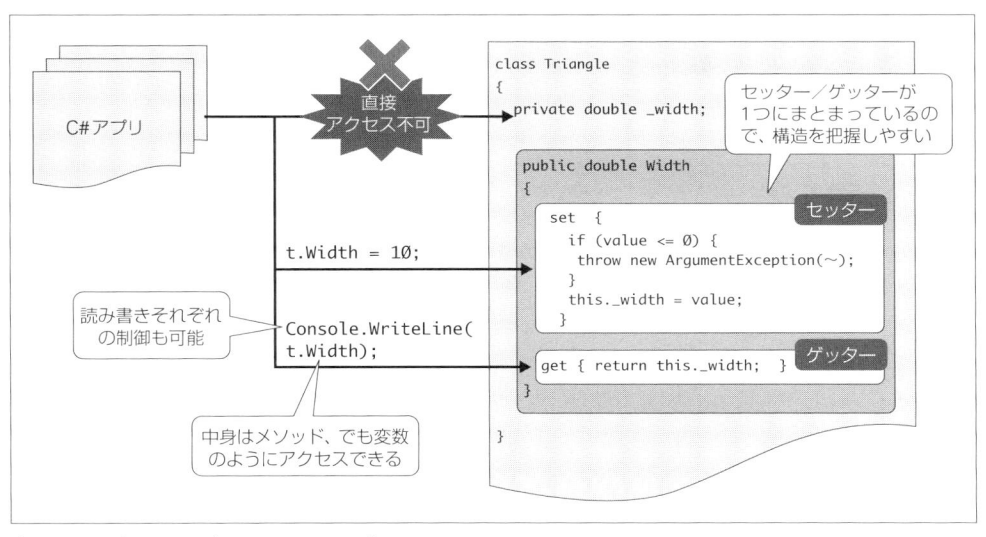

❖図8.3　プロパティ（セッター／ゲッター）

setブロック（セッター❷）では、プロパティに渡された値を変数valueとして受け取れます（自動的に用意されるので、宣言などは不要です）。一般的には、変数valueを受けて、値をチェックしたり、フィールドに値を設定したりするのが、セッターの役割です。戻り値はありません。

一方のgetブロック（ゲッター❸）では、フィールドなどから取得した値をreturn命令で返さなければなりません。戻り値のデータ型は、プロパティブロックで指定したデータ型です。ここでは、単に値を返しているだけですが、返す前に値を加工／演算することも可能です。

set／getブロックは、いずれも省略できます。setブロックがないプロパティは、値を設定できないので読み取り専用となりますし、getブロックがないプロパティは書き込み専用となります。

> *note*　ただし、getブロックを省略した書き込み専用プロパティを定義することはまずありません。というのも、書き込み専用プロパティでは、その値を取得するための手段がなくなってしまうからです。そのような状況では、値を一方的に引き渡してクラスになんらかの処理を求めるのが目的となっているはずなので、（プロパティではなく）メソッドを利用することを検討してください。

こうして見ていくと、アクセサーメソッドを記述するのとたいして変わらないと思われるかもしれませんが、プロパティには以下の利点があります。

- メソッドと明確に区別できる

- set ／ getブロックを1つに束ねているので、視認性が良い

　また、なによりプロパティ構文が威力を発揮するのは、利用側です。先ほども触れたように、プロパティに値を取得／設定するのに、変数（フィールド）と同じように表せますので、コードはよりシンプルで、直観的になります（❹）。

　これが見た目は変数、中身はメソッドという意味です。

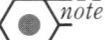note （構文規則ではありませんが）privateなインスタンスフィールドには接頭辞としてアンダースコア（_）を付けることをお勧めします。たとえば、widthフィールド、Widthプロパティのように大文字／小文字だけで名前を区別するのは誤りの元だからです。アンダースコアを付与することで、プロパティとフィールド（そして、ローカル変数とも）を区別しやすくなります。

get ／ set単位でのアクセス権限

　プロパティ構文では、プロパティそのものだけでなく、配下のget ／ setブロックに対してもアクセス修飾子を付与できます。ただし、get ／ setブロックのアクセス権限は、プロパティ本体のアクセス権限を越えてはいけません（たとえば、プロパティがprotected権限を持つならば、get ／ setブロックで指定できるのはprivate権限だけです）。

```
class Triangle
{
  private double _width;

  public double Width
  {
    protected set { this._width = value; }
    get { return this._width; }
  }
}
```

　たとえば、上記の例であれば、値の取得はどこからでも行えますが、設定は現在のクラスと派生クラスからしか行えません。

自動プロパティ

　このように、プロパティは便利な構文ですが、それでも数が増えてくると、繰り返しの記述が冗長にもなってきます。ロジックを持たない —— フィールド値を読み書きしているだけのプロパティともなれば、なおさらです。そこでC# 3以降では、**自動プロパティ**という構文が利用できるようになりました。

修飾子 データ型 プロパティ名 { get; set; }

get ／ set キーワードだけを渡すことで、内部的に値を保存するためのフィールドと、値を出し入れするコードとが自動生成されます。これが「自動」プロパティと呼ばれる理由です。

たとえばリスト8.4は、自動プロパティ構文を利用して、Person クラスに FirstName ／ LastName プロパティを設置する例です。FirstName ／ LastName は、値を出し入れするだけのシンプルなプロパティなので、自動プロパティ構文の利用が適しています。

▶リスト8.4　PropAuto.cs（SelfCSharp.Chap08.Prop 名前空間）

```
class Person
{
  // 自動プロパティ
  public string FirstName { get; set; }
  public string LastName { get; set; }

  public string Show()
  {
    return $"名前は{this.LastName}{this.FirstName}です。";
  }
}

class PropAuto
{
  static void Main(string[] args)
  {
    var p = new Person {
      FirstName = "太郎",
      LastName = "山田"
    };
    Console.WriteLine(p.Show());  // 結果：名前は山田太郎です。
  }
}
```

これによって、内部的には _ _firstName ／ _ _lastName のようなフィールドが自動生成され、対応するプロパティ経由で設定／参照できるようになります（_ _firstName ／ _ _lastName はコンパイラーが生成する便宜的な変数なので、クラス内部からも参照することはできません）。

通常のプロパティ構文と同じく、get ／ set 単位でのアクセス修飾子も指定できます。

```
public string FirstName { get; private set; }
```

エキスパートに訊く

Q: 単純な値の出し入れだけであれば、フィールドのほうがすっきり書けそうな気がします。自動プロパティ構文を使ってまで、プロパティとしなければならない理由はなんでしょうか。

A: 現在はフィールドで十分な場合でも、後からプロパティとしてなんらかの実装を追加したくなるかもしれません。そのときに、わざわざフィールドをプロパティに変換するくらいならば、最初からプロパティとして定義しておいたほうが影響は最小化できます。

また、本格的なアプリを開発するようになると、フィールドの制限が問題になる場合があります。というのも、データバインディング、検証属性／データ属性などの機能はプロパティに対してのみ付与できるもので、フィールドに対しては付与できません（これらの機能がなにかは、ここでは割愛します）。また、インターフェイス（8.3.3項）でプロパティは宣言できますが、フィールドは宣言できません。

そもそもフィールド定義に比べて、自動プロパティ構文がそれほどに冗長というわけではありません。フィールドかプロパティかで悩むくらいならば、まずは最低でも自動プロパティと覚えておいたほうがシンプルです。

なお、自動プロパティ構文はC# 6以降でさらに便利になっており、プロパティ宣言時に初期値を与えたり、getだけの自動プロパティ（**Get-Only自動プロパティ**）を定義することも可能になりました。

```
public string FirstName { get; set; } = "権兵衛";    ➡初期値
public string FirstName { get; }                      ➡getだけの自動プロパティ
```

Get-Only自動プロパティでは、宣言時、またはコンストラクターでのみ値を代入できます（以降は、読み取り専用 ―― readonlyとなります）。

補足 コードスニペット

コードスニペット（スニペット）とは、定型的なコードのテンプレート集です。決まりきったコードをわずかなタイプで挿入できるVisual Studioの機能です。自動実装プロパティの記述では特によく利用するので、ここで方法を解説します。

まず、コードエディターで「**prop**」と入力し（図8.4）、入力候補でも「**prop**」が選択された状態で Tab キーを2回押します（図8.5）。

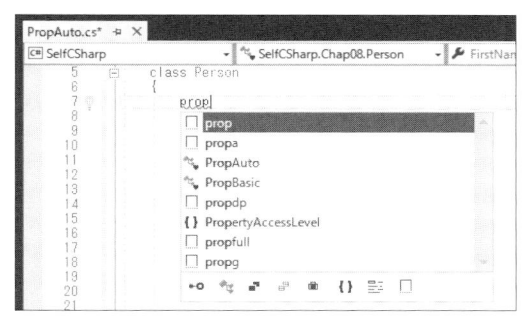

❖図8.4 「prop」と入力すると、インテリセンスで候補表示

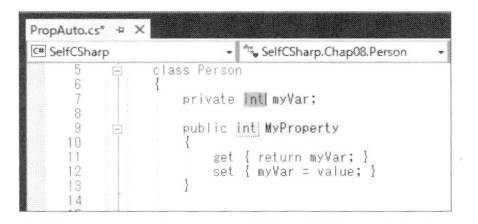

❖図8.5 Tabキーを2回押すと、骨組みが挿入され、可変部分にカーソルが移動

　プロパティの骨組みが挿入され、可変部分（データ型とプロパティ名）がハイライト表示されるので、後はこれを編集するだけです。ずいぶんと簡単になったと思いませんか。

　なお、完全なプロパティ構文を挿入するには、「prop」の代わりに「propfull」を選択します（図8.6）。

❖図8.6　コードスニペット機能で挿入された完全なプロパティ

8.1.3　インデクサー

　プロパティが変数の形式でオブジェクトの内部データ（フィールド）にアクセスできる仕組みとするならば、**インデクサー**はブラケット構文 ── 「変数名 [...]」の形式でアクセスできるようにする仕組みと言えます。インデクサーを利用することで、オブジェクトを一種の配列のように利用できます。

インデクサーの基本

まずは、具体的な例を見てみましょう。リスト8.5は、範囲を超えてアクセスしても例外を発生しないFreeArrayクラスの例です。具体的には、以下のルールでインデックス番号を判定するものとします。

- 指定されたインデックスが0未満の場合には無条件に0番目の要素にアクセスする
- 指定されたインデックスがサイズの上限を超えている場合には、指定値と配列サイズの剰余でインデックスを再設定

▶リスト8.5　IndexerBasic.cs

```csharp
class FreeArray
{
  private int _size;    // 配列サイズ
  private int[] _list;  // 配列本体

  // コンストラクター（フィールドを初期化）
  public FreeArray(int size)
  {
    this._size = size;
    this._list = new int[size];
  }

  // インデクサー
  public int this[int index]
  {
    set
    {
      this._list[this.GetIndex(index)] = value;
    }

    get
    {
      return this._list[this.GetIndex(index)];
    }
  }                                              ❶

  // インデックス値を再計算するprivateメソッド
  private int GetIndex(int index)
  {
    // 0未満の値は強制的に0で再設定
    if (index < 0)
```

```
    {
        return 0;
    }
    // 元のインデックス値と配列サイズの剰余でインデックス値を再設定
    // （配列サイズが3で指定値は4ならば、新しいインデックス値は1）
    return index % this._size;
    }
}

class IndexerBasic
{
    static void Main(string[] args)
    {
        var array = new FreeArray(5);
        array[0] = 1;
        array[1] = 10;
        array[2] = 15;
        array[3] = 30;
        array[4] = 60;

        Console.WriteLine(array[2]);      // 結果：15
        Console.WriteLine(array[-10]);    // 結果：1
        Console.WriteLine(array[6]);      // 結果：10
    }
}
```

❷

インデクサーの一般的な構文は、以下のとおりです（❶）。

構文 インデクサーの定義

```
修飾子 戻り値の型 this[インデックスの型 インデックス変数]
{
    修飾子 set
    {
        ...値設定に伴う処理...
    }

    修飾子 get
    {
        ...値取得に伴う処理...
    }
}
```

インデクサーブロックで利用できる修飾子は、表8.4のとおりです。

❖表8.4 インデクサーブロックで利用できる主な修飾子

修飾子	概要
public	すべてのクラスからアクセス可能
protected internal	派生クラスと同じアセンブリ内からのみアクセス可能
protected	同じクラスと派生クラスからのみアクセス可能
internal	同じアセンブリ内からのみアクセス可能
private	同じクラス内からのみアクセス可能（既定）
new	継承されたメンバーを隠蔽
virtual	派生クラスでオーバーライドできるようにする
override	virtualインデクサーをオーバーライド
abstract	抽象メンバーを指定
sealed	他のクラスから継承できない

プロパティ名の部分が「this[…]」のようになっていることを除けば、ほぼプロパティ構文そのままです。インデクサーとは、配列／リスト型のフィールドにアクセスするための特殊なプロパティとも言えます。

set ／ getブロックのいずれかを省略することで、読み取り専用／書き込み専用のインデクサーを設置することもできます。

インデクサーを設置したことで、FreeArrayオブジェクトに対してブラケット構文で値を設定／取得できることも確認しておきましょう（❷）。インデックス番号–1Ø、6へのアクセスは、冒頭に触れたルールに従ってインデックス番号Ø、1へのアクセスに振り分けられます。

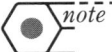 *note* この例では、配列の型はint型に限定していますが、ジェネリック構文（9.5.1項）を利用することで、任意の型に対応した配列も実装できます。

インデックスの設定は自由

リスト8.5では、整数型のインデックスを1つだけ設定する例を挙げましたが、インデックスの型／個数は自由に設定できます。

[1] 複数のインデックスを受け取る例

たとえばリスト8.6は、二次元配列に対応したTwoFreeArrayクラスです。インデックス変換のルールは、先ほどのFreeArrayクラスに準じます。

```
class TwoFreeArray
{

  private int[] _size;   // 配列サイズ
  private int[,] _list;  // 配列本体

  // コンストラクター（フィールドを初期化）
  public TwoFreeArray(int size1, int size2)
  {
    this._size = new[] { size1, size2 };
    this._list = new int[size1, size2];
  }

  // インデクサー
  public int this[int index1, int index2]
  {
    set
    {
      this._list[this.GetIndex(index1, 0),
        this.GetIndex(index2, 1)] = value;
    }

    get
    {
      return this._list[this.GetIndex(index1, 0),
        this.GetIndex(index2, 1)];
    }
  }

  // インデックス値を再計算するprivateメソッド
  private int GetIndex(int index, int dimension)
  {
    if (index < 0)
    {
      return 0;
    }
    return index % this._size[dimension];
  }
}

class IndexerMulti
```

```
{
  static void Main(string[] args)
  {
    var array = new TwoFreeArray(3, 2);
    array[0, 0] = 1;
    array[0, 1] = 2;
    array[1, 0] = 3;
    array[1, 1] = 4;
    array[2, 0] = 5;
    array[2, 1] = 6;

    Console.WriteLine(array[2, 1]);    // 結果：6
    Console.WriteLine(array[-1, 0]);   // 結果：1（実際は[0, 0]）
    Console.WriteLine(array[4, 0]);    // 結果：3（実際は[1, 0]）
  }
}
```

[2] 文字列型のインデックスを受け取る例

文字列型のインデックスを受け取るインデクサーの例も見てみましょう。リスト8.7は、月の和名を与えることで、対応する月（数値）を取得するJapaneseMonthクラスの例です。

▶リスト8.7　IndexerString.cs

```
class JapaneseMonth
{
  // 月の和名を準備
  private string[] _month = { "睦月", "如月", "弥生", "卯月", "皐月",
    "水無月", "文月", "葉月", "長月", "神無月", "霜月", "師走" };

  // 和名をキーに、月番号を取得するインデクサー
  public int this[string name] ──────────────────────── ❶
  {
    get
    {
      return Array.IndexOf(this._month, name) + 1;
    }
  }
}

class IndexerString
{
  static void Main(string[] args)
```

```
    {
        var mon = new JapaneseMonth();
        Console.WriteLine(mon["如月"]);  // 結果：2
    }
}
```

メソッドと同じく、インデクサーでも戻り値、引数の型は自由に変更できるわけです（❶）。なお、ここでは、月の和名情報は取得するだけなので、インデクサーもgetブロックだけを用意している点に注目です。

[3] インデクサーのオーバーロード

一般的なメソッドと同じく、引数の個数／型が異なるインデクサーを複数設置することも可能です（メソッドと同じく、戻り値だけが異なるオーバーロードは不可です）。

たとえばリスト8.8は、JapaneseMonthクラスを改良して、数値型のインデックスを与えた場合には対応する月の和名を返すようにします。

▶リスト8.8　IndexerString.cs

```
class JapaneseMonth
{
    ...中略...
    public int this[string name]
    ...中略...
    }

    // 月（1～12）を受け取り、和暦を返すインデクサー
    public string this[int index]
    {
        get
        {
            return this._month[index - 1];
        }
    }
}

class JapaneseMonthClient
{
    static void Main(string[] args)
    {
        var mon = new JapaneseMonth();
        Console.WriteLine(mon["如月"]);  // 結果：2
```

```
        Console.WriteLine(mon[2]);   // 結果：如月
    }
}
```

注意 インデクサーの使いどころ

　文法上は、インデクサーを利用することで、リスト8.9のようなコードも実装できます。渡された
インデックス番号を半径とする円の面積を求めるコードです。

▶リスト8.9　IndexerCircle.cs

```csharp
class Circle
{
    // 半径をキーに円の面積を返すインデクサー
    public double this[double radius]
    {
        get
        {
            return radius * radius * Math.PI;
        }
    }
}

class IndexerCircle
{
    static void Main(string[] args)
    {
        var c = new Circle();
        Console.WriteLine(c[10]);   // 結果：314.159265358979
    }
}
```

　しかし、ブラケット構文を引数のように使う、この記法は、一般的な開発者にとって違和感あるも
のであるはずです。そして、違和感はそのまま混乱の原因であり、使いにくいクラスの原因となりま
す。インデクサーを利用するのは、原則として、配列ライクな挙動を伴う場合に限定してください。

練習問題 8.1

1. アクセス修飾子について簡単に説明してみましょう。

2. プロパティを介してフィールド（メンバー変数）にアクセスするメリットはなんですか。簡単に説明してみましょう。

8.2 継承

　継承（Inheritance）とは、元になるクラスのメンバーを引き継ぎながら、新たな機能を追加したり、元の機能を修正（上書き）したりする仕組みのことです（図8.7）。このとき、継承元となるクラスのことを基底クラス（または**スーパークラス**、**親クラス**）、継承の結果できたクラスのことを派生クラス（または**サブクラス**、**子クラス**）と呼びます。

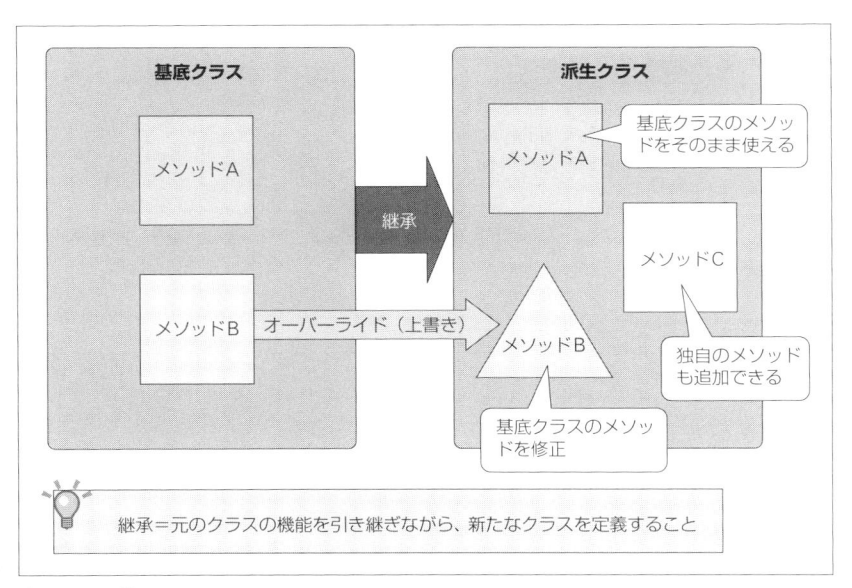

❖図8.7　継承

　たとえば、先ほどのPersonクラスとほとんど同じ機能を持ったBusinessPersonクラスを定義したい、という状況を想定してみましょう。こんなときに、BusinessPersonクラスを一から定義し直すのは得策ではありません。その場の手間暇はもちろん、修正の際にも重複した作業を強制されます。そして、そのような無駄は、いつか間違いの原因となります。

しかし、継承を利用することで、BusinessPersonクラスを一から定義する必要はありません。Personクラスの機能を引き継ぎつつ、新たに必要な機能だけを追加すれば良いからです。コードの変更が必要になった場合にも、共通機能は継承元のクラスにまとまっているので、そこを修正すれば、変更は自動的に継承先のクラスにも反映されます。

継承とは言うなれば、クラスをまたがった共通の処理をくくり出し、一か所にまとめるための手法です。

8.2.1 継承の基本

クラスを継承するには、クラス名の後ろにコロン区切りで基底クラスを指定するだけです。

クラス宣言で基底クラスを省略した —— これまでのパターンでは、暗黙的にObjectクラス（System名前空間）を継承します。C#のすべてのクラスは直接／間接を問わず、最終的にObjectクラスを継承するという意味で、Objectクラスはルートクラスとも言えるでしょう。Objectクラスについては、9.6節で詳しく解説します。

構文 クラスの継承

```
[修飾子] class 派生クラス名 : 基底クラス名
{
    ...派生クラスの定義...
}
```

さっそく、具体的な例も見てみましょう。リスト8.10は、Personクラス（8.1.2項）を継承してBusinessPersonクラスを定義する例です。

▶リスト8.10 　InheritBasic.cs

```
using SelfCSharp.Chap08.Prop;
...中略...
class BusinessPerson : Person
                ❶          ❷
{
  public string Work()
  {
    return $"{this.LastName}{this.FirstName}は、働きます。";    ❸
  }
}

class InheritBasic
{
  static void Main(string[] args)
  {
```

```
    var bp = new BusinessPerson {
      FirstName = "太郎",
      LastName = "山田"
    };
    Console.WriteLine(bp.Work());   // 結果：山田太郎は、働きます。 ──────┐
    Console.WriteLine(bp.Show());   // 結果：名前は山田太郎です。 ──────┴─❹
  }
}
```

　順に、個々のポイントを見ていきます。

❶命名は基底クラスよりも具体的に

　派生クラスには、基底クラスよりも具体的な命名をします。一般的には、2単語以上で命名するのが通例です。その際、末尾に基底クラスの名前を付与すれば、互いの継承関係をより把握しやすくなるでしょう。たとえば、Exception（例外）クラスの派生クラスとして、ArgumentException（引数に関する例外）と命名するのは妥当です。

　逆に言えば、基底クラスは派生クラスの一般的な特徴を表現した名前であるべきです。

> *note* ただし、Control（画面部品）クラスの派生クラスとして、ButtonControl（ボタン）のような命名をするのは行き過ぎです。Buttonだけで十分にControlの一種であることが判別できるからです。名前は具体的であることを満たす範囲で、できるだけ端的な（短い）命名であるべきです。

❷基底クラスは１つだけ

　C#では、

```
class BusinessPerson : Person, Animal
```

のように、1つのクラスが同時に複数のクラスを親に持つような継承 ── すなわち、**多重継承**を認めていません（図8.8）。継承関係が複雑になる、名前が衝突した場合の解決が困難である、などがその理由です。

　つまり、ある派生クラスの基底クラスは常に1つだけです（これを**単一継承**と言います）。ただし、派生クラスを継承して、さらに派生クラスを定義するのはかまいません。

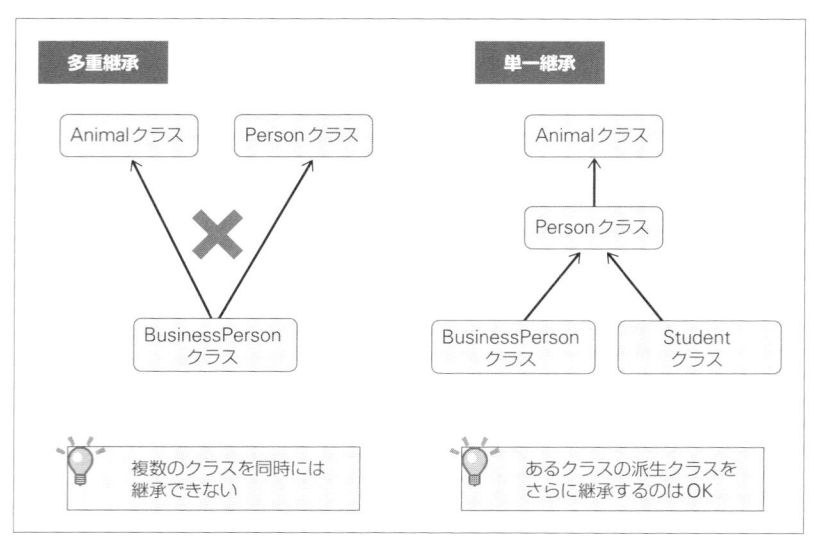

❖図8.8　多重継承と単一継承

❸派生クラスにメンバーを追加する

　ここでは、派生クラス独自のメソッドとしてWorkメソッドを定義しています。これによって、正しくWorkメソッドが呼び出せているのはもちろん、基底クラスで定義されたShowメソッドが、あたかもBusinessPersonクラスのメンバーであるかのように呼び出せることを確認してください（❹）。

　継承の世界では、まず現在のクラスで要求されたメンバーを検索し、存在しなかった場合には、上位クラスで定義されたメンバーを呼び出します（図8.9）。

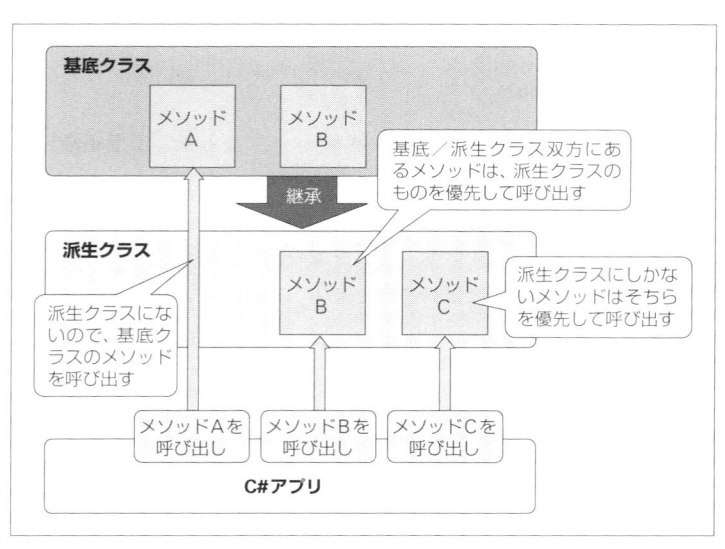

❖図8.9　継承の仕組み

リスト8.10ではメソッドを追加しているだけですが、基本的には、同じ要領で、これまでに触れてきたすべてのメンバーを追加できます。

逆に、基底クラスで定義されたメンバーを派生クラスで削除することはできません。言い換えると、派生クラスは**基底クラスのすべての性質を含んでいる**、ということです。

エキスパートに訊く

Q: どのような場合に、継承を利用すれば良いのでしょうか。継承を利用する場合の注意点があれば教えてください。

A: 親クラスと子クラスに、is-aの関係が成り立つかを確認してください。is-aの関係とは「SubClass is a SuperClass」(派生クラスが基底クラスの一種である)であるということです(図8.A)。たとえば、「BusinessPerson(ビジネスマン)はPerson(人)」なので、BusinessPersonとPersonの継承関係は妥当であると判断できます。

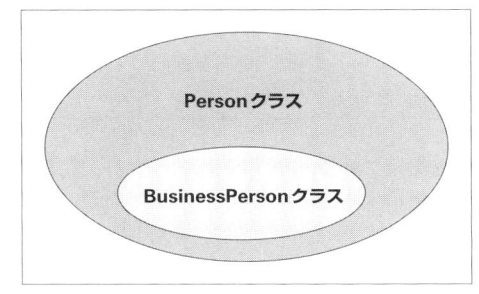

❖図8.A　is-aの関係

is-aの関係は、BusinessPerson(派生クラス)がPerson(基底クラス)にすべて含まれる関係、と言い換えても良いでしょう(この逆は成り立ちません)。

このような関係をやや難しく言うと、BusinessPersonはPersonの特化(特殊化)であり、PersonはBusinessPersonの汎化である、となります。要するに、BusinessPersonはPersonの特殊な形態であり、逆にPersonは、BusinessPersonをはじめとするその他の概念 —— たとえば、Freeloader(遊び人)やStudent(学生)といったもの —— の共通点(人間であることなど)を抽出したものである、ということです。

構文としては、クラスはどんなクラスでも継承できます。Wife(妻)クラスがDinosaur(恐竜)クラスを継承していてもかまいません。しかし、これは継承として意味がないばかりでなく、クラスの意味をわかりにくくする原因にもなるので、注意してください。

8.2.2　メソッドの隠蔽

前項でも見たように、派生クラスでは自由にメンバーを追加できます。では、基底クラスにすでに存在するメンバーを追加すると、どうなるでしょう。この場合、派生クラスのメンバーが優先され、基底クラスのメソッドは見えなくなります。これをメソッドの**隠蔽**と言います。

たとえばリスト8.11は、Personクラスで定義したShowメソッドを、BusinessPersonで再定義し

た例です。

▶リスト8.11　InheritBasic.cs

```csharp
using SelfCSharp.Chap08.Prop;
...中略...
class BusinessPerson : Person
{
  ...中略...
  public new string Show()
  {
    return $"会社員の{this.LastName}{this.FirstName}です。";
  }
}
```

構文はこれまでとほぼ同じですが、宣言時にnewキーワードを付与している点に注目です。これは、派生クラスの側で誤って基底クラスと同名のメンバーを定義してしまうのを防ぐための決まりです。newキーワードによって、「意図して、同名のメソッドを定義しているよ」と明示的に示す必要があるわけです。newキーワード（太字の部分）を削除してもエラーにはなりませんが、以下のような警告が発生します。

'BusinessPerson.Show()'は継承されたメンバー 'Person.Show()'を非表示にします。非表示にする場合は、キーワードnewを使用してください。

この状態でInheritBasic.csを実行してみると、「会社員の山田太郎です。」という結果が得られる（＝Personクラスのshowメソッドが見えなくなっている）ことが確認できます。もちろん、Personクラスをインスタンス化した場合には、元のShowメソッドを呼び出せます。

note 同様に、フィールドも隠蔽できます。メソッドと同じく、newキーワードを付与するのを忘れないようにしてください。

```csharp
class Parent
{
  public int x = 10;
}

class Child : Parent
{
  public new double x = 0.1;
}
```

メソッドの削除

先ほど、基底クラスのメソッドは削除できないと述べましたが、隠蔽を利用することで、削除に似た定義は可能です。派生クラスで例外をスロー（9.2.1項）することで、メソッド呼び出しを無効化してしまうのです。

```
public new string Show()
{
    // Showメソッドが未サポートであることを通知
    throw new NotSupportedException();
}
```

しかし、これは継承の原則である「派生クラスは基底クラスのすべての性質を含んでいる」というルールを損なうことになります。特別な理由がない限り、このようなコードは避けてください（そもそも、このようなコードが発生した時点で、継承そのものが妥当かどうかを再検討すべきです）。

基底クラスのメソッドを呼び出す

ただし、隠蔽によって、基底クラスの機能を完全に置き換えるばかりではありません。基底クラスの処理を引き継ぎつつ、派生クラスで差分の処理を追加したいということもあります。このようなケースでは、予約変数baseを用いることで、派生クラスのメソッドから基底クラスのメソッドを呼び出すこともできます。

baseは、thisと同じくあらかじめ用意された特別な変数で、事前の宣言は不要です。

構文 baseキーワード

```
base.メソッド名(引数, ...)
```

具体的な例も見てみましょう（リスト8.12）。BusinessPersonクラスを継承して、新たにEliteBusinessPersonクラスを定義しています。

▶リスト8.12　InheritBaseCall.cs

```
class EliteBusinessPerson : BusinessPerson
{
    public new string Work()
    {
        var result = base.Work();  ────────────────────────────── ❶
        return $"{result}いつでもテキパキと";
    }
}
```

```
class InheritBaseCall
{
  static void Main(string[] args)
  {
    var ep = new EliteBusinessPerson  {
      FirstName = "太郎",
      LastName = "山田"
    };
    Console.WriteLine(ep.Work());   // 結果：山田太郎は、働きます。いつでもテキパキと── ❷
  }
}
```

ここでは、❶で基底クラスBusinessPersonのWorkメソッドを呼び出したうえで、EliteBusiness
Personクラス独自の処理を記述しています。baseによるメソッド呼び出しは、他の処理に先立って、
メソッド定義の先頭で表すのが一般的です。

❷でも、確かに派生クラスの結果に、基底クラスの結果が加わっていることが確認できます。

8.2.3　メソッドのオーバーライド

隠蔽と同じく、基底クラスのメンバーを再定義（上書き）する仕組みとして、オーバーライドがあ
ります。隠蔽との違いは後述するとして、まずは具体的なコードで動作を確認してみましょう。

 *note* 7.3.6項で解説したオーバーロードと言葉の響きは似ていますが、仕組みとしてはまったくの別
ものです。混同しないように注意してください。

リスト8.13では、前項と同じく、Personクラスで定義したShowメソッドを、BusinessPersonで
再定義しています。

▶リスト8.13　OverrideBasic.cs（SelfCSharp.Chap08.MethodOverride名前空間）

```
class Person
{
  public string FirstName { get; set; }
  public string LastName { get; set; }

  // 仮想メソッドを定義
  public virtual string Show() ──────────────────────────────── ❶
  {
    return $"名前は{this.LastName}{this.FirstName}です。";
```

```
    }
}

class BusinessPerson : Person
{
    // 基底クラスの同名のメソッドをオーバーライド（上書き）
    public override string Show() ──────────────────── ❷
    {
        return $"会社員の{this.LastName}{this.FirstName}です。";
    }

    public string Work()
    {
        return $"{this.LastName}{this.FirstName}は、働きます。";
    }
}

class OverrideBasic
{
    static void Main(string[] args)
    {
        var bp = new BusinessPerson {
            FirstName = "太郎",
            LastName = "山田"
        };
        Console.WriteLine(bp.Work());   // 結果：山田太郎は、働きます。
        Console.WriteLine(bp.Show());   // 結果：会社員の山田太郎です。
    }
}
```

　メソッドをオーバーライドするには、まず、基底クラスの側でvirtual修飾子を付けてメソッドを定義しておくのが前提です（❶）。virtualで修飾されたメソッドを**仮想メソッド**、あるいは、より一般的には**仮想メンバー**と言います。

　そのうえで、派生クラスではoverride修飾子を付けてメソッドを定義します（❷）。virtual／override修飾子はセットで利用することが前提なので、virtualなしのメソッドをオーバーライドすることはできません。

　サンプルを実行して、確かに先ほどと同じ結果が得られること ── （基底クラスではなく）派生クラスのShowメソッドが呼び出されていることを確認してください。

隠蔽とオーバーライドの違い

派生クラスで基底クラスのメソッドを上書き（再定義）するのは、隠蔽もオーバーライドも同様です。しかし、いくつかの違いがあります。

[1] 基底クラスで再定義を想定しているか

隠蔽は、派生クラスの側でnew宣言するだけで利用できます。一方、オーバーライドはvirtual（基底クラス）とoverride（派生クラス）とのセットが前提です。つまり、隠蔽は派生クラスだけの意思でできますが、オーバーライドは基底クラスがあらかじめ想定（許可）していることが前提となります。

[2] 対象のメンバーが異なる

隠蔽は、ほとんどすべてのメンバーで可能です。しかし、オーバーライドできるのは、以下のメンバーに限定されます。

- メソッド
- プロパティ
- インデクサー
- イベント

また、virtual修飾子は、abstract ／ static ／ private ／ override 修飾子と同時に指定できません。

[3] 隠蔽／オーバーライドできる条件

メソッドが隠蔽／オーバーライドと見なされる条件は、表8.5のとおりです。

❖表8.5 隠蔽／オーバーライドの条件

項目	隠蔽	オーバーライド
メソッド名	一致	一致
引数	データ型と数が一致	データ型と数が一致
アクセス修飾子	制約なし	一致
戻り値の型	制約なし	一致

ただし、隠蔽（new修飾子）では、条件を満たさない場合にもコンパイルエラーにはなりません。「〜はアクセス可能なメンバーを非表示にしません。newキーワードは不要です」のような警告を表示するだけです。

[4] ポリモーフィズムにおける挙動が異なる

隠蔽では、ポリモーフィズムは動作しません。これについては、改めて次節で触れるので、まずは、ポリモーフィズムを利用するにはオーバーライドの利用が前提、とだけ理解しておいてください。

そして、結局のところ、隠蔽／オーバーライドいずれを利用するか否かについては、主に［1］と［4］の理由から、原則として**隠蔽を利用すべきではありません**。

まず、再定義を想定していないメソッドを上書きすることで、その他の機能が正しく動作しなくなる可能性があります（潜在的なバグの可能性）。そもそも、オブジェクト指向プログラミングの恩恵の1つであるポリモーフィズムを無効にしてまで、隠蔽を利用するメリットはないはずです。

8.2.4 コンストラクター（継承時の挙動）

クラスが継承された場合のコンストラクターの扱いは、メソッドとは異なるので要注意です。というのも、コンストラクターはメソッドのようには派生クラスに引き継がれないためです。

たとえば、リスト8.14の例を見てみましょう。

▶リスト8.14 ConstNoArgs.cs

```
class MyParent
{
  public MyParent()
  {
    Console.WriteLine("親です。");
  }
}

class MyChild : MyParent
{
  public MyChild()
  {
    Console.WriteLine("子です。");
  }
}

class ConstNoArgs
{
  static void Main(string[] args)
  {
    var c = new MyChild();
  }
}
```

親です。
子です。

　継承関係にあるクラスでは、上位クラスから順にコンストラクターが呼び出され、最終的に現在の
クラスのコンストラクターが呼び出されます。基本クラスの初期化は基本クラスのコンストラクター
が、派生クラスの初期化は派生クラスのコンストラクターが、それぞれ担うわけです。

　では、リスト8.15のようなコードではどうでしょうか。コンストラクターがなんらかの引数を受け
取る場合です。

▶リスト8.15　ConstArgs.cs（SelfCSharp.Chap08.Construct名前空間）

```csharp
class MyParent
{
  public MyParent(string childName)
  {
    Console.WriteLine($"{childName}の親です。");
  }
}

class MyChild : MyParent
{
  public MyChild(string childName)
  {
    Console.WriteLine($"子の{childName}です。");
  }
}

class ConstArgs
{
  static void Main(string[] args)
  {
    var c = new MyChild("花子");
  }
}
```

　このコードはコンパイルエラーとなります。上位クラスで暗黙的に呼び出されるのはデフォルトコ
ンストラクターだけだからです。7.4.2項でも触れたように、明示的にコンストラクターを定義した場
合、デフォルトコンストラクターは自動生成されません。その結果、MyParentクラスを初期化でき
なくなっているのです。

　基底クラスの引数ありのコンストラクターを呼び出すには、baseキーワードを利用します。

```
派生クラスのコンストラクター (引数, ...) : base(引数, ...)
{
    ...コンストラクターの内容...
}
```

リスト8.15をbaseキーワードを使って修正してみましょう（リスト8.16）。

▶リスト8.16　ConstArgs.cs（SelfCSharp.Chap08.Construct名前空間）

```csharp
class MyChild : MyParent
{
  // 親の引数ありコンストラクターを呼び出し
  public MyChild(string childName) : base(childName)
  {
    Console.WriteLine($"子の{childName}です。");
  }
}

class MConstArgs
{
  static void Main(string[] args)
  {
    var c = new MyChild("花子");
  }
}
```

```
花子の親です。
子の花子です。
```

　今度は「花子の親です。」「子の花子です。」と表示され、基底クラス→派生クラスの順でコンスト
ラクターが呼び出されていることを確認できます。
　メソッドのように、以下のような呼び出しはできませんので、注意してください。

```csharp
MyChild(string childName)
{
  base(childName);    ➡これはエラー
}
```

デストラクターの挙動

　継承時のデストラクターの挙動は、コンストラクターの挙動に似ています。それぞれのクラスは、それぞれのデストラクターによって破棄されるのです。ただし、デストラクターは（コンストラクターとは反対に）派生クラス→基底クラスの順で呼び出されます。

　具体的なサンプルでも確認しておきましょう（リスト8.17）。

▶リスト8.17　DestNoArgs.cs（SelfCSharp.Chap08.Destruct 名前空間）

```csharp
class MyParent
{
  // 基底クラスのデストラクター
  ~MyParent()
  {
    Console.WriteLine("親です。");
  }
}

class MyChild : MyParent
{
  // 派生クラスのデストラクター
  ~MyChild()
  {
    Console.WriteLine("子です。");
  }
}

class DestNoArgs
{
  static void Main(string[] args)
  {
    var c = new MyChild();
  }
}
```

```
子です。
親です。
```

8.2.5 継承の禁止

継承は、オブジェクト指向構文の特徴的な機能の1つですが、時として、継承されては都合の悪い状況があります。たとえば、派生クラスによる拡張／変更によって、基底クラスで提供された機能が正常に動作しなくなるおそれがある場合です。

そのような場合、classブロックにsealed修飾子を付与することで、継承そのものを禁止することができます（リスト8.18）。

▶リスト8.18　InheritNg.cs（SelfCSharp.Chap08.Inherit名前空間）

```
// 継承そのものを禁止
sealed class Person
{
  public string FirstName { get; set; }
  public string LastName { get; set; }

  public string Show()
  {
    return $"名前は{this.LastName}{this.FirstName}です。";
  }
}

class BusinessPerson : Person { }    ➡エラー
```

この状態で、たとえばPersonクラスを継承したBusinessPersonクラスを定義しようとすると、「'BusinessPerson': シール型 'Person' から派生することはできません。」のようなエラーとなり、確かに継承が禁止されていることが確認できます。

sealed修飾子の制約

sealedクラスでは、継承を禁止するというその性質上、以下の制約も発生するので注意してください。

- static／sealed修飾子を同時にclassブロックに付与できない（静的クラスは暗黙的に継承できなくなるため）
- 配下のメンバーにvirtual修飾子を付与できない
- 配下のメンバーにprotected修飾子を付与できない

protected修飾子については、正しくは警告が発生するだけで、コンパイルエラーにはなりません。ただし、派生クラスが定義できない以上、protectedはprivateと同等であり、意味もないので避けるべきです。

8.2.6　オーバーライドの禁止

メソッドのオーバーライドを禁止するには、そもそも基底クラスでvirtual修飾子を付与しないことです。C#では、仮想（virtual）メソッド以外をオーバーライドすることはできません。

new修飾子で強制的に再定義（隠蔽）することも可能ですが、これは8.2.2項で触れた理由から、**そもそも利用しない**を原則としてください。

もしもオーバーライドしたメソッドを、さらに派生クラスでオーバーライドされることを防ぎたい場合には、メソッド定義にsealed修飾子を付与することも可能です。たとえばリスト8.19は、BusinessPersonクラスでオーバーライドしたShowメソッドにsealed修飾子を付与しています。

▶リスト8.19　MethodNoOverride.cs（SelfCSharp.Chap08.OverrideNg名前空間）

```csharp
class BusinessPerson : Person
{
  public sealed override string Show()
  {
    return $"会社員の{this.LastName}{this.FirstName}です。";
  }
}

class EliteBusinessPerson : BusinessPerson
{
  // オーバーライドできないので、コンパイルエラー
  public override string Show()
  {
    return $"エリートな会社員の{this.LastName}{this.FirstName}です。";
  }
}
```

この状態で、EliteBusinessPersonクラスでShowメソッドをオーバーライドすると、「継承されたメンバー 'BusinessPerson.Show()' はシールされているため、オーバーライドできません。」といったエラーとなります。

メソッドのsealed修飾子はoverride修飾子とセットでしか利用できない点に注意してください（繰り返しですが、そもそもオーバーライドを禁止したいならば、最初からvirtual修飾子を付与しなければ良いからです）。

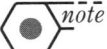 *note* ただし、sealed修飾子でオーバーライドを禁止した場合にも、new修飾子による隠蔽をガードすることはできませんので、注意してください。

8.2.7 参照型における変換

継承について理解したところで、参照型の型変換についてまとめておきます。値型と同じく、参照型もまた、型変換が可能です。変換のルールは、値型よりもシンプルで、

　　型同士が継承／実装の関係にあること

です（実装については8.3.2項で解説します）。

アップキャスト

まず、派生クラスから基底クラスへの変換を**アップキャスト**と言います（図8.10）。

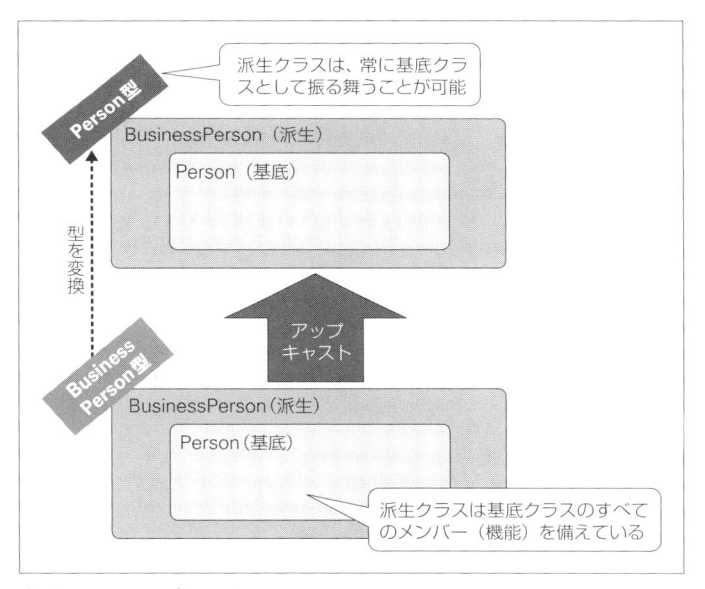

❖図8.10　アップキャスト

8.2.1項でも触れたように、派生クラスでは基本クラスのすべてのメンバーを保証します（＝すべてのメンバーを含んでいます）。よって、派生クラスのインスタンスは基底クラスのインスタンスとして利用できますし、また、利用できるべきです。このため、派生クラスから基底クラスへの型変換は、特別な宣言を要せず、暗黙的に実施できます。

たとえばリスト8.20は、アップキャストの具体的な例です。

```
class Person { ... }

class BusinessPerson : Person { ... }

Person bp = new BusinessPerson();
```

　派生クラス BusinessPerson は、基底クラス Person としても振る舞えるので、BusinessPerson オブジェクトを Person 型の変数に代入できる（変換できる）、というわけです。

> *note*　値型のキャストと異なり、参照型のキャストでは、いわゆる情報落ちが発生することはありません。参照型のキャストとは、「オブジェクトがその型として振る舞う」ということの宣言であり、オブジェクトそのものの変換を意味しません。

ダウンキャスト

　一方、基底クラスから派生クラスへの変換を**ダウンキャスト**と言います（図8.11）。

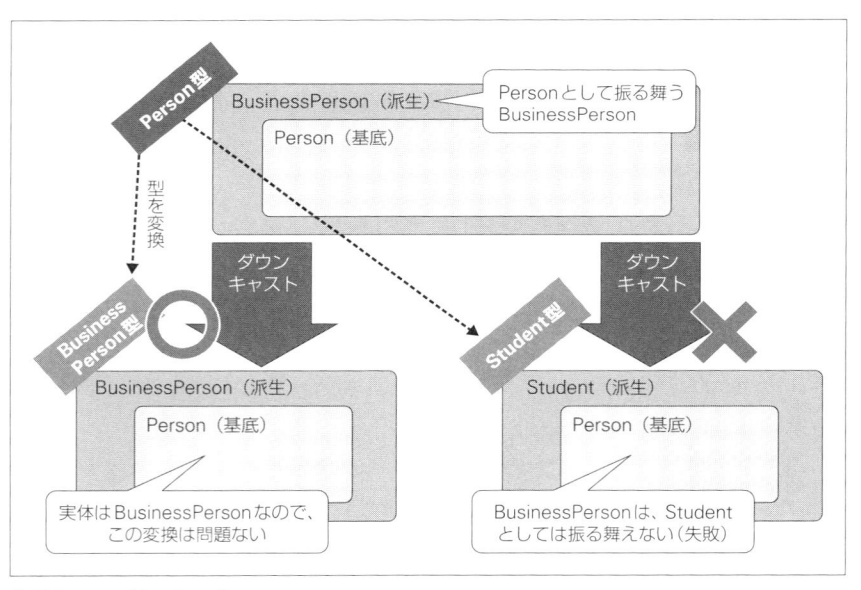

❖図8.11　ダウンキャスト

　派生クラスは、基底クラスのメンバーに加えて独自のメンバーを追加している可能性があるので、（アップキャストと異なり）ダウンキャストが常に可能とは限りません。言い換えれば、基底クラスが常に派生クラスとして振る舞えるわけではありません。

よって、ダウンキャストでは、2.4.2項で触れたようなキャスト構文を用いて、明示的に型を変換しなければなりません。たとえば以下は、Person 型の変数 p を BusinessPerson 型に変換する例です。

```
Person p = new BusinessPerson();
BusinessPerson bp = (BusinessPerson)p;
```

変数の型とオブジェクトの型

　参照型のキャストを学ぶと、変数の型とオブジェクトの型についても区別する必要が出てきます。これまでは「X型の変数には、X型のオブジェクトだけを格納できる」としてきましたが、これは厳密には誤りです。たとえば、先ほども出てきた、

```
Person p = new BusinessPerson();
```

は、正しい代入です（BusinessPerson → Person はアップキャストなので、暗黙的な変換と代入が可能なのです）。そして、この場合、変数の型は Person ですが、オブジェクトの型は BusinessPerson と見なされます。

　これまで区別してこなかった2種類の型は、実際の挙動にどのように影響するのでしょうか。具体的な例を見てみましょう。

　リスト8.13のOverrideBasic.csのように、Person クラスは Show メソッドを、BusinessPerson クラスは Show（オーバーライド）、Work メソッドを、それぞれ持つものとします（リスト8.21）。

▶リスト8.21　TypeDifference.cs（SelfCSharp.Chap08.CastType 名前空間）

```
Person p = new BusinessPerson {
  FirstName = "太郎",
  LastName = "山田"
};

Console.WriteLine(p.Work());  // エラー ─────────────── ❶
Console.WriteLine(p.Show());  // 結果：会社員の山田太郎です。 ──────── ❷
```

　まず、その文脈で呼び出せるメンバーは、変数の型によって決まります。たとえば、BusinessPerson 型が独自の Work メソッドを定義していたとしても、上記の変数 p からは呼び出せません（❶）。変数の型はあくまで Person なので、変数 p が BusinessPerson として振る舞うことはできないのです。

　一方、オブジェクトの型は、オブジェクトの実際の挙動を決めます（図8.12）。変数 p が Person 型として振る舞うにせよ、実体（オブジェクト）は BusinessPerson なので、❷でも BusinessPerson クラスの Show メソッドが呼び出されます（Person クラスの Show メソッドが呼び出されるわけではありません）。

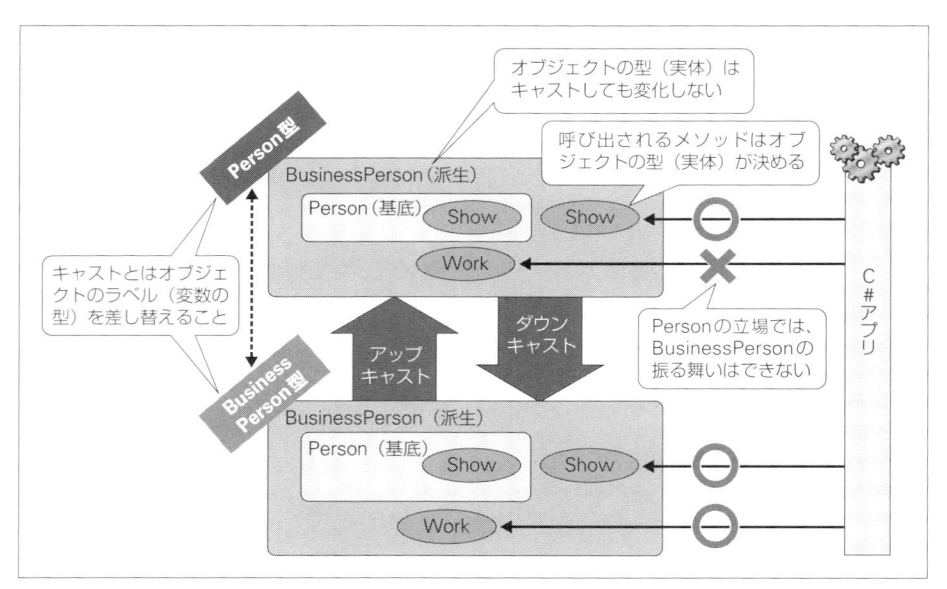

✤図8.12　変数の型とオブジェクトの型

　アップキャスト／ダウンキャストとは、オブジェクト（実体）はそのままに、その場での立場を入れ替える仕組み、と考えてみると良いでしょう。

8.2.8　型の判定

　ダウンキャストは失敗する可能性があるという意味で、Unsafe cast（安全でないキャスト）とも呼ばれます。たとえば、以下のようなコードはInvalidCastException（不正なキャスト）例外を発生します（BusinessPerson／Studentは、いずれもPersonの派生クラスであるものとします）。

```
Person p = new BusinessPerson();  ────────────── ❶
BusinessPerson bp = (BusinessPerson)p;  ────────── ❷
Student st = (Student)p;  ──────────────────── ❸
```

　この場合、❶でBusinessPerson→Personはアップキャストなので成功します。そして、当然ですが、その逆となるPerson→BusinessPersonのダウンキャストも問題ありません。この挙動は、変数型とオブジェクト型の区別が理解できていれば当然です。アップキャストとは、あくまで変数としての型変換であって、オブジェクトそのものの型はあくまで元のBusinessPersonです（＝オブジェクトそのものがPersonに変化したわけではありません）。

　では、変数pをStudent型にダウンキャストすると、どうでしょう（❸）。コンパイル時には、PersonとBusinessPerson／Studentの継承関係しかわかりませんので、❸は正しいキャストです。しかし、変数pの実体はBusinessPersonなので、実行時にエラーになるというわけです。

　このようなエラーを避けるために、ダウンキャスト時にはあらかじめオブジェクトの型をチェックするようにしてください。これを行うのがis演算子です。

is演算子は、変数に格納されたオブジェクトの型が、指定の型に変換できる場合にtrueを返します。

構文 is演算子

```
変数 is 型
```

たとえば❸のコードであれば、以下のように書き換えます。

```
if (p is Student)
{
  Student st = (Student)p;
  ...正しくキャストできた場合の処理...
}
```

これによって、型チェックを通過した場合にだけダウンキャストを実施するので、Unsafe castを安全に実施できます。

ダウンキャストの別解

is演算子でチェックしてからキャストする他、as演算子、is演算子の拡張構文を利用する方法もあります。

[1] as演算子

as演算子は、いわゆるキャストの別構文です。

構文 as演算子

```
変数 as 型名
```

ただし、as演算子はキャストに失敗した場合にもnullを返すだけで、実行時エラーにはなりません。よって、(...)構文よりも安全にダウンキャストできるというわけです。

as演算子では、戻り値がnullであるかによって、以降の処理を分岐します。

```
var st = p as Student;
if (st != null)
{
  ...正しくキャストできた場合の処理...
}
```

なお、as演算子は参照型でのみ利用可能である点に注意してください（値型を指定した場合はコンパイルエラーとなります）。

[2] is演算子の拡張構文 C#7

C# 7以降では、is演算子が拡張されて、変換の可否とキャストとをまとめて行えるようになりました。

構文 is演算子（拡張構文）

> 変数 is 型名 変換後の変数名

これで、「変数」が「型名」に変換できる場合、変換結果を「変換後の変数名」に格納しなさい、という意味になります。変換の可否判定と、変換とを同時に行うわけです。拡張構文を利用することで、先ほどの例は以下のように表せます。

```
if (p is Student st)
{
    ...正しくキャストできた場合の処理...
}
```

C# 7以降であれば、まずはis演算子の拡張構文が最もシンプルに表現できるでしょう。

補足 型の取得

特定の型と比較／変換するis／as演算子に対して、オブジェクトの型を取得するGetTypeメソッドもあります（リスト8.22）。

▶リスト8.22　TypeGetBasic.cs（SelfCSharp.Chap08.ObjType名前空間）

```
Person p1 = new Person();
Console.WriteLine(p1.GetType());                              ❶
    // 結果：SelfCSharp.Chap08.ObjType.Person
Person p2 = new BusinessPerson();
Console.WriteLine(p2.GetType());                              ❷
    // 結果：SelfCSharp.Chap08.ObjType.BusinessPerson
```

GetTypeメソッドの戻り値はTypeオブジェクトです。Typeオブジェクトについては11.2.5項で詳しく解説するため、まずは「型情報を取得し、その型を操作するための機能を提供するもの」と覚えてください。

❶❷の結果を見てもわかるように、GetTypeメソッドは変数の型に関わらず、オブジェクト（実体）の型を取得する点にも注目です。

> *note*　特定の型に対してTypeオブジェクトを取得するには、typeof演算子を利用します。たとえば以下は、Person型に対応するTypeオブジェクトを取得する例です。
>
> ```
> Type t = typeof(Person);
> ```
>
> typeof演算子のオペランドはあくまで静的な型そのものなので、「**typeof(p1)**」のようにオブジェクトを指定することはできません。

8.2.9 拡張メソッド

拡張メソッドは、既存のクラスを、継承を使わずに、メソッドだけを追加するための仕組みです（図8.13）。派生クラスとしてメソッドを追加するのではなく、元々のクラスに「あたかも元からあったものであるかのように」新たなメソッドを追加します。

拡張メソッドそのものは継承の中の機能ではありませんが、既存のクラスを拡張するための仕組みとしてまとめて理解しておいたほうが整理しやすいため、ここで扱っています。

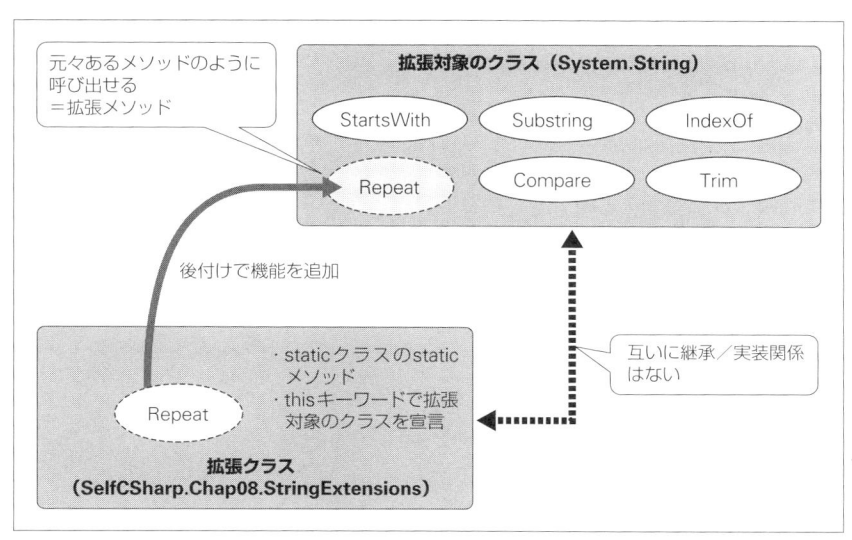

❖図8.13 拡張メソッド

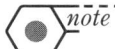 *note* 継承とは独立した仕組みなので、sealedクラス（8.2.5項）に拡張メソッドを追加することも可能です。

拡張メソッドの基本

まずは、拡張メソッドの基本的な例として、標準のStringクラスを拡張して、新たなRepeatメソッドを定義してみます。Repeatメソッドは、指定された回数だけ文字列を繰り返したものを取得します。

構文 Repeatメソッド

```
public string Repeat(int count)
```

count：繰り返す回数

リスト8.23は、Repeatメソッドの実装コードです。

▶リスト8.23　StringExtensions.cs（SelfCSharp.Chap08.ExtensionBasic 名前空間）

```csharp
using System.Text;
...中略...
static class StringExtensions
{
  public static string Repeat(this string str, int count)
  {          ❶                    ❷
    var builder = new StringBuilder();
    for (var i = 1; i <= count; i++)
    {
      builder.Append(str);
    }
    return builder.ToString();
  }
}
```

拡張メソッドを定義するための構文は、以下のとおりです。

構文 拡張メソッドの定義

```
public static 戻り値の型 拡張メソッド名(this 拡張するクラス 引数名, その他の引数, ...)
{
  ...メソッドの本体...
}
```

拡張メソッドであることの条件は、以下の2点です。

❶ staticクラスのstaticメソッドであること

❷ 第1引数として、thisキーワードを付けて拡張するクラスを指定すること

慣例的には、拡張メソッドを含んだstaticクラスは、<拡張するクラス>Extensionsのように命名します。この例であれば、Stringクラスを拡張しているので、StringExtensionsです。

拡張対象クラスのメンバーには、this引数（ここではstr）を経由してアクセスできます。ただし、拡張メソッドはあくまでクラスを外から拡張するものなので、privateメンバーにアクセスすることはできません。

拡張メソッド本来の引数は、第2引数以降で準備します。ここでは引数countがそれです。もちろん、必要であれば、引数を列挙することも可能です。

この例では、引数str（本来の文字列）の内容を指定回数（引数count）だけ連結した結果を返しています。

拡張メソッドの呼び出し

拡張メソッドRepeatを定義できたところで、実際に呼び出してみましょう。一般的な用途を想定して、リスト8.24のコードは、StringExtensionsクラスとは別の名前空間で定義しています。

▶リスト8.24　ExtensionClient.cs（SelfCSharp.Chap08.ExtensionUse名前空間）

```
using SelfCSharp.Chap08.ExtensionBasic;
...中略...
var data = "ありがとう！";
Console.WriteLine(data.Repeat(3));
```

ありがとう！ありがとう！ありがとう！

拡張メソッドを利用する際には、本来のクラス（ここではString）はもちろん、拡張したクラス（ここではStringExtensions）が属する名前空間もusing命令で宣言しなければならない点に注意してください（❶）。さもないと、拡張メソッドがどこで宣言されているのか認識できないからです。

コードエディター（インテリセンス）で、拡張メソッドRepeatが正しく認識できていることも確認しておきましょう（図8.14）。

```
ExtensionClient.cs*  ⌖ ✕
C# SelfCSharp                                    ▼  ⁑ SelfCSharp.Chap08.ExtensionU
 1    using SelfCSharp.Chap08.ExtensionBasic;
 2    using System;
 3
 4    namespace SelfCSharp.Chap08.ExtensionUse
 5    {
 6        class ExtensionClient
 7        {
 8            static void Main(string[] args)
 9            {
10                var data = "ありがとう！";
11                Console.WriteLine(data.Rep);
12            }                        ⊕↓ Remove
13        }                        ⊕↓ Repeat
14    }    (拡張子) string string.Repeat(int count)  ⊕ Replace
15
                                    ⚙  ⊕  ⊕↓
```

✥図8.14　拡張メソッドに対してもインテリセンス機能は動作する

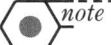 **note** 拡張対象のクラスに、拡張メソッドと同名のメソッドが存在する場合にも、（エラーにはなりませんが）拡張メソッドのほうが無視されます。つまり、拡張メソッドで、元々のクラスの機能を上書きすることはできないということです。

1. メソッドのオーバーライド／隠蔽に関わる修飾子をそれぞれ挙げてください。また、「基底クラスに影響するか」「対象となるメンバー」「ポリモーフィズム」という観点で、双方の違いを説明してみましょう。

2. ManクラスとBusinessMan ／ StudentManクラスとが継承関係にある場合、以下のコードは正しく動作しますか。正しいコードには○を、コンパイルエラーとなるコードには×を、実行時エラーとなるコードには△をそれぞれ付けてください。

   (　　) Man m = new BusinessMan();

   (　　) BusinessMan bm = (BusinessMan)m;

   (　　) StudentMan s = (StudentMan)m;

   (　　) StudentMan s2 = (StudentMan)bm;

8.3 ポリモーフィズム

ポリモーフィズム（Polymorphism）は**多態性**と訳されますが、日本語にしても抽象的なところが、ポリモーフィズムを難しく見せている原因のようです。しかし、かみくだいてみれば、なんということもありません。ポリモーフィズムとは、要は「同じ名前のメソッドで異なる挙動を実現する」ことを言います。

8.3.1 ポリモーフィズムの例

まずは、具体的な例を見てみましょう。リスト 8.25 の Triangle ／ Square クラスはいずれも Figure クラスを継承しています。また、両方のクラスで同名のメソッド GetArea を再定義しているのがポイントです。

▶リスト8.25　PolymorphismBasic.cs（SelfCSharp.Chap08.Polymo名前空間）

```
class Figure
{
  public double Width { get; set; }
  public double Height { get; set; }

  public Figure(double width, double height)
  {
    this.Width = width;
    this.Height = height;
```

```csharp
  }

  // 面積を求める（結果はダミー）
  public virtual double GetArea()
  {
    return 0.0;
  }
}

class Triangle : Figure
{
  public Triangle(double width, double height)
    : base(width, height) { }

  // 三角形の面積を取得
  public override double GetArea()
  {
    return this.Width * this.Height / 2;
  }
}

class Square : Figure
{
  public Square(double width, double height)
    : base(width, height) {}

  // 四角形の面積を取得
  public override double GetArea()
  {
    return this.Width * this.Height;
  }
}

class PolymorphismBasic
{
  static void Main(string[] args)
  {
    Figure t = new Triangle(10, 30);  ─────────────────────────── ❶
    Console.WriteLine(t.GetArea());   ─────────────────────────── ❸
    Figure s = new Square(10, 30);    ─────────────────────────── ❷
    Console.WriteLine(s.GetArea());   ─────────────────────────── ❹
  }
}
```

❶❷では、いずれも Figure 型の変数に対して、Triangle ／ Square オブジェクトを代入しています（アップキャストを伴う代入です）。そして、❸❹で、それぞれに GetArea メソッドを呼び出すと —— さあ、どのような結果が得られるでしょうか。

同じ Figure 型の変数なのだから、❸❹ともに 0.0 が返される、と考えた人は残念。結果は❸が 150、❹が 300 です。

このような状況でいずれのメソッドが呼び出されるかを決めるのは、（変数の型ではなく）オブジェクトの型であるということです。これが**ポリモーフィズム**と呼ばれる性質です（図 8.15）。ポリモーフィズムを利用することで、異なる機能（実装）を同じ名前で呼び出せるので保守に優れる（機能の差し替えには、インスタンスそのものの差し替えだけで済みます）、開発者が理解しやすい、などのメリットがあります。

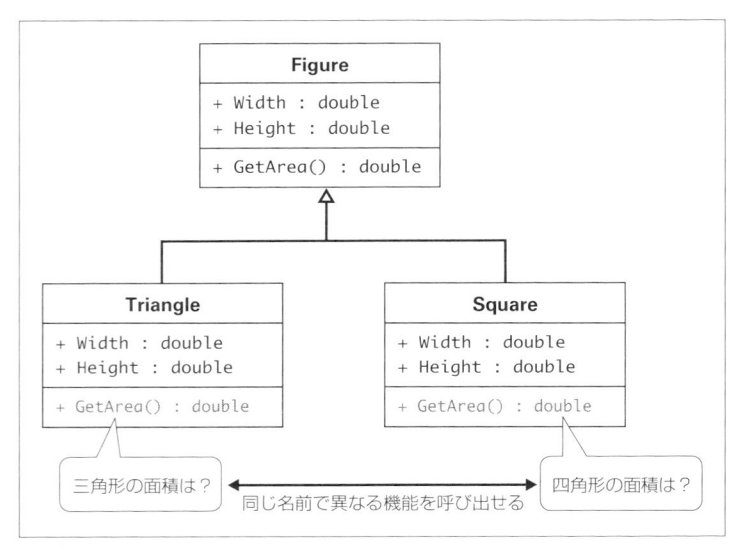

❖図 8.15　ポリモーフィズム

> *note*　ポリモーフィズムの対義語は、**モノモーフィズム**（Monomorphism。単態性）です。たとえば伝統的な関数の世界は、典型的なモノモーフィズムです。1 つの名前は 1 つの機能を表し、異なる機能は異なる名前で表す必要があります。

ただし、これだけのことであれば、さほどの話ではありません。これまでに学んだオーバーライドの機能だけで、最低限のポリモーフィズムは実現できているからです。

しかし、ポリモーフィズムをきちんと実現するには、これだけでは不十分です。なぜなら、現在の状態では Triangle ／ Square クラスが GetArea メソッドを実装するかどうかを保証できないからです。基底クラスでは、派生クラスが GetArea メソッドをオーバーライドすることを期待しています。しかし、オーバーライドすることを強制するものではないのです。

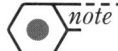

リスト8.25のコードを（オーバーライドではなく）隠蔽を使って書き換えてみましょう（リスト 8.A）。

▶リスト8.A　PolymorphismBasic.cs

```csharp
class Triangle : Figure
{
  ...中略...
  public new double GetArea() {
    return this.Width * this.Height / 2;
  }
}
class Square : Figure
{
  ...中略...
  public new double GetArea()
  {
    return this.Width * this.Height;
  }
}
class PolymorphismBasic
{
  static void Main(string[] args)
  {
    Figure t = new Triangle(10, 30);
    Console.WriteLine(t.GetArea());  ───────────── ❶
    Figure s = new Square(10, 30);
    Console.WriteLine(s.GetArea());  ───────────── ❷
  }
}
```

今度は、❶❷の結果がいずれも0となり、（派生クラスではなく）基底クラスのGetAreaメソッドが呼び出されたことが確認できます。隠蔽では、アップキャストすることで、派生クラス側のメソッドが動作しなくなっているわけです。

したがって、構文的には、ポリモーフィズムを利用する場合には、隠蔽を利用してはいけません。そもそも8.2.3項で挙げた理由からも、まずは、

　　　ポリモーフィズムを利用するかどうかに関わらず、隠蔽は利用しない

と覚えておくのが良いでしょう。

8.3.2 抽象メソッド

そこで登場するのが**抽象メソッド**という仕組みです。抽象メソッドとは、それ自体は中身（機能）を持たない「空のメソッド」のこと。機能を持たないということは、これをだれかが外から提供してやらなければなりません。だれか ── それは派生クラスです。

抽象メソッドを含んだクラスのことを**抽象クラス**と言います（図8.16）。抽象クラスを継承したクラスは、すべての抽象メソッドをオーバーライドしなければならない義務を負います。さもなければ、自分自身も抽象クラスとして、さらに派生クラスでオーバーライドしてもらわなければなりません。

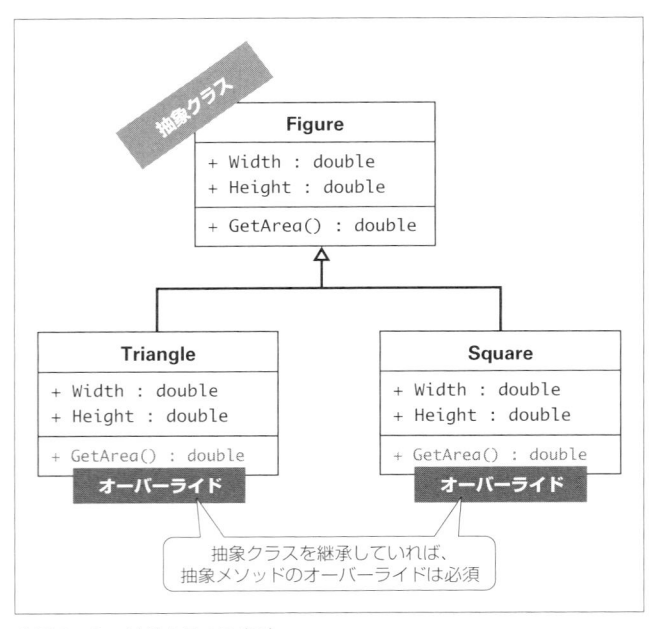

❖図8.16　抽象クラスの意味

すべての抽象メソッドをオーバーライドしていなければ、派生クラスはそもそもインスタンス化することすらできません（もちろん、抽象クラスそのものをインスタンス化することもできません）。抽象メソッドによって、特定のメソッドが派生クラスでオーバーライドされることが保証されるのです。

ここで、具体例も見てみましょう。リスト8.26は、先ほどのFigureクラス（リスト8.25）を抽象クラスとして書き換えたものです。

```
abstract class Figure ─────────────────────────────────── ❷
{
  public double Width { get; set; }
  public double Height { get; set; }

  public Figure(double width, double height)
  {
    this.Width = width;
    this.Height = height;
  }

  public abstract double GetArea(); ───────────────── ❶
}
```

　抽象メソッドを定義するには、メソッド定義にabstract修飾子を指定するだけです（❶）。

構文 抽象メソッド（abstract修飾子）

> [アクセス修飾子] abstract 戻り値の型 メソッド名(引数の型 引数名, ...);

　繰り返しになりますが、抽象メソッドは派生クラスで必ずオーバーライドされるべきメソッドなので、基底クラスで中身を持つことはできません。メソッドの本体を表すブロック（{…}）もなく、代わりにセミコロンで宣言を終えます。

　たとえ中身がなくても、抽象メソッドにブロックを記述してしまうと、コンパイルエラーとなるので注意してください。

```
public abstract double GetArea() {}
```

```
'Figure.GetArea()' は abstract に指定されているため本体を宣言できません。
```

　同じく、抽象メソッドを含んだクラスには、classブロックにも明示的にabstract修飾子を付加しなければなりません（❷）。

構文 抽象クラス（abstract修飾子）

> [アクセス修飾子] abstract class クラス名
> {
>   ...クラスの定義...
> }

以上の状態で、派生クラスTriangle ／ SquareからGetAreaメソッドを取り除くと、確かにコンパイルエラーとなることも確認してください。抽象クラスが派生クラスに対して、GetAreaメソッドのオーバーライドを強制しているのです。

8.3.3　インターフェイス

　抽象クラスによるポリモーフィズムには問題もあります。それは、C#が多重継承を認めていない——つまり、一度に継承できるクラスは常に1つだけであるという点です。複数のクラスを同時に継承することはできません。

　それが、どのような問題につながるのでしょうか。図8.17のようなケースを想定してみましょう。

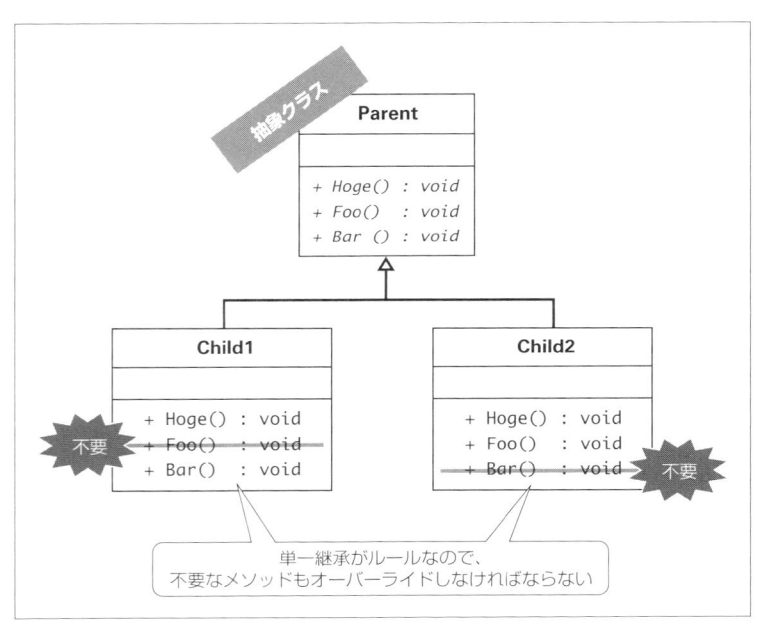

❖図8.17　インターフェイスが存在しないと...

　多重継承ができないということは、ポリモーフィズムを実現したいすべての機能（メソッド）を1つの抽象クラスにまとめなければならないということです。つまり、必ずしも派生クラスでその機能を必要としない場合にも、とりあえず機能をオーバーライドしなければなりません。

　これは、コードが冗長になるだけでなく、派生クラスの役割がわかりにくくなるという意味で、望ましい状態ではありません。たとえば、TriangleクラスにいきなりBite（噛む）のようなメソッドが混入してきたら困惑することでしょう。

　そこで登場するのが**インターフェイス**です。インターフェイスとは、ざっくりと言うと、配下のメソッドがすべて抽象メソッドであるクラスです。

オブジェクト指向構文（カプセル化／継承／ポリモーフィズム）

ただし、抽象クラスとの決定的な違いは、「多重継承が可能である」点です。インターフェイスを利用することで、図8.17のケースは図8.18のように修正できます。

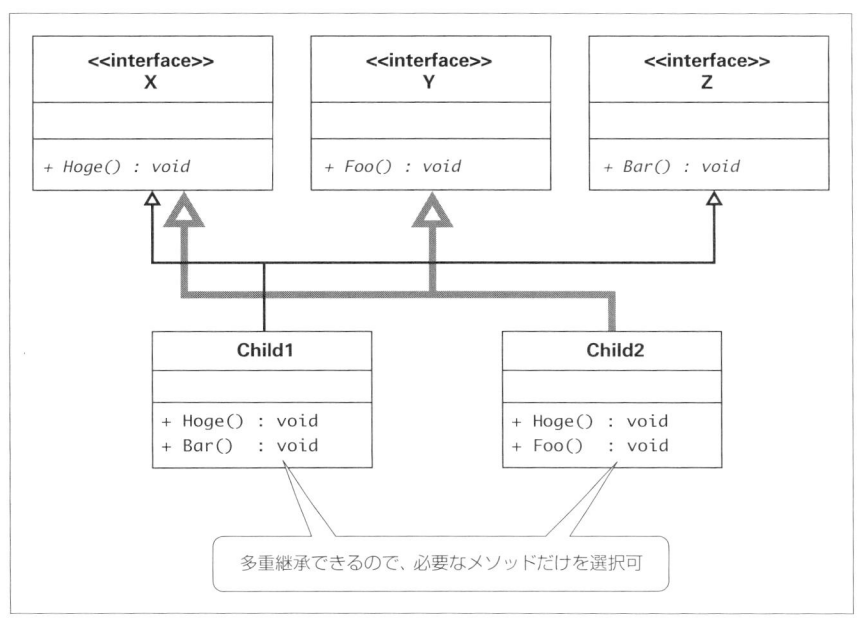

❖図8.18　インターフェイスは多重継承が可能

　それぞれのメソッドは、目的に応じて異なるインターフェイスに振り分けます。これで、派生クラスの側でもそれぞれの要否に応じて、必要なインターフェイスだけを選択できるようになります。

インターフェイスの定義

　インターフェイスの概要を理解したところで、具体的な例も見てみましょう。リスト8.27は、先ほどのリスト8.26をインターフェイスで書き換えた例です。

▶リスト8.27　InterfaceBasic.cs（SelfCSharp.Chap08.Implement名前空間）

```
interface IFigure
{
    double GetArea();
}
```

　インターフェイスを定義する際のポイントを、以下にまとめます。

[1] interface命令で宣言

インターフェイスを宣言するには、（class命令の代わりに）interface命令を利用します。

```
[修飾子] interface インターフェイス名
{
  ...インターフェイスの定義...
}
```

interface命令で利用できる修飾子は、表8.6のとおりです。

❖表8.6　interface命令で利用できる主な修飾子

修飾子	概要
public	すべてのクラスからアクセス可能
internal	同じアセンブリ内からのみアクセス可能（既定）
partial	定義を複数のファイルに分割する

インターフェイス配下のメソッドはすべて抽象メソッドであることが明らかなので、interfaceブロックでもabstract修飾子を付与する必要はありませんし、また、付けてはいけません（コンパイルエラーとなります）。

インターフェイスの名前も、クラス名と同じく、Pascal記法が基本です。ただし、インターフェイスであることを明確にするために、「I～」で始まる命名を心掛けてください。また、機能付与型のインターフェイスに対しては、IDisposable、IEnumerableのように接尾辞「～able」を付けた形容詞として命名します。

[2] インターフェイスのメンバー

インターフェイスで定義できるメンバーは、その性質上、クラスよりも限定されています。

- メソッド
- プロパティ
- インデクサー
- イベント

メソッドと同じく、プロパティ／インデクサーも実体は持てません。よって、（たとえばプロパティなら）、

```
int Hoge { get; set; }
```

のように、自動プロパティのような構文で表します。いわゆる抽象プロパティです。

また、インターフェイス配下の抽象メンバーは、無条件にpublic abstractと見なされます。public abstractを付与する必要はありませんし、また、付けてはいけません（コンパイルエラーとなります）。

その他、protected 以下のアクセス修飾子、static、sealed、virtual などの修飾子も利用できません。

インターフェイスの実装

定義済みのインターフェイスを「継承」してクラスを定義することを、インターフェイスを**実装する**と言います。また、インターフェイスを実装したクラスのことを**実装クラス**と言います。

リスト 8.28 は、先ほど定義した IFigure インターフェイスを実装した Triangle クラスの例です。

▶リスト8.28　InterfaceBasic.cs（SelfCSharp.Chap08.Implement 名前空間）

```
class Triangle : IFigure ──────────────────────────────── ❶
{
  public double Width { get; set; }
  public double Height { get; set; }

  public Triangle(double width, double height)
  {
    this.Width = width;
    this.Height = height;
  }

  public double GetArea()
  {
    return this.Width * this.Height / 2;
  }
}
```

インターフェイスを実装したクラスの構文は、以下のとおりです。

構文 インターフェイスの実装

```
[修飾子] class クラス名 : インターフェイス名, ...
{
  ...クラスの本体...
}
```

インターフェイスを実装するには、クラスを継承する場合と同じく、クラス名の後方にコロン区切りでインターフェイス名を指定するだけです（❶）。ただし、クラスと異なり、インターフェイスは複数実装できるのでした。その場合は、「: IFigure, IHoge」のように、カンマ区切りで列挙します。

また、クラスの継承と合わせて利用することもできます。その際は、

```
: MyClass, IFigure, IHoge
  基底クラス　インターフェイス
```

のように、基底クラス→インターフェイスの順で表してください（インターフェイス→基底クラスのような記述は不可です）。

明示的なインターフェイス実装

複数のインターフェイスを同時に実装するようになると、同じ名前、同じ引数（型／個数）同士のメソッドが衝突する可能性が出てきます（名前が同じでも、引数が異なれば、いわゆるオーバーロードなので問題ありません）。

衝突したメソッドが意味的にも共通している場合には問題ありません（単一の実装で十分です）。しかし、それぞれの表す意味（役割）が異なる場合には、両者を区別しなければなりません。

そのような場合に利用するのが、**明示的なインターフェイス実装**（明示的実装）です（図8.19）。明示的実装を利用することで、それぞれのメソッド宣言が「どのインターフェイスを実装しているのか」を区別できるようになります。

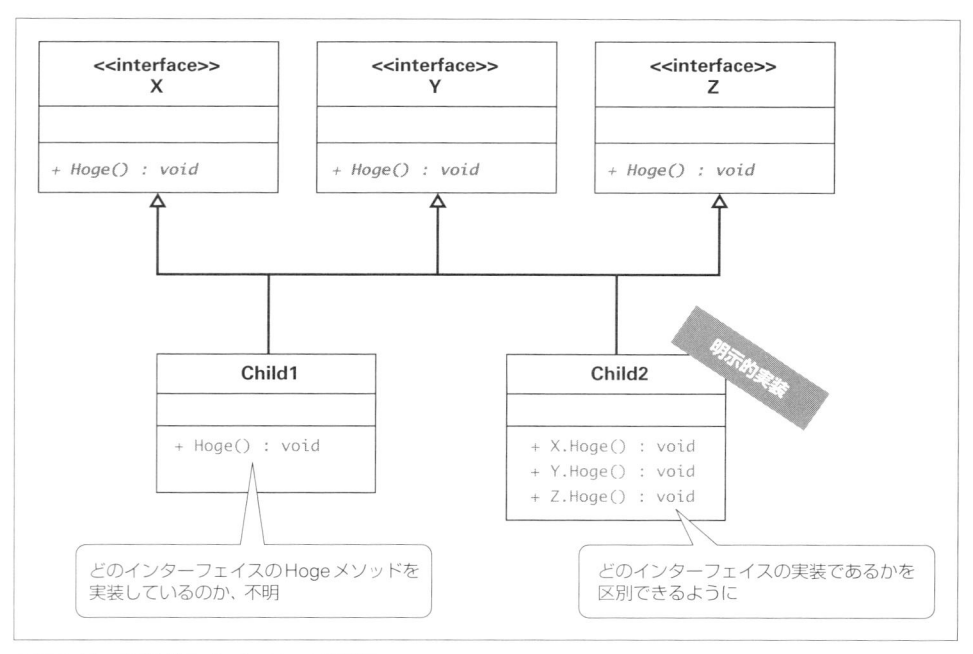

❖図8.19　明示的なインターフェイス実装

まずは、具体的な例を確認してみましょう。リスト8.29は、共通したメソッドFooを持ったIHoge／IHoge2インターフェイスを、MyClassクラスで同時に実装するサンプルです。

▶リスト8.29　InterfaceOverlap.cs（SelfCSharp.Chap08.Implement名前空間）

```
// Fooメソッドを持つIHoge ／ IHoge2インターフェイス
interface IHoge
{
  void Foo(string str);
}

interface IHoge2
{
  void Foo(string str2);
}

// 同名のメソッドFooを持つIHoge ／ IHoge2を同時に実装
class MyClass : IHoge, IHoge2
{
  // 暗黙的な実装
  public void Foo(string str)
  {
    Console.WriteLine($"暗黙的={str}");
  }                                              ❶

  // 明示的な実装（IHoge）
  void IHoge.Foo(string str)
  {
    Console.WriteLine($"IHoge.Foo={str}");
  }                                              ❷

  // 明示的な実装（IHoge2）
  void IHoge2.Foo(string str)
  {
    Console.WriteLine($"IHoge2.Foo={str}");
  }                                              ❸
}

class InterfaceOverlap
{
  static void Main(string[] args)
  {
    var mc = new MyClass();
    mc.Foo("い");  // 結果：暗黙的＝い               ❹
```

```
    var ih = (IHoge)mc;
    ih.Foo("ろ");  // 結果：IHoge.Foo=ろ ─────────────────────── ⑤

    var ih2 = (IHoge2)mc;
    ih2.Foo("は");  // 結果：IHoge2.Foo=は ─────────────────────── ⑥
  }
}
```

明示的な実装には、メソッドの名前をインターフェイス名で修飾します。

構文 明示的なインターフェイス実装

```
戻り値の型 インターフェイス名.メソッド名(引数の型 引数, ...)
{
  ...メソッドの実装...
}
```

明示的な実装では、メソッド定義にアクセス修飾子を付与**できない**点にも注目です。

ここでは、明示的にインターフェイスを指定していない実装（❶）、それぞれ IHoge ／ IHoge2 インターフェイスを明示的に指定した実装（❷❸）と、合計3個の Foo メソッドを定義しています。

これらのメソッドを呼び出しているのが❹～❻です。まず、変数の型が実装クラス（ここでは MyClass）である場合は、暗黙的な実装（❶）が呼び出されます（❹）。

明示的に実装されたメソッドを呼び出すには、インターフェイス型にキャストしなければなりません。IHoge 型にキャストした❺では IHoge.Foo メソッドの結果が、IHoge2 型にキャストした❻では IHoge2.Foo メソッドの結果が、それぞれ得られることが確認できます。

8.3.4 インターフェイスと抽象クラスとの使い分け

インターフェイス／抽象クラスと、役者が出揃ったところで、最後に、双方をどのような観点で使い分けるのか ── 大まかな指針をまとめておきます。

結論から言うと、いずれか迷ったら、インターフェイスを優先して利用してください。

インターフェイスと抽象クラスとの決定的な違いは、抽象クラスがクラス階層の一部を構成するのに対して、インターフェイスは独立している点です（図8.20）。

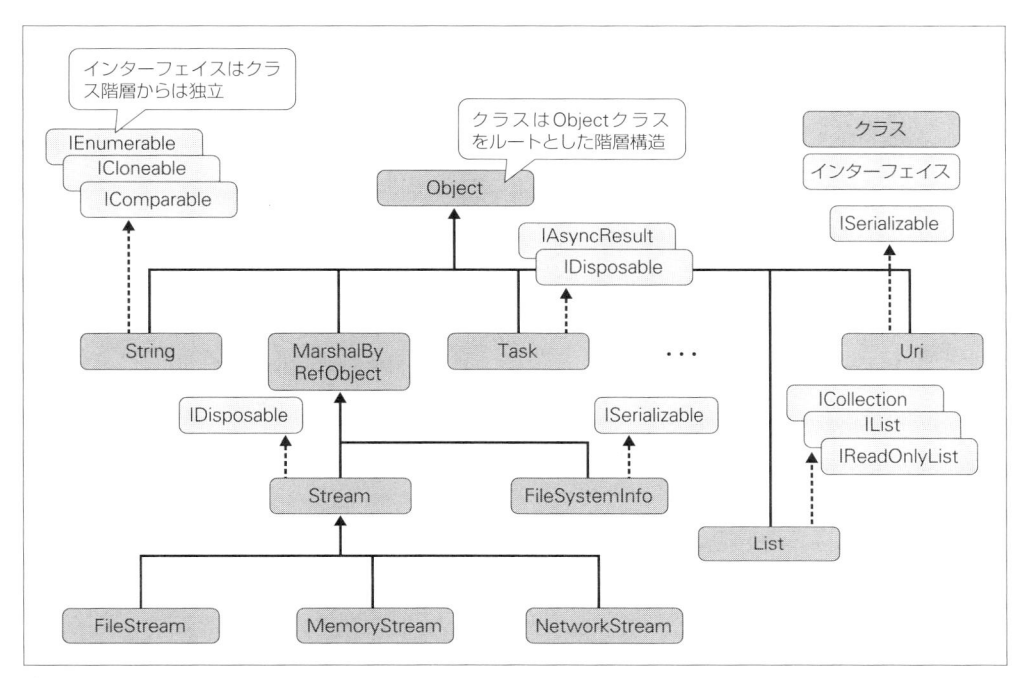

❖図8.20　クラスとインターフェイス

　型階層は厳密な体系化には優れていますが、必ずしも現実を再現できるわけではありません。たとえば、自動車クラスと豹クラスは、いずれも「走る」という機能を持ちますが、Runnable（走れる）のような抽象クラスを設けるのは現実的ではありません。それぞれのクラスは、たとえば乗り物クラス、動物クラスのような基底クラスを持つのが自然であり、そこにRunnableクラスが割り込む余地は（おそらく）ないからです。

　しかし、インターフェイスであれば、型階層からは独立しているので、特定の機能を割り込ませることは自由です。豹クラスがどのような基底クラスを持つにせよ、新たにIRunnableインターフェイスを実装する障害にはなりません。要求される機能が複数ある場合にも、インターフェイスであれば、多重継承が許されています。

　この違いは、既存のクラスに対して機能を追加する場合には、より顕著となります。インターフェイスは型階層から独立しているので、現在の型階層に関わらず、新たな機能の割り込みは自由です。しかし、抽象クラスではそうはいきません。関係するクラスを洗い出し、そのすべての上位クラスとなる位置に挿入する必要があります。しかも、階層の途中に、その機能を必要としないクラスが挟まっていたとしても、継承を拒む手段はないのです。

　一方、抽象クラスを採用するのは、振る舞い（＝そのクラスがどのメソッドを持つのか）以上に実装そのものに関心がある場合です。抽象クラスとインターフェイスとの最大の違いは、抽象クラスが実装を持てる点です。よって、抽象クラスでは共通的な機能を基底クラスにまとめ、固有の処理だけを派生クラスに委ねるという使い方ができます。

たとえばリスト8.30は、Streamクラス（System.IO名前空間）のコードです。Streamクラスは
FileStream、MemoryStream、BufferedStreamといったストリームの基底クラスで、*Xxxxx*Stream
の共通的な実装を提供しています。

▶リスト8.30　Stream.cs

```
public abstract class Stream : MarshalByRefObject, IDisposable {
  ...中略...
  // 具体的な実装は派生クラスに委ねる（抽象メソッド）
  public abstract int Read([In, Out] byte[] buffer, int offset, int count);
  ...中略...
  // 共通的な実装を提供する
  public virtual int ReadByte()
  {
    ...中略...
    int r = Read(oneByteArray, 0, 1);
    if (r == 0)
      return -1;
    return oneByteArray[0];
  }
  ...中略...
}
```

もしもStreamをインターフェイスで表現しようとしたら、非abstractなメソッドで書かれている
内容は、すべて個別の実装クラスで記述しなければなりません。

☑ この章の理解度チェック

1. 以下の文章はオブジェクト指向構文について説明したものです。正しいものには○、誤っているものには×を付けてください。

   （　）派生クラスから基底クラスのコンストラクターを呼び出すには、superキーワードを利用する。

   （　）virtual修飾子のないメソッドを、派生クラスで再定義することはできない。

   （　）override修飾子のないメソッドに、sealed修飾子を付けることはできない。

   （　）as演算子は左オペランドが右オペランドの型に変換できる場合にtrueを返す。

   （　）インターフェイスを複数実装することはできるが、クラスと一緒に実装／継承することはできない。

2. 拡張メソッド構文を利用して、標準のStringクラスに対して、頭文字だけを大文字にする
ToTitleCaseメソッドを追加してみましょう。

ヒント　文字列を大文字⬌小文字に変換するには、StringクラスのToUpper ／ ToLowerメ
ソッドを利用します。

3. 以下は、以下のような要件を前提に、Animalクラスを定義したコードですが、誤りが7点あ
ります。これを指摘して、正しいコードに修正してください。

- Name（名前） ／ Age（年齢）プロパティを持つこと
- Name ／ Ageプロパティはクラス外部からは設定できない
- Ageプロパティに負数を代入したときには、強制的に0を設定
- Name ／ Ageプロパティの内容をコンソール出力するIntroメソッドを持つこと

▶リスト8.B　Practice3.cs（SelfCSharp.Chap08.Practice名前空間）

```csharp
class Animal
{
  public int _age;

  public string Name { get; set; }

  public int Age
  {
      get { return _age; }
      set
      {
        int value;
        if(value < 0)
        {
          value = 0;
        }
        _age = value;
      }
  }

  public void ~Animal(string name, int age)
  {
```

```
      this.Name = name;
      this.Age = age;
    }

    public void Intro()
    {
      Console.WriteLine("ボクの名前は${this.Name}。${this.Age}歳だよ");
    }
  }
```

4. 以下のコードは、継承関係にあるMyClass／MySubClassメソッドを定義したものです。
   MySubClassメソッドではGetValueメソッドをオーバーライドし、戻り値となる文字列全体
   を［ … ］のようにブラケットで囲むように変更しています。空欄を埋めて、コードを完成さ
   せてください。

▶リスト8.C　Practice4.cs（SelfCSharp.Chap08.Practice名前空間）

```
class MyClass
{
  protected double value;

  public MyClass(double value)
  {
      ①  value = value;
  }

  public   ②   string GetValue()
  {
    return   ①   value.ToString("F1");
  }
}

class MySubClass   ③
{
  public MySubClass(double value)   ④   { }

  public   ⑤   string   ⑥   ()
  {
    return $"[   ⑦   ]";
  }
}
```

5. 以下は、インターフェイスとその実装クラスを定義したコードですが、いくつか誤りがあります。誤っている点を指摘してください。

▶リスト8.D　Practice5.cs （SelfCSharp.Chap08.Practice 名前空間）

```csharp
interface IAnimal
{
  public string Name { get; set; }

  abstract void Move();
}

class Hamster implements IAnimal
{
  protected string Name { get; set; }

  public override void Move()
  {
    Console.WriteLine($"{this.Name}は、トコトコ歩きます。");
  }
}

class Practice5
{
  static void Main(string[] args)
  {
    IAnimal i = new Hamster()
    {
      Name: "サクラ"
    };
    i.Move();  // 結果：サクラは、トコトコ歩きます。
  }
}
```

　本書では、Visual Studio環境でC#のプログラムを実行しましたが、たとえばライブラリの動作を確認したい場合など、いちいちプロジェクト、クラスファイルを作成して、ビルド＆実行という流れすら手間に感じることがあるかもしれません。そのような場合には、手軽に利用できるオンラインの実行環境を利用してみるのも良いでしょう。

　C# Padはブラウザー上で動作する対話型の実行環境（REPL）です（図8.A）。ウィンドウにコードを入力し、右下の［Go］ボタンをクリックすることで、その場で実行できます。コード入力時にはインテリセンス（コード補完機能）も働きますし、 ◢ （Share）ボタンでTwitter／Facebookなどにシェアすることも可能です。

　類似のツールとして.NET Fiddle（`https://dotnetfiddle.net/`）のようなものもあります。

❖図8.A　C# Pad（https://csharppad.com/）

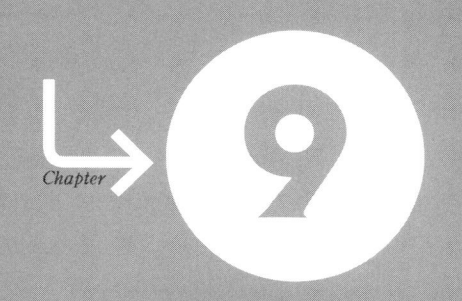

Chapter **9**

オブジェクト指向構文（名前空間／例外処理／ジェネリックなど）

第7章、第8章では、オブジェクト指向構文の中核となるクラス／インターフェイス（と、そのメンバー）を中心に解説してきました。これでオブジェクト指向プログラミングの基本は押さえられたはずですが、C#では、クラス／インターフェイスの脇を固めるさまざまな仕組みが豊富に取り揃えられているのが特徴です。以下に、本章で扱うテーマをまとめます。

- 名前空間
- 例外処理
- 列挙型
- 構造体
- 特殊なクラス（入れ子クラス／パーシャルクラス）
- ジェネリック
- Object クラス
- 演算子のオーバーロード

　これらを理解する中で、オブジェクト指向構文の理解をさらに深めていきましょう。脇を固めると言っても、特に、名前空間、例外処理などのトピックは開発に欠かせない、重要な知識です。

9.1　名前空間

　String、Math、StreamReader、List など、クラス／インターフェイスそのものの名前のことを**単純名**と言います。単純名は、クラスの数が増えるに従って、重複の可能性も高まります。MyList、MyLinkedList、MySpecialLinkedList…のように名前を長くしていけば、重複の可能性は減らせますが、本質的な解決にはなりません。そもそも自分が管理しているアプリ（プロジェクト）では重複を回避できたとしても、不特定多数に公開するコードでは、一意な名前を保証する術はありません（不特定の第三者が同じ名前を付けることを防ぐ術はないからです）。

　そこでより上位の概念として、名前を識別するために提供される仕組みが**名前空間**です。名前空間とは、クラス／インターフェイスなどの所属（または苗字）と言っても良いでしょう。StreamReaderだけでは一意にはならない（かもしれない）名前も、System.IO 名前空間に属する StreamReader クラスとすることで、名前の衝突を回避できます。

　名前空間まで加味した「`System.IO.StreamReader`」のような名前を（単純名に対して）**完全修飾名**（Fully qualified name）と言います（図9.1）。

　名前空間は単なる名前の識別というだけではなく、クラス／インターフェイスの分類という意味合いも持ちます。たとえば.NET クラスライブラリであれば、System.IO 名前空間には入出力に関わるクラスが、System.Globalization 名前空間には国際化に関わるクラスが、それぞれ機能別にまとめられています。名前空間とは、ファイルシステムにおけるフォルダーに相当するものと考えても良いでしょう。

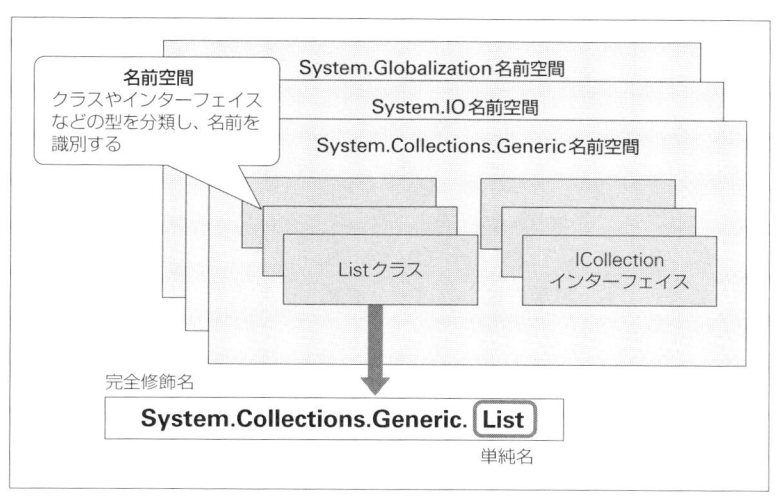

❖図9.1　名前空間

9.1.1　名前空間の基本

名前空間を宣言するには、namespace命令を利用します。

構文 namespace命令

```
namespace 名前
{
    ...名前空間に属する名前...
}
```

namespaceブロックの配下に、名前空間に属するクラス／インターフェイスを定義することで、すべてその名前空間に属することになります。

たとえばリスト9.1は、SelfCSharp.Chap09.Ns名前空間に属するNamespaceBasicクラスの例です。

▶リスト9.1　NamespaceBasic.cs

```
namespace SelfCSharp.Chap09.Ns
{
  class NamespaceBasic
  {
    ...中略...
  }
}
```

命名ルール

名前空間の命名ルールを、以下にまとめます。

[1] 名前の階層構造はドット（.）で表す

名前空間では、ファイルシステムのように階層構造を表現できます。その場合、階層の区切りはドット（.）で表します。名前空間には「.Chap09.Ns」のような、ファイルシステムの相対パスに相当する表記はありませんので、常に完全名「SelfCSharp.Chap09.Ns」で表すようにしてください。

namespaceブロックのネストによっても、階層構造を表現できます。リスト9.2は、リスト9.1と等価のコードです。

▶リスト9.2　NamespaceBasic.cs（SelfCSharp.Chap09.Ns名前空間）

```
namespace SelfCSharp
{
  namespace Chap09
  {
    namespace Ns
    {
      class NamespaceBasic
      {
          ...中略...
      }
    }
  }
}
```

一般的には、リスト9.1のようなドット区切りの表記で、階層ごとになんらかのクラス定義が含まれている場合には（たとえばSelfCSharp、SelfCSharp.Chap09名前空間に、それぞれ属するクラスがある場合には）リスト9.2の表記を採用すると良いでしょう。

[2] 階層ごとの名前は端的に

階層（.）ごとの要素は短く1単語で表すのが通例です。クラス／メソッド名などと同じくPascal記法とし、省略語は避けます。ただし、一般的に、あるいはプロジェクト内で認知されている省略語は、その限りではありません。たとえば本書では、Namespaceの省略語としてNsを利用しています。

[3] 企業名、製品名などをもとに命名

先ほど、名前空間は名前の衝突を解決する、と述べました。しかし、名前空間そのものが衝突してしまえば、名前を長くするのと同じ話で、そもそも本質的な解決にはなりません。

そこでC#では、名前空間は以下のガイドラインに沿って命名することが推奨されています。

> 企業名 . (製品名 | 技術名) [. 機能名 . サブ名前空間]

たとえば、図9.2は標準で提供されているライブラリの名前空間の例です。

企業名		技術名		機能名		サブ名前空間
Microsoft	.	**AspNet**	.	**Identity**	.	**OWIN**

❖図9.2　名前空間のガイドライン

サブ名前空間以降は、アプリやプロジェクトの規模に応じて深くしてもかまいません。

また、（上記のガイドラインに沿う限りは問題ないはずですが）Systemは.NET Framework標準のライブラリで利用されているので、原則として名前空間として利用すべきではありません。

 note namespaceブロックは省略することもできます。この場合、配下のクラス／インターフェイスは**グローバル名前空間**（名前なしの名前空間）に属するものと見なされます。グローバル名前空間も名前空間の一種ですが、あくまで便宜的なもので、名前衝突の回避などには役立ちません。使い捨てのコードでの利用に留めるべきです。

9.1.2　名前の解決

using命令による名前の解決については、1.3.2項でも解説しました。using命令を利用することで、完全修飾名は単純名で表記できるようになります。

```
System.Globalization.CultureInfo culture = ⏎
new System.Globalization.CultureInfo("ja-JP");
```

⬇

```
using System.Globalization;
...中略...
CultureInfo culture = new CultureInfo("ja-JP");
```

本項では、以上の理解を前提に、より細かな名前解決のルールについて解説していきます。

名前空間の別名

using命令を使っても、名前を一意に解決できないできない場合があります。たとえば、標準ライブラリSystem.IO.FileInfoと同名の、SelfCSharp.Chap09.Other.FileInfoという自作のクラスがあったとします（本来、標準ライブラリで利用されている名前を自作のクラスで利用するのは避けるべきですが、ここではあくまで説明のための便宜的な例として考えてください）。これを同じファイル上で利用したいとしたら、どうでしょう（リスト9.3）。

▶リスト9.3　NamespaceSame.cs（SelfCSharp.Chap09.Ns名前空間）

```
using System.IO;
using SelfCSharp.Chap09.Other;
...中略...
var f = new FileInfo(@"C:¥data¥sample.txt"); ─────────────── ❶
```

FileInfoクラスが、System.IO ／ SelfCSharp.Chap09.Otherいずれの名前空間に属するものかが判断できないので、❶のコードは「'FileInfo' は、'SelfCSharp.Chap09.Other.FileInfo' と 'System.IO.FileInfo' 間のあいまいな参照です」のようなエラーとなります。

これは、以下のように完全修飾名を表記すれば、解決します。

```
var f = new System.IO.FileInfo(@"C:¥data¥sample.txt");
```

しかし、頻出すれば、コードの見通しが悪くなるので、完全修飾名はできるだけ避けたいところです。このような場合には、名前空間に別名（エイリアス）を設定することをお勧めします（リスト9.4）。

▶リスト9.4　NamespaceAlias.cs（SelfCSharp.Chap09.Ns名前空間）

```
using System.IO;
using Cs = SelfCSharp.Chap09.Other; ─────────────────────── ❶
...中略...
var f = new Cs.FileInfo(@"C:¥data¥sample.txt"); ───────────── ❷
```

別名を設定するには、以下の構文を利用します。

構文 名前の解決（別名）

```
using 別名 = 名前空間;
```

❶であれば、SelfCSharp.Chap09.Other名前空間に対してCsという別名を設定しているわけです。これで❷のように「別名.クラス名」の形式で名前を表記できるようになります。

さらに、別名構文を利用することで、（名前空間ではなく）クラスに対して別名を付与することもできます（リスト9.5）。

```
using System.IO;
using MyFile = SelfCSharp.Chap09.Other.FileInfo; ─────────────── ❶
...中略...
var f = new MyFile(@"C:\data\sample.txt"); ──────────────── ❷
```

❶でSelfCSharp.Chap09.Other.FileInfoクラスの別名をMyFileとし、❷ではその名前でクラスをインスタンス化しているわけです。

───

note 別名構文は、名前解決を兼ねることはできません。つまり、以下のコードはエラーとなります。

```
using Sys = System.IO; ────────────────────── ❶
...中略...
var f = new FileInfo(@"C:\data\sample.txt");
```

❶は、あくまで別名を設定しているだけで、System.IOの名前解決を宣言しているわけではないからです。

あまりそうする機会はないかもしれませんが（そもそも別名を設定する機会が限定されるはずです）、もしも別名設定と名前解決とを表すならば、using命令を列記してください。

```
using Sys = System.IO;
using System.IO;
...中略...
var f = new FileInfo(@"C:\data\sample.txt");
```

───

9.1.3　エイリアス修飾子

別名を設定してもすべてが解決するわけではありません。たとえば、リスト9.6のような状況を考えてみましょう。

▶リスト9.6　NamespaceModifier.cs（SelfCSharp.Chap09.Ns名前空間）

```
using Chapter = SelfCSharp.Chap09.Other;

namespace SelfCSharp.Chap09.Ns
{
  class NamespaceModifier
  {
    static void Main(string[] args)
    {
```

```
        var f = new Chapter.FileInfo(@"C:\data\sample.txt");  ——————————————— ❶
      }
    }

    class Chapter {}
  }
```

　名前空間の別名としてChapterという名前を使っていたら、後から新たにChapterという名前のクラスが定義されてしまったという状況です。別名はファイルローカルな名前なので、複数人が関わるプロジェクトでは、こうした衝突はそれなりにあり得ることです。そして、このコードは双方のChapterを区別できないので、「'FileInfo'が型'Chapter'に存在しません」のようなエラーとなります。

　このような状況を回避するのが、エイリアス修飾子（::）です。別名（エイリアス）を「別名.クラス名」ではなく、「別名::クラス名」のように表記することで、本来の名前と別名とを区別できるようになります。

　先ほどの例であれば、❶の1行を以下のように書き換えることで、コードを動作できるようになります。

```
    var f = new Chapter::FileInfo(@"C:\data\sample.txt");
```

9.1.4　グローバル名前空間エイリアス

　命名によっては、名前空間の階層名が重複することもあります。たとえばリスト9.7の例では、SelfCSharp.Chap09.Util名前空間と、グローバル名前空間のUtilが重複しています。

▶リスト9.7　NamespaceGlobal.cs（SelfCSharp.Chap09.Util名前空間）

```
class Util
{
  public static void Run() { }
}

namespace SelfCSharp.Chap09.Util
{
  class NamespaceGlobal
  {
    static void Main(string[] args)
    {
      Util.Run();  ——————————————————————————————————————— ❶
    }
  }
}
```

この例では、❶のコードは「型または名前空間の名前 'Run' が名前空間 'SelfCSharp.Chap09.Util' に存在しません（アセンブリ参照があることを確認してください）」のようなエラーとなります。SelfCSharp.Chap09.Util名前空間の途中階層にUtilという識別子があるため、こちらが優先して認識されているのです。

このような状況で利用できるのが、グローバル名前空間エイリアス（global::）です。この例であれば、❶を以下のように書き換えます。

```
global::Util.Run();
```

これでglobal::UtilがSelfCSharp.Chap09配下のUtilではなく、グローバル名前空間のUtilであることが識別できるので、エラーを解消できます。

9.1.5　名前解決の優先順位

コードに記述された単純名が互いに衝突する場合、以下のルールで解決されます。

- 現在の名前空間で定義されたものは最優先
- namespaceブロックの内側で宣言されたusing命令は、外側のusing命令よりも優先
- 名前空間のエイリアスは、同名の名前解決よりも優先
- 同じ優先順位で名前が衝突した場合はエラー

以上をまとめて確認する例が、リスト9.8のコードです。

▶リスト9.8　NamespacePriority.cs（SelfCSharp.Chap09.Priority名前空間）

```
using SelfCSharp.Chap09.Priority1; ─────────────────── ❺
using MyUtil = SelfCSharp.Chap09.Priority2.MyUtil; ──────── ❸

namespace SelfCSharp.Chap09.Priority1
{
  class MyUtil
  {
    public static void Run()
    {
      Console.WriteLine("Priority1名前空間");
    }
  }
}
```

```
namespace SelfCSharp.Chap09.Priority2
{
  class MyUtil
  {
    public static void Run()
    {
      Console.WriteLine("Priority2名前空間");
    }
  }
}

namespace SelfCSharp.Chap09.Priority3
{
  class MyUtil
  {
    public static void Run()
    {
      Console.WriteLine("Priority3名前空間");
    }
  }
}

//class MyUtil ─────────────────────────────┐
//{                                          │
//  public static void Run() {               │ ❹
//    Console.WriteLine("グローバル名前空間");  │
//  }                                        │
//} ────────────────────────────────────────┘

namespace SelfCSharp.Chap09.Priority
{
  using SelfCSharp.Chap09.Priority3; ──────────────── ❷

  class MyUtil ──────────────────────────────┐
  {                                           │
    public static void Run()                  │
    {                                         │ ❶
      Console.WriteLine("現在の名前空間");       │
    }                                         │
  } ─────────────────────────────────────────┘
```

```
class NamespacePriority
{
  static void Main(string[] args)
  {
    MyUtil.Run();      // 結果：??????
  }
}
}
```

　まず初期の状態では、現在の名前空間SelfCSharp.Chap09.Priorityで定義されたMyUtilクラス（❶）が優先されるので、「現在の名前空間」というメッセージが表示されます。

　❶をコメントアウトすると、namespaceブロック配下で宣言された❷が優先で認識されるので、「Priority3名前空間」というメッセージが表示されます。

　さらに❷をコメントアウトしてみます。すると、別名宣言された❸が優先されるので、「Priority2名前空間」というメッセージが表示されます。

　ただし、別名宣言された名前（MyUtil）と同列で宣言された名前（グローバル名前空間のMyUtil）の優先順位は同じです。よって、❹をコメントインすると、名前解決できずにエラーとなります。

　❶～❹がすべてコメントアウトされた状態だと、グローバル名前空間でインポートされたSelfCSharp.Chap09.Priority1名前空間（❺）が認識され、「Priority1名前空間」というメッセージが表示されます。

　以上が名前解決のルールですが、一目見て、どの名前を指しているのかがわからないのは可読性の面からも難がありますし、コードの編成が変わった途端にエラーとなる（または、指しているものが変わる）のは潜在的なバグの原因ともなります。

　そもそも同じコードで幾重にも名前が重複するような状況はあまりないはずですし、そんな状況そのものを避けるべきですが、そのような状況に陥ってしまった場合には、完全修飾名で表すのが無難です。

9.1.6 　補足　using static命令による型のインポート　C#6

　厳密には、名前空間に関する機能ではありませんが、名前解決の一環ということでusing static命令についても補足しておきます。using static命令を利用することで、（名前空間だけではなく）クラス／構造体、列挙型などの型を略記できるようになります。

構文 using static命令

```
using static 完全修飾名
```

　ただし、略記できるのは、

- 静的（static）メンバー
- 入れ子になった型（9.4.1項）

を表す場合だけです。特に静的メンバーを、あたかも関数のように「メソッド名(...)」で呼び出す際によく利用します（リスト9.9）。

▶リスト9.9　UsingStatic.cs（SelfCSharp.Chap09.Ns名前空間）

```
using static System.Console; ─────────────────────────────── ❶
using static System.Math; ───────────────────────────────

namespace SelfCSharp.Chap09.Ns
{
  class UsingStatic
  {
    static void Main(string[] args)
    {
      WriteLine(Abs(-13));    // 結果：13 ───────────────
      WriteLine(Round(1.6));  // 結果：2 ───────────────── ❷
    }
  }
}
```

　この例であれば、System.Console ／ System.Math クラスを型インポートすることで（❶）、本来、Console.WriteLine、Math.Abs、Math.Round となるべき記述を、単に WriteLine、Abs、Round と記述できていることが確認できます（❷）。

9.2　例外処理

　例外とは、アプリを実行した時に発生する異常な状態、エラーのことです。また、発生した例外に対処するための処理のことを**例外処理**と言います。

　もちろん、エラーの中には未然に防げるものもあります。たとえばメソッドを呼び出そうとしたらオブジェクトがなかった（＝ null であった）、配列サイズを超えて要素にアクセスしようとした、などです。これらは例外などという言葉を持ち出すまでもなく、プログラムのバグなので、リリース前に開発者の責任で修正すべきものです。

　一方、開発者の責任では回避できないエラーもあります。たとえばアクセスしようとしたファイルが存在しなかった（またはアクセス権限が与えられていなかった）、接続を試みたデータベースが停止していた、という類の問題です。これらの問題は開発者の責任ではありませんが、それでも、これ

らの問題を検出する必要はあります（意図せず、そのまま処理が継続されたり、フリーズの原因となるような状況は避けるべきです）。そこでC#では、例外を検知し、対処するために、例外処理という仕組みを提供しているのです。

9.2.1　例外処理の基本

例外を処理するのは、try...catch命令の役割です。

構文 try...catch命令

```
try
{
  ...例外が発生する可能性があるコード...
}
catch（例外型1 変数1）
{
  ...例外型1が発生した場合の処理...
}
catch（例外型2 変数2）
{
  ...例外型2が発生した場合の処理...
}
```

tryブロックで例外が発生すると、発生した例外の種類に応じて、catchブロックが呼び出されます。例外が発生することを、例外が**スロー**（throw）されると言います。また、catchブロックで例外を受け取ることを、例外を**捕捉する**、または**キャッチする**、などと言います。

C#では、例外もまた型（クラス）の一種である点に注目です。例外をクラス階層によって表すことで、より一般的な例外を上位クラスで、個別の例外を下位クラスで、というように、例外を厳密に分類できるというメリットがあります。例外のクラス階層については、9.2.3項で後述します。

catchブロックは、tryブロックで発生する可能性のある例外に応じて、必要な数だけ列記できます（図9.3）。

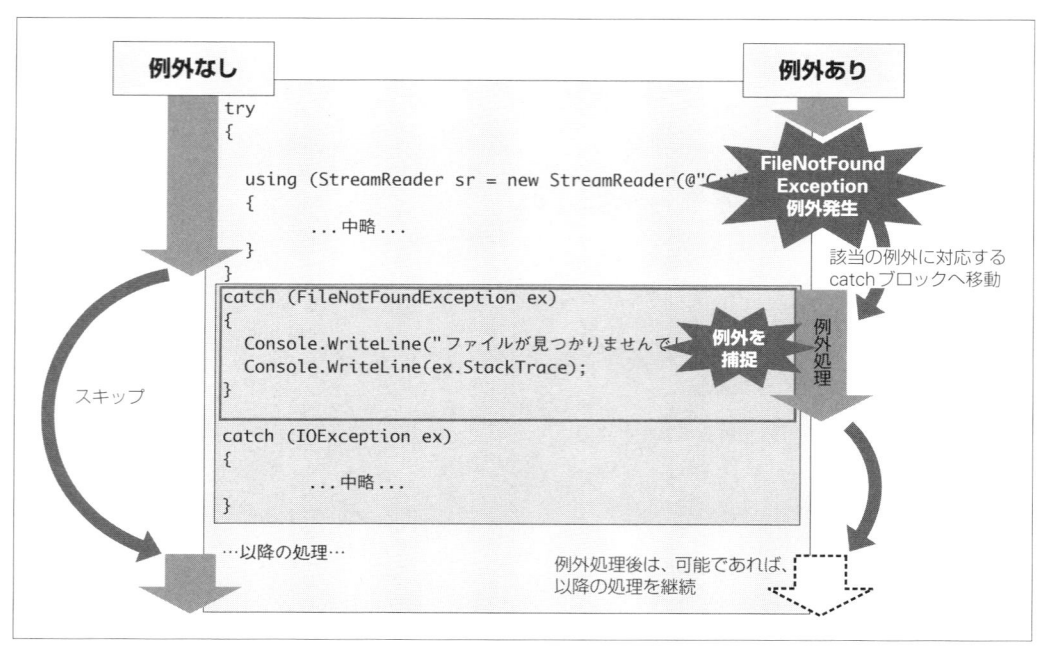

❖図9.3　try...catch命令による例外処理の流れ

　具体的なコードも見てみましょう。リスト9.10は、StreamReaderクラス（5.4.2項）で指定された
ファイルをオープンする例です。指定したファイルが見つからない場合、エラー情報を表示します。

▶リスト9.10　TryCatch.cs

```
using System.IO;
...中略...
try
{
  using (StreamReader sr = new StreamReader(@"C:\nothing.dat"))  ──────── ❶
  {
    Console.WriteLine(sr.ReadToEnd());
  }
}
catch (FileNotFoundException ex)
{
  Console.WriteLine("ファイルが見つかりませんでした。");
  Console.WriteLine(ex.StackTrace);  ──────────────────── ❷
}
```

```
ファイルが見つかりませんでした。
  場所 System.IO.__Error.WinIOError(Int32 errorCode, String maybeFullPath)
  ...中略...
  場所 SelfCSharp.Chap09.TryCatch.Main(String[] args) 場所 C:¥data¥⏎
SelfCSharp¥Chap09¥TryCatch.cs:行 12
```

　StreamReaderクラスは、指定されたファイルが存在しない場合に、FileNotFoundException（ファイルが見つからない）例外をスローします（❶）。コンストラクター／メソッドがどのような例外を発生する可能性があるかは、APIリファレンス（`https://msdn.microsoft.com/ja-jp/library/mt472912`）から確認できます（図9.4）。

❖図9.4　StreamReaderコンストラクターの詳細

　catchブロックでは、指定された例外変数（ここではex）を介して例外クラスにアクセスできます。例外変数は、慣例的にe、exとするのが一般的です。C#ではブロック単位にスコープを持つので、複数のcatchブロックがある場合にも、同じ変数名を利用してかまいません。

> *note* catchブロックで例外クラスを参照する必要がない場合、例外変数は省略してもかまいません。たとえば以下は、正しいtry...catch構文です。
>
> ```
> try
> {
>   ...中略...
> }
> catch (FileNotFoundException)        ➡例外変数を使っていないので省略
> {
>   Console.WriteLine("ファイルが見つかりませんでした。");
> }
> ```

StackTraceプロパティ（❷）は例外クラス共通で利用できるプロパティの1つで、例外スタックトレースを返します。構文上、catchブロックは空にもできますが、そうすることは避けてください。catchブロックを空にするということは、発生した例外を無視する（握りつぶす）ということであり、バグなどの問題特定を困難にします。

その場で例外を処理できない場合は、そもそも例外はスローされるままにすべきですし、暫定的に例外処理を実装する際にも、最低限、例外情報を標準出力／ログに出力し、例外の発生を確認できるようにします。

表9.1に、catchブロックでよく利用する例外クラスのプロパティをまとめておきます。

❖表9.1　例外クラスの主なプロパティ（*は読み取り専用）

プロパティ	概要
IDictionary Data*	例外に関するユーザー定義の情報（キー／値のペア）
string HelpLink	例外に関連付いたヘルプファイルへのリンク
Exception InnerException*	現在の例外の原因となる例外
string Message*	例外メッセージ
string Source	エラーの原因となったアプリ／オブジェクトの名前
string StackTrace*	スタックトレース（呼び出し履歴）
MethodBase TargetSite*	現在の例外がスローされたメソッド

スタックトレースとは、例外を発生するまでに経てきたメソッドの一覧です（図9.5）。エントリーポイントであるMainメソッドに始まり、呼び出し順に記録されています。

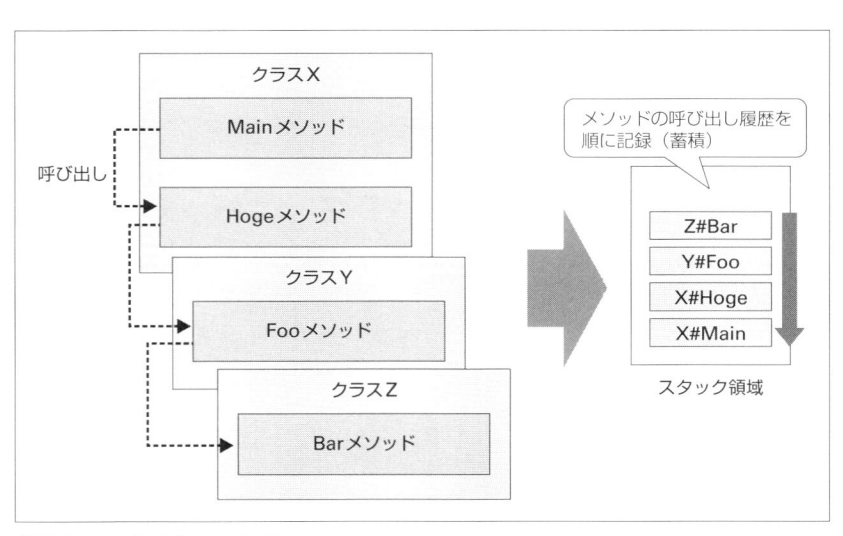

❖図9.5　スタックトレースとは?

例外が発生した場合にも、まずはスタックトレースを確認することで、意図しないメソッドが呼び出されていないか、そもそもメソッド呼び出しの過程に誤りがないかなどを確認でき、問題特定の手がかりとなります。

　スタックトレースは、Visual Studioからも確認できます。デバッグ実行（1.3.3項）した状態で、表示された［呼び出し履歴］ウィンドウを確認してください（図9.6）。

❖図9.6　［呼び出し履歴］ウィンドウ

 **エキスパートに訊く**

Q: そもそも、なぜtry...catch命令が必要なのでしょうか。メソッドの戻り値からエラーの有無を調べて、エラーがあった場合にだけ処理するという方法ではダメなのでしょうか。

A: もちろん、発生しそうな問題をif命令でチェックすることも可能です。しかし、一般的なアプリではチェックすべき項目が多岐にわたっており、本来のロジックが膨大なチェックに埋もれてしまうおそれがあります。これはコードの可読性という観点からも望ましい状態ではありません。

しかし、try...catchというエラー（例外）処理専用のブロックを利用することで、以下のようなメリットがあります。

- ・ 例外の可能性があるコードをまとめてtryブロックでくくれば良いので、逐一、チェックのコードを記述しなくても良い（＝コードが短くなる）
- ・ try...catchは例外処理のための命令なので、汎用的な分岐命令であるifと違って、本来の分岐と識別しやすい（＝コードが読みやすい）
- ・ メソッドの戻り値をエラー通知のために利用しなくて済むようになる（＝戻り値は本来の処理結果、エラーは例外で、と用途によって区別できる）

try...catch命令を利用することで、例外をよりシンプルに、かつ、確実に処理できるようになるのです。

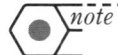

例外処理とは、名前のとおり、「例外的な」状況が発生したことを検知するための仕組みです。よって、正常系の制御のために例外処理を利用してはいけません。

というのも、例外処理は、他の制御構文に比べて低速です。また、そもそも正常系に例外処理を用いることで、コード本来の趣旨がわかりにくくなるのは望ましい状況ではありません。

たとえば、リスト9.Aは配列要素を順に出力するためのコードです。これは動作はしますが、避けるべきコードです（foreachブロックで十分です）。

▶リスト9.A　TryBad.cs

```csharp
var data = new[] { "C#", "Java", "Python" };
try
{
  var i = 0;
  // 無限ループ（指定のインデックスが範囲外になったところで例外）
  while (true)
  {
    Console.WriteLine(data[i++]);
  }
}
catch (IndexOutOfRangeException ex) { }
```

9.2.2　finallyブロック

　try...catch命令には、必要に応じてfinallyブロックを追加することもできます。finallyブロックは、例外の有無に関わらず最終的に実行されるブロックで、その性質上、tryブロックの中で利用したリソースの後始末のためなどに利用します。複数列記できるcatchブロックに対して、finallyブロックは1つしか指定できません。

　リスト9.11に、具体的な例を示します。

▶リスト9.11　TryFinally.cs

```csharp
using System.IO;
...中略...
StreamReader sr = null;
try
{
  sr = new StreamReader(@"C:¥nothing.dat");
  Console.WriteLine(sr.ReadToEnd());
```

```
}
finally
{
  // 例外の有無に関わらず、ファイルをクローズ
  if (sr != null)
  {
    sr.Close();
  }
}
```

　ファイルのような共有リソースは、利用したら確実に解放することを求められます。解放されずに残ったリソースは、メモリーを圧迫したり、そもそも他からの利用を妨げる原因ともなるからです。

　しかし、tryブロックでCloseメソッドを記述してしまうとどうでしょう。Closeメソッドが呼び出される前に、なんらかの例外が発生した場合、Closeメソッドがスキップされてしまうのです。しかし、finallyブロックに記述することで、例外の有無に関わらず、Closeメソッドが必ず呼び出されることが保証されます。

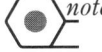

note ただし、C#ではtry...finally構文でリソースを破棄することはあまりありません。というのも、リソース破棄に特化しており、try...finally構文よりもシンプルに表現できるusing構文が用意されているからです。具体的な例については、すでに5.4.1項でも触れたとおりです。
ただし、using命令はあくまでリソース解放の仕組みです。リソースの操作に際して例外処理を要する場合には、リスト9.10のようにusing／try...catchブロックを入れ子にするか、try...catch...finallyブロックを利用する必要があります。

note try／catch／finallyは、以下の組み合わせが可能です。

- try...catch
- try...catch...finally
- try...finally

tryを省略してcatch...finally、またはtryだけのパターンは不可です。

9.2.3　例外クラスの型

　すべての例外クラスは、Exceptionクラス（System名前空間）を基底クラスとする階層ツリーの中に属します。階層ツリーで上位の例外はより一般的な例外を、下位の例外はより問題に特化した例外を意味します。図9.7は、標準ライブラリの中で提供されている主な例外クラスの階層構造です。

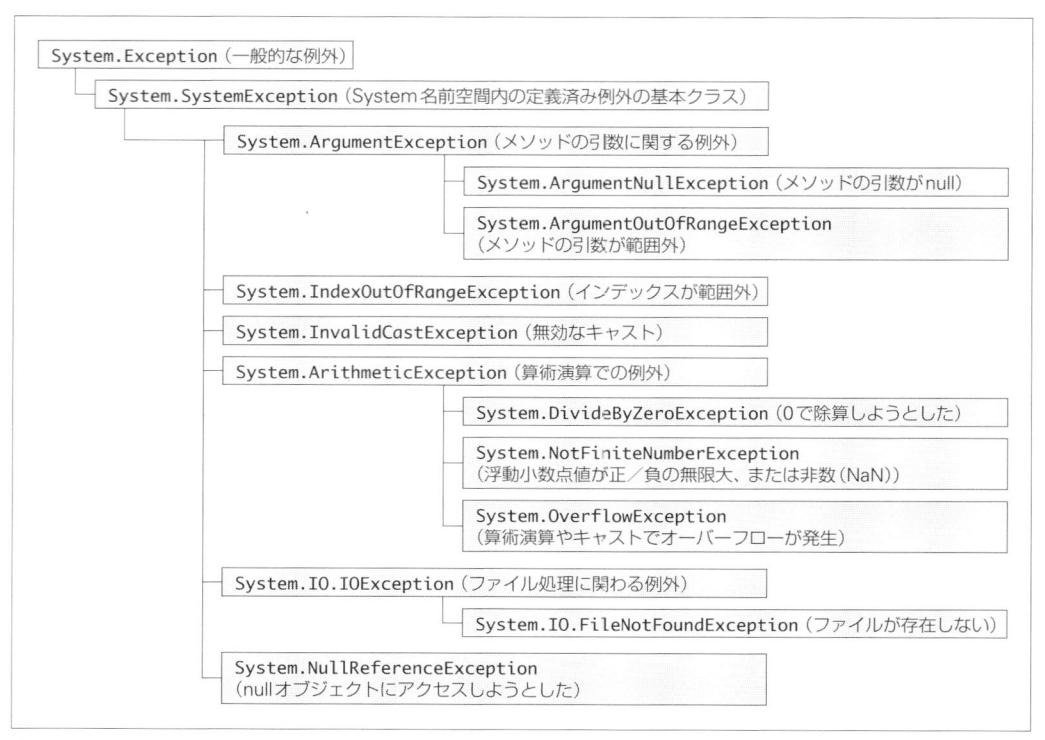

❖図9.7　例外クラス

　catchブロックは、正確には、発生した例外がcatchブロックのそれと一致した場合、あるいは、発生した例外の基底クラスである場合に呼び出されます。よって、たとえば以下のようなtry…catchブロックを表すことで、すべての例外を捕捉できます。

```
try
{
  // 例外を発生する可能性があるコード
}
catch (Exception ex)
{
  Console.WriteLine(ex.StackTrace);
}
```

　しかし、このようなコードは原則として避けるべきです。というのも、Exceptionはすべての例外を表すので、例外処理の対象があいまいになりがちなためです。例外は、原則として個別の意味が明確となるException派生クラス（詳細な例外）として受け取るようにしてください。

　同様の理由で、たとえば引数が範囲外の値であった場合の処理を捕捉するならば、上位のArgumentException例外よりも、ArgumentOutOfRangeException例外を利用すべきです。

catchブロックの記述順序

　catchブロックの記述順序にも要注意です。というのも、複数のcatchブロックがある場合には、記述が先にあるものが優先されるからです。たとえばリスト9.12のようなコードは、先頭のExceptionクラスがすべての例外を捕捉してしまい、2番目のcatchブロックが呼び出されないことから、コンパイルエラーとなります。

▶リスト9.12　TryCatchOrder.cs

```
using System.IO;
...中略...
try
{
  using (StreamReader sr = new StreamReader(@"C:\nothing.dat"))
  {
    Console.WriteLine(sr.ReadToEnd());
  }
}
catch (Exception ex)
{
  Console.WriteLine(ex.StackTrace);
}
catch (ArgumentNullException ex)
{
  Console.WriteLine(ex.StackTrace);
}
catch (FileNotFoundException ex)
{
  Console.WriteLine(ex.StackTrace);
}
catch (ArgumentException ex)
{
  Console.WriteLine(ex.StackTrace);
}
```

　catchブロックを列記する場合、より下位の例外クラスを先に、上位の例外クラスを後に記述しなければなりません（やむを得ず、Exceptionクラスを捕捉する場合も、最後に記述します）。

　例外は、最初は小さな網で捕らえ、より網の範囲を広げていくようなイメージで捉えておくと良いでしょう。

例外フィルター C#6

C# 6以降では、**例外フィルター**という仕組みが設けられ、catchブロックに条件句（when句）を加えられるようになりました。条件フィルターを利用することで、例外クラスの型に加えて、条件式を使った例外の振り分けが可能になります。

構文 例外フィルター

```
catch(例外型 変数) when(条件式)
```

たとえばリスト9.13は、指定されたファイルが存在しない場合の例外処理です。ただし、例外メッセージ（Messageプロパティ）に「.dat」という文字列が含まれているかどうかによって、メッセージを分岐します。

▶リスト9.13　TryWhen.cs

```csharp
using System.IO;
...中略...
try
{
  // 存在しないファイルをオープン
  var f = new StreamReader(@"C:\nothing.dat");
}
// メッセージに「.dat」が含まれている場合
catch (FileNotFoundException ex) when (ex.Message.Contains(".dat"))
{
  Console.WriteLine("存在しない.datファイルが指定されました。");
}
// メッセージに「.dat」が含まれていない場合
catch (FileNotFoundException)
{
  Console.WriteLine("存在しないファイルが指定されました。");
}
```

```
存在しない.datファイルが指定されました。
```

catchブロックが上から順に判定されていくルールは、従来と同じです。よって、when付きのcatchブロックを列挙する場合にも、先により限定された条件式を、後方により広くマッチする条件式を指定してください。

例 例外フィルターによるマルチキャッチ

　複数の例外をキャッチする場合、しかも、処理内容が同じ場合でも、従来であれば、同一のcatchブロックを列記しなければなりませんでした。

```
try
{
  using (StreamReader sr = new StreamReader(@"C:¥nothing.dat"))
  {
    Console.WriteLine(sr.ReadToEnd());
  }
}
catch (FileNotFoundException ex)
{
  // 例外処理の内容は下と同じ
  Console.WriteLine("ファイルにアクセスできません。");
  Console.WriteLine(ex.StackTrace);
}
catch (ArgumentException ex)
{
  // 例外処理の内容は上と同じ
  Console.WriteLine("ファイルにアクセスできません。");
  Console.WriteLine(ex.StackTrace);
}
```

同じ内容のcatchブロックを
列記しなければならない！

　このようなコードを嫌って、Exceptionクラスでまとめてキャッチしたくなるところですが、先ほども触れた理由からも避けるべきです。

　ここで利用できるのが、例外フィルターです（リスト9.14）。例外フィルターとis演算子（8.2.8項）を組み合わせることで、複数例外を1つのcatchブロックでキャッチ（マルチキャッチ）することが可能になります。

▶リスト9.14　TryMulti.cs

```
using System.IO;
...中略...
try
{
  using (StreamReader sr = new StreamReader(@"C:¥nothing.dat"))
  {
    Console.WriteLine(sr.ReadToEnd());
  }
}
catch (Exception ex) when(
```

```
    ex is FileNotFoundException ||
    ex is ArgumentException
)
{
    // 1つにまとまった例外処理
    Console.WriteLine("ファイルにアクセスできません。");
    Console.WriteLine(ex.StackTrace);
}
```

例外型としてはExceptionで受けておいて、when句で、例外変数exの型を判定するわけです。この例であれば、例外型がFileNotFoundException ／ ArgumentExceptionいずれかである場合にだけマッチします。

9.2.4　例外をスローする

例外は、あらかじめ用意されたライブラリ（メソッド）がスローするばかりではありません。throw命令を利用することで、アプリ開発者が自ら例外をスローすることもできます。

構文 throw命令

```
throw 例外オブジェクト
```

たとえばリスト9.15はStreamReaderクラス（System.IO名前空間）のソースコードからの引用です。

▶リスト9.15　StreamReader.cs

```
public StreamReader(Stream stream, Encoding encoding,
  bool detectEncodingFromByteOrderMarks, int bufferSize, bool leaveOpen)
{
  if (stream == null || encoding == null)
    throw new ArgumentNullException((stream == null ? "stream" : "encoding"));
  if (!stream.CanRead)
    throw new ArgumentException(
      Environment.GetResourceString("Argument_StreamNotReadable"));
  if (bufferSize <= 0)
    throw new ArgumentOutOfRangeException("bufferSize",
      Environment.GetResourceString("ArgumentOutOfRange_NeedPosNum"));
  ...中略...
}
```

throw命令には、任意の例外オブジェクトを渡せます。例外オブジェクトの要件は、Exception クラスの派生クラスであることだけです。この例であれば、

- 引数stream（ストリーム）、encoding（文字コード）がnullである場合にはArgumentNullException 例外
- ストリームが読み取り可能でない場合にArgumentException 例外
- 引数bufferSize（バッファーサイズ）が負数の場合にArgumentOutOfRangeException 例外

を、それぞれスローしています。一般的に、throw命令はなんらかのエラー判定（if命令）とセットで利用されます。

throw式 C#7

従来のthrowは文（ステートメント）でしか利用できませんでした。しかし、C# 7以降では利用できる場所は制限されるものの、式としてthrowを利用できます。これを**throw式**と言います。

throw式を利用できるのは、以下のような場合です。

[1] 条件演算子

たとえば以下は変数iが正数の場合はその値を出力し、さもなければ例外をスローする例です。

```
var i = -10;
Console.WriteLine(i > 0 ? i :
  throw new Exception("iは正数でなければいけません。"));
```

[2] null合体演算子

たとえば以下は変数strが非nullであればその値を出力し、さもなければ例外をスローする例です。

```
var str = "山田";
Console.WriteLine(str ?? throw new Exception("変数strがnullです。"));
```

[3] 式形式のラムダ式／メソッド

以下はただ例外をスローするだけのHoge メソッドの例です。ラムダ式（メソッド）については、10.1.5項で詳しく解説します。

```
void Hoge() => throw new NotSupportedException("未実装です。");
```

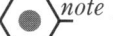

note throw式を利用する場合、式全体として型があいまいにならないように注意してください。たとえば以下のコードは「'<null>' と '<スロー式>' の間に暗黙的な変換がないため、条件式の型がわかりません」のようなエラーとなります。

```
Console.WriteLine(i > 0 ? null : throw new Exception("..."));
```

nullはそれ自体は型を持たず、throw式は任意の型に変換可能なので、条件演算子による式全体として型が決まらないのです。

9.2.5 例外をスローする場合の留意点

その他、構文規則ではありませんが、例外をスローする場合には、以下の点にも留意してください。

[1] Exception例外をスローしない

9.2.3項で解説したのと同じ理由から、Exception例外をスローすべきではありません。throw命令では、例外の内容を識別できるよう、まずはException派生クラス（詳細な例外）を投げるようにしてください。

[2] できるだけ標準例外を利用する

自分で例外をスローする場合は、まずは既存の例外に適切なものがないかを確認してください（9.2.3項）。たとえば不正な引数が渡されたことを通知するためにInvalidArgumentExceptionのような独自の例外クラスを用意すべきではありません（独自例外の定義については次項で解説します）。標準でArgumentExceptionクラスが用意されているからです。

[3] 例外の再スローには「throw;」

例外は、その場で処理するばかりではありません。その場ではログを残すに留め、処理そのものは呼び出し元に委ねることもあります（適切な復旧ができないならば、むしろ積極的に上位のメソッドに投げるべきです）。これを例外を再度投げるという意味で、例外の**再スロー**と呼びます。

例外を再スローするには、catchブロックの中でthrow命令を呼び出すだけですが、注意すべき点もあります（リスト9.16）。

▶リスト9.16　ThrowRe.cs

```
using System.IO;
...中略...
try
{
  using (StreamReader sr = new StreamReader(@"C:¥nothing.dat"))
  {
    Console.WriteLine(sr.ReadToEnd());
  }
}
catch (FileNotFoundException ex)
{
  throw;
}
```

ここで太字の部分（throw;）を「throw ex;」（引数あり）としては**ならない**点に注意してください。というのも、引数ありで再スローされた場合には、その時点のスタックトレースでそれまでのスタックトレースが上書きされてしまうからです（新たに例外をスローするということです）。「throw;」（引数なし）とすることで、そこまでのスタックトレースをそのままに、例外を再スローできます。

---

note

一般的に、try...catchブロックによる例外処理はオーバーヘッドも大きく、低速です。過度に気にする必要はありませんが、可能な範囲では例外の発生そのものを最小限に抑えることは重要です。そのための方策として、マイクロソフトのドキュメントでは、以下のようなパターンが紹介されています。

[1] Tester-doerパターン
テスト（Test）してから実行（do）しなさい、ということです。たとえばDictionaryクラス（6.4.1項）のインデクサーではキーが存在しない場合にKeyNotFoundException例外を発生します。しかし、ContainsKeyメソッドでキーの有無を確認（テスト）してからアクセスすることで例外の発生を未然に防げます。

[2] Try-Parseパターン
名前のとおり、TryParseメソッド（5.3.1項）のようなパターンです。
Parseメソッドでは日付を解析できない場合に例外を発生します。しかし、例外を避けるために、あらかじめ日付文字列の正否をテストするのは困難です。というのも、テストのためには結局、解析そのものを行わなければならず、Parseメソッドを呼び出すのと変わりがなくなってしまうからです。
そこでParseメソッドとは別に、解析に失敗しても例外を返さない（＝成否をbool値で返す）TryParseメソッドを用意しておくのです。TryParseメソッドでは、本来の結果はout引数で返します。

ここでは、標準ライブラリでの例を挙げましたが、自分でクラスを設計する場合の参考としてください。

9.2.6　例外クラスを拡張する

　例外クラスは、自ら定義することもできます。これまで見てきたように、try...catch命令では、発生した例外（型）に応じて処理を振り分けることができるので、アプリ固有のビジネスロジックに起因する問題に対しては、適切な例外クラスを用意しておくのが望ましいでしょう。
　リスト9.17は、アプリレベルで発生した問題を表すMyAppExceptionクラスの例です。

▶リスト9.17　MyAppException.cs

```
using System.Runtime.Serialization;
...中略...
```

```
class MyAppException : Exception ─────────────────────────────── ❶
{
  public MyAppException() { } ─┐

  public MyAppException(string message) : base(message) { }

  public MyAppException(string message, Exception innerException)       ❷
    : base(message, innerException) { }

  public MyAppException(SerializationInfo info, StreamingContext context)
    : base(info, context) { } ─┘
}
```

　独自の例外クラスを定義するには、Exception クラス（または、その派生クラス）を継承します（❶）。以前は、アプリ固有の例外を意味する ApplicationException（System 名前空間）を継承するのがルールでしたが、現在は非推奨となっているので注意してください。というのも、標準ライブラリでも ApplicationException を継承している例外があり、「アプリ固有の例外」という本来の使い方があいまいになってしまったためです。

　この例では、派生クラスの側では特に追加の実装は行っていません。例外の種類を識別するためだけの目的であれば、このように Exception クラスで定義されたコンストラクターをオーバーライドし、base 呼び出しすれば十分です（❷）。それぞれの引数の意味は、表9.2のとおりです。

❖表9.2　例外クラス（コンストラクター）の引数

引数	概要
message	例外メッセージ
innerException	例外の原因となった例外
info	例外に関する情報（シリアル化済みオブジェクト）
context	情報の転送元／先についてのコンテキスト情報

　ほとんどの例外クラスは以上の書き方に従えば十分ですが、以下に独自のメンバーを定義した例も補足しておきます。リスト9.18は FileNotFoundException 例外（System.IO 名前空間）の例です。

▶リスト9.18　FileNotFoundException.cs

```
public class FileNotFoundException : IOException {
  // 独自のフィールド（対象のファイル名）
  private String _fileName;
  ...中略...
  // 独自のコンストラクター
  public FileNotFoundException(String message, String fileName) : base(message)
  {
```

```
    SetErrorCode(__HResults.COR_E_FILENOTFOUND);
    _fileName = fileName;
  }
  ...中略...
  // 独自のプロパティ
  public String FileName {
    get { return _fileName; }
  }
  ...中略...
}
```

オーバーフローとは桁あふれのことです。2.2.1項でも触れたように、それぞれの数値型では扱える値の範囲が決まっています。しかし、算術演算などによって、その範囲を超えてしまうことがあります。これがオーバーフローです。

具体的な例も見てみましょう（リスト9.19）。

▶リスト9.19　Overflow.cs

```
var i = int.MaxValue;
Console.WriteLine(++i);  // 結果：-2147483648
```

int型の最大値（MaxValueフィールド）をさらにインクリメントしているので、オーバーフローが発生します。結果が-2147483648となる理由については2.1.1項を参照してください。

ここで注目してほしいのは、

　　オーバーフローが発生しても既定では例外は発生しない

という点です。

ただし、オーバーフローを例外としてチェックしたいかどうかは状況によって変化します。

[1] アプリ全体でオーバーフローをチェックする

まず、アプリ全体としてオーバーフローを例外として扱いたい場合には、プロジェクトのプロパティ［ビルド］タブから［詳細設定...］ボタンをクリックします。

［ビルドの詳細設定］ダイアログ（図9.8）が開くので、［演算のオーバーフローおよびアンダーフローのチェック］にチェックを加えてください。これでアプリ全体として、オーバーフローをチェックするようになります。

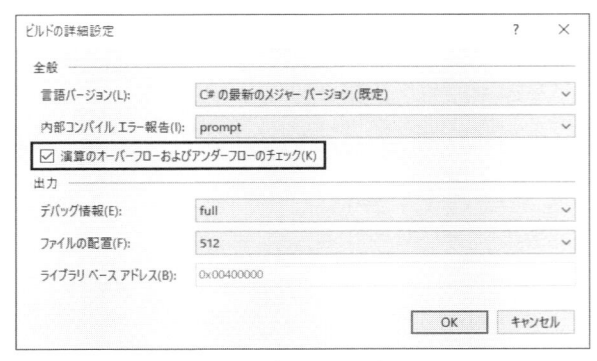

❖図9.8 ［ビルドの詳細設定］ダイアログ

[2] 特定のブロックでのみオーバーフローをチェックする

アプリ全体ではなく、アプリ内の特定の箇所でのみオーバーフローをチェックしたいことがあります。この場合は、checkedブロックを利用します。

構文 checkedブロック

```
checked
{
  ...オーバーフローを発生するかもしれないコード...
}
```

リスト9.19をcheckedブロックで書き換えたのが、リスト9.20の例です（先ほど、プロジェクト全体でオーバーフローをチェックした場合には、実行に先立って無効にしてください）。

▶リスト9.20 Overflow.cs

```
try
{
  checked
  {
    var i = int.MaxValue;
    Console.WriteLine(++i);
  }
}
catch (OverflowException ex)
{
  Console.WriteLine("オーバーフロー発生！");
}
```

9

オブジェクト指向構文（名前空間／例外処理／ジェネリックなど）

オーバーフロー発生！

　オーバーフローを発生する可能性があるコードをcheckedブロックでくくるだけです。これでオーバーフロー時にOverflowException例外が発生しますので、try...catchブロックでこれを捕捉します。

　オーバーフローを発生する可能性があるのが特定の式に限定される場合には、checked演算子を利用してもかまいません。リスト9.20の太字部分（checked {...}）は、checked演算子を使うと、リスト9.21のように書き換えが可能です。

▶リスト9.21　Overflow.cs

```
var i = int.MaxValue;
Console.WriteLine(checked(++i));
```

オーバーフローのチェックを除外する

　逆に、アプリ（クラス）全体ではオーバーフローをチェックするが、特定の演算でのみオーバーフローを許容したいという場合もあります。その場合は、uncheckedブロック／演算子を利用してください（リスト9.22）。

▶リスト9.22　OverflowUnchecked.cs

```
var i = int.MaxValue;
Console.WriteLine(unchecked(++i));
```

　先ほどの手順に従って、アプリ（プロジェクト）のオーバーフローチェックを有効にしたうえで、サンプルを実行してみましょう。「-2147483648」のような結果が得られて、OverflowException例外が発生しない（＝オーバーフローがチェックされていない）ことが確認できます。

　オーバーフローをより細かく制御したいならば、checked／uncheckedを入れ子に利用することも可能です。たとえばリスト9.20の太字部分を、以下のように書き換えてみましょう。

```
checked
{
  var i = int.MaxValue;
  Console.WriteLine(unchecked(++i));  // 結果：-2147483648
}
```

　checkedブロックの配下であるにもかかわらず、unchecked演算子で修飾された演算ではオーバーフローは発生しません。もちろん、uncheckedブロックの中で、checkedブロック／演算子を入れ子にすることも可能です。

浮動小数点型でのオーバーフローの扱い

浮動小数点型と整数型とでは、オーバーフローの扱いが異なるので要注意です。具体例を見てみましょう（リスト9.23）。

▶リスト9.23　OverflowDouble.cs

```
checked
{
  var m = double.MaxValue;
  var n = double.Epsilon;
  Console.WriteLine(m * m);  // 結果：∞
  Console.WriteLine(n * n);  // 結果：0
}
```

MaxValueはdouble型で表せる最大値、Epsilonはdouble型で表せる0よりも大きな最小の値です。よって、これらを自乗した値はdouble型で表現できる値範囲の上限／下限を超えるはずです。

しかし、結果は∞（無限大）と0で、いずれもcheckedブロックの配下にあるにもかかわらず、例外として検出することはできません。

> **note**　浮動小数点型の指数部分が小さくなりすぎた結果、その型で表現できなくなった状態を**アンダーフロー**と言います。いずれも桁あふれですが、値そのものが小さすぎてあふれたのではなく、細かすぎてあふれるのがアンダーフローです。

練習問題　9.1

1. catchブロックを複数列記する場合に注意すべき点を説明してください。

2. 例外の再スローとはなんですか？　また、再スローする際に注意すべき点を説明してください。

9.3　列挙型

値そのものには意味がなく、シンボル（名前）としてのみ意味を持つ定数の集合を表すために、定数（const）を利用するのは誤りです。

たとえば、四季を表すために、リスト9.24のような定数があったとします。

▶リスト9.24　SeasonConst.cs（SelfCSharp.Chap09.Const名前空間）

```
class Season
{
```

```
  // 四季を表すための定数群
  public const int Spring = 0;
  public const int Summer = 1;
  public const int Autumn = 2;
  public const int Winter = 3;

  public void ProcessSeason(int season)
  {
    ...なんらかの処理...
  }
}
```

ProcessSeason メソッドは、定数 Spring、Summer、Autumn、Winter を受け取って、その値によって処理を実施するものとします。しかし、このメソッドには問題があります。以下は意図したコードです。

```
var sc = new Season();
sc.ProcessSeason(Season.Spring);
```

しかし、以下のようなコードも許容してしまうのです。

```
sc.ProcessSeason(4);     ➡想定しない値も受け取ってしまう
```

4は元々想定しなかった値ですが、processSeason メソッドの引数 season は int 型なので、0 ～ 3 以外の値を渡してもコンパイルエラーにはなりません。メソッド内の処理によってはエラーになるかもしれませんが、エラーが発覚するのは実行時です（実行時エラーすら発生せず、意図しない結果だけを返す可能性もあります）。

このような問題を解決するのが、**列挙型**です。

9.3.1 列挙型の基本

列挙型を利用することで、先ほどの定数（群）は、リスト9.25 のように書き換えることができます。

▶リスト9.25　SeasonEnum.cs

```
enum Season
{
  Spring,
  Summer,
  Autumn,
  Winter,
}
```

enumブロックの配下に、名前をカンマ区切りで列挙するだけです。いわゆる定数と同じ扱いなので、名前はPascal記法で表すのが一般的です。また、配列と同じく、列挙定数の末尾はカンマで終わってもかまいません（太字部分）。

構文 enum命令

```
[修飾子] enum 名前
{
    列挙定数,
    ...
}
```

　列挙型で利用できる修飾子は、表9.3のとおりです。

❖表9.3　列挙型で利用できる主な修飾子

修飾子	概要
public	すべてのクラスからアクセス可能
internal	同じアセンブリ内からのみアクセス可能（既定）

　列挙型の値にアクセスするための構文は、以下のとおりです。たとえば、Season列挙型のSpringにアクセスするならば、「Season.Spring」とします。

構文 列挙型へのアクセス

```
列挙型.列挙定数
```

　列挙型を利用することで、先ほどのProcessSeasonメソッドは、以下のように書き換えることができます。

```
public void ProcessSeason(Season season)
```

　この場合、

```
var se = new SeasonEnum();
se.ProcessSeason(Season.Spring);
```

を許容するのはもちろん、

```
se.ProcessSeason(4);
```

のようなコードに対して、コンパイルエラーが発生するようになります。引数が（int型ではなく）Season型なので、Season型で定義されていない定数（値）は指定できないのです。

　また、定数では便宜的な区別のためだけに設置していた整数値がなくなったことで、コードもぐんとすっきりしています。関連する定数（群）の定義には、まずは列挙型を利用するようにしてください。

9.3.2 列挙型のさまざまな宣言

以上の構文で、列挙型を定義した場合、配下の定数には先頭から自動で0、1、2…と連番（int値）が振られます。つまり、リスト9.25の例であれば、図9.9のように値が割り振られたことになります。

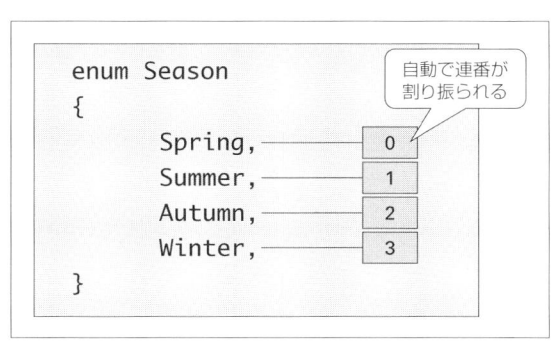

❖図9.9 列挙型

ただし、この挙動は必要に応じて変更することも可能です。

データ型

列挙定数のデータ型を変更するには、列挙型の名前の後方に「: データ型」の形式で型を指定します（リスト9.26）。ただし、指定できるデータ型は、

    byte、sbyte、short、ushort、int、uint、long、ulong

といった整数型である点に注意してください。char型は内部的には0 ～ 65535の数値ですが、列挙定数の型としては指定できません。

▶リスト9.26　SeasonEnum.cs

```
enum Season : long {
  Spring,
  Summer,
  Autumn,
  Winter,
}
```

これでSeason.Autumnなどの定数はlong型となります。

列挙定数の値

列挙定数には任意の値を指定することもできます。これには、列挙定数の後方に「= 値」のように指定してください。たとえばリスト9.27は、Spring（1）、Summer（2）、Autumn（3）、Winter（4）

のように、内部的な値を（Øではなく）1はじまりで採番する例です。

▶リスト9.27 SeasonEnum.cs

```
enum Season {
  Spring = 1,
  Summer,
  Autumn,
  Winter,
}
```

すべてのメンバーに値を指定する必要は**ない**点に注目です。「= 値」が省略された場合、そのメンバーには「前のメンバーの値 + 1」として値が割り振られるからです（最初の値が省略された場合には0が割り振られるのでした）。

リスト9.28のように、他のメンバーの値を演算した結果を割り当てることもできます（All値はすべてのメンバーの合計とします）。

▶リスト9.28 SeasonEnum.cs

```
enum Season {
  Spring,
  Summer,
  Autumn,
  Winter,
  All = Spring + Summer + Autumn + Winter,
}
```

9.3.3 列挙型の正体

さて、このように定義された列挙型ですが、その正体はEnumクラス（System名前空間）を暗黙的に継承したクラスです。以下に、Enumクラスで用意された主なメンバーについてまとめておきます。

列挙値を文字列として取得する —— ToStringメソッド

列挙値の文字列表現を取得するには、ToStringメソッドを利用します（リスト9.29）。

▶リスト9.29 EnumString.cs

```
var s = Season.Spring;
Console.WriteLine(s);              // 結果：Spring ———————————————— ❶
Console.WriteLine(s.ToString());   // 結果：Spring ———————————————— ❷
Console.WriteLine(s.ToString("D")); // 結果：Ø ———————————————┐
Console.WriteLine(s.ToString("X")); // 結果：ØØØØØØØØ ————————┴—— ❸
```

Console.WriteLine メソッドでは内部的に ToString メソッドが呼び出されるので、❶と❷は同じ意味です。

　ToString メソッドには、❸のように書式文字列を指定することもできます。表9.4に列挙型で利用できる書式指定子をまとめておきます。

❖表9.4　列挙型の書式指定子

メンバー	概要
G、g	文字列値として表示。文字列値で表示できない場合は、インスタンスの整数値を表示
F、f	文字列値として表示。Flags属性（9.3.4項）がない場合でも、列挙値の合計値が表示できる場合はカンマ区切りで文字列値を表示
D、d	整数値として表示
X、x	16進数値として表示（最小桁数8桁）

文字列を列挙型の値に変換する ── Parse ／ TryParse メソッド

　列挙値をデータベースなどに保存する場合、一般的には文字列表現（たとえばSpring）、もしくは数値表現（∅）として保存するはずです。これらを再び列挙型に戻すのに利用するのが静的メソッドParseです。

構文 Parseメソッド

```
public static object Parse(Type enumType, string value [,bool ignoreCase])
```

enumType	：列挙型
value	：変換する文字列
ignoreCase	：大文字小文字を区別しないか

　たとえばリスト9.30は、文字列Summerと1を、それぞれ対応する列挙型に変換する例です。いずれの場合も正しくSeason.Summerを得られることを確認してください。

▶リスト9.30　EnumParse.cs

```
var str = (Season)Enum.Parse(typeof(Season), "Summer");
var num = (Season)Enum.Parse(typeof(Season), "1");
Console.WriteLine($"{str} ─ {str.GetType()}");
    // 結果：Summer ─ SelfCSharp.Chap09.EnumBasic.Season
Console.WriteLine($"{num} ─ {num.GetType()}");
    // 結果：Summer ─ SelfCSharp.Chap09.EnumBasic.Season
```

> *note*　型からTypeオブジェクトを取得するのがtypeof演算子、オブジェクトからTypeオブジェクトを取得するのがGetTypeメソッドです（8.2.8項）。Typeクラスについては、11.2.5項で改めて解説します。

Parse メソッドは文字列を列挙型に変換できない場合に例外を発生しますが、変換の成否を true ／ false で返したい場合には TryParse メソッドを利用します（リスト9.31）。

構文 TryParse メソッド

```
public static bool TryParse<TEnum>(string value [,bool ignoreCase] ,
  out TEnum result)
```

TEnum	：変換結果の列挙型
value	：変換する列挙定数の名前
ignoreCase	：大文字小文字を区別しないか
result	：変換結果の値を返すためのout引数

▶リスト9.31　EnumParse.cs

```
var success = Enum.TryParse("Summer", out Season s);
Console.WriteLine(success ? $"{s}" : "変換失敗");  // 結果：Summer
```

列挙型のメンバーをすべて取得する —— GetValues メソッド

静的メソッド GetValues メソッドは、列挙型配下の列挙値を配列として取得します。

構文 GetValues メソッド

```
public static Array GetValues(Type enumType)
```

enumType：対象の列挙型

たとえば Season 型に定義されている列挙値をリストアップするには、リスト9.32 のようにします。

▶リスト9.32　EnumValues.cs

```
foreach (var name in Enum.GetValues(typeof(Season)))
{
  Console.WriteLine($"{(int)name}：{name}");
}
```

```
0：Spring
1：Summer
2：Autumn
3：Winter
```

foreachブロックによって取り出される列挙値は、それぞれの列挙型（ここではSeason）です。列挙型は、int型にキャストすることで数値として、さもなければ内部的にToStringメソッドが呼び出されて文字列表現が、それぞれ出力されます。

9.3.4 列挙型によるビットフィールド表現

ビットフィールドとは、真偽型のフラグをビットの並びとして表現する手法のことを言います。ビットフィールドを利用することで、たとえば図9.10のように、太字（Bold）、斜体（Italic）、下線（Underline）のように複数のフラグが存在し、かつ、それらのフラグが組み合わせで利用されるような状況も、コンパクトに表現できます。

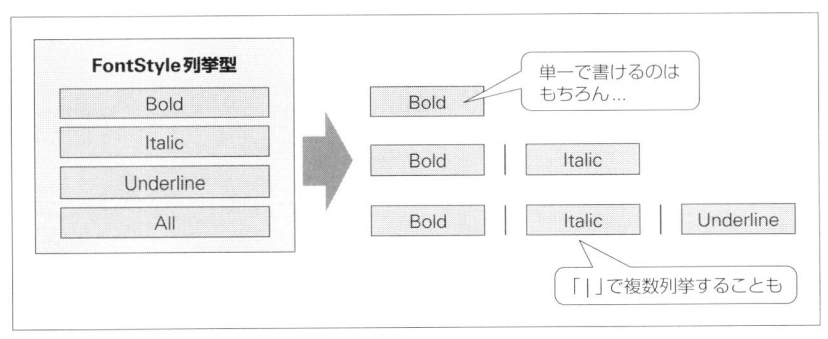

❖図9.10　列挙型（ビットフィールド表現）

まずは、具体的な例を見てみましょう（リスト9.33）。

▶リスト9.33　EnumBit.cs

```
[Flags]                                              ❷
enum FontStyle
{
  Bold = 1,                                          ❶
  Italic = 2,
  Underline = 4,
  All = (Bold | Italic | Underline),                 ❹
}

class EnumBit
{
  static void Main(string[] args)
  {
    var styles = FontStyle.Bold | FontStyle.Italic;  ❸
```

```
    if (styles.HasFlag(FontStyle.Bold)) ——————————————————————— ❺
    {
      Console.WriteLine("太字指定されています。");
    }

    if (styles.HasFlag(FontStyle.Bold | FontStyle.Italic)) ————————— ❻
    {
      Console.WriteLine("太字＆斜体指定されています。");
    }

    Console.WriteLine(styles); ————————————————————————————————— ❼
  }
}
```

```
太字指定されています。
太字＆斜体指定されています。
Bold, Italic
```

ビットフィールドを表現するための条件は、以下の2点です。

❶列挙値には2の累乗を設定（2^0、2^1、2^2…）

❷列挙型にFlags属性を付与（属性については11.2節を参照）

　複数のフラグを有効にするには、❸のように「|」演算子で値を列挙してください（図9.11）。これで内部的には、たとえば論理和した3のような値が生成されるわけです（これが2の乗数にした意味です）。

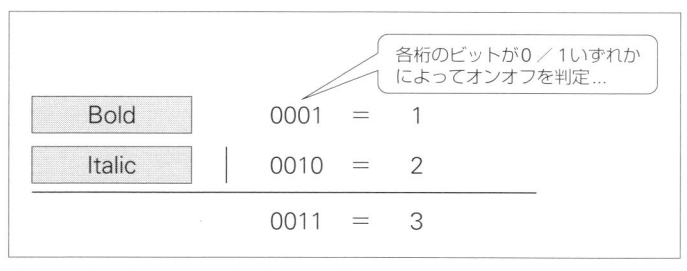

❖図9.11　ビットフィールド（「|」の意味）

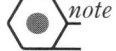

note 構文的な条件ではありませんが、ビットフィールドを利用する場合には、すべてのメンバーを有効にした、いわゆる All 値を設定しておくことをお勧めします。これには、❹のように、すべての列挙値を「|」演算子で連結したものを用意しておきます。

同様に、列挙値の部分集合を設置することもできます。たとえば以下は Bold 値だけを除いた NonBold 値の指定です。

```
NonBold = (Italic | Underline),
```

それぞれのフラグが立っているかを確認するのは、HasFlag メソッドの役割です。

構文 HasFlag メソッド

```
public bool HasFlag(Enum flag)
```

flag：列挙値

引数 flag には、単一の列挙値（❺）だけでなく、複数の列挙値（❻）も指定できます。

また、連結した列挙値を出力すると（❼）、確かに「Bold Italic」のような文字列が出力され、複数の列挙値が認識されていることも確認しておきましょう。

note 実は、Flags 属性がなくても、ビットフィールドとしての最低限の役割を果たします。ただし、その場合は、文字列への変換が正しく行われず、❼も数値としての 3 が表示されるはずです。
ビットフィールドであることを明示する意味でも、Flags 属性は明示すべきです。

補足「|」「&」演算子によるフラグ判定

以下のように、「|」「&」演算子を利用することでも、フラグの有無を判定できます。

```
// Bold ／ Italic値を含んでいるか
if ((styles & (FontStyle.Bold | FontStyle.Italic)) ==
  (FontStyle.Bold | FontStyle.Italic)) { ... }

// Bold ／ Italic値だけを含んでいるか
if ((styles | (FontStyle.Bold | FontStyle.Italic)) ==
  (FontStyle.Bold | FontStyle.Italic)) { ... }
```

HasFlag メソッドは内部的にボックス化が発生するため、若干のオーバーヘッドがあります。そもそも、後者を HasFlag メソッドでチェックするのは面倒です。これらの要因が気になる状況では、上のようなコードを利用すると良いでしょう。

理屈についても、図示しておきます（図9.12）。

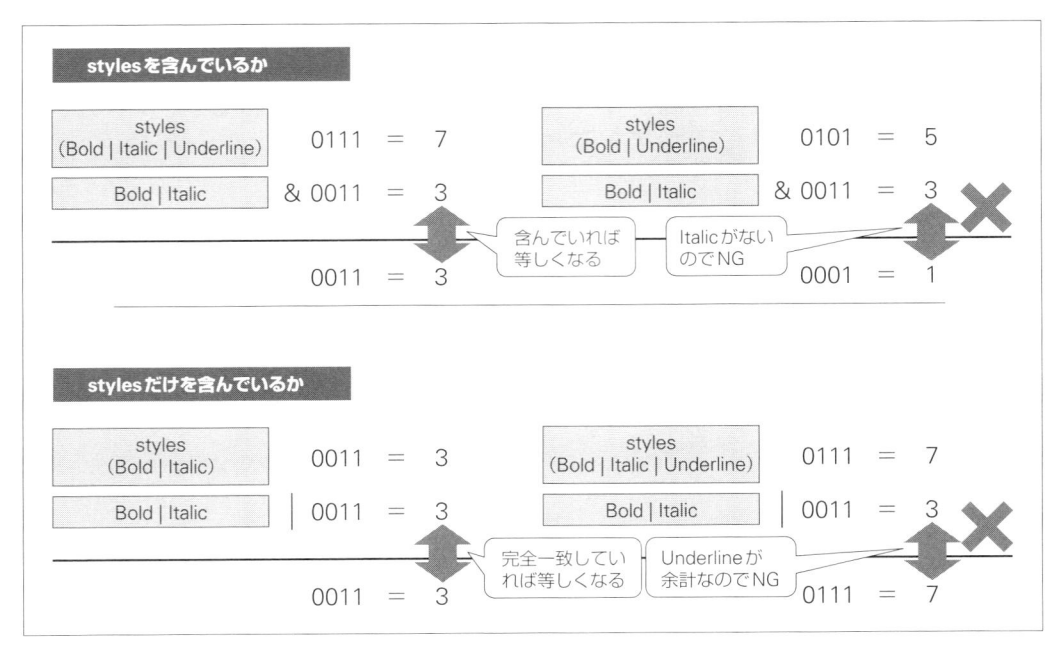

❖図9.12 フラグ判定（「|」「&」演算子）

9.3.5 構造体

　構造体とは、言うなれば、特別なクラスです。クラスと同じく、フィールド、メソッド、プロパティ、コンストラクターなどのメンバーを定義できます。しかし、クラスとは決定的に異なる点があります。それは、クラスが参照型であるのに対して、構造体が値型である点です。

　値型では、値を直接に扱う分、メモリーの利用効率は高く、それ単体としての読み書きは高速です。反面、代入は常に値のコピーとなります。つまり、サイズに比例して代入のオーバーヘッドは高まります。

　また、構造体には以下の制限があります。

- 継承は利用できない（インターフェイスの実装は可能）
- 継承に関連する修飾子（abstract、virtual、override、sealedなど）は利用できない
- 引数なしのコンストラクターは定義できない
- いわゆるstaticクラスは定義できない（staticメンバーの定義は可能）
- デストラクターは利用できない

以上を考えると、構造体を利用するのは、

- 個々のデータサイズは小さいが（大ざっぱに16バイト程度を目安とします）、大量に扱う

- 継承を必要としない

状況に限定されるでしょう。機能的な制約を考えれば、少なくとも初学者のうちは、構造体を積極的に採用すべき状況はほとんどないはずです。

9.3.6 構造体の定義

新たに構造体を定義するのは、struct命令の役割です。

構文 struct命令

```
[修飾子] struct 構造体名 : インターフェイス名, ...
{
    ...構造体の本体...
}
```

structブロックの配下には、フィールド／メソッドなどのメンバーを定義していきます。classがstructに置き換わった他は、ほぼクラスの定義と同じように表せるということです。ただし、先ほども触れたように、利用できる修飾子には制限があり、abstract、sealedなど継承に関わる修飾子は利用できません（public ／ internalだけが利用可能です）。

構造体のポイント

具体的な構造体の例も見てみましょう。リスト9.34ではLatitude（緯度）／ Longitude（経度）フィールドとToStringメソッドを持つCoordinates（座標）構造体を定義しています。

▶リスト9.34　StructBasic.cs

```
struct Coordinates
{
  public double Latitude;  ──────────────────────────┐
  public double Longitude; ──────────────────────────┴── ❶

  public override string ToString() ─────────────┐
  {                                                │
    return $"緯度：{this.Latitude} ／経度：{this.Longitude}";  ├── ❷
  } ───────────────────────────────────────────────┘
}


class StructBasic
{
```

```
static void Main(string[] args)
{
  var c = new Coordinates();  ─────────────────────────────  ❸
  c.Latitude = 35.681167;
  c.Longitude = 139.767052;
  Console.WriteLine(c);   // 結果：緯度：35.681167／経度：139.767052
}
}
```

ごくシンプルなコードですが、ポイントとなる点は盛りだくさんです。先ほども触れたように、基本的な構文はクラスのそれとほぼ同じなので、構造体固有の制約に着目して解説を進めます。

❶フィールドの制約

構造体では、static／const以外のフィールドには初期値を指定できません。よって、❶のコードを以下のように表した場合には、エラーとなります。

```
public double Latitude = 35.681167;
```

フィールドは、後述するコンストラクターで初期化してください。コンストラクターが明示的に定義されなかった場合には、フィールドの型に応じて既定値（7.2.3項）が設定されます。

❷構造体はValueTypeクラスを継承

構造体は自身が他のクラスの基底クラスになることはできませんし、他のクラスを継承することもできません。しかし、値型の基本的な機能を提供するValueTypeクラス（System名前空間）を暗黙的に継承しています。そして、ValueTypeクラスはすべてのクラスの基底クラスであるObjectクラスを継承しています。

よって、Objectクラスで提供されているToStringメソッドをオーバーライドすることは可能です（オーバーライドなので、明示的にoverride修飾子を付与します）。

❸構造体の宣言

構造体を利用する際には、クラスと同じく、new演算子でインスタンス化します。しかし、構造体ではnew演算子は必須ではありません。たとえば❸を以下のように書き換えても、サンプルは正しく動作します。

```
Coordinates c;
```

変数を宣言するだけで、メモリが確保され、構造体のメンバーにもアクセスできるようになるわけです。

また、変数宣言（インスタンス化）とフィールドの初期化とをまとめた、オブジェクト初期化子（7.4.4項）を利用することも可能です。

```
var c = new Coordinates {
  Latitude = 35.681167,
  Longitude = 139.767052
};
```

また、構造体を既定値で初期化するためにdefault式（9.5.2項）を利用してもかまいません。

```
var c = default(Coordinates);
```

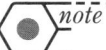

9.3.7 コンストラクターの宣言

　構造体では、引数なしのコンストラクター（デフォルトコンストラクター）は定義できません。というのも、構造体では内部的に、デフォルトコンストラクターを既定値での初期化のために使用しているからです。

　ということで、コンストラクターを宣言する場合には、引数ありのコンストラクターを宣言してください。リスト9.35は、リスト9.34のコードを修正して、Longitude ／ Latitudeフィールドを初期化するためのコンストラクターを追加した例です。

▶リスト9.35　StructConstructor.cs（SelfCSharp.Chap09.Struct名前空間）

```
struct Coordinates
{
  ...中略...
  public Coordinates(double latitude, double longitude)
  {
    this.Latitude  = latitude;
    this.Longitude = longitude;
  }
  ...中略...
```

```
}

class StructConstructor
{
  static void Main(string[] args)
  {
    var c = new Coordinates(35.681167, 139.767052);
    Console.WriteLine(c);  // 結果：緯度：35.681167／経度：139.767052
  }
}
```

コンストラクターの構文そのものはクラスのそれと同じですが、以下の制限に注意してください。

[1] コンストラクターではすべてのフィールドを初期化しなければならない

たとえば、太字の1行（`this.Longitude = longitude;`）をコメントアウトした場合、フィールドの初期化が不完全なので、「フィールド 'Coordinates.Latitude' は、コントロールが呼び出し元に返される前に割り当てられている必要があります」といったコンパイルエラーになります。

[2] すべてのフィールドが初期化されるまで、他のメンバーは利用できない

たとえば、以下のようなコードは不可です。

```
public Coordinates(double latitude, double longitude)
{
  ToString();                      ➡×初期化前のメソッド呼び出し
  this.Latitude  = latitude;
  this.Longitude = longitude;
  ─────────────────────────────────────────────── ❸
}
```

ToStringメソッド呼び出しの時点でフィールドがすべて初期化されていないからです。ToStringメソッドの呼び出しを❸に移動させることで、コンパイルエラーを解消できます。

注意 構造体での自動プロパティ

リスト9.35のコードは、自動プロパティ構文を使って以下のように表してもかまいません。

```
struct Coordinates
{
  public double Latitude  { get; private set; }
  public double Longitude { get; private set; }
  ...中略...
}
```

ただし、このコードはC# 5以前ではコンパイルエラーになります。というのも、先述したように、構造体ではフィールドをすべて初期化するまで、他のメンバーにアクセスできないという制約があるからです。

　そのため、コンストラクターの中でプロパティにアクセスしようとしたところで、「自動的に実装されたプロパティ 'SelfCSharp.Chap09.Coordinates.Longitude' のバッキングフィールドは、コントロールが呼び出し元に返される前に完全に割り当てられている必要があります」のようなエラーとなります。バッキングフィールドとは、プロパティ値を格納するために裏側で自動生成されるフィールドのことです。

　この問題を回避するには、（自動プロパティではなく）旧来のようにフィールドを明示的に宣言し、コンストラクターからもフィールドを直接初期化するようにしてください。

```
struct Coordinates
{
  double latitude;
  double longitude;

  public double Latitude
  {
    get { return this.latitude; }
  }

  public double Longitude
  {
    get { return this.longitude; }
  }

  public Coordinates(double latitude, double longitude)
  {
    this.latitude  = latitude;
    this.longitude = longitude;
  }
  ...中略...
}
```

　この制限はC# 6以降で解消され、自動プロパティへの代入は内部的にバッキングフィールドへの代入で置き換わるようになりました。

9.4 特殊なクラス（入れ子のクラス／パーシャルクラス）

　本節では、これまで扱ってこなかった特殊なクラス —— 入れ子のクラス、パーシャルクラス（部分クラス）について補足しておきます。なお、これらはクラスの宣言位置／方法からの分類で、classブロック配下の構文はこれまで解説したものに準じます。

9.4.1 入れ子のクラス

　クラスは、classブロックの配下に入れ子で定義することもできます。これを**入れ子のクラス**（Nested Class）、あるいは**入れ子の型**（Nested Type）と言います。

> *note* 入れ子の型と言っているのは、入れ子にできるのは実はクラスだけではないからです。たとえば、クラスの配下に入れ子でインターフェイス／列挙型／構造体を配置することもできますし、構造体の配下にクラス／インターフェイス／列挙型を入れ子にすることも可能です。ただし、インターフェイスの配下で、他の型を入れ子にすることはできません。

　たとえば、特定のクラス MyClass に、クラス MyHelper が強く依存しており、しかも MyHelper は MyClass からしか呼ばれない、という状況を考えてみましょう。このような状況において、双方の関連を手っ取り早く表現するには、単一の .cs ファイルにまとめることです。

```
class MyClass { ... }

class MyHelper { ... }
```

　.cs ファイルに複数のクラス／インターフェイスをまとめることは構文上問題ないので、これは正しいコードです。ただし、アクセス制御という観点からは不完全です。

　というのも、1つのファイルにまとめたとしても、MyHelper はあくまでアセンブリプライベートであって、同じアセンブリ（プロジェクト）のクラスからは自由にアクセスできてしまうからです。もしも MyHelper を MyClass でしか利用しないならば、MyClass プライベートとするのが望ましい状

（左余白）**9** オブジェクト指向構文（名前空間／例外処理／ジェネリックなど）

況です。そこで利用するのが入れ子のクラスなのです。

入れ子クラスの基本

ここで、具体的な例を見てみましょう（リスト9.36）。

▶リスト9.36　NestedBasic.cs（SelfCSharp.Chap09.Nested名前空間）

```
class MyClass
{
  class MyHelper ──────────────────────────────❷
  {
    public void Show()
    {                                            ❶
      Console.WriteLine("Nested Class is running!");
    }
  } ──────────────────────────────

  public void Run()
  {
    var helper = new MyHelper(); ──────────────❹
    helper.Show();
  }
}

class NestedBasic
{
  static void Main(string[] args)
  {
    var c = new MyClass();
    c.Run();  // 結果：Nested Class is running!

    var h = new MyClass.MyHelper();  // 結果：エラー ──────❸
  }
}
```

まず、構文的なルールから見ていきます。

❶classブロックの配下で定義する

本項の冒頭でも触れたように、入れ子のクラスを定義するにはclassブロックの配下でクラスを定義するだけです。入れ子のクラスを含んだクラスのことを、本書では便宜的に「包含するクラス」（包含クラス）と呼びます。また、入れ子になっていないクラスのことを**トップレベルクラス**と呼びます（図9.13）。

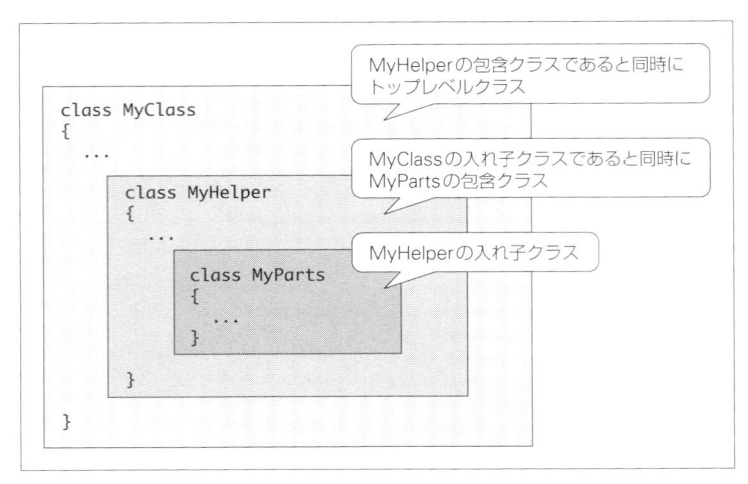

❖図9.13　入れ子クラス

　入れ子のクラスの配下に、さらにクラスを入れ子にすることもできるので、包含クラスが必ずしも
トップレベルクラスであるとは限りません。

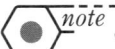 *note* Javaを知っている人は、入れ子のクラスが、さらに「staticメンバークラス」「非staticメン
バークラス」「匿名クラス」「ローカルクラス」と分類できることを知っているかもしれません。
しかし、C#の入れ子クラスで表現できるのは、いわゆる「staticメンバークラス」だけです。
たとえば、メソッドの配下でクラス（ローカルクラス）を定義することはできません（ただし、
ローカルクラスに相当する機能は、おおよそデリゲートで代替できます）。匿名クラスによく似た
機能として匿名型もありますが、匿名型には7.6.8項のような制約もあり、別ものと考えたほう
が良いでしょう。

❷利用できる修飾子が異なる

　入れ子になっても、クラスそのものの構文はこれまでと同じです。ただし、利用できる修飾子が異
なります。トップレベルのクラスでは利用できた修飾子に加えて、入れ子のクラスでは表9.5の修飾
子が利用できます。

❖表9.5　入れ子のクラスで利用できる修飾子

修飾子	概要
new	継承されたメンバーを隠蔽する
protected	同じクラスと派生クラスからアクセス可能
protected internal	同じプロジェクト内のクラスと派生クラスからアクセス可能
private	同じクラスからのみアクセス可能（既定）

　また、既定のアクセス修飾子がprivateである点にも注目です（トップレベルのクラスではinternal）。

つまり、入れ子のクラスは、既定では包含クラス（ここではMyClass）の外からはアクセスできないということです。

よって、❸でMyHelperを呼び出そうとしたときには、コンパイルエラーで「'MyClass.MyHelper'はアクセスできない保護レベルになっています」のようなメッセージが表示されます。MyHelperクラスをpubic／internalで修飾することで、コンパイルエラーが解消することも確認しておきましょう。

❸入れ子のクラスの名前は「包含クラス . 入れ子クラス」

入れ子クラスの型は、「包含クラス . 入れ子クラス」のように表します。この例であれば「MyClass.MyHelper」です。

ただし、❹のように包含クラスの内部であれば、単に「MyHelper」だけで呼び出しが可能です。

また、using static命令で、

```
using static SelfCSharp.MyClass;
```

のように宣言すれば、包含クラスの外からでも、

```
var h = new MyHelper();
```

のような記述が可能になります。

包含クラス／入れ子クラスの情報の受け渡し

包含クラスは入れ子となったクラスに対して隠しごとはできませんが、その逆は可能です。具体的な例を見てみましょう（リスト9.37）。

▶リスト9.37　NestedAccess.cs（SelfCSharp.Chap09.NestIncluded名前空間）

```
class MyClass
{
  string str1 = "包含・インスタンス";
  static string str2 = "包含・静的";

  public void Show()
  {
    var h = new MyHelper();
    h.Show();
    Console.WriteLine(h.str1);  // 結果：エラー ─────────────────────┐
    Console.WriteLine(MyHelper.str2);  // 結果：エラー ───────────────┤─── ❷
  }
```

```
  public class MyHelper
  {
    string str1 = "入れ子・インスタンス"; ─────────────┐
    static string str2 = "入れ子・静的"; ───────────────┤───── ❸

    public void Show()
    {
      var c = new MyClass();
      Console.WriteLine(c.str1);      // 結果：包含・インスタンス ──┐
      Console.WriteLine(MyClass.str2);  // 結果：包含・静的 ──────┤───── ❶
    }
  }
}

class NestedAccess
{
  static void Main(string[] args)
  {
    var mc = new MyClass();
    mc.Show();
  }
}
```

入れ子クラス→包含クラスの参照ではprivateメンバーであっても、正しく参照できていることが確認できます（❶）。クラス内のメソッドからprivateメンバーにアクセスできるのと同じ感覚です。

一方、包含クラス→入れ子クラスの参照（❷）では、privateフィールドにはアクセスできません。試しに、❸のstr1、str2フィールドをinternal、またはpublicに格上げしてみると、確かにアクセスできることも確認しておきましょう（入れ子のクラスには継承関係はないので、protectedフィールドにはアクセスできません）。

9.4.2　パーシャルクラス

パーシャルクラス（部分クラス）とは、1つのクラスを複数のファイルで分割して定義するための機能のことです。まずは、1つのクラスは1つのファイルでまとめるのが一般的であり、コード管理、可読性の面からも妥当です。しかし、時として、ファイルを明確に分離したい状況があります。

典型的なのは、ツール（Visual Studio）がコードを自動生成するようなケースです。たとえば、既存のデータベースに基づいて、データベースを操作するための基本的な機能を持ったクラス（データアクセスクラス）を自動生成し、これに開発者がアプリ独自のコードを追加していくような状況があります（図9.14）。

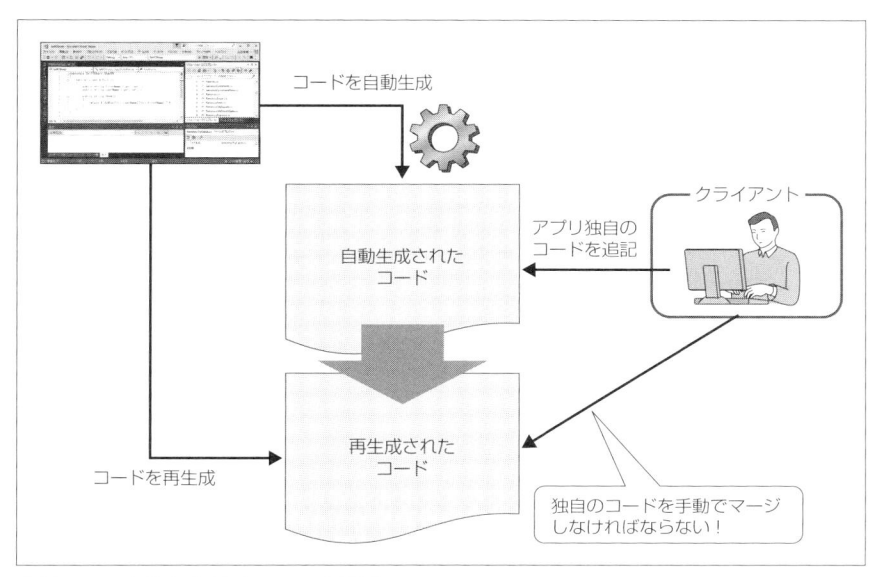

❖図9.14 自動生成されたコードの問題点

　この場合、データベースの変更によって、途中でクラスを再生成しなければならなくなったら、どうでしょう。開発者は、独自のコードを退避させ、再生成されたコードに再度マージしなければならないかもしれません。

　しかし、パーシャルクラスを利用することで、自動生成コードと独自コードとを分離できます（図9.15）。自動生成コードを再生成しても、自作のコードを修正しても、分離された各々のクラスに影響を与えずに済むのです。

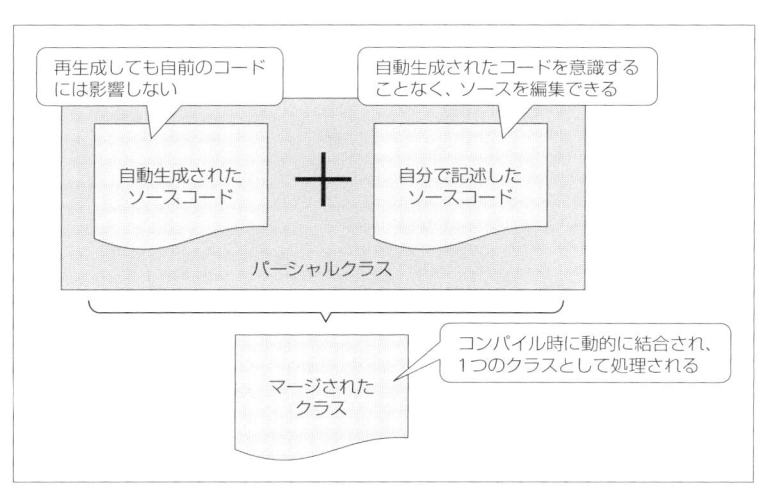

❖図9.15　パーシャルクラス

リスト9.38 〜 9.40は、パーシャルクラスの具体的な例です。MyPartialクラスを**MyPartial1.cs**、
MyPartial2.csで分割定義しています。自分で一からパーシャルクラスを定義する機会は少ないで
すが、動作例として見てみましょう。

▶リスト9.38　MyPartial1.cs

```
partial class MyPartial ─────────────────────────────────────── ❶
{
  public string FirstName { get; set; }
  public string LastName { get; set; }

  public string Show()
  {
    return $"名前は{this.LastName}{this.FirstName}です。";
  }
}
```

▶リスト9.39　MyPartial2.cs

```
partial class MyPartial ─────────────────────────────────────── ❷
{
  public string Greet()
  {
    return $"こんにちは、{this.LastName}{this.FirstName}さん！";
  }
}
```

▶リスト9.40　MyPartialClient.cs

```
var mc = new MyPartial
{
  FirstName = "太郎",
  LastName = "山田"
};
Console.WriteLine(mc.Show());   // 結果：名前は山田太郎です。 ─────┐
Console.WriteLine(mc.Greet());  // 結果：こんにちは、山田太郎さん！ ──┘ ❸
```

パーシャルクラスを定義するには、それぞれのclassブロックにpartialキーワードを付与するだけ
です（❶❷）。分割したどちらにもpartialキーワードは必要となる点に注意してください（元々分割
を想定していなかったクラスに、後からパーシャルクラスを外付けすることはできないということで
す）。

通常のメソッドと同じく、MyPartial1.cs、MyPartial2.csで定義されたメソッドを呼び出せることが確認できます（❸）。

9.4.3 パーシャルメソッド

パーシャルメソッドとは、名前のとおり、メソッドを宣言と定義とに分割できる仕組みのことです。パーシャルクラスの中で利用できる機能です。

まずは、具体的な例を見てみましょう（リスト9.41とリスト9.42）。MyPartialMethod1.csでLogメソッドのシグニチャだけを、MyPartialMethod2.csでLogメソッドの本体を、それぞれ分割定義しています。

▶リスト9.41　MyPartialMethod.cs

```
partial class MyPartialMethod
{
  static partial void Log(); ─────────────────────────────── ❶

  static void Main(string[] args)
  {
    Log();  // 結果：ログを記録しました。
  }
}
```

▶リスト9.42　MyPartialMethod2.cs

```
partial class MyPartialMethod
{
  static partial void Log() ────────────────┐
  {                                          │
    Console.WriteLine("ログを記録しました。");   ├── ❷
  } ────────────────────────────────────────┘
}
```

パーシャルメソッドである条件は、以下のとおりです（❶❷）。

- パーシャルクラスの中でのみ宣言できる
- partial修飾子を付けて宣言
- privateメソッドであること
- 戻り値はvoidだけ
- 出力引数（outキーワード）は利用不可

インスタンスメソッドであるかクラスメソッドであるかは問いません。また、可変長引数（params）、参照渡し（ref）などは利用可能です。

実際に動作が確認できたところで、ここからがパーシャルメソッドの真骨頂です。❷のメソッド本体を削除して、サンプルを実行してみましょう。メソッドの実体がないのでエラーになりそうに思えますが、そのまま動作します。ただし、もちろんLogメソッドによる出力は無効になります。

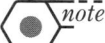
この性質を利用することで、たとえば開発時にだけ実行したいメソッドをパーシャルメソッドとして用意しておき、本番リリース時には実装コードを除外してビルドする、といった使い方が可能になります（図9.16）。

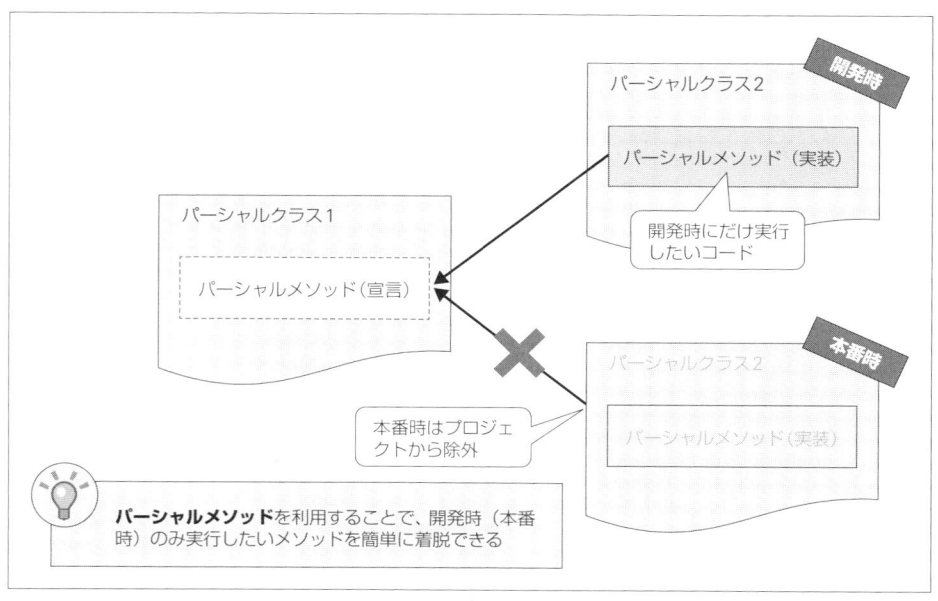

❖図9.16　パーシャルメソッド

類似した機能は仮想メソッドでも実現できますが、パーシャルメソッドのほうがコードがシンプルです。また、実装のないパーシャルメソッドは実行ファイルでは完全に消えるので、実行効率も良いというメリットがあります。

ジェネリック（Generics）は、汎用的な（任意の型を受け付ける）クラス／メソッドに対して、特定の型を割り当てて、その型専用のクラスを生成する機能です。

コレクションは、ジェネリックの理解が前提となっているため、第6章でまずジェネリックの利用方法について解説しました。しかし、ジェネリックそのものはコレクションに特化した機能ではありませんし、自前のクラスにジェネリック構文を組み込むことも可能です。本節では、ジェネリック型のクラスを定義する方法を学ぶことで、ジェネリックへの理解を深めていきます。

9.5.1 ジェネリック型の定義

ジェネリックを利用した型（**ジェネリック型**）を定義するための基本を、List クラス（System.Collections.Generic 名前空間）のコードを題材に学んでいきます。リスト9.43は、ジェネリック構文の理解を優先して、コードは一部省略し、また、改行なども適宜編集しています。

▶リスト9.43　List.cs

```
public class List<T> : IList<T>, ...  ──────────────────  ❶
{
  ...
  // リストを格納するためのフィールド
  private T[] _items;  ──────────────────
  ...
  // リストの個々の要素にアクセスするためのインデクサー
  public T this[int index] {
    get {
      ...
      return _items[index];
    }
    set {                                                    ❷
      ...
      _items[index] = value;
      ...
    }
  }
  ...
```

```
    // リストに要素を追加するAddメソッド
    public void Add(T item) {
      ...
      _items[_size++] = item;
      ...
    }
    ...
}
```
❷

ジェネリック型の基本的な構文は、以下のとおりです。

構文 ジェネリック型

```
[修飾子] class クラス名<型パラメーター , ...>
{
  ...クラスの本体...
}
```

ジェネリック型ではまず、特定の型を受け取るための**型パラメーター**（Type Parameter）を宣言しなければなりません（❶）。クラス名の後方、<...>で囲まれた部分が型パラメーターです。ジェネリック型では、この型パラメーターを介して、インスタンス化に際して紐付けるべき型を受け取っているわけです（図9.17）。

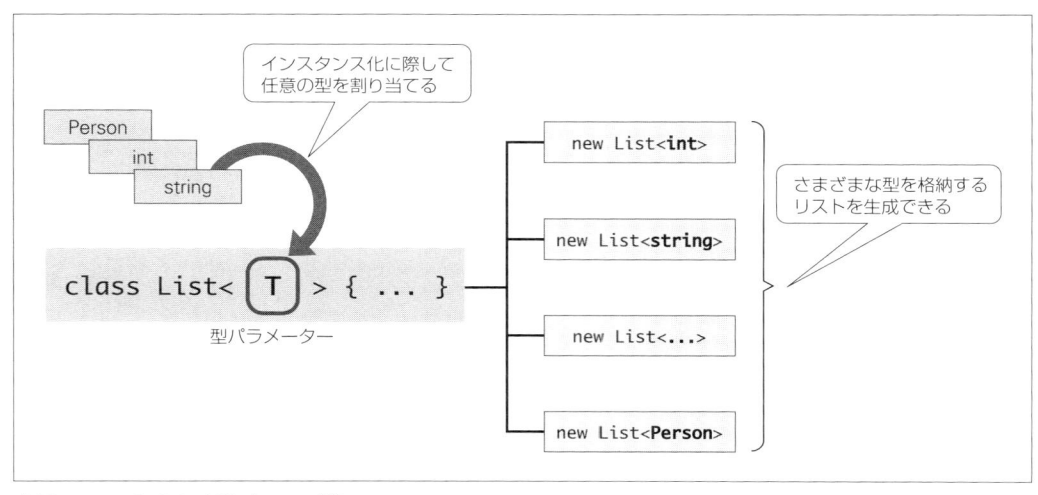

❖図9.17　ジェネリック型（Listの例）

型パラメーターの名前は、妥当な識別子であれば、なんでもかまいません。ただし、慣例的には、T（Type）、K（Key）、V（Value）のような大文字アルファベット1文字、または、TKey ／ TValue

のように「T」を頭に関した名前をよく利用します。

ディクショナリのように、カンマ区切りで複数の型パラメーターを受け取ることもできます。この場合、TKey ／ TValueは、それぞれキー／値の型を表します。

```
public class Dictionary<TKey,TValue> ... {
```

note ここでは、ジェネリック型をクラスに適用する例を示していますが、ジェネリック型はインターフェイス、構造体、デリゲート（10.1.4項）でも利用できます。型名の後方に<...>で型パラメーターを宣言する記法はいずれも同じなので、本節ではジェネリッククラスに絞って解説を進めます。

```
interface ICollection<T> { ... }              ➡ジェネリックインターフェイス
struct MyStruct<K, V> { ... }                 ➡ジェネリック構造体
delegate TResult Func<in T, out TResult>(T arg)  ➡ジェネリックデリゲート
```

型パラメーターは、ジェネリック型配下の任意の場所で、型を表すために利用できます（❷）。この例であれば、

- フィールドの型
- インデクサーの戻り値
- メソッドAddの引数型

として、型パラメーターを利用しています。

9.5.2 ジェネリック型を宣言する場合の注意点

このように、ジェネリック型の定義はそれほど難しいものではありません。それでも、型を後から紐付ける性質上、利用に際しては注意すべき点もあります。

型パラメーターの既定値

変数の初期値、またはメソッドの既定の戻り値として、ある型の既定値を渡したい場合があります。この場合、ジェネリック型ではどのように表せるでしょうか。

```
T value = ？？？      ➡具体的な初期値を指定できない！
```

ジェネリック型を宣言する時点では、T型はintかもしれませんし、stringかもしれません。「？？？」に、null、0など、具体的な値を指定できないのです。

このような状況に備えて、C#ではdefaultというキーワードを用意しています。指定された型に応じて、既定値（default value）を返しなさい、という意味です。型に応じた具体的な既定値については、7.2.3項も参照してください。

```
default(型)
```

default キーワードを利用することで、先ほどの初期化式は、以下のように表現できます。

```
T value = default(T);
```

default キーワードはジェネリック型以外でも利用できます。たとえば「default(int)」のように、(型パラメーターではなく) 具体的な型を指定してもかまいません。もちろん、int、string など の型で default キーワードを利用することはあまりありませんが、構造体を初期化 (ゼロ埋め) する ような用途でも利用します。

> *note*
> C# 7.1 以降では、左辺から型が明らかな場合には、default キーワードの型を省略してもかまい ません。よって、本文の例は、以下のように書いてもかまいません。この記法は、特に型名が長 い場合に有効です。
>
> ```
> T value = default;
> ```
>
> なお、Visual Studio 2017 Update 4 で C# 7.1 を利用する方法については、P.244 のコラム も参照してください。

シグニチャの衝突に注意

型パラメーターを利用した場合、オーバーロードしたメソッドのシグニチャが結果として衝突する 可能性があることに注意してください。

たとえば以下は、正しいオーバーロードです。型パラメーター K、V は、この時点で異なる型と見 なされるからです。

```
class MyGenerics<K, V>
{
  public void Hoge(K args) { ... }
  public void Hoge(V args) { ... }
}
```

しかし、このようなジェネリック型を、以下のようにインスタンス化したら、どうでしょう。

```
var m = new MyGenerics<string, string>();
m.Hoge("あいうえお"); ─────────────────────────── ❶
    // 結果：エラー (次のメソッドまたはプロパティ間で呼び出しが不適切です)
```

型パラメーター K、V を同じ型にしたことで、❶がいずれのオーバーロードを指しているのかがあ いまいになってしまったのです。

このように、型パラメーターだけで区別したオーバーロードは、利用側に暗黙的なルール（互いに同じ型を指定してはならない）を強いることになるため、避けるべきです。

すべての型の代わりになるわけではない

型パラメーターは、ジェネリック型の配下で型を書ける任意の場所で指定できますが、例外もあります。たとえば、以下のコードは無条件に書けるわけではありません。

```
var obj = new T();    ➡コンパイルエラー
```

T型が必ずしもデフォルトコンストラクターを持つとは限らないからです。このようなコードを表すには、型パラメーターに制約条件を付与しなければなりません。制約条件については、この後すぐ解説します。

9.5.3　型パラメーターの制約条件

型パラメーターは、すべての型を受け取るばかりではありません。たとえば直前の例であれば、デフォルトコンストラクターのある型を前提としたいはずです。

また、リスト9.44のような状況もあります。

▶リスト9.44　GenericsConstraint.cs

```
class MyGenerics<T>
{
  public int Hoge(T x, T y)
  {
    return x.CompareTo(y);
  }
}
```

もちろん、上記のコードはエラーとなります。T型の変数x、yが必ずしもCompareToメソッドを持つとは限らないからです。この場合、T型がCompareToメソッドを持つことを前提としたくなります。

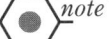 *note* CompareToメソッドを持つということは、すなわち、IComparableインターフェイスを実装しているということです。IComparableインターフェイスは、String、Int32などのクラス／構造体が実装しています。

このような状況で、ジェネリックでは型パラメーターに対して制約を付与することができます。

```
[修飾子] class クラス名<型パラメーター , ...>
  where 型パラメーター : 制約条件
```

制約条件には、表9.6のようなものを指定できます。

❖表9.6　型パラメーターの制約条件

制約	構文	概要
基本クラス制約	where T : clazz	T型はclazzクラス、またはclazz派生クラスであること
インターフェイス制約	where T : iface	T型はifaceインターフェイスを実装していること
値型制約	where T : struct	T型は値型であること
参照型制約	where T : class	T型は参照型であること
コンストラクター制約	where T : new()	T型がデフォルトコンストラクターを持つこと

以下に、これら制約条件を利用した例をまとめます。

基本的な型制約の例

たとえばリスト9.44であれば、インターフェイス制約を付与することでコンパイルが可能になります（リスト9.45）。制約の中でも、基本クラス制約と並んでよく利用します。

▶リスト9.45　GenericsConstraint.cs

```
class MyGenerics<T> where T : IComparable<T>
{
  public int Hoge(T x, T y)
  {
    return x.CompareTo(y);      ➡CompareToメソッドを認識できる！
  }
}
```

この場合、IComparableインターフェイスを実装した（たとえば）string型などはMyGenericクラスに渡せるようになりますが、Person（7.1節）などの制約に反する型を渡した場合にはコンパイルエラーとなります。

```
var m = new MyGenerics<string>();      ➡IComparableを実装しているので可
var n = new MyGenerics<Person>();      ➡IComparableを実装していないのでエラー
```

同じく、コンストラクター制約を利用することで、型パラメーターをnew演算子でインスタンス化する、リスト9.46のようなコードが可能になります。

9　オブジェクト指向構文（名前空間／例外処理／ジェネリックなど）

```
class MyGenerics<T> where T : new()
{
  public void Hoge()
  {
    var value = new T();      ➡デフォルトコンストラクターを利用できる
  }
}
```

複数の型制約を同時に宣言する

1つの型パラメーターに、複数の型制約を列挙することもできます。

```
class MyGenerics<T> where T : class, IComparable<T>, new() { ... }
```

ただし、この場合には制約の列挙順に決まりがあります。

- 基本クラス制約、参照型制約（class）、値型制約（struct）は同時に指定できない。また、指定する場合には、制約の先頭であること
- インターフェイス制約はその次
- コンストラクター制約（new()）は制約の最後で指定

また、複数の型パラメーターのそれぞれに対して制約を付与する場合には、where句を列挙してください。

```
class MyGenerics<K, V>
  where K : IComparable<K>
  where V : class { ... }
```

型パラメーター間の関係を制約とする

ある型パラメーターを他の型パラメーターの制約条件にすることもできます。

```
class MyGenerics<T1, T2> where T2 : T1 { ... }
```

これは基本クラス制約の一種です。「T2 : T1」で、T2型はT1と同じ型であるか、T1を継承していなければならない、という意味になります。

9.5.4　共変と反変

第6章などで、配列よりもコレクションを利用すべきと述べました。その理由の1つが、共変という言葉で説明できます。

というのも、配列は**共変**（covariant）の性質を持ちます。共変とは、派生クラスを基底クラスに

代入できることです。Parent、Childに継承関係があるならば、Child[]はParent[]に代入できるということです。よって、配列では以下のコードが許可されます。

```
object[] list = new string[10];
```

object／stringには継承関係があるので、まず、object型配列にstring型配列は代入可能です。当たり前の性質に見えますが、共変の性質によって、配列には以下のような問題があります。

```
list[1] = 10;
```

このようなコードがコンパイル時には許されてしまうのです（object型はなんでもありの型です）。しかし、変数listの実体はstring[]なので、このコードは実行時にArrayTypeMismatchException例外（配列と互換性のない型）で失敗します。

一方、ジェネリックを利用したコレクションは、既定では**不変**（invariant）です。Parent、Child型に継承関係があったとしても、たとえばList<Child>はList<Parent>に代入できません。よって、以下のコードもコンパイルエラーとなります。

```
List<object> list = new List<string>();
```

不変の性質によって、配列であったような問題はそもそも起こりえないということです。

out 修飾子

ただし、時々、この不変の性質が扱いにくく感じる状況があります。たとえば、

```
List<string> list = new List<string>() {
  "あいうえお", "かきくけこ", "さしすせそ" };
IEnumerator<string> strs = list.GetEnumerator();
IEnumerator<object> objs = strs;
```

は認められるべきです。というのも、IEnumeratorはリストを列挙する（＝参照する）だけの型で、上で問題になったような値の代入（変更）は発生しないからです。

そこでC# 4以降で導入されたのが、out修飾子です。たとえば、IEnumerator型は、out修飾子を利用して、以下のように定義されています。

```
public interface IEnumerator<out T> : IDisposable, IEnumerator
```

<out T>で、「T型、もしくはその派生型を認める」（共変）という意味になります。これによって、IEnumerator<object>型にIEnumerator<string>型を代入するような、先ほどのコードを限定的に許容しているわけです。

out修飾子は、

ジェネリックインターフェイス／デリゲートにおいて、取得用途 —— メソッドの戻り値、プロパティのgetで利用している型パラメーター

に対してのみ、指定が可能です。

in 修飾子

基底型に対して派生型を代入できることを意味する共変に対して、その逆 ── 派生型に対して基底型を引き渡せる性質のことを、**反変**（contravariant）と言います。

たとえば、以下のようなコードは認められるべきです（IComparer インターフェイス、Sort メソッドについては6.4.2項を参照）。

```
class MyComparer : IComparer<object>
{
  public int Compare(object x, object y) { ... }
}

var list = new List<string>() { "あいうえお", "かきくけこ", "さしすせそ" };
list.Sort(new MyComparer());
```

Compare(object, object) メソッドに対して、Compare("hoge", "foo") は妥当な呼び出しなので、IComparer<string> 型（Sort メソッドの引数）に IComparer<object> 型を引き渡せても良いはずです。

このような状況で利用できるのが in 修飾子です。実際、IComparer 型は、in 修飾子を利用して、以下のように定義されています。

```
public interface IComparer<in T>
```

<in T> で、「T 型、もしくはその上位型を認める」（反変）という意味になります。in 修飾子は、

> ジェネリックインターフェイス／デリゲートにおいて、設定用途──メソッドの引数、プロパティの set で利用している型パラメーター

に対してのみ利用できます。

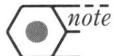

> **note** 共変／反変性は、値型ではサポートされません（値型は不変です）。よって、以下のコードはコンパイルエラーとなります。
>
> ```
> List<int> list = new List<int>() { 1, 2, 3 };
> IEnumerator<int> ints = list.GetEnumerator();
> IEnumerator<object> objs = ints;  // エラー
> ```

9.5.5　ジェネリックメソッド

ジェネリック型に関連した概念として、**ジェネリックメソッド**があります。ジェネリックメソッドとは、メソッドの引数や配下のローカル変数の型を、メソッドを呼び出す際に決められるメソッドのことです。メソッド名の直後に、<...>の形式で型パラメーターを宣言します。

```
[修飾子] 戻り値の型 メソッド名<型パラメーター , ...> (引数の型 引数名, ...)
{
   ...メソッドの本体...
}
```

ジェネリック型の中のメソッド定義と混同してしまいそうですが、ジェネリックメソッドはジェネリック型とは独立したものです。よって、ジェネリックメソッドは非ジェネリック型の中でも定義が可能です。

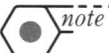

note　もちろん、ジェネリック型の中でジェネリックメソッドを定義することも可能です。ただし、その場合、ジェネリック型の型パラメーターとジェネリックメソッドの型パラメーターとが重複してはいけません（重複時もジェネリックメソッドの型が優先されますが、誤解を招きやすいので警告が発生します）。

たとえばリスト9.47は、Arrayクラス（System名前空間）のResizeメソッドです。

▶リスト9.47　Array.cs

```csharp
public static void Resize<T>(ref T[] array, int newSize) {
  ...中略...
  T[] larray = array;
  // 与えられた配列がnullの場合、新規に作成した配列をそのまま返す
  if (larray == null) {
    array = new T[newSize];
    return;
  }

  // 現在の配列サイズと新サイズが異なる場合は、新サイズで配列を作成＆中身を複製
  if (larray.Length != newSize) {
    T[] newArray = new T[newSize];
    Array.Copy(larray, 0, newArray, 0,
      larray.Length > newSize? newSize : larray.Length);
    array = newArray;
  }
}
```

Resizeは、配列arrayのサイズをnewSizeに変更するためのメソッドです。Resizeメソッドに渡される配列の要素型は、（宣言時ではなく）呼び出し時に決めたいので、ジェネリックメソッドとして定義されています。ジェネリック型と同じく、型パラメーターは引数／戻り値、ローカル変数の型と

して利用できます。ここでは利用していませんが、where句によって型を制限することも可能です。

```
public static void Resize<T>(ref T[] array, int newSize) where T : struct
```

ジェネリックメソッドは、普通のメソッドと同じく、以下のように呼び出せます。

```
var data = new[] { 1, 2, 3 };
Array.Resize(ref data, 10);
```

引数の型から暗黙的に型パラメーターを判定するわけです。この場合はそうする必要はありませんが、メソッド名の後方で<…>の形式で型を明示することも可能です。

```
Array.Resize<int>(ref data, 10);
```

> *note* ジェネリックメソッドで型を明示しなければならないのは、たとえば以下のような状況です。型パラメーターが戻り値にしか現れないので、呼び出し時に型を推論できないのです。
>
> ```
> public static T CreateInstance<T>() where T : new()
> {
>   return new T();
> }
> ...中略...
> GenericMethod.CreateInstance();              ➡×型を特定できない
> GenericMethod.CreateInstance<Person>();      ➡○型を明示的に宣言
> ```

練習問題 9.3

1. 以下のコードは、コンパイルエラーとなります。問題となる点を指摘して、正しいコードに修正してみましょう。

▶リスト9.B　PGenerics.cs（SelfCSharp.Chap09.Practice名前空間）

```
class MyGenerics<T>
{
  T obj = new T();
}
```

9.6　Objectクラス

　クラスを宣言する際に基底クラスを省略した場合、暗黙的にObjectクラス（System名前空間）を継承します。C#のすべてのクラスは直接／間接を問わず最終的にObjectクラスを上位クラスに持つという意味で、Objectクラスはすべてのクラスのルートであるともいえるでしょう。

　組み込み型として用意されているobject型は、このObjectクラスのエイリアスです。

9.6.1　Objectクラスの主なメソッド

　Objectクラスでは、すべてのクラスに共通する表9.7のメソッドを公開しています。ただし、virtualメソッドについてはそのまま利用することはあまりなく、必要に応じて、派生クラスでオーバーライドするのが一般的です。

❖表9.7　Objectクラスの主なメソッド（＊はvirtualメソッド）

メソッド	概要
bool Equals(obj)*	現在のオブジェクトと引数objとが等しいかを判定
int GetHashCode()*	オブジェクトのハッシュコードを取得
Type GetType()	オブジェクトの型を取得（8.2.8項）
bool ReferenceEquals(obj1, obj2)	オブジェクト同士の同一性を判定
string ToString()*	オブジェクトの文字列表現を取得

　以下で実装例を見てみましょう。

9.6.2　オブジェクトの文字列表現を取得する──ToStringメソッド

　ToStringメソッドは、可能であるならば、すべてのクラスで明示的に実装すべきです。適切なToStringメソッド（文字列表現）を用意しておくことで、ユニットテスト／ロギングなどの局面でも、

```
Console.WriteLine(obj);
```

のようにするだけで、オブジェクトの概要を把握できるというメリットがあります（WriteLineメソッドにオブジェクトを渡した場合、内部的にToStringメソッドが呼び出されます）。

　Objectクラスによるデフォルトの実装では、「SelfCSharp.Chap09.Person」のような完全修飾名だけを返します。

　リスト9.48では、Personクラスに対してToStringメソッドを実装する例を示します。

```
class Person
{
  public string FirstName { get; private set; } ──────────────────┐
  public string LastName  { get; private set; } ──────────────────┤──❷

  public Person(string firstName, string lastName)
  {
    this.FirstName = firstName;
    this.LastName = lastName;
  }

  public override string ToString() ────────────────────┐
  {
    return $"Person: {this.LastName} {this.FirstName}";  │──❶
  } ─────────────────────────────────────────────────────┘
}
```

　ToStringメソッドでは、そのクラスの内容を端的に表すプロパティ（フィールド）を選別して文字列化するのがポイントです（❶）。必ずしもすべてのプロパティを出力するのが目的ではありません。

　また、ToStringメソッドに含まれる情報は、最低でも、個別のプロパティ（get）で取得できるよう配慮してください（❷）。さもないと、利用者側は個別の情報にアクセスするために、ToStringメソッドの戻り値を文字列として解析しなければならないハメになります。

9.6.3　オブジェクト同士が等しいかを判定する──Equalsメソッド

　Equalsメソッドは、オブジェクトの論理的な同値性（3.3.1項）を確認するためのメソッドです。Objectクラスで定義されているEqualsメソッドは、最低限、オブジェクト参照が同じオブジェクトを示していること（＝同一性）を判定するにすぎません。意味ある値としての等価を確認したい場合には、個別のクラスでEqualsメソッドをオーバーライドしてください。

> *note*
> ただし、必要ないのであれば、Equalsメソッドを無理にオーバーライドする必要はありません。たとえば、オブジェクトが（値ではなく）動作を表しているようなもの──StreamReader／StreamWriterなどでは、そもそも値の等価性を判定する意味がありません。また、基底クラスで適切なEqualsメソッドを提供している場合にも、これをそのまま引き継いだほうが良いでしょう。
> この後でも触れますが、Equalsメソッドの実装は意外と複雑で、時として、潜在的なバグの原因ともなります。これを回避するには、不要ならばEqualsメソッドを実装しない、が最善の策です。

さっそく、具体的な例も見てみましょう。リスト9.49は、FirstName ／ LastNameプロパティを持つPersonクラスに、Equalsメソッドを実装する例です。

▶リスト9.49　ObjEquals.cs（SelfCSharp.Chap09.ObjectEquals名前空間）

```csharp
public class Person
{
  public string FirstName { get; private set; }
  public string LastName { get; private set; }

  public Person(string firstName, string lastName)
  {
    this.FirstName = firstName;
    this.LastName = lastName;
  }

  public override bool Equals(object obj)
  {
    // 同一性の判定
    if (Object.ReferenceEquals(this, obj))
    {
      return true;
    }                                                              ❶

    // 型の判定
    if (obj == null || this.GetType() != obj.GetType())
    {
      return false;
    }                                                              ❷

    // 同値性の判定
    var p = obj as Person;
    return this.FirstName == p.FirstName && this.LastName == p.LastName;  ❸
  }
}
```

Equalsメソッドを実装する手順は、以下のとおりです。

まず、❶ではReferenceEqualsメソッドで同一性を確認しています。なくても成り立ちますが、同一性が満たされていれば同値性は必ず真なので、比較のオーバーヘッドが大きい場合にはパフォーマンスを改善できます。

❷は、現在のオブジェクト（this）と比較対象のオブジェクト（obj）の型を判定し、これが等しくない場合にはEqualsメソッド全体としてもfalseとします。GetTypeメソッドではなく、is演算子を利用したくなるかもしれませんが、is演算子では完全に一致した型だけでなく、派生型についてもtrueと見なすので不可です（継承を想定していない型であればis演算子を利用してもかまいませんが、まずはGetTypeメソッドでの比較を前提としたほうが余計な混乱もありません）。

そして、❸が本来の同値性チェックです。引数objをas演算子で本来のPerson型に変換したうえで、FirstName ／ LastNameプロパティの値をそれぞれ比較し、いずれもtrueであればEqualsメソッド全体としてtrueと見なします。

note Equalsメソッドを実装するときには、表9.Aのルールを順守しなければなりません。リスト9.49-❷をis演算子でチェックした場合、対称性／推移性違反の原因にもなる可能性があるので要注意です。

❖表9.A　Equalsメソッドのルール

ルール	概要
反射性（Reflexive）	x.Equals(x)はtrue
対称性（Symmetric）	x.Equals(y)がtrueならば、y.Equals(x)もtrue
推移性（Transitive）	x.Equals(y)、y.Equals(z)がtrueならば、x.Equals(z)もtrue
整合性（Consistent）	x／yが変更されていない状態で、x.Equals(y)が連続して呼び出された場合、常にtrue／falseいずれかの同じ結果を返す

補足 型安全なEqualsメソッドを実装する

以上で最低限、オブジェクトの等価確認はできますが、一般的には、IEquatable<T>ジェネリッククインターフェイスを実装して、型特化したEquals<T>メソッド（ここではEquals(Person)）を実装することをお勧めします。

リスト9.50は、その具体的なコードです（リスト9.49からの差分だけを示します）。

```csharp
public class Person : IEquatable<Person>
{
  ...中略...
  // IEquatable<Person>インターフェイスの実装
  public bool Equals(Person other)
  {
    // 同一性の判定
    if (Object.ReferenceEquals(this, other))
    {
      return true;
    }

    // 型の判定（引数otherが派生クラスの場合もfalse）
    if (other == null || this.GetType() != other.GetType())
    {
      return false;
    }

    // 同値性の確認
    return this.FirstName == other.FirstName && this.LastName == other.LastName;
  }

  // Objectクラスのオーバーライド
  public override bool Equals(object obj)
  {
    // Equals(Person)メソッドの呼び出し
    return this.Equals(obj as Person);
  }                                                                    ❶
}
```

　Equals(Person) メソッドの中身については、リスト9.49とほぼ同じなので、補足すべき点はありません。注目すべきは、Object クラスのオーバーライド（Equals(object) メソッド）です（❶）。Equals(Person) メソッドを実装する場合にも、Equals(object) メソッドを省略してはいけません。さもないと、object 型にキャストされたPerson型を正しく比較できなくなってしまうからです。

9.6.4 オブジェクトのハッシュ値を取得する —— GetHashCode メソッド

GetHashCode メソッドは、オブジェクトのハッシュ値 —— オブジェクトデータをもとに生成された整数値を返します。Dictionary ／ HashSet クラス（System.Collections.Generic 名前空間）などのハッシュ表で値を正しく格納するための情報で、「等価なオブジェクト同士では同じ値を返すこと」を期待されています。

その性質上、Equals メソッドをオーバーライドした場合には、GetHashCode メソッドもまたオーバーライドしなければなりません。

たとえばリスト 9.51 は、Person クラスに GetHashCode メソッドを実装する例です。

▶リスト 9.51　ObjEqualsSafe.cs（SelfCSharp.Chap09.ObjectEquals2 名前空間）

```
public class Person : IEquatable<Person>
{
  ...中略...
  public override int GetHashCode()
  {
    return this.FirstName.GetHashCode() ^ this.LastName.GetHashCode();
  }
}
```

GetHashCode メソッドの実装ルールは、以下のとおりです。

1. オブジェクト同士が等しい場合、ハッシュ値もまた等しいこと（ただし、等しくないオブジェクトが必ずしも異なるハッシュ値でなくてもかまわない）
2. ハッシュ値はランダム分布となること
3. 特定のインスタンスに対して、GetHashCode メソッドは常に同じ値を返すこと

1を満たすために、GetHashCode メソッドを実装する際には、Equals メソッドの同値判定で利用したプロパティのハッシュ値を「^」演算したものを返すのが一般的です。

もっとも、1を満たすだけであれば、たとえば以下のような実装も可能です。

```
public override int GetHashCode()
{
  return 1;
}
```

1の条件から、等しくないオブジェクトが必ず異なる値にならなくても良いからです。しかし、2の条件から、このような実装は望ましくありません。Dictionary ／ HashSet などのコレクションは、キーをハッシュ表に配置する際に GetHashCode メソッドを利用します。この際、オブジェクトが固

定の（もしくは偏った）ハッシュ値を返してしまうと、ハッシュ表も特定の枠だけに要素が重なるため、検索効率が低下してしまうのです（重複した場合も、その中でさらにリストをたどるので、動作そのものには問題はありません）。効率性の問題から、できるだけハッシュ値はばらけているべきです（図9.18）。

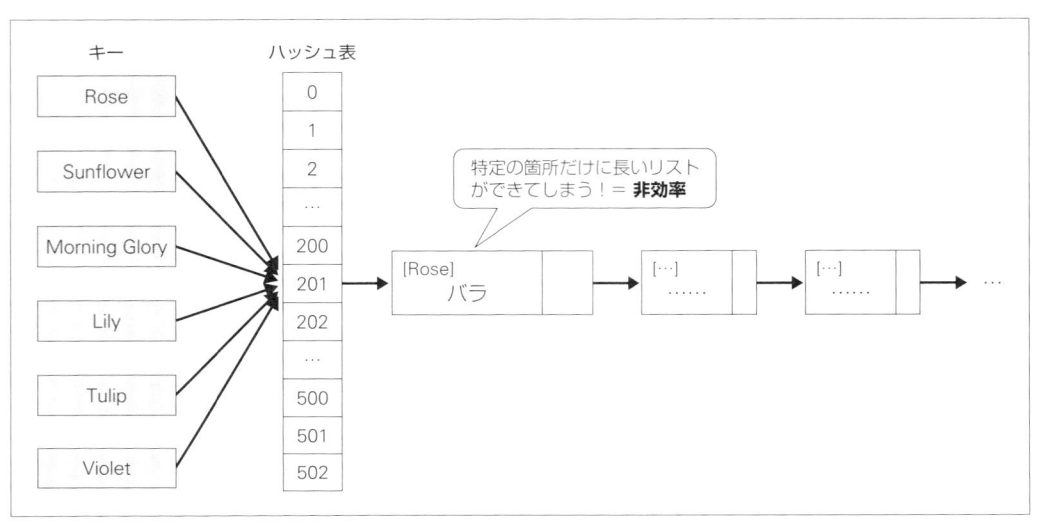

❖図9.18　すべてのハッシュ値が偏っていると...

3については、たとえばリスト9.52のようなコードを考えてみましょう（元となるPersonクラスのLastNameプロパティは、あらかじめ設定可能にしておくものとします）。

▶リスト9.52　ObjEqualsSafe.cs（SelfCSharp.Chap09.ObjectEquals2名前空間）

```csharp
var p = new Person("掛谷", "哲夫");
Console.WriteLine(p.GetHashCode());  // 結果：1427913595
var d = new Dictionary<Person, int>();
d.Add(p, 1Ø);
p.LastName = "山田";
Console.WriteLine(p.GetHashCode());  // 結果：-1995885574
Console.WriteLine(d[p]);  // 結果：エラー（キーが存在しない！）
```

Personクラスのハッシュ値を算出するためのキーであるLastNameプロパティが、途中で変化してしまったケースです。格納するときと参照するときとでハッシュ値が変化した結果、格納したはずの値を取得できなくなっていることを確認してください。

このような問題を避けるためには、原則として、ハッシュ値を算出するためのプロパティはすべて不変（読み取り専用）とすべきです。

9.6.5 ボクシングとアンボクシング

先ほども触れたように、C#ではすべての型はObjectクラス（object型）を継承しています。すべての型はobjectとして振る舞えますし、object型に代入できます。これはint、doubleのような値型も例外ではありません（リスト9.53）。

▶リスト9.53 ObjBoxing.cs

```
int data = 100;
Console.WriteLine(data.ToString());    ➡Objectクラスのメンバーを利用できる
object obj = data;                     ➡object型にも代入できる
```

そして、値型をobject型に代入する際に発生するのが、**ボックス化（ボクシング）**という処理です。ボクシングとは、値型をオブジェクト（参照型）として利用するための仕組みです（図9.19）。イメージとしては「値型をフィールドとするクラスのインスタンスを暗黙的に生成している」と考えるとわかりやすいかもしれません（もちろん図9.19はイメージであり、IntClassのようなオブジェクトが実際に生成されているわけではありません）。

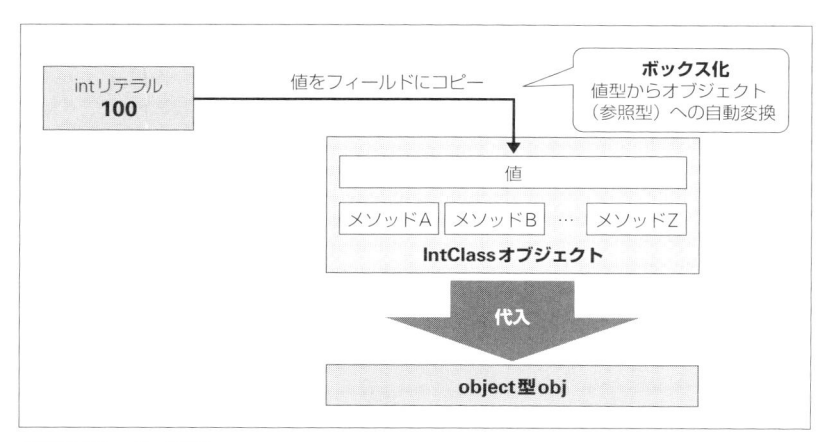

❖図9.19　ボックス化

object型に代入した値型の値は、明示的にキャストすることで、値型に戻すこともできます。これを**ボックス化解除（アンボクシング）**と言います。

```
int i = (int)obj;    ➡object型→int型の変換
```

ボクシング変換の発生は極力避けるべき

ボクシング／アンボクシングによって、開発者は値型／参照型をほとんど意識しなくても済みます。ただし、ボクシング／アンボクシングに際しては、内部的には図9.20のような処理が発生します。

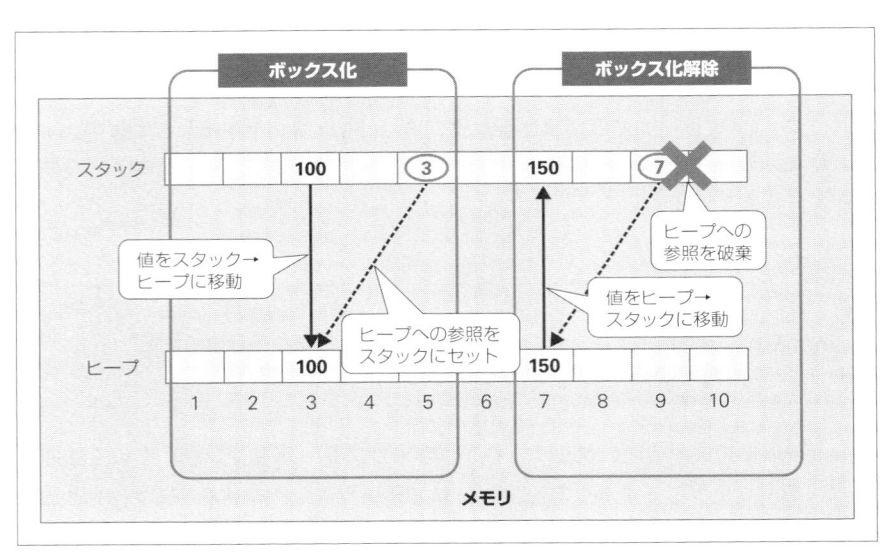

❖図9.20　ボックス化の挙動

　特に、ヒープ領域の確保はオーバーヘッドの大きなものなので、できる限り避けるべきです。

9.7　演算子のオーバーロード

　C#では、「==」「+」といった演算子を、クラス独自に再定義できます。これを**演算子のオーバーロード**と言います。たとえば「+」演算子による文字列連結（3.1.2項）、日付／時刻値の加算／減算（5.3.4項）などは、この機能を利用したものです。

　ただし、すべての演算子をオーバーロードできるわけではなく、オーバーロードに対応しているのは表9.8の演算子に限定されます。

❖表9.8　オーバーロード可能な演算子

種類	演算子
単項演算子	+、−、!、~、++、−−、true、false
二項演算子	+、−、*、/、%、&、|、^、<<、>>、==、!=、<、>、<=、>=

9.7.1　オーバーロードの基本

　演算子をオーバーロードする例として、ここではPersonクラスで「==」演算子を利用できるようにしてみましょう（リスト9.54）。

```
class Person
{
  ...中略...
  // 「==」演算子のオーバーロード
  public static bool operator ==(Person p1, Person p2) ──────────────┐
  {                                                                   │
    if (Object.ReferenceEquals(p1, p2))                               │
    {                                                                 │
      return true;                                                    │
    }                                                                 │
                                                                      │
    if ((object)p1 == null || (object)p2 == null || ────── ❷  ── ❶   │
      p1.GetType() != p2.GetType())                                   │
    {                                                                 │
      return false;                                                   │
    }                                                                 │
                                                                      │
    return p1.FirstName == p2.FirstName && p1.LastName == p2.LastName;│
  } ──────────────────────────────────────────────────────────────────┘


  // 「!=」演算子のオーバーロード
  public static bool operator !=(Person p1, Person p2) ─────────────┐
  {                                                                  │── ❹
    return !(p1 == p2);                                              │
  } ─────────────────────────────────────────────────────────────────┘
}

class OpeOverload
{
  static void Main(string[] args)
  {
    var p1 = new Person("山田", "太郎");
    var p2 = new Person("山田", "太郎");
    var p3 = new Person("掛谷", "康太");
    // Personオブジェクト同士を比較
    Console.WriteLine(p1 == p2);  // 結果：true ───────────┐
    Console.WriteLine(p1 != p3);  // 結果：true ───────────┘── ❸
  }
}
```

演算子のオーバーロードは、operatorキーワード付きのstaticメソッドとして定義します（❶）。

```
public static 戻り値の型 operator 演算子(引数の型 引数, ...)
{
    ...演算子の処理...
}
```

戻り値の型は、オーバーロードする演算子によって変化します。たとえば「==」演算子であれば、比較対象のオブジェクト同士が等しいかどうかをbool値で返します。演算子の機能を拡張するといっても、演算子本来の機能に反するオーバーロードはできないということです。たとえば「==」演算子が比較対象のオブジェクトを返すようなオーバーロードは不可です。

引数リストには、オペランドとなるオブジェクトを渡します。二項演算子であれば引数リストも2個ですし、単項演算子であれば1個となります。この例であれば、比較対象となるPerson型の値を2個受け取れるようにします（図9.21）。

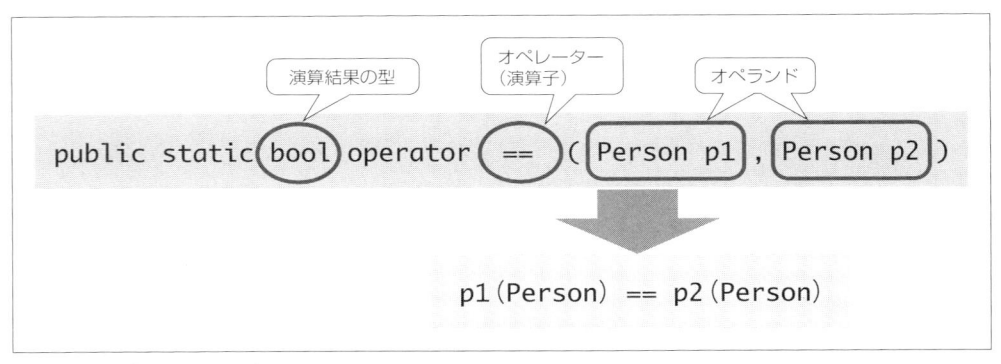

❖図9.21　演算子のオーバーロード

内容はほぼEqualsメソッドのそれに準じます。ただし、一点だけnull判定をする際に、引数p1、p2をobject型にキャストしている点に注意してください（❷）。さもないと、自分自身（==メソッド）を呼び出し、いわゆる無限ループの原因となるからです。

実際に、Person同士の「==」演算子を呼び出しているのは、❸です。PersonオブジェクトのFirstName／LastNameプロパティに基づいて、同値判定ができていることを確認できます。

なお、ある演算子をオーバーロードした場合、対称関係にある演算子もまとめてオーバーロードしなければなりません。よって、「==」演算子をオーバーロードしたら、「!=」演算子もまとめてオーバーロードしなければなりません（❹）。さもないと、「'Person.operator ==(Person, Person)'を定義するには、合致する演算子'!='が必要です。」のようなエラーとなります。

9.7.2 さまざまなオーバーロードの例

オーバーロードの基本を理解できたところで、主な演算子のオーバーロードを紹介していきます。

「+」演算子のオーバーロード

X、Yプロパティを持つCoordinate（座標）クラスにおいて、「+」演算子をオーバーロードしてみます（リスト9.55）。「+」演算子は、X、Yプロパティそれぞれを加算した結果を返すものとします。

▶リスト9.55　OpePlus.cs（SelfCSharp.Chap09.Operator 名前空間）

```csharp
class Coordinate
{
  // 座標情報
  public int X { get; set; }
  public int Y { get; set; }

  // Coordinatesオブジェクト同士の加算
  public static Coordinate operator +(Coordinate c1, Coordinate c2)
  {
    return new Coordinate()
    {
      X = c1.X + c2.X,
      Y = c1.Y + c2.Y
    };                                                              ❶
  }
}

class OpePlus
{
  static void Main(string[] args)
  {
    // Coordinatesオブジェクトを加算
    var c1 = new Coordinate { X = 10, Y = 20 };
    var c2 = new Coordinate { X = 15, Y = 25 };
    var c3 = c1 + c2;
    Console.WriteLine(c3.X);  // 結果：25
    Console.WriteLine(c3.Y);  // 結果：45
  }
}
```

「＋」演算子によってオペランドには影響が出ないよう、あくまで加算結果は新規のインスタンスとして返すようにします（❶）。

もちろん、Coordinate オブジェクト同士の加算だけでなく、Coordinate 型＋ int 型のような演算も可能です（リスト9.56）。

▶リスト9.56　OpePlus.cs

```csharp
class Coordinate
{
  ...中略...
  // Coordinates型とint型を加算する「+」演算子
  public static Coordinate operator +(Coordinate c, int x)
  {
    return new Coordinate()
    {
      X = c.X + x,
      Y = c.Y
    };
  }
  ...中略...
}

class CoordinateClient
{
  static void Main(string[] args)
  {
    var c1 = new Coordinate { X = 10, Y = 20 };
    var c2 = c1 + 5;
    Console.WriteLine(c2.X);   // 結果：15
    Console.WriteLine(c2.Y);   // 結果：20
  }
}
```

なお、「+=」「-=」のような複合代入演算子を直接オーバーロードすることはできません。しかし、たとえば「+」演算子をオーバーロードすることで、「+=」演算子も同時に有効になります。よって、上記のオーバーロードによって、

```csharp
c1 += 7;
```

のような演算も可能です。

同じく「&&」「||」演算子も直接はオーバーロードできません。これらの演算子は、「&」「|」とtrue／false演算子をオーバーロードすることで暗黙的にオーバーロードされるからです。

インクリメント／デクリメント演算子

Coordinate クラスの「++」演算子をオーバーロードしてみましょう。X、Y プロパティそれぞれを加算したものを返すようにします。

「++」演算子は単項演算子なので、オーバーロードが受け取る引数も1つとなります（リスト9.57）。

▶リスト9.57　OpeIncrement.cs（SelfCSharp.Chap09.Operator2 名前空間）

```
class Coordinate
{
  public int X { get; set; }
  public int Y { get; set; }

  // 「++」演算子のオーバーロード
  public static Coordinate operator ++(Coordinate c)
  {
    return new Coordinate()
    {
      X = c.X + 1,
      Y = c.Y + 1
    };
  }
}

class OpeIncrement
{
  static void Main(string[] args)
  {
    var a = new Coordinate() { X = 10, Y = 20 };
    var b = ++a;
    Console.WriteLine($"({a.X},{a.Y})");  // 結果：(11,21)
    Console.WriteLine($"({b.X},{b.Y})");  // 結果：(11,21)

    var m = new Coordinate() { X = 10, Y = 20 };
    var n = m++;
    Console.WriteLine($"({m.X},{m.Y})");  // 結果：(11,21)
    Console.WriteLine($"({n.X},{n.Y})");  // 結果：(10,20)
  }
}
```

インクリメント／デクリメント演算子をオーバーロードする場合は、与えられた引数をそのまま演算しては**いけない**点に注意してください。たとえば、リスト9.57の太字部分をリスト9.58のように書

き換えた場合には、結果が変化します。

▶リスト9.58　OpeIncrement.cs

```csharp
public static Coordinate operator ++(Coordinate c)
{
  c.X++;
  c.Y++;
  return c;
}
```

```
(11,21)
(11,21)
(11,21)
(11,21)
```

　後置演算は、内部的には元のオブジェクトを退避させておいて、演算した結果とは別に演算前の結果を返します（3.1.3項）。その性質上、元のオブジェクトを変更してしまうと、前置／後置演算とで挙動の区別がなくなってしまうのです。

true ／ false演算子のオーバーロード

　true ／ false演算子というと違和感を感じるかもしれませんが、要は、ifの条件式などbool値を要求される文脈で暗黙的に呼び出される演算子です。

　たとえば、リスト9.59のコードであれば「Coordinateオブジェクトがtrueであれば」という意味になります。この条件式では、内部的にはtrue演算子が呼び出されています。

▶リスト9.59　OpeBool.cs（SelfCSharp.Chap09.Operator3名前空間）

```csharp
var c = new Coordinate() { X = 10, Y = 20 };
// Coordinatesオブジェクトがtrueであれば...
if (c)
{
  Console.WriteLine("変数cは真です。");
}
```

　true ／ false演算子をオーバーロードするコードは、リスト9.60のとおりです。これらの演算子は必ずセットで定義しなければなりません。

　この例であれば、CoordinateオブジェクトのX、Yプロパティがいずれも0以上の場合にtrue、さもなければfalseと見なします。

```
class Coordinate
{
    public int X { get; set; }
    public int Y { get; set; }

    // true演算子のオーバーロード
    public static bool operator true(Coordinate c)
    {
        return c.X >= 0 && c.Y >= 0;
    }

    // false演算子のオーバーロード
    public static bool operator false(Coordinate c)
    {
        return c.X < 0 || c.Y < 0;
    }
}
```

キャスト演算子

　最後に、キャスト演算子の例も挙げておきます。リスト9.61は、Coordinateクラスをint型にキャストする例です。int型への変換に際しては、「$X^2 + Y^2$」で整数値を求めるものとします。

▶リスト9.61　OpeCast.cs（SelfCSharp.Chap09.Operator4名前空間）

```
class Coordinate
{
    public int X { get; set; }
    public int Y { get; set; }

    // int型にキャスト
    public static explicit operator int(Coordinate c)
    {
        return c.X * c.X + c.Y * c.Y;
    }
}

class OpeCast
{
    static void Main(string[] args)
    {
```

```
        var c = new Coordinate() { X = 10, Y = 20 };
        Console.WriteLine((int)c);   // 結果：500
    }
}
```

キャスト演算子のオーバーロードだけは構文も若干異なります。

構文 キャスト演算子のオーバーロード

```
public static explicit operator 変換後の型 (変換前の型 引数)
{
    ...演算子の処理...
}
```

戻り値の型の代わりに、explicit キーワードを指定します。これで「明示的なキャスト」という意味になります。暗黙的なキャストを表す implicit キーワードも利用できますが、一般的にクラス型の暗黙的なキャストはコードの意図が不明瞭になり、潜在的なバグの原因にもなります。原則的には、explicit（明示的）キャストを利用するようにしてください。

後は、メソッド名には「変換後の型名」を、引数型には「変換前の型名」を指定します。この例であれば、Coordinate 型を int 型に変換するルールを定義しています。逆に、int 型を Coordinate 型に変換するルールを定義したいならば、リスト9.62のように表します。

▶リスト9.62　OpeCast2.cs（SelfCSharp.Chap09.Operator5名前空間）

```
class Coordinate
{
    public int X { get; set; }
    public int Y { get; set; }

    // int→Coordinate型のキャスト
    public static explicit operator Coordinate(int num)
    {
        return new Coordinate()
        {
            X = num,
            Y = num
        };
    }
}
```

```
class OpeCast2
{
  static void Main(string[] args)
  {
    var c = (Coordinate)10;
    Console.WriteLine($" ({c.X}, {c.Y}) ");  // 結果：(10, 10)
  }
}
```

☑ この章の理解度チェック

1. 以下の文章は本章で学んだ機能について説明したものです。正しいものには○、誤っているものには×を付けてください。

（　　）　catchブロックは、ブロックで指定された例外と発生した例外とが一致した場合にだけ実行される。

（　　）　クラス／インターフェイス／構造体は、互いに入れ子の関係になることが可能である。

（　　）　構造体では、継承は可能だが、インターフェイスの実装はできない。

（　　）　列挙定数の型は、任意の数値型から選択できる。

（　　）　演算子のオーバーライドという機能を利用することで、「+」「-」「==」のような演算子をクラス独自に再定義できる。

2. 本章で学んだ構文を利用して、以下のようなコードを書いてみましょう。

①Mathクラス配下のメソッドを「メソッド名(...)」だけで呼び出せるようにするための宣言

②グローバル名前空間にあるMyClassメソッドの静的メソッドProcessを呼び出す

③IOException／ArgumentException例外を1つのcatchブロックで受け取る（解答ではtry、catchブロックの中身は空でかまいません）

④int型の変数iがゼロ以上であればその平方根を出力し、負数であれば例外をスローする（条件演算子を利用すること）

⑤任意の型の要素を持つリストを引数に受け取って、その内容をカンマ区切りの文字列でコンソールに出力するPrintListメソッド（静的なジェネリックメソッド）

3. 以下のコードには誤りが何点かあります。間違いを正して、コードを実行できるようにしてみましょう。

▶リスト9.C　Practice3.cs

```
sealed struct MyStruct
{
  public string Message = "";
  public int Value = 0;

  public MyStruct() : this("", 0) { }

  public MyStruct(string message, int value)
  {
    this.Message = message;
  }
}

class Practice3
{
  static void Main(string[] args)
  {
    MyStruct s;
    Console.WriteLine(s.Message);
  }
}
```

4. Point（座標）クラスは、以下のメンバーを実装しています。

・double 型の public プロパティ X、Y

・引数 x、y を指定できるコンストラクター（対応する X、Y プロパティを初期化）

・引数なしのコンストラクター（既定値として x、y 双方に 1 を設定）

・X、Y プロパティの内容を出力する Show メソッド

・「＋」演算子（x ／ y 座標をそれぞれ加算）

・キャスト演算子（$x^2 + y^2$ の平方根で、double 型に変換）

空欄を埋めて、コードを完成させてください。

```
class Point
{
  public double X { get; set; }
  public double Y { get; set; }

  public Point(double x, double y)
  {
    ①  .X = x;
    ①  .Y = y;
  }

  public Point() :   ②   { }

  public void Show()
  {
    Console.WriteLine(  ③  "({this.X},{this.Y})");
  }

  public   ④  (Point p1, Point p2)
  {
    return   ⑤  (
      p1.X + p2.X,
      p1.Y + p2.Y
    );
  }

  public   ⑥  (Point p)
  {
    return   ⑦  (p.X * p.X + p.Y * p.Y);
  }
}
```

本書は、プログラミング言語としてのC#を基礎固めするための書籍です。主に、C#の言語仕様を中心に解説しており、たとえば本格的なアプリを開発するために欠かせないフレームワークについてはほとんど触れられていません。本書でC#の基礎を理解できたならば、以下のような書籍もあわせて参照することでより知識を拡げ、深められるでしょう。

速習ASP.NET Core（Amazon Kindle）

http://www.wings.msn.to/index.php/-/A-03/WGS-DNT-001/

マルチプラットフォームでWebアプリを開発するためのフレームワークASP.NET Coreを速習するための書籍です。基本的な画面開発からデータベース連携、フロントエンド開発までを素早く把握したいという人にお勧めです。

Xamarinネイティブによるモバイルアプリ開発（翔泳社）

青柳臣一 著、ISBN：978-4-7981-49813

クロスプラットフォームな開発環境Xamarin＋C#を使ったAndroid／iOSアプリ開発のための書籍。Java／Swiftなどと比較した解説もあるので、これらの言語によるアプリ開発の経験がある人にとっても有用な一冊です。

[改訂新版] C#ポケットリファレンス（技術評論社）

WINGSプロジェクト 土井毅、高江賢、飯島聡／著、山田祥寛／監修、ISBN：978-4-7741-9030-3

本書でも、第5章を中心に、文字列、日付、ファイルシステムをはじめとして、主なライブラリを扱っています。しかし、これらはあくまで膨大な標準ライブラリの中のほんの一部にすぎません。本格的にコーディングを進めるにあたっては、こうしたリファレンスを常備しておくと便利です。

アプリを作ろう！ Visual C#入門 Visual C# 2017対応（日経BP社）

WINGSプロジェクト 高野将／著、山田祥寛／監修、ISBN：978-4-82225-355-4

初めてプログラミングに触れる人のための書籍です。本書が難しいな、具体的なアプリ開発のイメージをつかみたい、と思ったら、このような書籍でアプリ開発を体験しながら、本書で再び基礎固めしてみましょう。実践と基本と、バランスよく知識を深められるはずです。

Microsoft Reference Source

http://referencesource.microsoft.com/

書籍以外では、.NETクラスライブラリのソースコードを公開している、本サイトも有用です。これが絶対ではありませんが、標準ライブラリの実装を確認することで、「あるべき」実装の手がかりにもなるでしょう。

Chapter

ラムダ式／LINQ

ラムダ式／LINQは、いずれもC# 3で導入された概念で、登場の当初は一見独特な構文ゆえに敬遠されてきた機能にも思えます。しかし、それから数年を経て、執筆時点のバージョンはC# 7.1。ラムダ式／LINQを利用したコーディングは当たり前のものとなり、自分でコードを書くうえでも、他人のコードを読むうえでも、ラムダ式／LINQの知識は欠かせないものとなっています。

　本章では、まずラムダ式と、その前提となるデリゲートについて学びます。その中では現在ではあまり利用されなくなった匿名メソッドのような構文もありますが、ラムダ式に到るまでの経緯を理解することは、現在の構文を理解するうえでも役立ちます。また、他の人が書いたコードを読み解くうえでも無駄な知識にはならないでしょう。

　章後半では、ラムダ式の知識を前提に、LINQの基礎、具体的な用法としてLINQ to Objectsについて解説していきます。

10.1 ： デリゲート／匿名メソッド／ラムダ式

　デリゲート（delegate）とは、ざっくり言うと、メソッドを表すための型です（図10.1）。後で具体例を説明しますが、デリゲートを利用することで、たとえば変数にメソッドを代入することもできますし、メソッドの引数としてメソッドを引き渡せるようにもなります。デリゲートによって表されたメソッドは型の一種なので、int、stringのような型と同様に扱えるのです。

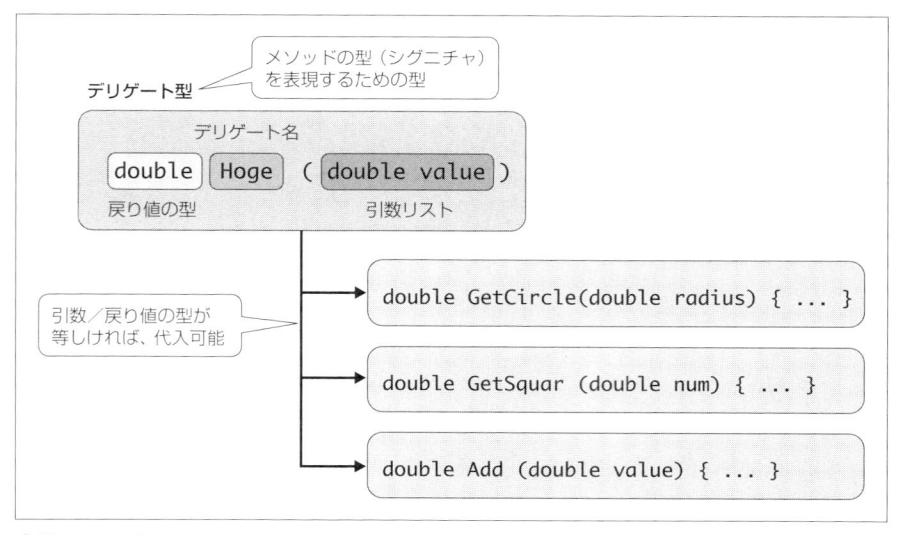

❖図10.1　デリゲート

　ただ、メソッドを引き渡せるといっても、なんでも渡せるわけではありません。引数の個数／型、戻り値の型が決まっている必要があります。これを決めるのが、デリゲートの役割なのです。

デリゲート（delegate）を日本語に訳すと、「委譲」「委任」「代表」という意味です。デリゲートそのものは、あくまでメソッドの型（シグニチャ）を表すための仕組みで、実際の機能は、別に用意されたメソッドそのものに委ねられる（＝委譲される）ことから、そのように呼ばれます。デリゲートとは、さまざまなメソッドの実装を代表するテンプレートとも言えるでしょう。

10.1.1 デリゲートの基本

委譲などという言葉が出てくると、急に難しく感じてしまうので、まずは具体的な例でデリゲートの基本的な構文を確認していきましょう（リスト10.1）。

▶リスト10.1 DelegateBasic.cs

```
delegate void Process(string str); ─────────────────────────── ❶

class DelegateBasic
{
  static void Run(string s)
  {
    Console.WriteLine($"{s}走ります。");
  }

  static void Main(string[] args)
  {
    var p = new Process(Run); ──────────────────────────── ❷
    p("ちょこちょこ");  // 結果：ちょこちょこ走ります。 ──────────── ❸
  }
}
```

デリゲートを定義するのは、delegate命令の役割です（❶）。

構文 デリゲートの定義

[修飾子] delegate 戻り値の型 デリゲート名(引数の型 引数, ...)

delegateキーワードで利用できる修飾子は、表10.1のとおりです。

❖表10.1 delegateキーワードで利用できる修飾子

修飾子	概要
public	すべてのクラスからアクセス可能
internal	同じアセンブリ内からのみアクセス可能（既定）

この例であれば、Processデリゲートには、

string型の引数を受け取り、戻り値はvoidであるメソッド

を代入できることを意味します。

デリゲートにメソッドを代入しているのは、❷です。new演算子でデリゲートをインスタンス化する際に、メソッドを引き渡します。省略形としてメソッドを直接に渡してもかまいません。

```
Process p = Run;
```

これでProcessデリゲートは、Runメソッドとして動作できるようになりました。❸のようにデリゲート型の変数をそのままメソッド呼び出しのように表せることが確認できます。

>  *note* デリゲートには、現在のクラスで用意されたメソッドだけでなく、他のクラスで定義されたメソッドを割り当てることもできます。また、割り当てるメソッドは、インスタンスメソッド／クラスメソッドいずれでもかまいません。とにかくメソッドの戻り値型、引数型／個数が一致していれば良いのです。
>
> ```
> var p = new Process(Console.WriteLine);    ➡クラスメソッド
> var f = new FileInfo(@"C:¥data¥sample.txt");
> var ps = new Process(f.MoveTo);            ➡インスタンスメソッド
> ```

10.1.2 例 メソッドの引数としてメソッドを引き渡す

メソッドを変数に代入して、変数経由で実行するだけでは、あまりありがたみもないでしょう。そこで、もう少しだけ実践的な例として、デリゲートを利用して、メソッドの引数としてメソッドを引き渡してみましょう。

まずは、デリゲートを使わ**ない**例からです。リスト10.2のArrayWalkメソッドは、与えられた文字列配列から個々の要素を取り出して、前後にブラケットを付けたものを出力します。

▶リスト10.2　DelegateNoUse.cs

```
class DelegateNoUse
{
  // 文字列配列の内容をブラケット付きで出力
  void ArrayWalk(string[] data)
  {
    foreach (var value in data)
    {
      Console.WriteLine($" [{value}] ");
    }
```

```
    }

    static void Main(string[] args)
    {
        // 文字列配列dataの内容を順に出力
        var data = new[] { "あかまきがみ", "あおまきがみ", "きまきがみ" };
        var nu = new DelegateNoUse();
        nu.ArrayWalk(data);
    }
}
```

```
[あかまきがみ]
[あおまきがみ]
[きまきがみ]
```

　しかし、ブラケットではなく、カギカッコでくくりたくなったら？　あるいは、文字列の最初の5文字だけを出力したくなったら？　似たような ArrayWalk メソッドをいくつも書くのは非効率です（図10.2）。文字列を加工する処理だけを、外から引き渡せるようになれば、より汎用性が増します。

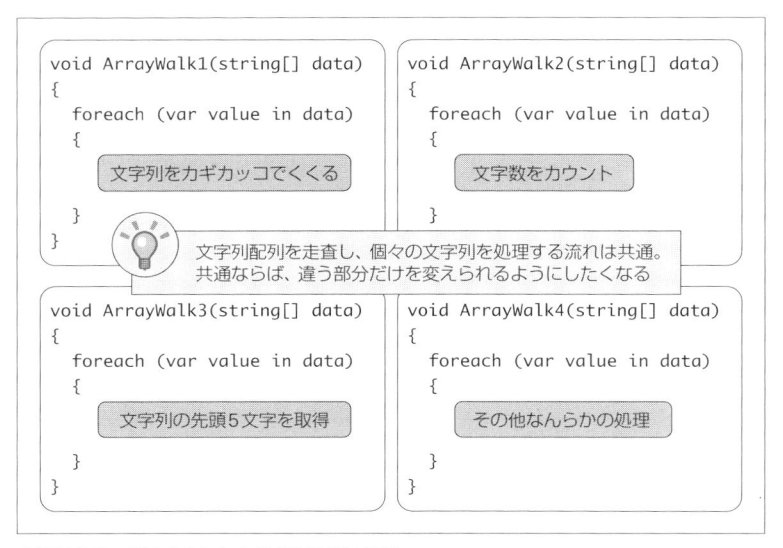

❖図10.2　似たようなメソッドを作るのは無駄

　そこで利用できるのがデリゲートです。リスト10.3は、先ほどの ArrayWalk メソッドに対して、配列要素を処理するコードだけを切り出して、後から引き渡せるようにした例です。本節冒頭でも触

れたように、デリゲートは型の一種なので、メソッドの引数としてデリゲート（メソッド）を引き渡すことも可能です。

▶リスト10.3　DelegateUse.cs

```csharp
// string型の引数を受け取り、戻り値はvoidであるデリゲート
delegate void OutputProcess(string str);

class DelegateUse
{
  // 配列要素の処理方法をデリゲート経由で受け取れるように
  void ArrayWalk(string[] data, OutputProcess output) ─────────────── ❶
  {
    foreach (var value in data)
    {
      // デリゲートの呼び出し
      output(value); ─────────────────────────────── ❹
    }
  }

  // OutputProcess型に対応したメソッド
  static void AddQuote(string data)
  {
    Console.WriteLine($" [{data}] ");
  }

  static void Main(string[] args)
  {
    // 文字列配列dataの内容を順に出力
    var data = new[] { "あかまきがみ", "あおまきがみ", "きまきがみ" };
    var du = new DelegateUse();
    OutputProcess proc = AddQuote; ─────────────────── ❷
    du.ArrayWalk(data, proc); ─────────────────────── ❸
  }
}
```

　あらかじめOutputProcessデリゲートを用意しておいて、ArrayWalkメソッドからも受け取れるようにしているのがポイントです（❶）。後は、あらかじめ用意しておいたAddQuoteメソッドをOutputProcessデリゲートに代入したうえで（❷）、ArrayWalkメソッドに引き渡しています（❸）。
　以下のように、ArrayWalkメソッドの引数に、AddQuoteを直接引き渡すことも可能です。

```csharp
du.ArrayWalk(data, AddQuote)
```

引数経由で渡されたデリゲート（メソッド）は、前項と同じく「変数（引数, …）」の形式で実行できます（❹）。

中身を理解できたら、サンプルを実行してみましょう。先ほどと同じく、ブラケットが付与された文字列が順に出力されていれば、デリゲート版ArrayWalkメソッドは正しく動作しています。

メソッドの差し替えも可能

もちろん、引数outputに渡すべきメソッドは、デリゲートで宣言された型（引数／戻り値の組み合わせ）の範囲で自由に差し替えることができます。たとえばリスト10.4は、ArrayWalkメソッドを使って、配列内の文字列長をカウントする例です。

▶リスト10.4　DelegateUseCounter.cs（SelfCSharp.Chap10.Delegate名前空間）

```csharp
class DelegateUseCounter
{
  void ArrayWalk(string[] data, OutputProcess output)
  {
    foreach (var value in data)
    {
      output(value);
    }
  }

  static void Main(string[] args)
  {
    var data = new[] { "あかまきがみ", "あおまきがみ", "きまきがみ" };

    var du = new DelegateUseCounter();
    var c = new Counter();
    du.ArrayWalk(data, c.AddLength);
    Console.WriteLine(c.Result);  // 結果：17
  }
}


// 文字列長をカウントするためのCounterクラス
class Counter
{
  public int Result { get; private set; }

  public void AddLength(string value)
  {
    Result += value.Length;                                  ❶
  }
}
```

Counterクラスの AddLength メソッド（**❶**）は、引数 value の文字列長を Result プロパティに足しこんでいるので、ArrayWalk メソッドはそれ全体として、配列に含まれる文字列の長さの合計を求めることになります。

ここで、おおもとの ArrayWalk メソッドは一切書き換えていない点に注目してください。デリゲートを利用することで、枠組みとなる機能（ここでは配列を順に走査する部分）だけを実装しておき、詳細な機能はメソッドの利用者が決める —— より汎用性の高いメソッドを設計できるようになります（図10.3）。

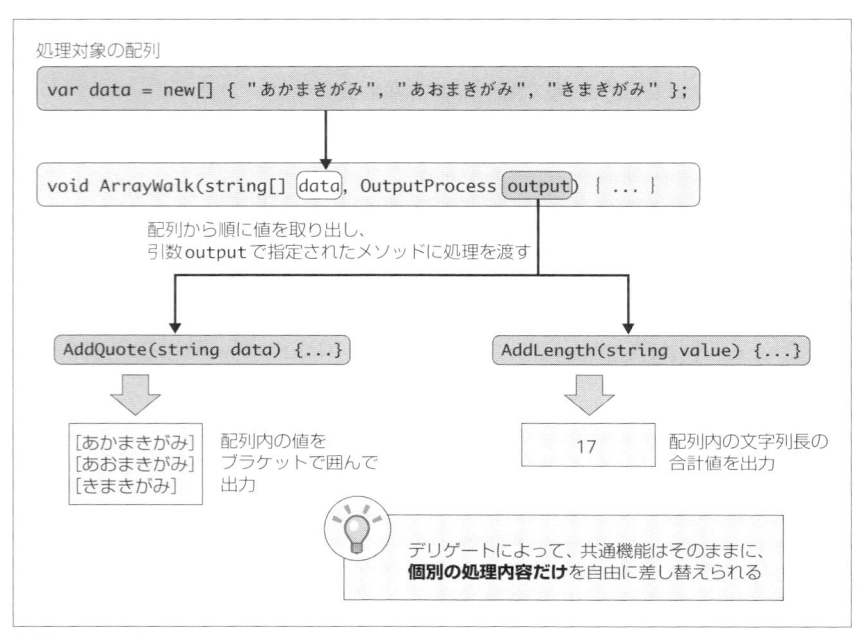

❖図10.3　デリゲートのメリット

10.1.3　マルチキャストデリゲート

デリゲートには、「+=」演算子を用いることで、同時に複数のメソッドを追加することもできます。これを**マルチキャストデリゲート**と言います。

たとえばリスト10.5は、先ほどのリスト10.3-**❷**を修正して、ArrayWalk メソッドに、

- 個々の文字列をブラケットでくくる AddQuote メソッド
- 個々の文字列の先頭4文字だけを出力する Front4 メソッド

を引き渡す例です。

```
class DelegateMulti
{
  ...中略...
  // 与えられた文字列をブラケットでくくったものを出力
  static void AddQuote(string data)
  {
    Console.WriteLine($" [{data}] ");
  }

  // 与えられた文字列の先頭4文字を出力
  static void Front4(string data)
  {
    Console.WriteLine(data.Substring(0, 4));
  }

  static void Main(string[] args)
  {
    var data = new[] { "あかまきがみ", "あおまきがみ", "きまきがみ" };
    var dm = new DelegateMulti();
    OutputProcess proc = AddQuote;
    proc += Front4;
    dm.ArrayWalk(data, proc);
  }
}
```

```
[あかまきがみ]
あかまき
[あおまきがみ]
あおまき
[きまきがみ]
きまきが
```

　AddQuote ／ Front4メソッドそれぞれの出力が、結果にも反映されていることを確認できます。
　「-=」演算子を使えば、登録済みのメソッドを解除することも可能です。たとえばリスト10.6は、
登録したFront4メソッドを直後に削除する例です。結果として、AddQuoteメソッドだけが残るの
で、リスト10.3と同じ出力結果が得られます。

▶リスト10.6　DelegateMulti.cs

```
var dm = new DelegateMulti();
OutputProcess proc = AddQuote;
proc += Front4;
proc -= Front4;
dm.ArrayWalk(data, proc);
```

補足 戻り値のあるメソッドの挙動

リスト10.5（DelegateMulti.cs）でも見たように、デリゲートに複数のメソッドが登録された場合、登録順に実行されます。ただし、メソッドが戻り値／out引数を持つ場合には、**最後**に実行されたメソッドのそれだけが返される点に注意してください。

たとえばリスト10.7は、OutputProcessデリゲートを修正して、文字列を加工した結果を戻り値として返すように修正しています。

▶リスト10.7　DelegateMultiResult.cs（SelfCSharp.Chap10.Delegate3名前空間）

```
// string型の引数を受け取り、string型の値を返すデリゲート
delegate string OutputProcess(string str);

class DelegateMultiResult
{
  void ArrayWalk(string[] data, OutputProcess output)
  {
    // デリゲートから返された文字列を順に出力
    foreach (var value in data)
    {
      Console.WriteLine(output(value));
    }
  }

  // 引数outputに渡すAddQuote ／ Front4メソッド
  static string AddQuote(string data)
  {
    return $" [{data}] ";
  }

  static string Front4(string data)
  {
    return data.Substring(0, 4);
```

10.1　デリゲート／匿名メソッド／ラムダ式

```
    }

    public static void Main(string[] args)
    {
        // 文字列配列dataの内容を順に出力
        var data = new[] { "あかまきがみ", "あおまきがみ", "きまきがみ" };
        var dr = new DelegateMultiResult();
        OutputProcess proc = AddQuote;
        proc += Front4;
        dr.ArrayWalk(data, proc);
    }
}
```

```
あかまき
あおまき
きまきが
```

今度は後で登録されたFront4メソッドの結果が優先され、AddQuoteメソッドからの戻り値は無視されている点に注目してください。

10.1.4 匿名メソッド

ただし、ArrayWalkメソッドに渡すためだけにAddQuote／Front4などのメソッドを定義するのは大げさです。AddQuote／Front4などのメソッドは、あくまでArrayWalkメソッドに処理を引き渡すことを目的としたもので、その場限りでしか利用しません。そのような（いわゆる）使い捨てのメソッドのために名前を付けるのは無駄なので、できればなくしてしまいたいところです。

そこで登場するのが、**匿名メソッド**という名前を持たないメソッドです。匿名メソッドを利用することで、ただデリゲートに引き渡すことを目的としたメソッドを別に用意する必要がなくなるので、コードをすっきりと表現できます。

リスト10.8は、リスト10.7のAddQuoteメソッドを匿名メソッドで書き換えたものです。

▶リスト10.8　DelegateAnonymous.cs

```
class DelegateAnonymous
{
  void ArrayWalk(string[] data, Func<string, string> output) ────────── ❷
  {
    foreach (var value in data)
```

```
    {
      Console.WriteLine(output(value));
    }
  }

  static void Main(string[] args)
  {
    var data = new[] { "あかまきがみ", "あおまきがみ", "きまきがみ" };
    var dm = new DelegateAnonymous();
    // デリゲート型の引数に匿名メソッドを渡す
    dm.ArrayWalk(data, delegate(string d) {
      return $" [{d}] ";
    });
  }
}
```

❶

匿名メソッドを表すには、delegate キーワードを利用します（❶）。

```
delegate(引数の型 引数, ...) {
  ...メソッドの本体...
}
```

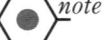

ラムダ式／LINQ

匿名メソッドによって名前がなくなっただけでなく、ArrayWalk メソッドを呼び出すためのコードに、メソッド定義を直接埋め込めるようになります（これが「名前が不要で、その機能だけが必要な場合」といった意味です）。これによってコードが短くなったのはもちろん、コードのまとまりがはっきりしたため、格段に読みやすくなったはずです。

もう1つ、ArrayWalk メソッドの引数型として指定されている Func デリゲートについても注目です（❷）。

これは、標準ライブラリで提供されているデリゲートです。

```
public delegate TResult Func<in T, out TResult>(T arg)
```

> *note* 正しくは、ジェネリックデリゲートです。上の Func デリゲートであれば、
>
> T型の引数を受け取り、TResult型の戻り値を返すメソッド
>
> を表します。引数用途の型パラメーターには in 修飾子が、戻り値用途のそれには out 修飾子が付いている点にも注目です（9.5.4項）。

標準ライブラリでは、よく利用するデリゲートがあらかじめ用意されており、これらのデリゲートを利用することで、大概のケースでは自らデリゲートを準備しなくても済むようになっています。

表10.2に、よく利用する標準デリゲートをまとめておきます。

❖表10.2　標準ライブラリで用意されているデリゲート

デリゲート型	概要	構文

Action	値を返さないメソッド	```void Action()```
		```void Action<T>(T arg)```
		```void Action<T1, T2>(T1 arg1, T2 arg2)```
		```void Action<T1, T2, T3>(T1 arg1, T2 arg2, T3 arg3)```
		```void Action<T1, T2, T3, T4>(```
		``` T1 arg1, T2 arg2, T3 arg3, T4 arg4)```

Func	TResult型の値を返すメソッド	```TResult Func<TResult>()```
		```TResult Func<T, TResult>(T arg)```
		```TResult Func<T1, T2, TResult>(T1 arg1, T2 arg2)```
		```TResult Func<T1, T2, T3, TResult>(```
		``` T1 arg1, T2 arg2, T3 arg3)```
		```TResult Func<T1, T2, T3, T4, TResult>(```
		``` T1 arg1, T2 arg2, T3 arg3, T4 arg4)```

Comparison	型が同じ2つのオブジェクトを比較するメソッド	```int Comparison<T>(T x, T y)```
Converter	オブジェクトを別の型に変換するメソッド	```TOutput Converter<TInput, TOutput>(TInput input)```
Predicate	オブジェクトが条件を満たしているかを判断するメソッド	```bool Predicate<T>(T obj)```

つまり、Action ／ Funcデリゲートでは任意の型の引数を0 ～ 4個受け取るメソッドを許容するということです。

10.1.5　ラムダ式

ただし、匿名メソッドも頻々と利用するようになれば、delegateのようなキーワードが冗長に思えてきます。そこでさらに簡単に、短く表せるように用意されたのが**ラムダ式**です。C# 3.0で導入されました。

まずは、リスト10.8のコードをラムダ式を使って書き換えてみましょう（リスト10.9）。

▶リスト10.9　DelegateLambda.cs

```
var data = new[] { "あかまきがみ", "あおまきがみ", "きまきがみ" };

var dl = new DelegateLambda();
dl.ArrayWalk(data, (string d) =>
{
  return $" [{d}] ";
});
```

ラムダ式の一般的な構文は、以下のとおりです。

```
(引数の型 引数) => {
  ...メソッドの本体...
}
```

ラムダ式ではdelegateキーワードは書きません。代わりに、「=>」で引数とメソッドの本体とをつなぐのです。

これだけでもずいぶんとシンプルになりましたが、条件によってはさらに簡素化できます。まず、本体が一文である場合には、ブロックを表す{...}は省略できます。また、文の戻り値がそのまま戻り値と見なされるので、（ある場合には）return命令も省略可能です。よって、サンプルの太字部分は、以下のように書き換えできます。

```
dl.ArrayWalk(data, (string d) => $" [{d}] ");
```

次に、引数の型は暗黙的に推論されるので、ラムダ式では略記するのが普通です。

```
dl.ArrayWalk(data, (d) => $" [{d}] ");
```

さらに、引数が1個の場合には、引数をくくるカッコも省略できます（引数の型を明示した場合には省略できません。そうした意味でも、引数型は省略すべきです）。

```
dl.ArrayWalk(data, d => $" [{d}] ");
```

ただし、そもそも引数がない場合には、カッコを省略することはできません。

```
Action act = () => Console.WriteLine("こんにちは、世界！");
```

以上、デリゲート、匿名メソッド、ラムダ式と見てきましたが、最初のリスト10.3と比べると、ラムダ式によってコードが格段にシンプルになったことが見て取れるでしょう。なお、本書では、既存のコードを読み解く際に知っておいたほうが良いという理由から、匿名メソッドについても解説しましたが、今後は、まずラムダ式を利用することをお勧めします。

ラムダ式は、最初から最終形——最も省略した形で見てしまうと、記号の羅列のように見えてしまうかもしれませんが、非省略形から省略のルールを追っていけば、なんら難しいものではありません。他の人が書いたラムダ式を見てとまどってしまったときには、ここに戻って、なにが略記されているのかを再確認してみると良いでしょう。

10.1.6 ラムダ式によるメンバーの定義 C#6

C# 6以降では、以下のメンバーをラムダ式の形式で定義できるようになりました。

- メソッド

- プロパティ（C# 6 は get のみ）

- インデクサー（C# 6 は get のみ）

- 演算子

- コンストラクター／デストラクター（C# 7以降）

- イベント（C# 7以降）

　式形式のラムダ式（＝「=>」の右辺が{...}のブロックでない場合）に限られますが、簡易なメンバー定義をよりコンパクトに表現できるようになっているので、あわせて覚えておくと良いでしょう。

　リスト10.10に、主なメンバーの例を挙げておきます。

▶リスト10.10　LambdaMember.cs

```csharp
class LambdaMember
{
  private int _value;

  // コンストラクター
  LambdaMember() => Console.WriteLine("constructor");

  // プロパティ（C# 7以降）
  public int Value
  {
    get => this._value;
    set => this._value = value;
  }

  // get-onlyプロパティ（C# 6ではこちらだけ）
  public DateTime Current => DateTime.Now;

  // インデクサー
  public int this[int index] => this.Value * index;

  // メソッド
  public int Calculate() => this.Value * this.Value;

  //　演算子
  public static bool operator true(LambdaMember e) => e.Value == 0;
  public static bool operator false(LambdaMember e) => e.Value != 0;
}
```

10.1.7 ラムダ式を伴うListクラスのメソッド

Listクラスでは、引数に対してラムダ式を指定できるメソッドがあまた用意されています。本項では、ラムダ式に慣れるという意味でも、これらの中でもよく利用されると思われるものを、いくつか見ていきましょう。

リストの内容を順番に処理する —— ForEachメソッド

ForEachメソッドは、リスト内の要素を指定したラムダ式で順に処理するためのメソッドです。

構文 ForEachメソッド

```
public void ForEach(Action<T> action)
```

T　　　：リストの要素型
action：各要素に対して実行する処理

たとえばリスト10.11は、リストの内容を自乗した結果を、順にコンソールに出力する例です。

▶リスト10.11　ListForeach.cs

```
using System.Collections.Generic;
...中略...
var list = new List<int> { 1, 3, 6, 9 };
list.ForEach(v => Console.WriteLine(v * v));  // 結果：1、9、36、81
```

ForEachメソッドでは、リストから要素を順に取り出して、ラムダ式（v => Console.WriteLine(v * v)）に渡しています（図10.4）。渡された値（ここでは引数v）を、ラムダ式が処理していくわ

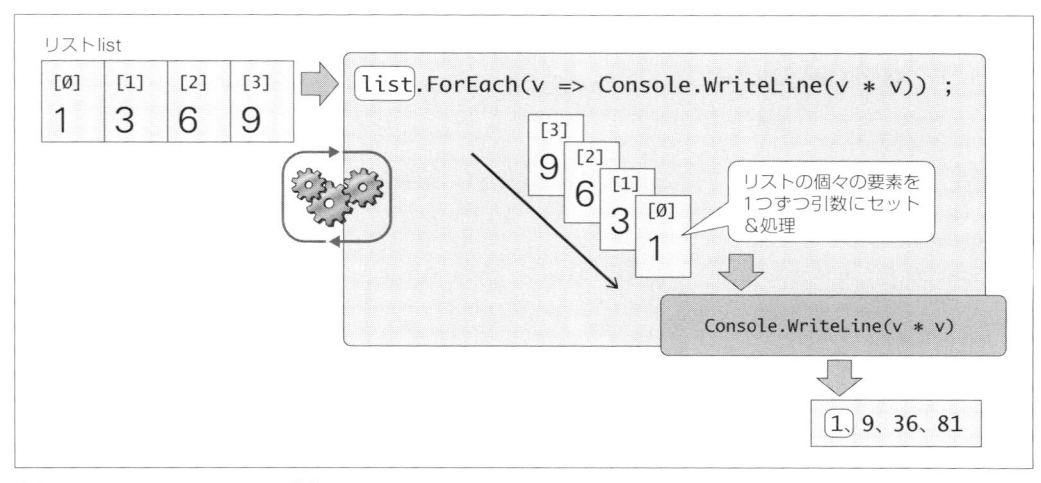

❖図10.4　ForEachメソッドの動作

けです。この例であれば、引数vを自乗した結果をコンソールに出力しています。

なお、リスト10.11のコードは、以下のようにforeachループを利用しても同じ意味です。

```
foreach (var v in list)
{
  Console.WriteLine(v * v);
}
```

リストの内容を変換する —— ConvertAll メソッド

ConvertAll メソッドを利用することで、リストの内容を指定された式で加工できます。

構文 ConvertAll メソッド

```
public List<TOutput> ConvertAll<TOutput>(Converter<T, TOutput> converter)
```

```
T        ：リストの要素型
TOutput  ：変換後の要素型
converter：個々の要素を加工（変換）するための処理
```

引数 converter（ラムダ式）が、引数としてリストの個々の要素を受け取る点は、ForEach メソッドと同じです。ただし、今度は戻り値として、加工した結果を返さなくてはなりません。

たとえばリスト 10.12 は、リスト内の要素からそれぞれ先頭5文字を抜き出した結果を、新たなリストとして取得します。

▶リスト10.12　ListConvert.cs

```
using System.Collections.Generic;
...中略...
var list = new List<string> { "からすなぜ鳴くの", "からすは山に",
  "可愛い七つの", "子があるからよ" };
// 個々の要素から先頭5文字を抜き出す
var result = list.ConvertAll(str => str.Substring(0, 5));

// 変換結果を順に出力
foreach (var s in result)
{
  Console.WriteLine(s);
} // 結果：からすなぜ、からすは山、可愛い七つ、子があるか
```

指定された条件でリストを検索する —— Find ／ FindAll メソッド

Find メソッドは、指定された条件でリスト内を検索し、合致した最初の要素を返します。

構文 Find メソッド

```
public T Find(Predicate<T> match)
```

T　　　：リストの要素型
match：検索条件

引数 match（ラムダ式）は、今度は、個々の要素を受け取り、決められた条件に合致するかどうかを true ／ false で返すようにします（Predicate は、主になんらかの条件判定を表すために利用されるデリゲートです。表10.2 も再確認しておきましょう）。

たとえばリスト10.13は、リストから「からす」で始まる要素を取り出します。

▶リスト10.13　ListFind.cs

```
using System.Collections.Generic;
...中略...
var list = new List<string> { "からすなぜ鳴くの", "からすは山に",
  "可愛い七つの", "子があるからよ" };
var result = list.Find(str => str.StartsWith("からす"));
Console.WriteLine(result);      // 結果：からすなぜ鳴くの
```

Find メソッドでは、条件に合致する要素が複数あったとしても、最初の1つしか返さない点に注意してください。条件に合致したすべての要素を取り出したい場合は、FindAll メソッドを利用してください（リスト10.14）。FindAll メソッドの構文は Find メソッドのそれに準じますが、戻り値は List<T> となる点だけが異なります。

▶リスト10.14　ListFindAll.cs

```
using System.Collections.Generic;
...中略...
var list = new List<string> { "からすなぜ鳴くの", "からすは山に",
  "可愛い七つの", "子があるからよ" };
var result = list.FindAll(str => str.StartsWith("からす"));

foreach(var s in result)
{
  Console.WriteLine(s);
} // 結果：からすなぜ鳴くの、からすは山に
```

条件に合致する要素の位置を検索する —— FindIndex ／ FindLastIndex メソッド

FindIndex ／ FindLastIndex メソッドは、Find メソッドとよく似ていますが、戻り値は条件に合致した要素のインデックスとなります。両者の違いは、FindIndex メソッドがリストの前方から検索を始めるのに対して、FindLastIndex メソッドは後方から検索する点です。

構文 FindIndex ／ FindLastIndex メソッド

```
public int FindIndex([int startIndex, [int count,]] Predicate<T> match)
public int FindLastIndex([int startIndex, [int count,]] Predicate<T> match)
```

startIndex ：検索開始位置
count   ：検索範囲
T   ：リストの要素型
match   ：検索条件

たとえばリスト10.15は、リストから負数を検索する例です。

▶リスト10.15　ListFindIndex.cs

```
using System.Collections.Generic;
...中略...
var list = new List<int> { 1, -15, 30, 60, -50, 40 };
Console.WriteLine(list.FindIndex(v => v < 0));        // 結果：1
Console.WriteLine(list.FindLastIndex(v => v < 0));    // 結果：4
Console.WriteLine(list.FindIndex(2, 3, v => v < 0));  // 結果：4
```

引数startIndex ／ countを指定することで、リストのstartIndex番目からcount個の範囲に限定して検索することもできます。

条件に合致した要素が存在するかを判定する —— Exists ／ TrueForAll メソッド

Exists メソッドを利用することで、指定された条件に合致する要素がリストに存在するかどうかを判定できます。

構文 Exists メソッド

```
public bool Exists(Predicate<T> match)
```

T   ：リストの要素型
match ：検索条件

たとえばリスト10.16は、リストに7文字以上の文字列が存在するかを判定しています。

```
using System.Collections.Generic;
...中略...
var list = new List<string> { "からすなぜ鳴くの", "からすは山に",
  "可愛い七つの", "子があるからよ" };
Console.WriteLine(list.Exists(str => str.Length >= 7));  // 結果：true
```

「存在するか」ではなく、すべての要素が指定された条件に合致しているかを調べるならば、TrueForAllメソッドを利用します。

構文 TrueForAllメソッド

```
public bool TrueForAll(Predicate<T> match)
```

T　　　：リストの要素型
match：検索条件

たとえばリスト10.17は、リスト内のすべての要素が10文字未満であるかを判定する例です。

▶リスト10.17　ListExists.cs

```
Console.WriteLine(list.TrueForAll(str => str.Length < 10));  // 結果：true
```

指定された条件に合致する要素を削除する ── RemoveAll メソッド

RemoveAllメソッドは、指定された条件に合致する要素をまとめて削除します。

構文 RemoveAllメソッド

```
public int RemoveAll(Predicate<T> match)
```

T　　　：リストの要素型
match：検索条件

たとえばリスト10.18は、リストに含まれる負数をすべて削除する例です。

▶リスト10.18　ListRemove.cs

```
using System.Collections.Generic;
...中略...
var list = new List<int> { 1, -15, 30, 60, -50, 40 };
list.RemoveAll(v => v < 0);
```

```
foreach (var n in list)
{
  Console.WriteLine(n);
} // 結果：1、3Ø、6Ø、4Ø
```

練習問題　10.1

1. 以下のラムダ式をできるだけ簡単化してみましょう。

   ```
   (int i) => {
     return i * i;
   }
   ```

2. リスト（List<string>）の内容がすべて5文字以内であるかどうかを確認するためのコード
   を書いてみましょう。テスト用に用意するリストの内容はなんでもかまいません。

10.2　LINQ

LINQとはLanguage INtegrated Queryの略で、統合言語クエリと訳される場合もあります。ざっくりと言うと、

> コレクション（オブジェクト）、データベース、XML文書など、アプリで扱うさまざまなデータソースに対して、統一的な手段でアクセスする仕組み

です。

　従来、これら種々のデータソースをアプリから操作するには、複数の手段を使い分けなければなりませんでした。たとえばコレクションを操作するにはforeachのような反復構文を利用しますし、データベースであればSQLを利用します。XML文書であれば、DOM（Document Object Model）をはじめ、XPath ／ XQueryなどを利用するのが一般的でしょう。

　これらバラバラだった手法を1つにまとめようというのがLINQの思想なのです。LINQを利用することで、アプリ開発者はデータソースに関わらず、限りなく同じ要領でデータにアクセスできます。

　LINQは、アクセスするデータソースに応じてLINQ to Objects、LINQ to XML、LINQ to Entities、LINQ to DataSetなどに分類できます。LINQ to *Xxxxx*は、LINQとデータソースとを橋渡しするドライバーのようなもので、**LINQ プロバイダー**とも呼ばれます（図10.5）。LINQプロバイダーは、アクセス先のデータソースによって動的に切り替わるので、アプリ開発者が意識することはほとんどありません。

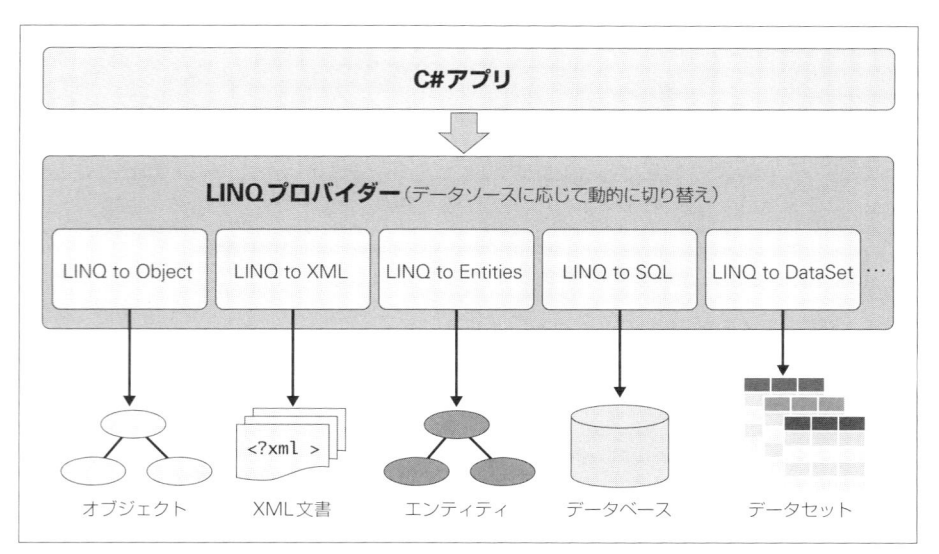

❖図10.5　LINQプロバイダー

　本節では、その中でも LINQ to Objects を例に、LINQ 構文を解説します。LINQ to Objects はコレクションをデータソースとするので、特別な準備も前提知識もいらず、初学者がLINQを学ぶのに適した題材です。

10.2.1　本章で利用するサンプルデータ

　次項からは、具体的なコードでもってLINQを理解していきます。それに先立って、サンプルで利用するデータ（コレクション）を準備しておきましょう。以降のサンプルでは、表10.3と表10.4のような書籍／レビュー情報が用意されているものとして解説を進めます。実行結果も下表の内容を前提としているので、結果を確認する際にあわせて参照してください。

❖表10.3　サンプルで利用している書籍情報

ISBNコード	書名	価格	出版社	刊行日
978-4-7981-3547-2	独習PHP	3200	翔泳社	2016-04-08
978-4-7981-4402-3	独習ASP.NET	3200	翔泳社	2016-01-21
978-4-7741-9130-0	Angularアプリケーションプログラミング	3200	技術評論社	2017-08-04
978-4-7741-9030-3	C#ポケットリファレンス	1640	技術評論社	2016-06-20
978-4-8222-5355-4	アプリを作ろう！Visual C#入門	2000	日経BP社	2017-08-24

❖表10.4　サンプルで利用しているレビュー情報

ISBNコード	レビュアー名	レビュー本文
978-4-7981-3547-2	山田太郎	PHP開発に役立っています。
978-4-7981-3547-2	鈴木花子	急に仕事で扱うことになり、慌てて読み始めたら、〜
978-4-7981-4402-3	山田太郎	あやふやだったデータの操作が、〜
978-4-7981-4402-3	佐藤久美	サンプルが作りたいものとマッチしていて、〜
978-4-7981-4402-3	加藤次郎	コンパクトにきちんと情報がまとまっていて、〜

　これら書籍／レビュー情報は、リスト10.19のようなAppTablesクラスで定義されているものとします。たとえば書籍情報を取得するには「AppTables.Books」、レビュー情報を取得するには「AppTables.Reviews」のようにします。

▶リスト10.19　AppTables.cs

```
using System.Collections.Generic;
...中略...
// 書籍情報
public class Book
{
  public string Isbn { get; set; }
  public string Title { get; set; }
  public int Price { get; set; }
  public string Publisher { get; set; }
  public DateTime Published { get; set; }

  public override string ToString()
  {
    return $"{Title} ({Publisher}) {Price}円  {Published:d}刊行";
  }
}

// レビュー情報
public class Review
{
  public string Isbn { get; set; }
  public string Name { get; set; }
  public string Body { get; set; }
}

public static class AppTables
{
```

```
// すべての書籍／レビュー情報を取得するBooks ／ Reviewsプロパティ
public static IEnumerable<Book> Books { get; private set; }
public static IEnumerable<Review> Reviews { get; private set; }

// 静的コンストラクター（Books ／ Reviewsプロパティを初期化）
static AppTables()
{
  Books = new List<Book> {
    new Book {
      Isbn = "978-4-7981-3547-2",
      Title = "独習PHP",
      Price = 3200,
      Publisher = "翔泳社",
      Published = new DateTime(2016,4,8)
    },
      ...中略...
  };

  Reviews = new List<Review> {
    new Review {
      Isbn = "978-4-7981-3547-2",
      Name = "山田太郎",
      Body = "PHP開発に役立っています。"
    },
      ...中略...
  };
}
}
```

では、ここからは具体的な説明に入っていきます。

10.2.2　クエリ構文とメソッド構文

　LINQによる問い合わせは、大きく**クエリ構文**と**メソッド構文**とに分類できます。大雑把に言ってしまうと、クエリ構文は総じてシンプルに表現できますが、すべての問い合わせを表現できるわけではありません。メソッド構文はコードそのものはやや冗長になりますが、LINQのすべての機能を表現できます。いずれを利用するかは（それが許される状況では）好みにもよりますが、既存のコードを読まなければならない状況も考えれば、双方を理解できるのが良いでしょう。本書でも、できるだけ双方の構文を併記していくものとします。

クエリ構文

　まずは、クエリ構文から解説していきます。リスト10.20は、あらかじめ用意された書籍情報（Bookオブジェクトの配列）から価格が2000円未満の書籍情報を取り出す例です。

▶リスト10.20　LinqQuery.cs

```
using System.Linq;
...中略...
var bs = from b in AppTables.Books
          where b.Price < 2000
          select b.Title;

foreach (var b in bs)
{
  Console.WriteLine(b);
}
```

C#ポケットリファレンス

　クエリ構文による問い合わせは、from句で始まり、select句（またはgroup句）で終わるのが基本です。from句とselect句の間には、さまざまなデータ抽出のためのキーワード（句）を追加できます。ここではデータを抽出するためのwhere句を指定していますが、その他にも表10.5のようなキーワードを利用できます。

❖表10.5　クエリ構文で利用できる主なキーワード

キーワード	概要
from	対象のデータソースと範囲変数を指定
where	絞り込むための条件式を指定
select	問い合わせの出力形式を指定
group	指定のキーでクエリ結果をグループ化
into	join／group／select句の結果を一時変数へ設定
orderby	クエリ結果を昇順／降順で並べ替え
join	2つのデータソースを結合

　個別のキーワードについては後述するとして、ここでは基本的なfrom、where、select句についてまとめておきます。

[1] from句

fromは、問い合わせの対象となるデータソースを表すための句で、以下のような構文で表します。

構文 from句

```
from 範囲変数 in データソース
```

データソースは、クエリ式で処理すべきデータです。この部分は、サンプルのようにオブジェクト配列かもしれませんし、データセット、あるいは、XElementオブジェクト（要素ノード）の配列かもしれません。データソースに指定できる条件は、オブジェクトがIEnumerable／IEnumerable<T>インターフェイス、またはその派生インターフェイスを実装していることだけです。もっと言えば、foreachループで反復処理できるオブジェクトであれば、データソースとして利用できるということです。連続するもの、という意味で**シーケンス**とも言います。

> *note* LINQでは、データソースとしてなにが渡されたかによって使用すべきプロバイダーを決定します。先ほども、アプリ開発者がプロバイダーを意識する必要がない、と述べたのは、これが理由です。

範囲変数（Range Variable）とは、聞きなれない言葉かもしれませんが、要はデータソースから取り出した個々の要素を一時的に格納するための仮変数のことです。リスト10.20の例であれば、データソースAppTables.BooksはBookオブジェクトの配列なので、範囲変数bはBookオブジェクトを表します。

[2] where句

データソースの中身を絞り込むための条件式を指定します。条件式を指定する際には、先ほどの範囲変数を介して、「b.プロパティ名」の形式でプロパティ値にアクセスできる点に注目です。この例であれば、**b.Price**で配列から取り出した書籍情報の価格（Priceプロパティ）を比較の対象としています。

もちろん、&&、|| などの論理演算子を利用することで複合的な条件式を表すことも可能です。

[3] select句

問い合わせの出力形式を決定します。リスト10.20であれば、「select b.Title」としているので、BookオブジェクトのTitleプロパティの集合（IEnumerable<string>オブジェクト）を返します。

範囲変数（Bookオブジェクト）の内容をそのまま返したいならば、単に「select b」としてもかまいません（SQLを知っている人であれば、「SELECT * ...」と同じと考えればわかりやすいでしょう）。

複数のプロパティを取得したい場合には、匿名型（7.6.8項）を利用して、以下のようにも表現でき

ます。

```
var bs = from b in AppTables.Books
         where b.Price < 2000
         select new { Title = b.Title, Price = b.Price };
```

ここではBookオブジェクトから取り出したTitle ／ Priceプロパティを、改めて匿名型に詰め直したものを返すようにしているわけです。

メソッド構文

クエリ構文は、内部的には、コンパイル時にメソッド構文に置換されたうえで実行されます。クエリ構文とメソッド構文とは独立したものではなく、

メソッド構文のシンタックスシュガー（より簡単化された構文）がクエリ構文

なのです。よって、クエリ構文で表せる内容は、必ずメソッド構文で表現できます。

ただし、先ほども触れたように、逆は不可です。つまり、メソッド構文のすべてがクエリ構文に対応しているわけではありません。たとえば、データソースの平均を求めるAverageメソッドに対応するクエリ構文はありません。そのようなケースでは、クエリ構文とメソッド構文とを混在させることになるでしょう。もしくは、最初からクエリ構文を利用せずに、メソッド構文で統一してもかまいません（近年はそのほうが多い気もします）。

以下は、リスト10.20のクエリ構文をメソッド構文で書き換えたものです。

```
var bs = AppTables.Books
    .Where(b => b.Price < 2000)
    .Select(b => b.Title);
```

メソッド構文とクエリ構文とが異なる点は、以下のとおりです。

まず、クエリ構文でのfrom句に相当するメソッドはありません。データソース（ここではオブジェクト配列AppTables.Books）からそのままメソッドを呼び出せます。つまり、この部分はクエリ構文よりもシンプルです。

一方、Where ／ Selectなどのメソッド呼び出しでは、条件式／取得式をラムダ式として表現します。「b => b.Price < 2000」であれば、変数bが配列内の要素、「b.Price < 2000」が条件式を表します。変数bは、クエリ構文の範囲変数に相当するものです。クエリ構文ではfrom句でまとめていたものを、メソッド構文では個々のメソッド（ラムダ式の引数）で表さなければならないので、この部分はクエリ構文よりも冗長になります。

遅延実行

もう1つ、クエリ構文／メソッド構文いずれを利用するかに関わらず、LINQを利用するうえで知っておかなければならない重要なポイントがあります。それが**遅延実行**です。

まずは、リスト10.21のサンプルを見てみましょう。

▶リスト10.21　LinqQueryDelay.cs

```
var bs = from b in AppTables.Books select b.Title; ─────────────────── ❶

// 0番目の書籍タイトルを変更
AppTables.Books.ElementAt(0).Title = "独学できるPHP"; ─────────────── ❷
foreach (var b in bs)
{
    Console.WriteLine(b);                                              ❸
}
```

クエリ構文を発行した後（❶）、リストの内容を変更し（❷）、その後、クエリ結果を出力しなさい（❸）、というコードです（ElementAtメソッドはi番目の要素を取り出しなさい、という意味です）。さて、どのような結果を得られるでしょうか。

直観的には、クエリ構文を発行した後の変更は出力には影響しないはず（＝元々のAppTables.Booksの内容が表示される）。そう思った人は残念。❸は、変更を反映した結果を出力します。

独学できるPHP
独習ASP.NET
Angularアプリケーションプログラミング
C#ポケットリファレンス
アプリを作ろう！Visual C#入門

これこそが遅延実行の性質です。遅延実行とは、クエリ構文やメソッドの呼び出しによって即座に問い合わせが実行されない、という意味です。ただ、組み立てられた問い合わせをIEnumerable<T>オブジェクトとして返します。そして、結果が要求されたところで、データソースにアクセスするのです。

この例であれば、foreachによる反復処理でデータが必要になったところで、データソースを参照します。結果、データソースに対する変更もなんのその、その場で最新の結果を得られるというわけです。

しかし、遅延実行をその場で確定させたいこともあるでしょう。そのような場合に利用できるのが、ToArrayメソッドです。ToArrayメソッドは、問い合わせ結果を配列に変換したものを返します。試しに、リスト10.21-❶を以下のように書き換えてみましょう。

▶リスト10.22　LinqQueryDelay.cs

```
var bs = (from b in AppTables.Books select b.Title).ToArray();
```

独習PHP
独習ASP.NET
Angularアプリケーションプログラミング
C#ポケットリファレンス
アプリを作ろう！Visual C#入門

　今度はToArrayメソッドを呼び出した時点で結果が確定しますので、その後のデータソースへの操作は結果にも反映されません。このようなToArrayメソッドの性質を（遅延実行に対して）**即時実行**と言います。即時実行の性質を持つメソッドは、ToArrayメソッドの他にも、表10.6のようなものがあります。

❖表10.6　即時実行のためのメソッド

メソッド	概要
All	すべての要素が条件に合致するか
Any	条件に合致した要素があるか
Average	平均値を取得
Contains	指定の要素を含むか
Count	件数を取得
ElementAt	指定したインデックスの要素を取得
ElementAtOrDefault	指定したインデックス要素を取得。存在しない場合は、既定値を返す
First	最初の要素を取得
FirstOrDefault	最初の要素を取得。要素がない場合は既定値を返す
Last	最後の要素を取得
LastOrDefault	最後の要素を取得。要素がない場合は既定値を返す
LongCount	要素数を取得（long型）
Max	最大値を取得
Min	最小値を取得
SequenceEqual	2つのシーケンスが等しいか
Single	唯一の要素を取得
SingleOrDefault	唯一の要素を取得。空の場合は既定値を返す
Sum	合計値を取得
ToArray	配列を作成
ToDictionary	ディクショナリを作成
ToList	リストを作成

　以上、LINQの基本を理解できたところで、ここからは個別の句／メソッドについて詳しく見ていきます。サンプルは原則、クエリ構文、メソッド構文双方を併記していますが、クエリ構文がないものは**Ⓜ**マークで表しています。

10.2.3 データの検索条件を指定する ── where句／Whereメソッド

データソースをフィルターするためのwhere句／Whereメソッドについては、すでに触れているので、ここではよく利用すると思われる条件式の例をいくつか挙げておきます。

部分一致検索

SQLのLIKE演算子に相当する部分一致検索を実装するには、Containsメソッドを利用します。たとえばリスト10.23のサンプルは、書名（Titleプロパティ）に「アプリ」が含まれる書籍情報だけを取得しています。

▶リスト10.23　LinqLike.cs

```
var bs = from b in AppTables.Books          クエリ構文
         where b.Title.Contains("アプリ")
         select b;
```

```
var bs = AppTables.Books                    メソッド構文
         .Where(b => b.Title.Contains("アプリ"))
         .Select(b => b);
```

```
Angularアプリケーションプログラミング（技術評論社）3200円　2017/08/04刊行
アプリを作ろう！Visual C#入門（日経BP社）2000円　2017/08/24刊行
```

含んで**いない**を表すならば、「!b.Title.Contains("アプリ")」のように、否定（!）演算子を利用します。

また、部分一致検索の特殊系として、前方一致／後方一致検索もあります。これには、それぞれStartsWith／EndsWithメソッド（5.1.5項）を利用してください。たとえばリスト10.24は、書名が「アプリ」で始まる書籍だけを抜き出す例です。

▶リスト10.24　LinqStartsWith.cs

```
var bs = from b in AppTables.Books          クエリ構文
         where b.Title.StartsWith("アプリ")
         select b;
```

```
var bs = AppTables.Books                    メソッド構文
         .Where(b => b.Title.StartsWith("アプリ"))
         .Select(b => b);
```

アプリを作ろう！Visual C#入門（日経BP社）2000円　2017/08/24刊行

候補値検索

　プロパティが特定の値候補のいずれかに合致するかどうかを判定するには、ArrayクラスのContainsメソッドを利用します。SQLで言うところのIN演算子に相当します。

　たとえばリスト10.24は、刊行月が1、4月である書籍情報だけを取得する例です。

▶リスト10.25　LinqIn.cs

```
var bs = from b in AppTables.Books                          クエリ構文
         where (new int[] { 1, 4 }.Contains(b.Published.Month))
         select(b);
```

```
var bs = AppTables.Books                                    メソッド構文
         .Where(b => new int[] { 1, 4 }.Contains(b.Published.Month))
         .Select(b => b);
```

```
独習PHP（翔泳社）3200円　2016/04/08刊行
独習ASP.NET（翔泳社）3200円　2016/01/21刊行
```

範囲検索

　プロパティが特定の値範囲に含まれるかを判定したいこともあるでしょう。いわゆるSQLで言うところのBETWEEN演算子に相当する操作です。

　しかし、LINQ（C#）では、これを直接に表現するメソッドはありません。リスト10.26のように「<=」「&&」演算子で表現してください。以下は、価格が1500〜2000円である書籍だけを取り出す例です。

▶リスト10.26　LinqBetween.cs

```
var bs = from b in AppTables.Books                          クエリ構文
         where(1500 <= b.Price && b.Price <= 2000)
         select(b);
```

```
var bs = AppTables.Books                                    メソッド構文
         .Where(b => 1500 <= b.Price && b.Price <= 2000)
         .Select(b => b);
```

C#ポケットリファレンス（技術評論社）1640円　2016/06/20刊行

アプリを作ろう！Visual C#入門（日経BP社）2000円　2017/08/24刊行

　条件式は「b.Price >= 1500 && b.Price <= 2000」としてもかまいませんが、リスト10.26
のような順序にすることで範囲であることがより明確になります。

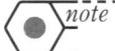 ここではあえてそうする意味はありませんが、リスト10.Aのように Where メソッドを列記して
もかまいません。列記された Where メソッドは And 連結されます。

▶リスト10.A　LinqBetween.cs

```
var bs = from b in AppTables.Books          クエリ構文
         where(b.Price >= 1500)
         where(b.Price <= 2000)
         select(b);
```

```
var bs = AppTables.Books                    メソッド構文
         .Where(b => b.Price >= 1500)
         .Where(b => b.Price <= 2000)
         .Select(b => b);
```

単一の要素を取得する Ⓜ

　Where メソッドの特殊系として、Single メソッドもあります。こちらは、指定された条件式に合
致した単一のデータ（オブジェクト）を取得します（リスト10.27）。

▶リスト10.27　LinqSingle.cs

```
var bs = AppTables.Books
         .Single(b => b.Isbn == "978-4-7981-3547-2");
```

独習PHP（翔泳社）3200円　2016/04/08刊行

　条件に合致するデータが複数件ある、または条件に合致しない場合、Single メソッドは
InvalidOperationException 例外を発生するので、注意してください。その性質上、Single メソッド
は、最初から結果を1件に絞り込めることがわかっている状況で利用すべきです。

　結果が空の場合に、（例外を発生するのではなく）型に応じたデフォルト値（参照型では null）を
返したいという場合には、SingleOrDefault メソッドを利用することも可能です（リスト10.28）。

▶リスト10.28　LinqSingle.cs

```
var bs = AppTables.Books
    .SingleOrDefault(b => b.Isbn == "978-4-7981-5104-5");
```

10.2.4　データを並べ替える──orderby句／OrderByメソッド

　取得したデータを並べ替えるには、orderby句を利用します。たとえばリスト10.29は、書籍情報を価格（Price）について降順、刊行日（Published）について昇順にソートする例です。

▶リスト10.29　LinqOrder.cs

```
var bs = from b in AppTables.Books                         クエリ構文
    orderby b.Price descending, b.Published
    select b;
```

独習ASP.NET（翔泳社）3200円　2016/01/21刊行
独習PHP（翔泳社）3200円　2016/04/08刊行
Angularアプリケーションプログラミング（技術評論社）3200円　2017/08/04刊行
アプリを作ろう！Visual C#入門（日経BP社）2000円　2017/08/24刊行
C#ポケットリファレンス（技術評論社）1640円　2016/06/20刊行

　orderby句では「ソートキー＋並び順, ...」（カンマ区切り）の形式でソート順を指定します。並び順はascending（昇順）、descending（降順）で表します。既定値はascendingなので、昇順の場合は省略してもかまいません。

　orderby句に対応するメソッドは、表10.7のとおりです。

❖表10.7　ソート関連のメソッド

メソッド	概要
OrderBy	昇順に並べ替え
OrderByDescending	降順に並べ替え
ThenBy	昇順に並べ替え（第2キー以降）
ThenByDescending	降順に並べ替え（第2キー以降）

　メソッド構文では、昇順／降順でメソッドを使い分けるだけでなく、第1キーと第2キー以降でも、メソッドを使い分けなければならない点に注目です。すでにソートキーが設定されている状態で、OrderBy／OrderByDescendingメソッドを呼び出した場合には、それ以前の設定されたソートキーは上書きされるので要注意です。

リスト10.30は、リスト10.29をメソッド構文で書き換えたものです。

▶リスト10.30　LinqOrder.cs

```
var bs = AppTables.Books          メソッド構文
        .OrderByDescending(b => b.Price)
        .ThenBy(b => b.Published)
        .Select(b => b);
```

10.2.5　特定のプロパティだけを取り出す
──select句／ Selectメソッド

select句を利用することで、範囲変数から特定のプロパティだけを取り出し、さらに取り出したプロパティ値を加工／演算することが可能となります。たとえばリスト10.31は、書籍情報を取得する際に、

- Titleプロパティは先頭5文字だけ

- Priceプロパティは消費税8%込みの値段で

- Publishedプロパティが過去日の場合は「発売中」、さもなければ「発売予定」

のような加工を施す例です。

▶リスト10.31　LinqSelect.cs

```
var bs = from b in AppTables.Books          クエリ構文
        select new {
            ShortTitle = b.Title.Substring(0, 5),
            TaxedPrice = b.Price * 1.08,
            Released = (b.Published <= DateTime.Now ? "発売中" : "発売予定")
        };
```

```
var bs = AppTables.Books          メソッド構文
        .Select(b => new
        {
            ShortTitle = b.Title.Substring(0, 5),
            TaxedPrice = b.Price * 1.08,
            Released = (b.Published <= DateTime.Now ? "発売中" : "発売予定")
        });
```

```
{ ShortTitle = 独習PHP, TaxedPrice = 3456, Released = 発売中 }
{ ShortTitle = 独習ASP, TaxedPrice = 3456, Released = 発売中 }
{ ShortTitle = Angul, TaxedPrice = 3456, Released = 発売中 }
{ ShortTitle = C#ポケッ, TaxedPrice = 1771.2, Released = 発売中 }
{ ShortTitle = アプリを作, TaxedPrice = 2160, Released = 発売予定 }
```

※実行日によって結果は変動します。

10.2.6 データの重複を除去する——Distinctメソッド Ⓜ

　取り出したデータから重複を除去するには、Distinct メソッドを利用します。たとえばリスト 10.32 は、書籍情報から重複しない出版社名（Publisher プロパティ）を取得する例です。

▶リスト10.32　LinqDistinct.cs

```
var bs = AppTables.Books
        .Select(b => b.Publisher)
        .Distinct();
```

```
翔泳社
技術評論社
日経BP社
```

```
翔泳社
翔泳社
技術評論社
技術評論社
日経BP社
```

※上がDistinctメソッドを指定した場合、下が外した場合。

　Distinct メソッドに相当するクエリ構文はありません。よって、クエリ構文とあわせて Distinct メソッドを利用するには、以下のように表します（クエリ構文がない場合の書き方は以降も同様なので、割愛します）。

```
var bs = (from b in AppTables.Books
          select b.Publisher).Distinct();
```

10.2.7　m〜n件目のデータを取得する —— Skip ／ Takeメソッド Ⓜ

　Skipメソッドは指定された件数だけデータを読み飛ばし、Takeメソッドは指定された件数だけを取得します。Skip／Takeメソッドを利用することで、m〜n件目のデータを抜き出すといった操作が可能になります。

　リスト10.33は、その具体的な例で、書籍情報を刊行日（Publishedプロパティ）昇順に並べたときに、3〜5件目にあたる情報を取得します。

▶リスト10.33　LinqSkip.cs

```
var bs = AppTables.Books
        .OrderBy(b => b.Published)
        .Skip(2)
        .Take(3)
        .Select(b => b);
```

```
C#ポケットリファレンス（技術評論社）1640円　2016/06/20刊行
Angularアプリケーションプログラミング（技術評論社）3200円　2017/08/04刊行
アプリを作ろう！Visual C#入門（日経BP社）2000円　2017/08/24刊行
```

　「3〜5件目を取得」とは「3件目（Skip）から最大3件を取得（Take）」というわけです。Skipメソッドでは先頭のデータを0件目と表すので、引数は2としています。また、Skip／Takeメソッドを利用する際には、データの並び順が決まっていないと意味がありませんので、OrderByメソッドとの併用は必須です。

10.2.8　先頭のデータを取得する —— Firstメソッド Ⓜ

　先頭のデータを取得するには、Firstメソッドを利用します（リスト10.34）。Skip／Takeメソッドを利用してもかまいませんが、あえて冗長な記述を求める意味はありません。

▶リスト10.34　LinqFirst.cs

```
var bs = AppTables.Books
        .OrderBy(b => b.Price)
        .First();
```

```
C#ポケットリファレンス（技術評論社）1640円　2016/06/20刊行
```

ただし、First メソッドは該当するデータが存在しない場合には、InvalidOperationException 例外を発生します。データがない場合にも、その型のデフォルト値（参照型では null）を返したい場合には、FirstOrDefault メソッドを利用してください（リスト 10.35）。

▶リスト 10.35　LinqFirst.cs

```
var bs = AppTables.Books
    .Where(b => b.Price > 10000)
    .OrderBy(b => b.Price)
    .FirstOrDefault();
```

　その他にも、最後の要素を取得するならば Last ／ LastOrDefault メソッドを利用できます。

10.2.9　データをグループ化する──group 句／ GroupBy メソッド

　特定のプロパティでデータをグループ化するには、group 句／ GroupBy メソッドを利用します。たとえば以下は、書籍情報を Publisher プロパティでグループ化し、それぞれに属する書籍を列挙する例です。

▶リスト 10.36　LinqGroup.cs

```
var bs = from b in AppTables.Books          クエリ構文
        group b by b.Publisher;

foreach (var b in bs) ─────────────────────────┐
{                                              │
  Console.WriteLine($" [{b.Key}] ");           │
  foreach (var t in b) ──────────────┐         │ ❶
  {                                  │ ❷       │
    Console.WriteLine(t.Title);      │         │
  } ─────────────────────────────────┘         │
} ─────────────────────────────────────────────┘
```

```
var bs = AppTables.Books                     メソッド構文
    .GroupBy(b => b.Publisher);

foreach (var b in bs)
{
  ...中略...
}
```

```
[翔泳社]
独習PHP
独習ASP.NET
[技術評論社]
Angularアプリケーションプログラミング
C#ポケットリファレンス
[日経BP社]
アプリを作ろう！Visual C#入門
```

group句／GroupByメソッドの戻り値は、IEnumerable<IGrouping<K, S>>型です（Kはキー、S
はオブジェクトを意味します）。よって、取得した値を展開するにも入れ子のループを利用します
（図10.6）。

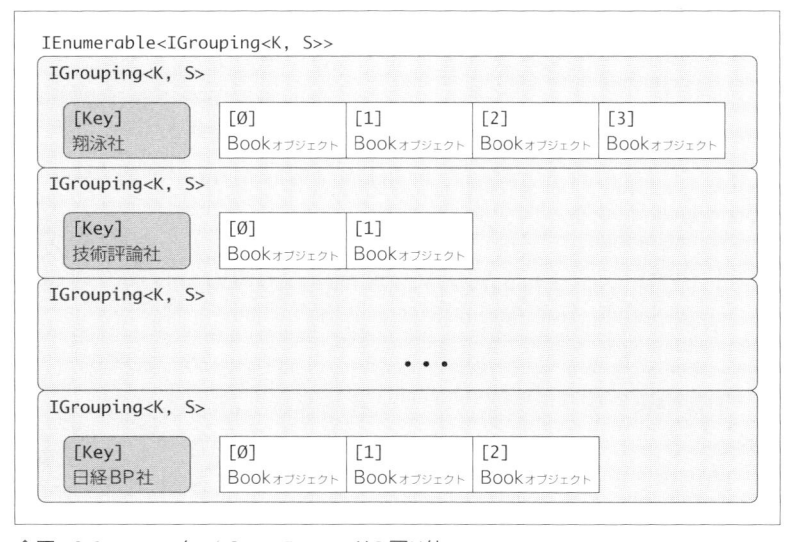

❖図10.6　group句／GroupByメソッドの戻り値

まず、❶でグループを順に取得し、そのKeyプロパティでグループ化キー（ここでは出版社名）を
取り出します。グループに属するオブジェクトにアクセスするには、❷のように取得したグループを
さらにループ処理します。

リスト10.37のようにすることで、Title／Priceプロパティだけを含んだオブジェクトを返すこと
もできます。

▶リスト10.37　LinqGroup2.cs

```
var bs = from b in AppTables.Books                          クエリ構文
         group new { Title = b.Title, Price = b.Price }
         by b.Publisher;
```

```
var bs = AppTables.Books                                    メソッド構文
         .GroupBy(b => b.Publisher,
            b => new { Title = b.Title, Price = b.Price });
```

複数のキーでグループ化する

　複数のプロパティをキーにグループ化するならば、グループ化キーをオブジェクトとします。リスト10.38は、書籍情報を出版社（Publisher）／刊行年（Published.Year）でグループ化した例です。

▶リスト10.38　LinqGroupMulti.cs

```
var bs = from b in AppTables.Books                          クエリ構文
         group b by new
         {
           Publisher = b.Publisher,
           PublishYear = b.Published.Year
         };

foreach (var b in bs)
{
  Console.WriteLine($" [{b.Key.Publisher}－{b.Key.PublishYear}年] ");
  foreach (var t in b)
  {
    Console.WriteLine(t.Title);
  }
}
```

```
var bs = AppTables.Books                                    メソッド構文
         .GroupBy(b => new {
             Publisher = b.Publisher,
             PublishYear = b.Published.Year
         });

foreach (var b in bs)
{
  ...中略...
}
```

[翔泳社－2016年]
独習PHP
独習ASP.NET
[技術評論社－2017年]
Angularアプリケーションプログラミング
[技術評論社－2016年]
C#ポケットリファレンス
[日経BP社－2017年]
アプリを作ろう！ Visual C#入門

「b.Published.Year」のようにすることで、（刊行日ではなく）年でグループ化できます。その他にも、以下のようなキー設定も有効です。

- b.Title[0] ：書名の先頭文字でグループ化
- b.Price / 1000 ：0〜1000、1001〜2000...の単位でグループ化

10.2.10　グループ化した結果を絞り込む――into句

into句を利用することで、グルーピングされた結果を、さらに条件で絞り込むことも可能です。SQLのHAVING句に相当します。

たとえばリスト10.39は、平均価格が2500円以下の出版社だけを取得する例です。

▶リスト10.39　LinqInto.cs

```
var bs = from b in AppTables.Books        クエリ構文
         group b by b.Publisher into pubs
         where pubs.Average(b => b.Price) <= 2500
         select new
         {
           Published = pubs.Key,
           AveragePrice = pubs.Average(b => b.Price)
         };

foreach (var b in bs)
{
  Console.WriteLine($"{b.Published} {b.AveragePrice}円");
}
```

```
var bs = AppTables.Books
    .GroupBy(b => b.Publisher)
    .Where(pubs => pubs.Average(b => b.Price) <= 2500)
    .Select(pubs => new
    {
      Published = pubs.Key,
      AveragePrice = pubs.Average(b => b.Price)
    });

foreach (var b in bs)
{
  ...中略...
}
```

```
技術評論社  2420円
日経BP社  2000円
```

　into句でグルーピングの結果を一時変数pubsに格納しておき、その結果によってwhere／select句を呼び出しているわけです。メソッド構文では、GroupBy以降のWhere／Selectメソッドには無条件にグループ化の結果が渡されますので、それと意識することなく絞り込みのための条件式を表現できます。

　Averageメソッドは集計メソッドの一種です。その他にも、代表的な集計メソッドを、表10.8にまとめておきます。

❖表10.8　主な集計メソッド

メソッド	概要
Average	平均値
Count	件数
LongCount	件数（Int64）
Max	最大値
Min	最小値
Sum	合計値

　同じように、グループ化キーで結果をソートすることもできます。たとえばリスト10.40は刊行年月で結果をソートしています。

▶リスト10.40　LinqInto2.cs

```
var bs = from b in AppTables.Books                              クエリ構文
           group b by new {
               PublishYear = b.Published.Year,
               PublishMonth = b.Published.Month
           } into pubs
           orderby pubs.Key.ToString()
           select pubs;
foreach (var b in bs)
{
  Console.WriteLine($" [{b.Key.PublishYear}年－{b.Key.PublishMonth}月] ");
  foreach (var t in b)
  {
    Console.WriteLine(t.Title);
  }
}
```

```
var bs = AppTables.Books                                       メソッド構文
           .GroupBy(b => new {
               PublishYear = b.Published.Year,
               PublishMonth = b.Published.Month
           })
           .OrderBy(pubs => pubs.Key.ToString());

foreach (var b in bs)
{
    ...中略...
}
```

```
[2016年－1月]
独習ASP.NET
[2016年－4月]
独習PHP
[2016年－6月]
C#ポケットリファレンス
[2017年－8月]
Angularアプリケーションプログラミング
アプリを作ろう！Visual C#入門
```

10.2.11 複数のデータソースを結合する――join句／ Joinメソッド

join句／ Joinメソッドを利用することで、特定のプロパティでデータソース同士を結合することも可能です。たとえばリスト10.41は、書籍情報とレビュー情報とをISBNコード（Isbnプロパティ）で結合する例です。

▶リスト10.41　LinqJoin.cs

```
var bs = from b in AppTables.Books                        クエリ構文
         join r in AppTables.Reviews on b.Isbn equals r.Isbn
         select new {
            Title = b.Title,
            Reviewer = r.Name,
            Body = r.Body
         };

foreach (var b in bs)
{
  Console.WriteLine($" 「{b.Title}」({b.Reviewer}) ");
  Console.WriteLine($"{b.Body}");
  Console.WriteLine("-----");
}
```

```
var bs = AppTables.Books                                   メソッド構文
      .Join(
        AppTables.Reviews,
        b => b.Isbn,
        r => r.Isbn,
        (b, r) => new {
           Title = b.Title,
           Reviewer = r.Name,
           Body = r.Body
        }
     );

foreach (var b in bs)
{
  ...中略...
}
```

「独習PHP」（山田太郎）
PHP開発に役立っています。

_____

「独習PHP」（鈴木花子）
急に仕事で扱うことになり、慌てて読み始めたら、分かりやすくて良かったです。

_____

「独習ASP.NET」（山田太郎）
あやふやだったデータの操作が、この本でスッキリ分かるようになった。

_____

「独習ASP.NET」（佐藤久美）
サンプルが作りたいものとマッチしていて、とても参考になりました。

_____

「独習ASP.NET」（加藤次郎）
コンパクトにきちんと情報がまとまっていて、とても読みやすいと思う。

_____

　クエリ構文では、「join　結合するデータソース　on　結合キー1　equals　結合キー2」で、データソース同士を結合します。この例であれば、書籍情報とレビュー情報とで互いにIsbnプロパティが等しいものを紐付けなさい、という意味になります。
　Joinメソッドの場合の構文は、以下のとおりです。

構文 Joinメソッド

```
IEnumerable<TResult> Join<TOuter, TInner, TKey, TResult>(
  IEnumerable<TInner> inner,
  Func<TOuter, TKey> outerKeySelector,
  Func<TInner, TKey> innerKeySelector,
  Func<TOuter, TInner, TResult> resultSelector
)
```

TOuter	：結合する最初の要素の型
TInner	：結合する2番目の要素の型
TKey	：キーの型
TResult	：結果要素の型
inner	：結合するデータソース
outerKeySelector	：結合キー1
innerKeySelector	：結合キー2
resultSelector	：結合結果を取得するメソッド

　構文だけだとわかりにくいかもしれません。クエリ構文との関係も図示しますので、理解の一助としてください（図10.7）。

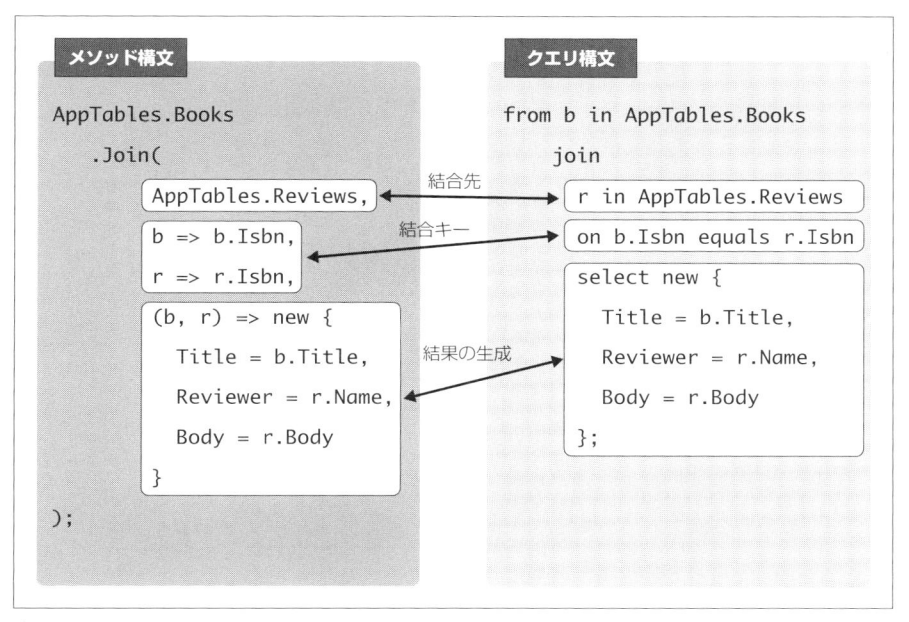

❖図10.7　Joinメソッドとjoin句

☑ この章の理解度チェック

1. 以下の文章は、デリゲート／ラムダ式／ LINQ について述べたものです。正しいものには〇を、間違っているものには×を記入してください。

（　　）　引数にメソッドを引き渡すような用途では、ラムダ式よりも匿名メソッドを利用すべきである。

（　　）　ラムダ式で引数がない場合には、「=> 式」のように引数そのものを省略できる。

（　　）　LINQのクエリ構文は、メソッド構文でできることであれば必ず表現できる。

（　　）　LINQでは、与えられたデータソースによってプロバイダーを決定するので、アプリ開発者がプロバイダーを意識する必要はない。

（　　）　LINQのクエリ構文は必ずselect句で終了しなければならない。

2. 本章で学んだ構文を利用して、以下のようなコードを書いてみましょう。

①引数としてstring型のstrを受け取り、戻り値はbool型であるHogeデリゲート

②引数としてT型のv1、v2を受け取り、戻り値はR型であるFooジェネリックデリゲート

③値として"ABCDE"、"OPQR"、"WXYZ"、"HIJKL"を持つリストListを定義したうえで、それぞれの要素から先頭3文字だけを切り出したリストに加工

④書名が「入門」で終わる書籍情報（10.2.1項）を、価格降順で取得。ただし、取得列は書名と価格だけとし、価格は消費税8%込みで表すものとする（クエリ構文）

⑤刊行日が2016年12月1日より前の書籍情報を、出版社、書名昇順で取得。ただし、取得列は書名、価格、出版社だけとし、書名は先頭5文字だけで表すものとする（メソッド構文）

3. 以下は任意型の配列dataから、条件式conditionがtrueである要素だけを抜き出すGrepメソッドの例です。空欄を埋めて、コードを完成させてください。

▶リスト10.B　Practice3.cs

```
using System.Collections.Generic;
...中略...
public static T[] Grep ①  (T[] data,  ②  condition)
{
  var result = new List<T>();
  foreach(var value in data)
  {
    if (  ③  )
    {
       ④ ;
    }
  }
  return result. ⑤ ;
}

static void Main(string[] args)
{
  var data = new[] { 1, 2, 7, 1Ø, 15, 19 };
  // 偶数だけを抽出
  var result = Grep(data, v =>  ⑥ );
  foreach(var v in result)
  {
    Console.WriteLine(v);
  }  // 結果：2、1Ø
}
```

Chapter

11

高度なプログラミング

最終章となる本章では、これまでの章では扱いきれなかった、以下の機能について取り上げます。

- マルチスレッド処理
- 属性
- 動的型付け変数（dynamic型）
- イベント

マルチスレッド処理、属性などのテーマは、特に本格的なアプリ開発には欠かせない知識なので、基本的な用法だけでもきちんと理解しておきたいところです。

11.1 マルチスレッド処理

スレッド（thread）とは、プログラムを実行する処理の最小単位です。既定で、アプリは**メインスレッド**と呼ばれる単一のスレッド（シングルスレッド）で動作しています（図11.1）。ざっくり言うと、Main メソッドで始まるスレッドです。

ただし、一般的なアプリでは、シングルスレッドだけでは不都合な状況もあります。たとえば、ネットワーク通信を伴う処理です。ネットワーク通信は、一般的に、アプリ（メモリ）内部の処理に比べると、圧倒的に処理時間を要します。そして、シングルスレッドの環境下では、アプリの利用者は次の操作を、通信が終了するまで待たなければなりません。これは、利便性などという言葉を持ち出すまでもなく、望ましい状態ではありません。

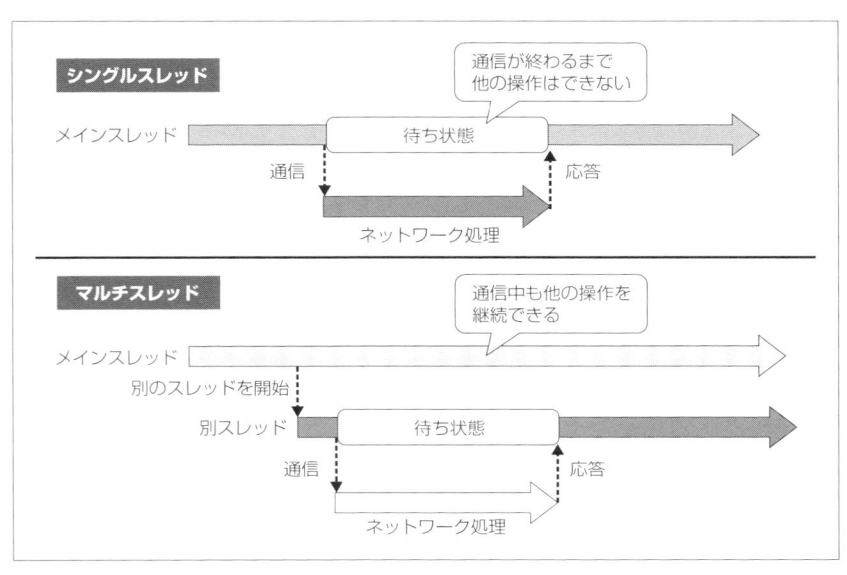

❖図11.1　スレッド

そこでC#では、（メインスレッドだけでなく）複数のスレッドを並行して実行できる仕組みを持っています。これを**マルチスレッド**と言います。マルチスレッドを利用することで、たとえばネットワーク通信のように時間のかかる処理はバックグラウンドで実施し、アプリ利用者はメインスレッド上で操作を継続できるようになります。

11.1.1 スレッドの生成／実行

新たなスレッドを生成／実行するクラシカルな手段は、まずThreadクラス（System.Threading名前空間）を利用することです。後で触れる理由から、現在ではThreadクラスを直接に利用する機会はほとんどありませんし、また利用すべきではありません。あくまで原始的なスレッド生成／実行の例として確認してください。

たとえばリスト11.1は、新たに作成したスレッドt1、t2、t3で、それぞれに0〜50の範囲でカウントアップした結果を表示します。

▶リスト11.1　ThreadClassic.cs

```csharp
using System.Threading;
...中略...
class ThreadClassic
{
  static void Main(string[] args)
  {
    // スレッドを生成
    var t1 = new Thread(Count);
    var t2 = new Thread(Count);                                    ❶
    var t3 = new Thread(Count);
```

```
    // スレッドを開始
    t1.Start(1);
    t2.Start(2);                                           ❸
    t3.Start(3);

    // スレッド終了まで待機
    t1.Join();
    t2.Join();                                             ❹
    t3.Join();
    Console.WriteLine("すべての処理が終了しました。");
}

// スレッドの実処理
static void Count(object n)
{
    for (int i = 0; i < 50; i++)
    {                                                      ❷
        Console.WriteLine($"Thread{n}: {i}");
    }
}
}
```

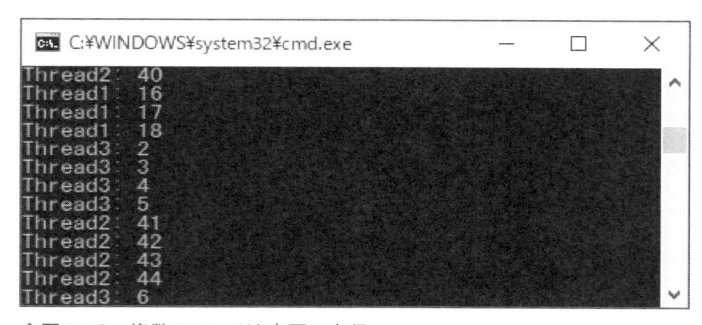

❖図11.2　複数のスレッドを交互に実行

スレッドを生成する一般的な構文は、以下のとおりです（❶）。

構文 Threadコンストラクター

```
public Thread(ThreadStart start)
public Thread(ParameterizedThreadStart start)
```

start：スレッドで実行すべき処理

スレッドとして実行すべき処理を、ThreadStart ／ ParameterizedThreadStart デリゲートとして渡すわけです。双方の違いは、引数の有無です。

構文 ThreadStart ／ ParameterizedThreadStart デリゲート

```
public delegate void ThreadStart()
public delegate void ParameterizedThreadStart(object obj)
```

obj：スレッドで利用するデータ

この例であれば、ParameterizedThreadStart デリゲートに対応する引数付きの Count メソッドを準備しておきます（❷）。引数 n は、後でスレッドを識別するための番号です。

Thread オブジェクトを生成できたら、後は Start メソッドでスレッドを開始します（❸）。引数 parameter は、❷で指定された処理（Count メソッド）に渡すパラメーターを表します。

構文 Start メソッド

```
public void Start(object parameter)
```

parameter：スレッドに引き渡すパラメーター

ただし、そのままではスレッド t1、t2、t3 が開始する前に、メインスレッドが終了してしまうので、Join メソッドでそれぞれのスレッドが終了するまで、メインスレッドを待機します（❹）。

実行結果を見ると、確かに t1、t2、t3 スレッドがランダム、かつ交互に結果を出力しており、同時に実行されていることが確認できます。

11.1.2 タスクの生成／実行

スレッドの生成／実行は、プロセスに比べればずいぶんとオーバーヘッドの小さな処理です。とはいえ、通常の命令と比較すれば、十分に重い処理であり、スレッドの生成／破棄を繰り返すことは、アプリ全体のパフォーマンスを劣化させます。

そこでいったん生成したスレッドを（そのまま破棄してしまうのではなく）いったん保持しておいて、別な処理で再利用する仕組みが導入されました。それが**スレッドプール**です（図11.3）。

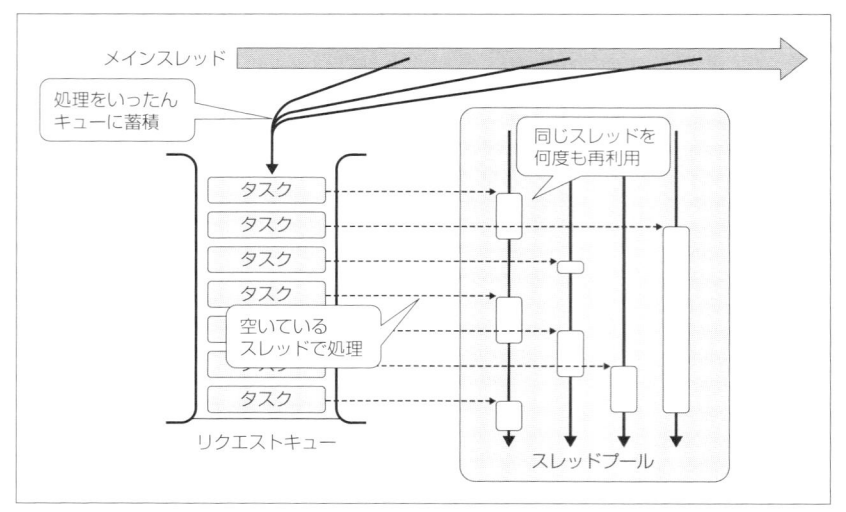

❖図11.3　スレッドプール

　スレッドプールを利用することで、スレッドを大量に（日常的に）利用するようなアプリでもスレッド生成／破棄のオーバーヘッドを軽減できます。

　そして、スレッドプールの利用を伴うスレッドが、C# 4で導入された**タスク**です。タスクは、この後で見るようにThreadクラスと同じ要領で利用できますが、内部的にはスレッドプールを利用している、いわゆる新たなThreadクラスと言えます。

　では、具体的な例も見てみましょう。リスト11.2は、リスト11.1をTaskクラスを使って書き換えた例です。

▶リスト11.2　ThreadBasic.cs

```csharp
using System.Threading.Tasks;
...中略...
class ThreadBasic
{
  static void Main(string[] args)
  {
    // タスクを開始
    Task t1 = Task.Run(() => Count(1));
    Task t2 = Task.Run(() => Count(2));          ❶
    Task t3 = Task.Run(() => Count(3));

    // タスクの終了まで待機
    t1.Wait();
    t2.Wait();                                   ❷
    t3.Wait();
```

```
      Console.WriteLine("すべての処理が終了しました。");
  }

  // スレッド（タスク）の実処理
  static void Count(int n)  {
    for(int i = Ø; i < 5Ø; i++)
    {
      Console.WriteLine($"Task{n}: {i}");
    }
  }
}
```

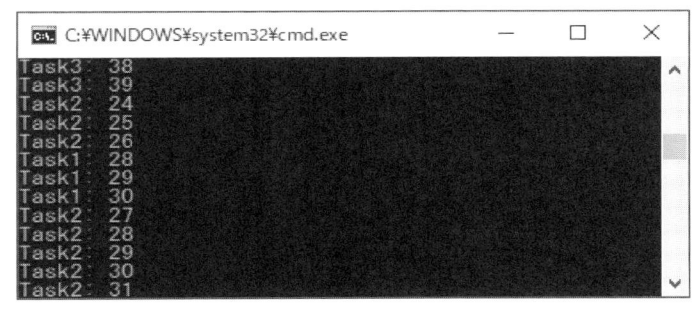

❖図11.4　複数のタスクを交互に実行

　タスクを実行するには、Task クラス（System.Threading.Tasks 名前空間）の Run メソッドを利用するのが最も簡単です（❶）。

構文 Run メソッド

```
public static Task Run(Action action)
```

action：スレッドで処理すべき内容

　Action デリゲートについては10.1.4項でも触れたとおりです。ここでは、複数のタスクから呼び出す関係で、処理をCount メソッドとして切り出していますが、その場限りの処理であれば、ラムダ式の中でCount メソッドの処理を記述してもかまいません。

　Run メソッドは、実行を開始したタスク（Task オブジェクト）を返します。後は、タスクの終了までメインスレッドが待機するよう、Wait メソッドを呼び出します（❷）。

　サンプルを実行してみると、確かに先ほどと同じく、複数のタスクがランダム、交互に結果を出力しており、同時実行していることが確認できます。

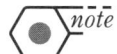

Taskそのものは.NET Framework 4から利用できますが、Runメソッドは.NET Framework 4.5以降での対応です。.NET Framework 4環境では、以下のようにTaskクラスをインスタンス化してから、Startメソッドを呼び出します。

```
var t1 = new Task(() => Count(1));
t1.Start();
```

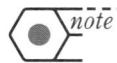

Waitメソッドは、タスクが終わるまで待機するばかりではありません。引数に時間（ミリ秒）を指定することで、指定された時間だけ待機することも可能です。

```
t.Wait(500);
```

また、複数のタスクの完了を待つWaitAny ／ WaitAllメソッドもあります。

```
Task.WaitAny(t1, t2 ,t3);   // t1、2、3いずれかの終了まで待機
Task.WaitAll(t1, t2, t3);   // t1、2、3すべてが終了するまで待機
```

11.1.3 排他制御

　本節の冒頭でも触れたように、スレッド（タスク）は同一のメモリ空間で実行されます。よって、マルチスレッド処理に際しては、データがスレッド間で共有されているかどうかを意識することが重要です。共有データに対して同時に処理を実施した場合、思わぬ不整合が発生する可能性があるからです。

　たとえばリスト11.3は、正しく**ない**マルチスレッドの例です。

▶リスト11.3　LockBasicBad.cs

```
class LockBasicBad
{
  // カウンター
  public int Count { get; private set; } = 0;

  // メインの処理（50万個のスレッドを実行）
  static void Main(string[] args)
  {
    const int TaskNum = 500000;   // タスクの個数
    var ts = new Task[TaskNum];
    var tb = new LockBasicBad();
```

```
    // タスクを起動
    for (var i = 0; i < TaskNum; i++)
    {
      ts[i] = Task.Run(() => tb.Increment());
    }

    // 各タスクの終了まで待機
    for (var i = 0; i < TaskNum; i++)
    {
      ts[i].Wait();
    }

    Console.WriteLine(tb.Count);   // 結果：466865（実行の都度、変化）
  }

  // ThreadBadクラスのカウンターをインクリメント
  void Increment()
  {
    this.Count++;
  }
}
```

　サンプルでは、メインスレッドで用意したCountプロパティを、50万個のタスク（スレッド）で並行してインクリメントし、その最終的な結果を表示しています。

　50万個（ということは50万回）インクリメントするわけなので、結果は50万を期待しているわけですが、そうはなりません（たまたまそうなることがあるかもしれませんが、それは偶然です）。

　ここで問題となるのは、個々のスレッドから利用されているThreadBadクラスのIncrementメソッドです。IncrementメソッドはインスタンスプロパティCountの値を++演算子でインクリメントしているだけのシンプルなコードで、一見して、他のスレッドが割り込む余地はないように見えます。

　しかし、++演算子は、内部的には「変数の現在値を取得→値を加算→演算結果の再代入」という手順を踏みます。そして、処理の途中で他のスレッドによる割り込みが発生してしまうと、演算結果が正しく反映されない可能性があるのです（図11.5）。

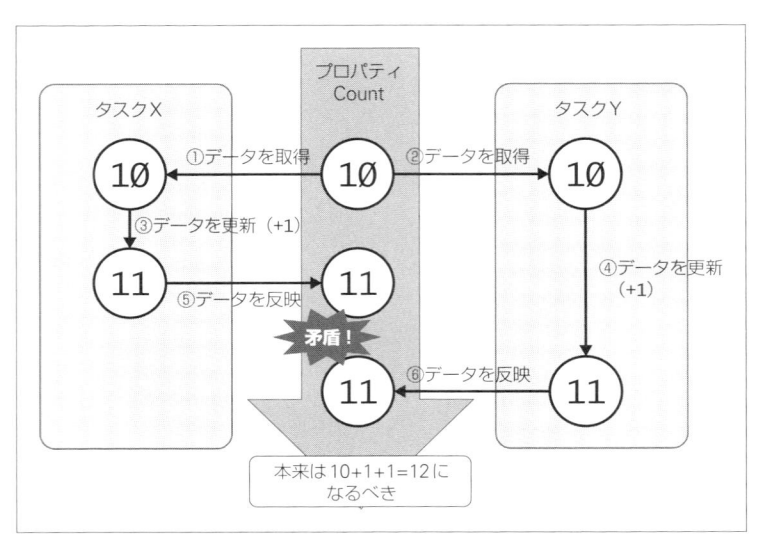

❖図11.5　マルチスレッド処理による矛盾

　これは必ずしも高い確率ではありませんが、確実に発生しうる程度の可能性ではあります。結果、50万個のスレッドで一斉にインクリメントした結果が、50万にならないという場合が出てくるのです。

lockブロック

　この問題を回避するのがlockブロックの役割です。

構文 lockブロック

```
lock(ロック対象のオブジェクト) { ...同期すべき処理... }
```

　lockブロックで囲まれた処理は、複数のスレッドから同時に呼び出されることがなくなります。ほぼ同時に呼び出された場合にも、先に呼び出されたほうの処理を優先し、後から呼び出された側は先行する処理が終わるまで待ちの状態になります。

　このように、特定の処理を占有することを**ロック**を獲得する、と言います（図11.6）。また、ロックを使って同時実行によるデータの不整合を防ぐことを**排他制御**と言います。

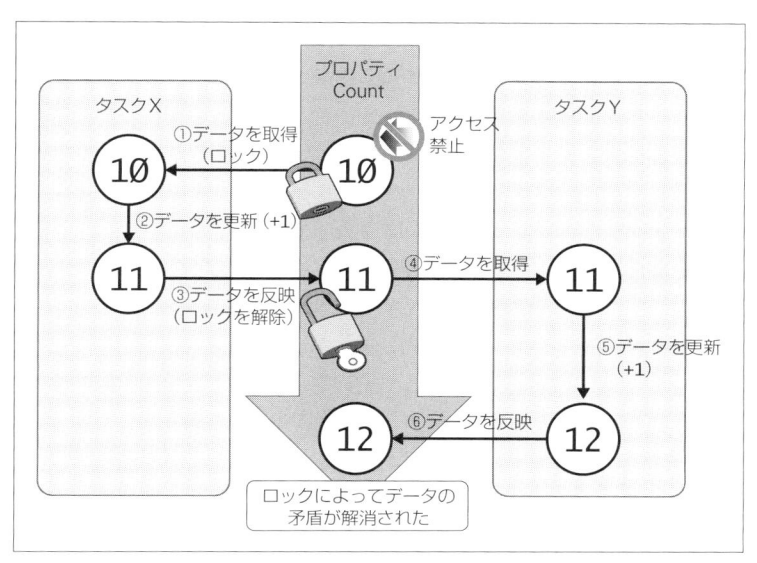

❖図11.6　lockブロックによる矛盾の解消

　ロック対象のオブジェクトには、参照型の任意のオブジェクトを指定できます。同期のためのオブジェクトをなににするか迷う場合には、object型のフィールドを準備しておいて、これを同期オブジェクトとします（この例では、インスタンスメソッド内のロックなのでインスタンスフィールドとしていますが、静的メソッドであれば同期オブジェクトも静的フィールドとします）。

　リスト11.4は、リスト11.3をlockブロックを利用して書き換えたものです。

▶リスト11.4　LockBasic.cs

```
class LockBasic
{
  // ロック対象のオブジェクト
  object lockobj = new object();
  ...中略...
  void Increment()
  {
    // 同期処理
    lock (lockobj)
    {
      this.Count++;
    }
  }
}
```

　結果は500,000となり、インクリメント処理が同期されていることが確認できます。

最適化とは、ソースコードの中にある無駄な処理をカットすることです。具体的には、処理の中である フィールド値を何度も参照しており、設定しないことがわかっている場合、その参照は無駄です。そこでコンパイラーは一度取得した値をキャッシュするようなコードを生成します。これが最適化です。

このような最適化は、シングルスレッドな環境では問題ありません。しかし、マルチスレッド環境ではどうでしょう。他のスレッドが値を変更する可能性があります。にもかかわらず、値が変化しないことを前提に最適化されたコードは、予期せぬ挙動をもたらす可能性があります（そして、コンパイラーは他のスレッドの挙動までを監視することはできません）。

そのような場合には、フィールドにvolatile修飾子を付与してください。volatileとは「揮発性の」という意味で、フィールド値が変化しやすいことをコンパイラーに通知します。これによって、コンパイラーが最適化を行わなくなるので、上で述べたような問題も発生しなくなります。

```
public volatile int Count = 0;
```

ただし、volatile修飾子はあくまでコンパイラーによる最適化を抑制するだけです。たとえば先ほど問題となった「++」演算子に対する他スレッドの割り込みを、volatile修飾子によって排他制御できるわけではないので、混同しないようにしてください。

11.1.4 async修飾子とawait演算子 C#5

C# 5以降では、新たにasync修飾子とawait演算子が追加され、タスクを利用した非同期処理を同期的に表現できるようになりました。「同期的に、とは？」と思われるかもしれませんが、これについてはおいおい見ていくとして、まずはasync／awaitを利用したコードを実際に見てみましょう。

リスト11.5は、非同期に実行したいメソッド（**非同期メソッド**）RunAsyncを定義&実行する例です。RunAsyncは、Countメソッドを非同期に実行し、終了後にメッセージを表示するメソッドです。

▶リスト11.5　AsyncBasic.cs

```
class AsyncBasic
{
  static void Main(string[] args)
  {
    // 非同期メソッドを呼び出す
    Task t = RunAsync();                              ─────── ❺
    Console.WriteLine("...他の処理...");              ─────── ❻
    t.Wait();                                         ─────── 
  }
```

```
// 非同期メソッドを定義
static async Task RunAsync()
       ❶    ❷    ❹
{
    await Task.Run(() => Count(1));  ————————————— ⓐ ——— ❸
    Console.WriteLine("処理が終了しました。");  ————————————————— ⓒ
}

static void Count(int n)
{
    for(int i = 0; i < 50; i++)
    {
        Console.WriteLine($"Task{n}: {i}");
    }
}
}
```

```
...他の処理...
Task1: 0
Task1: 1
Task1: 2
...中略...
Task1: 49
処理が終了しました。
```

非同期メソッドであることの条件は、以下のとおりです。

❶async修飾子が付いていること

メソッドが非同期メソッドであることを示すのが、async修飾子の役割です。後述するawait演算子は、asyncメソッドの配下でのみ利用できます。async修飾子とは、メソッド配下でawait演算子を利用するための宣言、と言っても良いでしょう。

 note
async修飾されたメソッドでawait演算子を利用しなかった場合には、「この非同期メソッドには'await'演算子がないため、同期的に実行されます。」のような警告が発生します（コンパイルエラーではありません）。

❷戻り値はTask型

メソッドが戻り値を返さない場合にも、まずはTask型を返さなければなりません。これは、非同期メソッドでは呼び出し元に対して、非同期処理の状況や完了などを通知しなければならないからです。そのための伝達役となるのがTaskオブジェクトです。

> *note* ただし、それらの通知が不要であれば（サンプルの場合、Waitメソッドによる待機が不要であれば）、戻り値はvoidとしてもかまいません。

❸非同期処理にawait演算子を付与する

非同期メソッドのキモがこれ、await演算子です。非同期処理（＝タスクを返す処理）にawait演算子を付与することで、非同期処理を待機します。ただし、そのまま待機するわけではなく、「メソッドの残りの処理をプールしておき、呼び出し元にいったん制御を戻し」ます。そのうえで、非同期処理が完了したら、プールしておいた残りの処理を再開するのです。これを図示したのが、図11.7です。

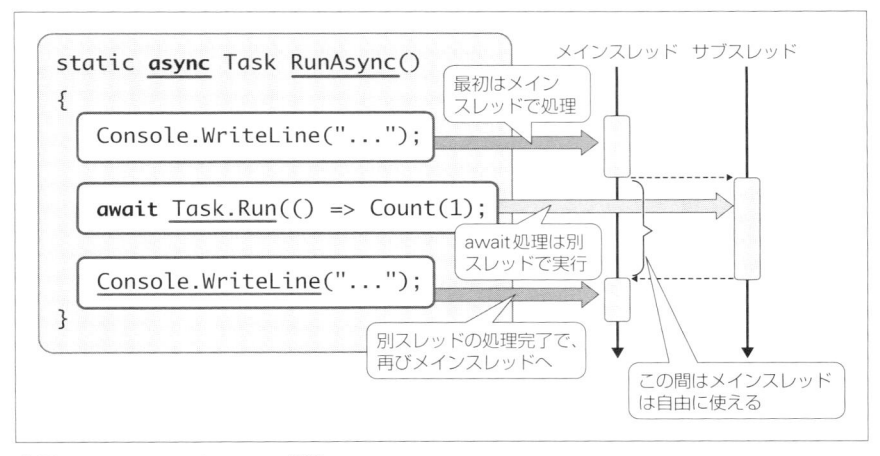

❖図11.7　async／awaitの挙動

RunAsyncメソッドであれば、Task.Runメソッド（❷）が呼び出されたところで、呼び出し元に処理を戻します（❸）。そして、❷のタスクが完了したところで、残りの処理（❸）を実施するわけです。

結果を見ても、❷の結果が返される前に、❸が出力され、タスク（❷）の結果が返された後で、❸が出力されていることが確認できます。

awaitとは、非同期処理と、その完了処理とを紐づけ、ひと連なりの処理として表すための演算子とも言えます。

❹メソッド名は「～Async」

構文規則ではありませんが、非同期メソッドは他のメソッドと区別が付くように、メソッド名の接尾辞として「Async」を付与するのが一般的です。

以上のように定義した非同期メソッドを呼び出しているのは、❺です。非同期メソッドの中にreturn命令はありませんが、await演算子が暗黙的にTaskオブジェクトを返すので、呼び出し元でもこれを受け取っている点に注目してください。

11.1.5 例 値を返す非同期メソッド

非同期メソッドで値を返すことも可能です。これには、非同期メソッドとして（Task型ではなく）Task<T>型を返すようにするだけです。具体的な例も見てみましょう（リスト11.6）。

▶リスト11.6　AsyncReturn.cs

```
using System.Diagnostics;
using System.Threading.Tasks;
...中略...
class AsyncReturn
{
  static void Main(string[] args)
  {
    // 非同期メソッドの呼び出し
    Task<TimeSpan> t = RunAsync();
    // 非同期メソッドの終了待ち
    while(!t.IsCompleted)
    {
      t.Wait(200);
      Console.Write(".");
    }                                               ❹
    Console.WriteLine(t.Result);                    ❸
  }
```

```
// 戻り値のある非同期メソッド
static async Task<TimeSpan> RunAsync() ─────────────────── ❷
{
  var watch = Stopwatch.StartNew(); ─────────────────── ❺
  await Task.Run(() => { ───────────────────────────┐
    ...中略（重い処理）...                              ├─ ❶
  }); ──────────────────────────────────────────┘
  watch.Stop();
  return watch.Elapsed;
}
}
```

```
.................................ØØ:ØØ:Ø6.8686447
```

　ここでは、別スレッドとして処理すべき「重い」処理をラムダ式で用意しています（❶）。非同期メソッドは、このラムダ式で掛かった時間を計測し、その処理時間をTimeSpanオブジェクトとして返します。

　この場合、非同期メソッドの戻り値も（Task型ではなく）Task<T>型となります（❷）。Tはreturnの型 ―― この例であればTimeSpan型です。

　後は呼び出し元でTask<T>型のResultプロパティにアクセスすることで、戻り値を取得できます（❸）。

　IsCompletedプロパティは、タスクが終了しているかどうかを表します（❹）。ここでは、タスクが完了するまで「200ミリ秒待機→「.」出力」を繰り返します。サンプルを実行すると、「....」が段々と伸びていき、最後に結果（経過時間）が表示される様子が確認できるはずです。

> *note* Stopwatchクラス（System.Diagnostics名前空間❺）は、処理時間などを計測するのに便利なクラスです。StartNewメソッドで初期化し、Stopメソッドで時計を止めます。経過時間はEllapsedプロパティで取得できます。

11.1.6　非同期メソッドの利用例

　async／awaitの導入によって、標準ライブラリでも非同期メソッド（〜Asyncメソッド）が増えています。本項では、その一例としてWebClientクラス（System.Net名前空間）を利用して、ネットワーク上の指定されたコンテンツを取得、コンソールに表示する例を見てみます（リスト11.7）。

▶リスト11.7　AsyncHttp.cs

```csharp
using System.Net;
using System.Threading.Tasks;
...中略...
static async Task Main(string[] args) ───────────────── ❷
{
  var client = new WebClient();
  var result = await client.DownloadStringTaskAsync( ─────
    "https://codezine.jp/"); ───────────────────── ❶
  Console.WriteLine(result); ─────────────────────── ❸
}
```

```
...前略...
  <div class="copy">
    <small class="container">All contents copyright &copy; 2005-2017 ⏎
  Shoeisha Co., Ltd. All rights reserved. ver.1.5</small>
  </div>
</body>
</html>
```

コンテンツを取得するのは、DownloadStringTaskAsync メソッドの役割です。

構文 DownloadStringTaskAsync メソッド

```
public Task<string> DownloadStringTaskAsync(string address)
```

address：取得するリソースのURL

*Xxxxx*Async という名前のとおり、非同期メソッドなので、await 演算子付きで呼び出します（❶）。await 演算子を利用する場合は、その上位のメソッドも async 修飾する必要があるので、この例であれば Main メソッドに async 修飾子を付与します（C# 7.1 以降で使える非同期 Main です❷）。

await 演算子は、そのまま Task<string> 型に含まれる本来の結果（string 型）を返すので、変数 result はダウンロードしたコンテンツを表す文字列です。非同期通信が完了したタイミングで、文字列を出力します（❸）。

補足 従来の非同期通信

async ／ await が導入される前は、ほぼ同じ意味のコードをリスト11.8のように書く必要がありました。

```
static void Main(string[] args)
{
  var client = new WebClient();
  // 通信完了時の処理
  client.DownloadStringCompleted += (sender, e) =>
  {
    Console.WriteLine(e.Result);
  };                                                          ❷


  // 非同期通信を開始
  client.DownloadStringAsync(new Uri("https://codezine.jp/"));  ❶
  Console.ReadLine();   // 非同期待ちのために入力待機
}
```

　非await対応の非同期メソッドは、DownloadStringAsyncです（Taskなし❶）。呼び出しの構文はほぼ同じですが、結果の受け取り方が異なります。

　非同期処理が完了したときの処理を、DownloadStringCompletedイベントに対して登録しています（❷）。イベントについては11.4.1項で解説するので、ここでは通信完了時にラムダ式が呼び出される、とだけ理解しておいてください。引数senderはイベントの発生元（WebClientオブジェクト）、eはイベントに関わる情報を表します。この例であれば、e.Resultで取得したダウンロードコンテンツを取得しています。

　いかがですか。awaitでは通信→結果表示の流れを直線的に表現できるのに対して、非await構文では完了処理の登録→通信となっており、コードの流れが実行順序と食い違っている分、直観的ではありません。また、完了処理をラムダ式（匿名メソッド）で表す性質上、ブロック階層が深くなりやすいという問題もあります。この問題は、非同期処理が幾重にも連なれば、なお顕著となります。

　これが、11.1.4項で「async／awaitによって非同期処理を同期処理のように表せる」と述べた理由です。

11.2 ： 属性

属性（Attribute）とは、クラス／構造体などの型、またはそのメンバー（メソッド／プロパティなど）に対して付与できる追加情報です。属性を利用することで、[…]の形式で、本来のロジックと直接に関係ない付随的な情報を、ソースコードに追加できます。

　属性のわかりやすい利用例は、たとえばTestMethod属性（Microsoft.VisualStudio.TestTools.UnitTesting名前空間）です。以下のようにメソッド定義に対してTestMethodでマークしておくことで、そのメソッドがテストメソッドであると識別できます（テストメソッドであることは、あくまでそのメソッドの役割であって、ロジックではありません）。

```
[TestMethod]
public void ShowTest() { ... }
```

修飾子とも似ていますが、修飾子が標準で用意されたものがすべてであるのに対して、属性は（標準ライブラリで用意されているものを利用できるのはもちろん）属性そのものを開発者が自由に定義できる点が異なります。

▌ 11.2.1　属性の記述位置

　ここでは例として、Obsolete属性を挙げておきます。Obsolete属性を利用することで、該当のクラス、またはそのメンバーが旧形式（非推奨）であることをコンパイラーに通知できます（リスト11.9）。

これによって、利用者が誤ってそのクラス（メンバー）を利用してしまった場合にも、その旨を通知してくれるようになります。

▶リスト11.9　AttrBasic.cs

```
[Obsolete("代替としてToStringメソッドを利用してください。")]
public string Show()
{
  return $"名前は{this.LastName}{this.FirstName}です。";
}
...中略...
Console.WriteLine(p.Show());
```

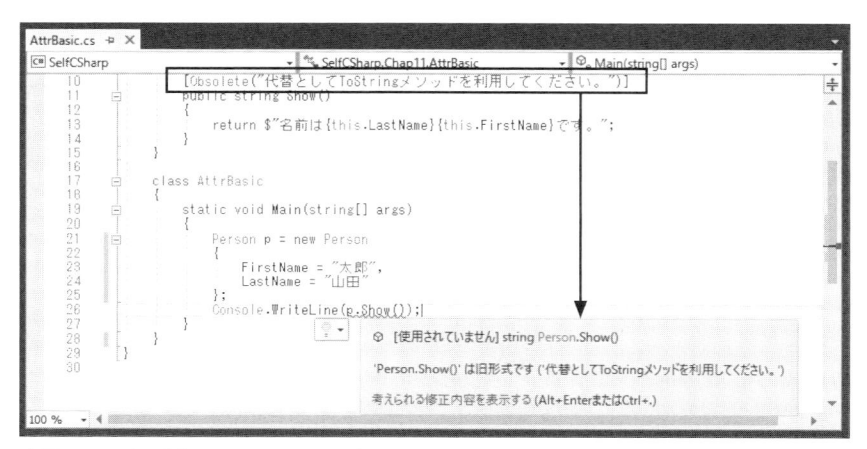

❖図11.8　旧形式のShowメソッドを利用しているので警告

属性は、対象となる定義の先頭に記述します。対象となる定義とは、具体的には、以下のようなものです。

- グローバル名前空間上の型／名前空間の宣言
- 型宣言（クラス、構造体、列挙型、デリゲートなど）
- コンストラクター／フィールド／プロパティ／メソッドなどのメンバー
- メソッドなどの引数

> *note*　ただし、属性個々では、記述できる場所は制限されます。たとえば本節の冒頭で登場したTestMethod属性は、メソッド定義に対してのみ指定できます。

定義の先頭、ということで、リスト11.9は以下のように書いても誤りではありませんが、あまり好まれません。一般的には、属性は**定義とは独立した行で記述する**のが通例です。

```
[Obsolete("....")] public string Show()
{
    return $"名前は{this.lastName}{this.firstName}です。";
}
```

属性を複数指定する場合にも、以下のように1つ1つ改行するのがお作法です。カンマ区切りで列挙することもできますが、一目見て把握しにくくなるので、お勧めしません。

◎
```
[Required]
[Index]
[MaxLength(15Ø)]
public string Url { get; set; }
```

△
```
[Required, Index, MaxLength(15Ø)]
public string Url { get; set; }
```

11.2.2 属性の構文

属性の一般的な構文は、以下のとおりです。

構文 属性

```
[対象:属性(値，...)]
```

属性には、メソッドと同じく、引数（パラメーター）を渡すこともできます。たとえばObsolete属性であれば、警告時に表示すべきメッセージを指定します。一般的には、非推奨となった機能の代替手段を示すのに利用することになるでしょう。

引数が不要である場合には、丸カッコそのものを省略してもかまいません。たとえば以下は、意味的には等価です。

```
[Obsolete]
[Obsolete()]
```

メソッドと同じく、名前付き引数（7.6.2項）を利用することもできます。たとえば先ほどのObsolete属性は、以下のように書いても同じ意味です。

```
[Obsolete(message: "代替としてToStringメソッドを利用してください。")]
```

「対象:」は、属性を適用すべき対象を表す情報です。たとえば先ほどの例であれば、より正しくは、以下のように表せます。

    [**method:**Obsolete("代替としてToStringメソッドを利用してください。")]

「対象:」として指定できる値には、表11.1のようなものがあります。

❖表11.1　属性を適用する対象

対象	概要
assembly	アセンブリ
module	モジュール
type	クラス／インターフェイスや構造体、列挙型やデリゲートなど
field	フィールド
property	プロパティ／インデクサー
method	メソッド（get／setブロックを含む）
param	メソッドの引数
return	メソッドの戻り値
event	イベント

「対象:」を明示しなければならない場合

ただし、たいていの場合、属性を適用すべき対象は**その記述位置によって決まる**ので、「対象:」は省略してもかまいません。「対象:」を明示しなければならないのは、以下の場合です。

[1] assembly ／ moduleは明示すること

assembly ／ moduleは既定となる対象がないので、常に明示的に指定しなければなりません。たとえばリスト11.10は、アセンブリのタイトル、バージョン、商標、著作権を宣言する例です。

▶リスト11.10　AssemblyInfo.cs

```
using System.Reflection;
using System.Runtime.InteropServices;

[assembly: AssemblyTitle("SelfCSharp")]
[assembly: AssemblyVersion("1.0.0.0")]
[assembly: AssemblyTrademark("独習C#")]
[assembly: AssemblyCopyright("Copyright WINGS")]
```

AssemblyInfo.csはアセンブリ（プロジェクト）の情報を記述したファイルで、プロジェクト既定であらかじめ用意されています。アクセスするには、ソリューションエクスプローラーからプロジェクトフォルダー配下の/Propertiesフォルダーを参照してください。

編集したコードをコンパイルし、.exe ファイルのプロパティをエクスプローラーから参照すると、アセンブリの情報が確認できます（図11.9）。本書の手順に沿っていれば、.exe ファイルは「C:¥data¥SelfCSharp¥bin¥Debug」フォルダーに出力されます。

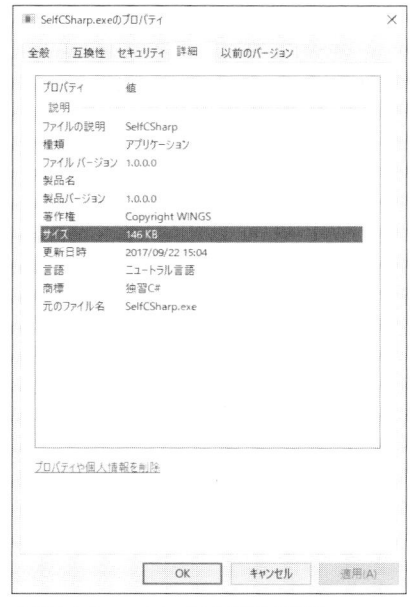

❖図11.9　アセンブリの情報を確認

❖図11.A
［アセンブリ情報］
ダイアログ

[2] return（戻り値）を区別する

以下のように定義された属性は、メソッドそのものに適用された属性でしょうか、それとも戻り値に適用される属性でしょうか。

```
[Hoge]
string Show() { ... }
```

残念ながら、そのままでは、これを区別することはできません。よって、戻り値に対して適用する場合には、明示的に「return:」接頭辞を付与します。

```
[return:Hoge]
string Show() { ... }
```

11.2.3 標準の属性

Obsolete以外にも、標準ライブラリであらかじめ用意されている属性は数多くあります。表11.2に、主なものをまとめておきます。

❖表11.2 標準ライブラリで用意されている属性

名前空間	属性	概要
System	AttributeUsage	属性の用途（11.2.4項）
	Obsolete	古いため非推奨（11.2.1項）
System.Diagnostics	Conditional	条件に合致した場合のみメソッドを実行
System.Runtime.InteropServices	DllImport	dllをインポート（7.3.4項）
System.ComponentModel.DataAnnotations	Required	必須検証
	Range	数値範囲検証
	MaxLength	文字列長検証
	RegularExpression	正規表現検証
System.ComponentModel	Browsable	コントロールのプロパティを表示するか
	Category	コントロールのプロパティウィンドウ上での分類
	Description	コントロールの説明
Microsoft.VisualStudio.TestTools.UnitTesting	TestClass	テストクラス
	TestMethod	テストメソッド

　System.ComponentModel名前空間の属性は、アプリ開発で利用するコントロール（UI部品）のVisual Studioでの表示方法を表すものです。System.ComponentModel.DataAnnotations名前空間の属性は、アプリで入力されたデータの妥当性を検証するためのルールを表します。Microsoft.VisualStudio.TestTools.UnitTesting名前空間の属性については本節の冒頭でも示したとおりです。

　以下では、これまで触れなかったConditional属性についてのみ補足しておきます。

特定の条件下でのみメソッドを実行する ―― Conditional属性

Conditional属性は、特定のシンボルが定義されている場合にだけ実行されるメソッドを表します。#if ／ #endifブロックでも同様のことができますが、どこででも書けてしまう自由さから、大概、コードの可読性は低下します。

しかし、Conditional属性を利用することで、条件的に実行するコードをメソッドとして切り出すことが前提となるので、条件的に実行すべきコードが明確になります。#if ／ #endifブロックかConditional属性かを悩むような局面であれば、まずはConditional属性を優先して利用することをお勧めします。

リスト11.11は、P.142のリスト4.32をConditional属性を使って書き換えたものです。条件的に実行すべきコードをメソッドとして切り出す場合、戻り値の型はvoidでなければなりません。

▶リスト11.11　AttrConditional.cs

```
using System.Diagnostics;
...中略...
// シンボルDEBUGが存在する場合にだけ実行されるメソッド
[Conditional("DEBUG")]
static void Message()
{
  Console.WriteLine("デバッグ時にだけ表示します。");
}

static void Main(string[] args)
{
  Message();
  Console.WriteLine("終了しました。");
}
```

以下のように、Conditional属性が列記されている場合には、指定されたシンボルの**いずれか**が定義されている場合に、メソッドを実行します。いわゆるOR条件です。

```
[Conditional("DEBUG")]
[Conditional("TEST")]
```

一方、AND条件を表すには、条件付きメソッドを多段階に呼び出すようにします。たとえば以下の例であれば、太字のコード（// ～）はDEBUG ／ TEST双方のシンボルが存在する場合にだけ実行されます。

```
[Conditional("DEBUG")]
void processDebug()
{
  processDebugAndTest();
```

```
  }

  [Conditional("TEST")]
  void processDebugAndTest()
  {
    // シンボルDEBUG ／ TEST双方の定義時に実行すべきコード
  }
```

11.2.4 属性の自作

　本節の冒頭でも触れたように、属性が修飾子と決定的に異なるのは、開発者自身が必要に応じて独自の属性を定義できる点にあります。以下では、簡単な属性を定義し、アプリの中から利用する例を通じて、属性の理解を深めます。

属性定義の基本

　リスト11.12は、クラスのバージョンを表すVersion属性の例です。

▶リスト11.12　VersionAttribute.cs

```
[AttributeUsage(AttributeTargets.Class | AttributeTargets.Interface |         ❸
  AttributeTargets.Struct, Inherited = false)]
class VersionAttribute : Attribute                                            ❶
{
  // 属性として管理する情報
  public string Number { get; private set; }                      ⓐ
  public bool Beta { get; set; } = false;

  // Numberプロパティを初期化
  public VersionAttribute(string number)                                      ❷
  {
    this.Number = number;                                        ⓑ
  }
}
```

　属性を自作するうえでのポイントは、以下の3点です。

❶Attribute派生クラスとして定義する

　属性といっても、列挙体／構造体、インターフェイスのように専用の仕組みがあるわけではありません。その実体は、Attributeクラス（System名前空間）の派生クラスです。

　属性クラスの命名規則は、ほぼクラスの命名規則に従いますが、一点だけ、接尾辞としてAttributeを付与している点に注目です。Version属性であれば、VersionAttributeのように命名します。

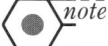

❷属性で管理する情報をプロパティとして定義する

属性クラスは、一般的に、管理すべき情報（プロパティ❶）と、これを設定するためのコンストラクター（❷）から構成されます。ここで定義しているのは、表11.3のプロパティです。

❖表11.3　Version属性のプロパティ

プロパティ	概要
Number	バージョン番号
Beta	β版であるか（デフォルトはfalse）

Numberはコンストラクター経由での設定を想定した読み取り専用プロパティとして定義しているのに対して、Betaは読み書き可能プロパティとし、コンストラクターからは指定できない点に注目してください。

Betaプロパティもコンストラクターから設定できるようにしてもかまいませんが、属性に対する値の渡し方を理解するため、このようにしています。このような違いによって、属性を利用する側がどのようになるのかは、この後解説します。

❸属性の構成情報を定義する

属性クラスには、属性そのものの情報を定義するための属性として、AttributeUsageを付与します。属性は（一般的には）クラス／メンバー／引数などを修飾するために利用できます。しかし、属性によって適用可能な場所は限定したい場合がほとんどです。たとえばTestMethod属性をメソッド以外に適用できてしまうのは意味がありません。そこでAttributeUsage属性で適用可能な場所（ターゲット要素）を宣言しておくわけです。具体的には、AttributeTargets列挙体のメンバー（表11.4）を「|」演算子で連結したものを指定します。

❖表11.4　AttributeTargets列挙体（System名前空間）の主なメンバー

メンバー	適用可能な対象
All	任意の要素
Assembly	アセンブリ
Class	クラス
Constructor	コンストラクター
Delegate	デリゲート
Enum	列挙体
Event	イベント
Field	フィールド
GenericParameter	ジェネリックパラメーター
Interface	インターフェイス
Method	メソッド
Module	モジュール
Parameter	引数
Property	プロパティ
ReturnValue	戻り値
Struct	構造体

この例であれば、Version属性がクラス／インターフェイス／構造体に対して適用できることを意味しています。

さらに、AttributeTargets属性には、ターゲット要素の他にも「パラメーター名＝値」の形式で、表11.5のようなパラメーターを指定できます。これらを**名前付きパラメーター**と言います。

❖表11.5　AttributeTargets属性の名前付きパラメーター

パラメーター名	概要	既定値
`AllowMultiple`	同じ要素に同一の属性を複数指定できるか	`false`
`Inherited`	属性を派生クラスにも反映させるか	`true`

AllowMultipleパラメーターは、たとえばConditional属性のように1つの要素に同時に複数個指定するような用途で利用します。ここでは既定値のfalseで良いので、省略しています。

Inheritedパラメーターは、属性の情報が派生クラスにまで波及してほしくない場合にfalseとしておきます。たとえばVersion属性であれば、現在のクラスのバージョン情報と、派生クラスのそれとは連動していないのが普通ですから、falseとしておくべきです。

属性の利用

リスト11.12を見てもわかるように、属性は型とプロパティの定義を持つだけで、属性そのものはソースコードに対して影響を及ぼす力はありません。属性は、属性を読み取り、処理するためのコードがあって初めて、意味を持ちます。たとえば、Obsolete属性であればコンパイラーが「属性があったら、警告／エラーを表示する」という機能を提供して初めて、意味があるものです。

たとえばリスト11.13は、定義済みのVersion属性を読み込み、指定されたクラスのバージョン情報を表示する例です。

▶リスト11.13　AttrUse.cs

```
[Version("1.0.0", Beta=true)] ─────────────────── ❶
class AttrUse
{
  public static void Main(string[] args)
  {
    var t = typeof(AttrUse); ──────────────────── ❷
    var attr = Attribute.GetCustomAttribute( ──────┐
      t, typeof(VersionAttribute)) as VersionAttribute; ─┘ ❸
    Console.WriteLine(attr.Number); ──────────────┐
    Console.WriteLine("β版で" + (attr.Beta ? "す" : "はありません")); ─┘ ❹
  }
}
```

```
1.0.0
β版です
```

Version属性を指定しているのが❶です。まず、「Version["1.0.0"]」で、VersionAttributeコンストラクターを呼び出しなさい、という意味です（リスト11.12-❺を呼び出しているわけです）。

属性呼び出しに際しては、接尾辞のAttributeは省いて「Version」としている点に改めて注目です。「**VersionAttribute**["1.0.0"]」としても誤りではありませんが、一般的ではありませんし、好んで冗長な記述を求めることはないでしょう。

そして、「**Beta=true**」で、生成されたVersionオブジェクトのBetaプロパティにtrueを設定しなさい、という意味になります。名前付きパラメーターについては、先ほども登場しましたが、内部的には、

コンストラクターでは定義できない、publicプロパティを設定しなさい

という意味であったわけです。

> **note** 先ほど、以下のような表記も登場しました。
>
> ```
> [Obsolete(message: "代替としてToStringメソッドを利用してください。")]
> ```
>
> こちらは名前付きパラメーター（＝プロパティの設定）ではなく、名前付き引数（＝コンストラクターの引数を明示した呼び出し）である点、混同しないようにしてください。名前付き引数では「引数名：値」と、コロン区切りで表します。
> Version属性を名前付き引数で呼び出した場合、以下のようになります（Betaパラメーターは省略しています）。
>
> ```
> [Version(number: "1.0.0")]
> ```

このように指定した属性にアクセスするには、**リフレクション**（Reflection）という仕組みを利用します。リフレクションとは、コードの実行中に型情報を取得／操作するための技術です。Reflection（反射）という名前のとおり、プログラムが自分自身に関わる情報を取り出すわけです。

この例であれば、まず❷のtypeof演算子で指定したクラスの型情報をTypeオブジェクトとして取得します。リフレクションでは、Typeオブジェクトを介して配下のメンバーを操作していくことを考えれば、Typeオブジェクトはリフレクションの基点とも言えるでしょう。

ただし、ここでは配下のメンバーには興味がないので、AttributeクラスのGetCustomAttributeメソッドで、クラスに適用された属性を取得しています（❸）。

```
public static Attribute GetCustomAttribute(T element, Type attributeType
  [,bool inherit])
```

T	：Assembly ／ MemberInfo ／ Type ／ Module ／ ParameterInfo など対象の型
element	：属性を付与した要素
attributeType	：検索するカスタム属性の型
inherit	：祖先にさかのぼって検索するか

ここでは Version 属性が1要素に1つしか指定されないことがわかっているので、GetCustomAttribute メソッド（単数形）を利用していますが、複数指定が可能な属性であれば、GetCustomAttributes メソッド（複数形）を指定してください。

GetCustomAttribute メソッドの戻り値は Attribute オブジェクトなので、固有の属性情報にアクセスできるよう、as 演算子で VersionAttribute クラスにキャストしておきます。

後は、VersionAttribute クラスの Number、Beta プロパティにアクセスすることで、指定されたクラスのバージョン情報にアクセスできます（❹）。ここでは取得した情報を表示しているだけですが、一般的には、この情報に基づいて、対応するメソッドを呼び出すなど、なんらかの処理を実施することになるでしょう。

なお、属性が保持する情報（プロパティ）ではなく、属性の存在そのものに関心がある場合もあります。たとえば、TestMethod 属性などが典型です（TestMethod とマークされていること自体に意味があって、追加情報はありません）。そのような場合には、IsDefined メソッドで属性の有無だけをチェックすることもできます。

```
if (Attribute.IsDefined(t, typeof(VersionAttribute)))
{
    ...Version属性が存在する場合の処理...
}
```

11.2.5 補足 リフレクションの主なメソッド

繰り返しですが、属性の操作にはリフレクションの理解は欠かせないものです。ここで、いくつかの代表的なリフレクション操作を用例とともにまとめます。網羅を目的とするものではありませんので、定型的な操作例からリフレクションの基本的な理解の一助としてください。

オブジェクトの生成

オブジェクトを生成するには、Activator クラスの CreateInstance メソッド、ConstructorInfo クラスの Invoke メソッドのいずれかを利用します（リスト11.14）。

```
// 引数なしのコンストラクターを利用してPersonオブジェクトを生成
using System.IO;
...中略...
var tp = typeof(Person);
var op = Activator.CreateInstance(tp);  ─────────────────────── ❶
Console.WriteLine(op);  // 結果：SelfCSharp.Chap11.Person

// string型を受け取るコンストラクターでFileInfoオブジェクトを生成
var tf = typeof(FileInfo);
var cf = tf.GetConstructor(new[] { typeof(string) });  ──────── ❷
var of = cf.Invoke(new[] { @"c:¥data¥result.txt" });
Console.WriteLine(of);  // 結果：c:¥data¥result.txt
```

　まず、引数なしのコンストラクターでオブジェクトを生成するならば、Activator.CreateInstance
メソッドを利用します（❶）。

　引数ありのコンストラクターを利用するならば、GetConstructorメソッドで、いったんConstructorInfo
オブジェクトを取得してください。GetConstructorメソッドの引数には、コンストラクターが受け
取る引数型をTypeオブジェクト配列として指定します。❷では、string型を1つだけ渡しています
が、もちろん、複数の引数を受け取る場合には、必要なだけ列挙してください。

　生成したコンストラクターからはInvokeメソッドに、実引数（ここではFileInfoオブジェクトを
生成するためのパス）を渡すことで、インスタンスを生成できます。

すべてのメソッドを取得

　リフレクションでは、Typeオブジェクトを介して配下のメンバー情報を取得できます。たとえば
リスト11.15は、GetMethodsメソッドを使ってStringクラスで提供されているすべてのpublicメ
ソッドをリスト表示する例です。

▶リスト11.15　ReflectMethods.cs

```
var t = typeof(string);
foreach (var m in t.GetMethods())
{
  Console.WriteLine(m.Name);
}
```

```
Join
...中略...
Concat
Intern
IsInterned
GetTypeCode
GetEnumerator
GetType
```

　GetMethodsメソッドは、publicメソッドの情報をMethodInfoオブジェクトの配列として返します。ここでは、その内容を順に取り出して、メソッドの名前（Name）を列挙しています。

　その他にも、Typeクラスでは、表11.6のようなGet*Xxxxx*メソッドを用意しています。

❖表11.6　Typeクラスの主なGet*Xxxxx*メソッド

メソッド	概要
`ConstructorInfo[] GetConstructors()`	コンストラクター
`string[] GetEnumNames()`	列挙型のメンバー名
`Array GetEnumValues()`	列挙型の定数の値
`EventInfo GetEvent(string name)`	指定のイベント
`EventInfo[] GetEvents()`	すべてのイベント
`FieldInfo GetField(string name)`	指定のフィールド
`FieldInfo[] GetFields()`	すべてのフィールド
`Type GetInterface(string name)`	指定のインターフェイス
`Type[] GetInterfaces()`	すべてのインターフェイス
`MemberInfo[] GetMember(string name)`	指定のメンバー
`MemberInfo[] GetMembers()`	すべてのメンバー
`MethodInfo GetMethod(string name)`	指定のメソッド
`MethodInfo[] GetMethods()`	すべてのメソッド
`PropertyInfo GetProperty(string name)`	指定のプロパティ
`PropertyInfo[] GetProperties()`	すべてのプロパティ

　さらに取得したConstructorInfo、MethodInfo、PropertyInfoなどのオブジェクトを介して取得できる情報となると、ここではすべてを紹介しきれるものではありませんが、基本的な概念を理解していれば、ほぼ同じようにアクセスできるはずです。

メソッドの実行

　MethodInfoオブジェクトを介することで、メソッドを実行することもできます。たとえばリスト11.16は、リフレクション経由でFileInfoオブジェクトのCopyToメソッドを呼び出す例です。

```
using System.IO;
...中略...
// FileInfoクラスをインスタンス化
var fi = typeof(FileInfo);
var cf = fi.GetConstructor(new Type[] { typeof(string) });
var obj = cf.Invoke(new[] { @"c:\data\result.txt" });

// メソッドを取得し、実行（result.txtをcopy.txtにコピー）
var m = fi.GetMethod("CopyTo", new Type[] { typeof(String) }); ─────── ❶
m.Invoke(obj, new object[] { @"c:\data\copy.txt" }); ─────── ❷
```

　個別のメソッドを取得するには、GetMethodメソッドを利用します（❶）。第2引数以降には、メソッドが受け取る引数の型（Typeオブジェクト）を列挙します（メソッドは、それ自体の名前と引数の型／個数で一意に識別できるのでした）。

　目的のメソッド（MethodInfoオブジェクト）を取得できたら、後はInvokeメソッドで実行するだけです（❷）。

構文 Invokeメソッド

```
public object Invoke(object obj, object[] parameters)
```

obj　　　　：対象のオブジェクト
parameters：引数リスト

　以上の例を見てわかるように、リフレクションは自在な型アクセスを可能にする仕組みです。リフレクションを利用することで、たとえば外部からの入力に応じて、呼び出すべきメソッドをすげ替えるといったことも可能になります。

　ただし、この柔軟さには代償もあります。まず、メンバー名を文字列で指定するので、誤りをコンパイル時に検出できません。また、サンプルを見てもわかるように、一般的な「.」演算子によるアクセスに比べると、コードが冗長になりがちです。冗長であるということは、それだけ読みにくく、修正もしにくいコードであるということです。そして、決定的なことに、リフレクションはアプリのパフォーマンスを劣化させます。

　このような点から、リフレクションはできるだけ利用すべきではありません。属性のように、利用せざるを得ない局面は確かに存在しますが、利用にあたっては、まずリフレクション以外で実装できないかどうかを検討してください。

11.3 動的型付け変数（dynamic型）

これまで何度も触れてきたように、C#の型は静的です。静的とは、クラス／構造体の構成、データ型などが、コンパイルの時点で確定することを言います。このような性質を持つ言語のことを**静的型付け言語**と言います（図11.10）。C# 3以降では、var型推論のような機能も利用できますが、variant型（なんでもありの型）を認めているわけではなく、与えられたリテラル／式から型を推論しているのであって、コンパイル時点で型が確定する点に変わりはありません。

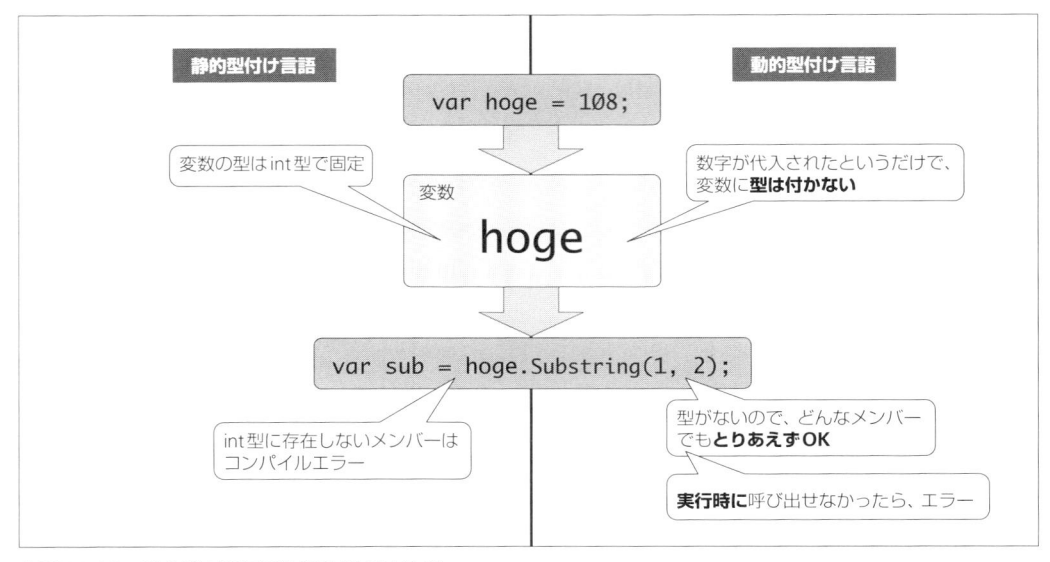

❖図11.10　静的型付け言語と動的型付け言語

しかし、実際にアプリを開発していくと、静的に型／構造が決められない（決めにくい）状況があります。

たとえば、静的型付け言語に対して、**動的型付け言語**があります。動的とは、コンパイル時に型が決まらない――実行時に渡された値によって型が変化することを意味します。JavaScript、Python、PHP、Rubyなどに代表されるスクリプト言語は、大概、動的型付け言語に分類されます。これらスクリプト言語と連携する場合、静的な型付けは足枷となります。

同じく、近年では外部サービスとネットワーク越しに情報を受け渡しする状況が増えてきました。その際に利用されるJSON、XMLといったフォーマットは、スキーマレスであるか、ごく緩いスキーマ（データ定義）しか持たないのが一般的です。しかし、静的型付け言語では、これらのフォーマットをやり取りするのに、厳密な型付けを要求します。それは不可能ではありませんが、大概の場合、連携の手軽さを損なう原因となります。

そのような前提を受けてC# 4で導入されたのが**dynamic型**です。dynamic型は、名前のとおり、実行時まで型が決まらない動的オブジェクトを扱うための型です。本節では、このdynamic型について、基本的な用法を解説していきます。

11.3.1　dynamic型の基本

dynamic型と言っても、利用するだけであれば、特別な構文はありません。実際にdynamic型の変数を宣言して、その挙動を確認してみましょう（リスト11.17）。

▶リスト11.17　DynamicBasic.cs

```
dynamic d = 10;                                           ❶
d = "ほげ";                                                ❷
d.Hoge();                                                 ❸
```

dynamic型の変数dに整数リテラル10をセットした後（❶）、文字列"ほげ"に置き換え（❷）、Hogeというメソッドを呼び出しています（❸）。これまで学んできたことからすれば、型を徹底的に無視したコードですが、dynamic型ではこれをすべて良しとし、正しくコンパイルできてしまいます（ただし、❸については実体であるstring型にHogeメソッドはないので、実行時エラーとなります）。型に寛容なスクリプト言語を学んだことがある人であれば、それらの言語と同じような感覚でコードを表せることがわかるでしょう。

var型推論／object型との比較

すべての型を受け入れる性質から、dynamic型というと、時として、var型推論、object型と混同されることがありますが、これらはすべて異なる概念です。リスト11.17を書き換えながら、それぞれの違いを理解しておきましょう。

[1] var型推論

リスト11.17の太字部分（`dynamic`）をvarに置き換えてみましょう。この場合、❷も❸もコンパイルエラーとなります。

varはあくまで初期値によって変数の型を推論するだけで、❶の時点で変数型はintに確定します。よって、❷でstring型の値を代入することはできませんし、❸で存在しないHogeメソッドはコンパイル時にチェックされます（ただし、int型に存在する、たとえばCompareToのようなメソッドであれば可です）。

[2] object型

今度は、リスト11.17の太字部分（`dynamic`）をobject型に置き換えます。この場合、まず❷については可です。object型はすべての型を受け入れるからです。

しかし、object型にHogeメソッドはないので、❸のコードはやはりエラーとなります。もしも代入された値がHogeメソッドを持っていたとしても、この事情は変わりません。object型の変数からアクセスできるのは、object型で提供されているメンバーだけです。

改めてdynamic型の「実行時に型を確定する」の意味を確認しておきましょう。

以上、dynamic型の基本を理解したところで、ここからはdynamic型のより具体的な活用方法について解説していきます。

11.3.2 動的型付け言語との連携

dynamic型の例として、よく挙げられるのがPython、Rubyのようなスクリプト言語（動的型付け言語）との連携です。.NET Framework 4以降では、動的型付け言語を実行するためのエンジンとして**DLR（Dynamic Language Runtime）**が追加されました。dynamic型とは、これに呼応しての言語側の機能強化とも言えます。

たとえば以下は、Pythonで記述されたスクリプトをC#から実行する例です。

[1] IronPythonをインストールする

IronPythonは、.NET Frameworkで動作するPythonの実行環境です。本サンプルを実行するには、あらかじめIronPythonをインストールし、プロジェクトに組み込んでおく必要があります。

これには、ソリューションエクスプローラーからプロジェクトフォルダー（ここでは**SelfCSharp**）を右クリックし、表示されたコンテキストメニューから［NuGetパッケージの管理...］を選択してください。

NuGetパッケージマネージャー（図11.11）が起動するので、［参照］タブに移動したうえで左肩の検索ボックスから「IronPython」と入力し、ライブラリ（パッケージ）を検索してください。見つかったライブラリが表示されるので、「IronPython」を選択して、右ペインから［バージョン］が「最新の安定版～」となっていることを確認したうえで、［インストール］ボタンをクリックしてください。

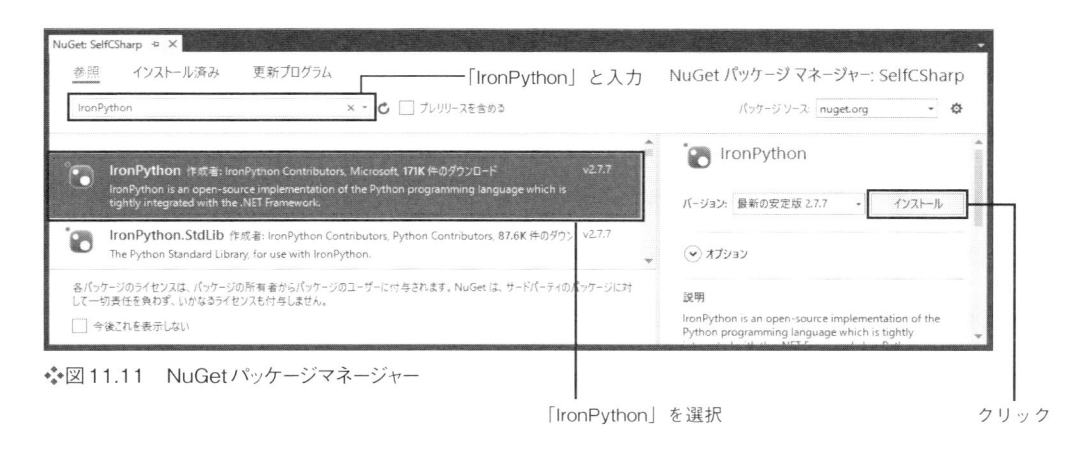

❖図11.11　NuGetパッケージマネージャー

［プレビュー］ダイアログ（図11.12）に変更内容が表示されるので、そのまま［OK］ボタンをクリックすると、インストールが開始されます。

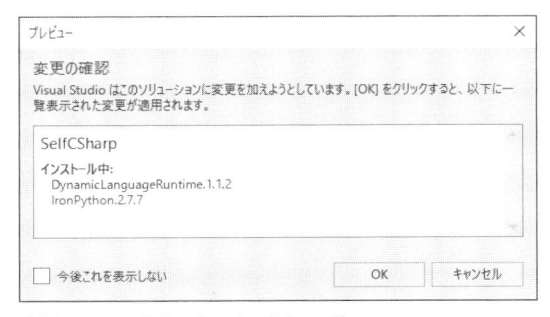

❖図11.12 ［プレビュー］ダイアログ

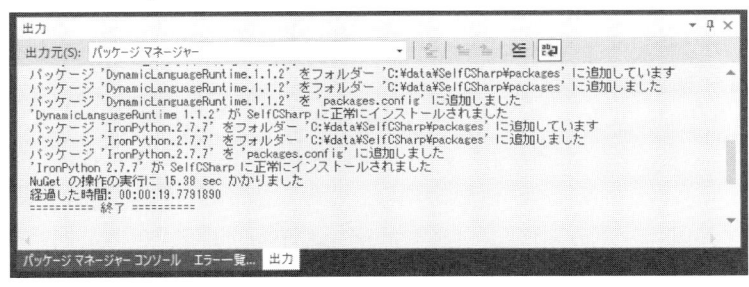

❖図11.13 インストールの成功（［出力］ウィンドウ）

［出力］ウィンドウに図11.13のような結果が表示されれば、IronPythonは正しくインストールされています。ソリューションエクスプローラーから［参照］配下にIronPython、IronPython.*Xxxxx*のようなアセンブリが追加されていることも確認しておきましょう（図11.14）。

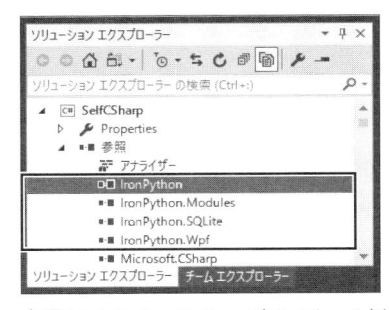

❖図11.14 IronPythonがインストールされた（ソリューションエクスプローラー）

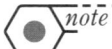

NuGetは、ライブラリのインストール／更新／アンインストールから、プロジェクトへの登録などを管理するためのパッケージマネージャーです。メニューバーから［ツール］→［NuGet パッケージマネージャー］→［パッケージマネージャーコンソール］を選択することで、コンソール（図11.B）からの操作も可能です。

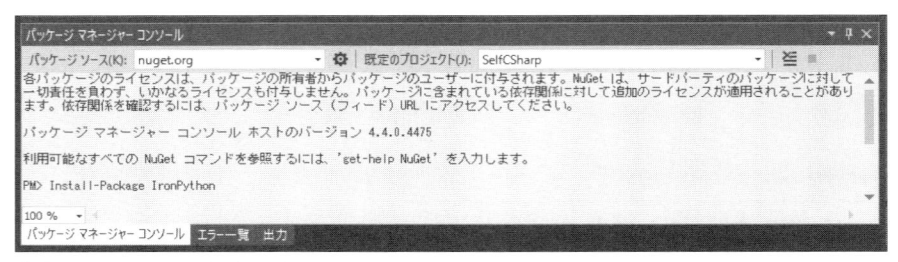

❖図11.B　パッケージマネージャーコンソール

[2] Pythonのソースコードを追加する

ソリューションエクスプローラーから/Chap11フォルダーを右クリックし、表示されたコンテキストメニューから［追加］→［新しい項目…］を選択します。［新しい項目の追加］ダイアログ（図11.15）から「テキストファイル」テンプレートを選択したうえで、ファイル名を「myClass.py」のようにします（標準では、Pythonコードのテンプレートはないからです）。

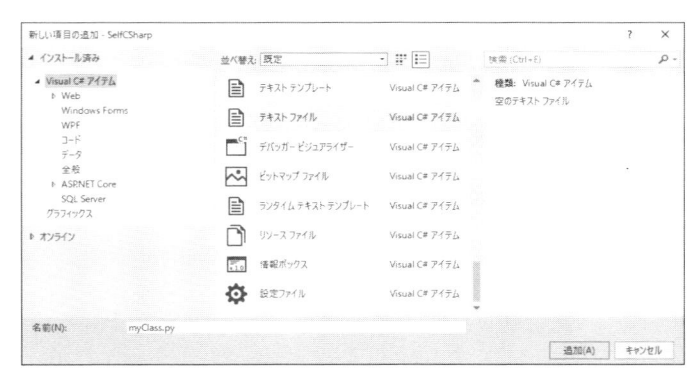

❖図11.15　［新しい項目の追加］ダイアログ

空のファイルが開きますので、リスト11.18のコードを入力してください。Pythonそのものの文法については、本書の守備範囲を超えるので、ここでは割愛します。ここでは、MyClassクラスのgreetメソッドを定義している、とだけ理解しておいてください。greetメソッドは引数nameを受け取り、「こんにちは、●○さん！」のようなメッセージを返します。

▶リスト11.18　myClass.py

```python
class MyClass:
  def greet(self, name):
    return "こんにちは、" + name + "さん！"
```

　.pyファイルは後で実行できるように、ビルド済みファイル（.exeファイル）と同じフォルダーにコピー（出力）するようにしておきます（本書の例であれば、「C:¥data¥SelfCSharp¥bin¥Debug」フォルダーにSelfCSharp.exeを、その配下のChap11フォルダーにmyClass.pyを、それぞれ出力します）。これには、ソリューションエクスプローラーでmyClass.pyを選択した状態で、プロパティウィンドウから［出力ディレクトリにコピー］を「常にコピーする」としてください。

[3] Python呼び出しのコードを準備する

　最後に、myClass.pyを呼び出すための、.csファイルを準備します（リスト11.19）。

▶リスト11.19　PythonCall.cs

```csharp
using IronPython.Hosting;
...中略...
var py = Python.CreateRuntime();                          ──────────────── ❶
dynamic script = py.UseFile("Chap11/myClass.py");         ──────────────── ❷
dynamic clazz = script.MyClass();                         ──────────────── ❸
Console.WriteLine(clazz.greet("山田"));                    ──────────────── ❹
```

　Pythonのコードを実行する大まかな流れは、以下のとおりです。

　❶　実行エンジンの生成（CreateRuntimeメソッド）

　❷　スクリプトファイルの読み込み（UseFileメソッド）

　❸　Pythonで定義されたMyClassクラスをインスタンス化

　❹　MyClassクラスのgreetメソッドを呼び出し

　UseFileメソッド（❷）は.pyファイルを一種の匿名オブジェクトとして、❸はPythonで定義されたMyClassクラスのインスタンスを、それぞれ返します。これらは、いずれもPythonの（動的）オブジェクトなので、dynamic型に格納している点に注目です。これによって、コンパイル時点では、C#はMyClassクラス／greetメソッドが存在するかを認識できませんが、dynamic型なので、メンバーの有無は実行時に検査されます。

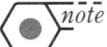

11.3.3　JSONデータの解析

　JSON（**JavaScript Object Notation**）は、名前のとおり、JavaScriptのオブジェクトリテラル形式に準じたデータフォーマットです（図11.16）。その性質上、JavaScriptとは親和性も高く、近年では外部サービスとの連携に際してもよく利用されています。

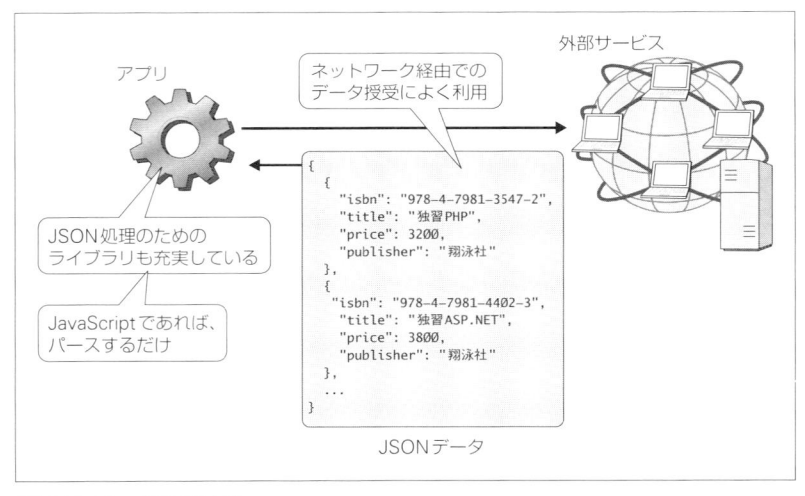

❖図11.16　JSONとは?

　一般的に、JSON形式で提供されるデータは構造が緩く（もしくは決まっておらず）、以前のC#では扱いづらいものでしたが、dynamic型を利用することで、手軽に連携できるようになります。本項では、DynamicJson（https://github.com/neuecc/DynamicJson）というライブラリを利用して、あらかじめ用意されたJSON文書（文字列）から任意の項目を取り出す方法について解説します。

　なお、リスト11.20のサンプルを動作するには、11.3.2項の手順に従って、NuGetパッケージマネージャーからDynamicJsonをインストールしておくようにしてください（プロジェクトに`DynamicJson.cs`が追加されます）。

```
using Codeplex.Data;
...中略...
var json = DynamicJson.Parse(                         ─┐
  @"{""title"":""速習C#"", ""min-price"":1000,          │
    ""sample"":{""dl"":true},                          ├── ❶
    ""authors"":[""山田太郎"", ""鈴木次郎""]");          ─┘

Console.WriteLine(json.title);          // 結果：速習C# ───── ❷
Console.WriteLine(json.sample.dl);      // 結果：true ─────── ❸
Console.WriteLine(json.authors[1]);     // 結果：鈴木次郎 ──── ❹
Console.WriteLine(json["min-price"]);   // 結果：1000 ─────── ❺
Console.WriteLine(json.book);           // 結果：エラー ────── ❻

if (json.IsDefined("book"))             ─┐
{                                        │
  Console.WriteLine(json.book);          ├── ❼
}                                       ─┘
```

　JSON文書（文字列）を取り込むのは簡単、DynamicJsonクラス（Codeplex.Data名前空間）の Parseメソッドを呼び出すだけです（❶）。Parseメソッドは解析済みのJSONデータをdynamic型として返します。

> **note** 本項では、まずはdynamic型の理解を優先して、文字列をハードコーディングしています。ただし、一般的にはParseメソッドには外部サービスから取得した結果を渡すことになるはずです。もしもサービスとの通信（連携）に興味がある人は、WebClient／HttpClientなどのクラスにも目を向けてみると良いでしょう。

　後は、ドット演算子で個々の値にアクセスできます（❷）。ドット演算子を連ねることで入れ子のオブジェクト（❸）、インデクサーを利用することで配列（❹）にも、それぞれアクセスできることを確認してください。「min-price」のように識別子として利用できないキーにアクセスする際にも、インデクサーを利用できます（❺）。JavaScriptなどのスクリプト言語に触れたことがある人であれば、ほぼ同じ要領で値にアクセスできることを実感できるでしょう。

　ただし、目的のキーが存在しない場合（❻）、「'Codeplex.Data.DynamicJson'に'book'の定義がありません」のような例外が発生するので注意してください。もしもキーが存在しない可能性がある場合には、❼のようにIsDefinedメソッドでキーが存在するかどうかを判定してから、アクセスするようにしてください。

11.3.4　動的オブジェクトの定義

　動的オブジェクトは（もちろん）アプリ開発者が自ら定義することも可能です。たとえばリスト11.21は、任意のプロパティ情報を受け取るFreeMemberクラスの例です。

▶リスト11.21　DynamicCreate.cs

```
using System.Collections.Generic;
using System.Dynamic;
...中略...
class FreeMember : DynamicObject ─────────────────────────── ❶
{
  // プロパティ情報を保持するためのディクショナリ
  private Dictionary<string,object> items; ─────────────────── ❷

  public FreeMember()
  {
    this.items = new Dictionary<string, object>();
  }

  // 未定義のプロパティを設定しようとしたときに実行
  public override bool TrySetMember(SetMemberBinder binder,
    object value)
  {
    this.items[binder.Name] = value;                              ❸
    return true;
  }

  // 未定義のプロパティを取得しようとしたときに実行
  public override bool TryGetMember(GetMemberBinder binder,
    out object result)
  {
    // ディクショナリから値を取得（取得できない場合はnullを設定）
    if(!this.items.TryGetValue(binder.Name, out result))
    {                                                             ❹
      result = null;
    }
    return true;
  }
}
```

```
class DynamicCreate
{
  static void Main(string[] args)
  {
    dynamic d = new FreeMember();
    d.Count = 1;
    d.Name = "山田";
    Console.WriteLine(d.Count);   // 結果：1
    Console.WriteLine(d.Name);    // 結果：山田
  }
}
```
❺

　動的オブジェクトを定義するには、DynamicObjectクラス（System.Dynamic名前空間）を継承するのが基本です（❶）。DynamicObjectは、名前のとおり、動的オブジェクトの基本的な動作を表すクラスで、表11.7のような仮想メソッドを用意しています。

❖表11.7　DynamicObjectクラスの主なメンバー

メソッド	呼び出されるタイミング
bool TrySetMember(SetMemberBinder *binder*, object *value*)	未定義のプロパティに値を設定するとき
bool TryGetMember(GetMemberBinder *binder*, out object *result*)	未定義のプロパティから値を取得するとき
bool TrySetIndex(SetIndexBinder *binder*, object[] *indexes*, object *value*)	インデクサー経由で値を設定するとき
bool TryGetIndex(GetIndexBinder *binder*, object[] *indexes*, out object *result*)	インデクサー経由で値を取得するとき
bool TryInvokeMember(InvokeMemberBinder *binder*, object[] *args*, out object *result*)	未定義のメソッドを呼び出すとき
bool TryBinaryOperation(BinaryOperationBinder *binder*, object *arg*, out object *result*)	未定義の二項演算子を呼び出すとき
bool TryUnaryOperation(UnaryOperationBinder *binder*, out object *result*)	未定義の単項演算子を呼び出すとき

　この例であれば、TrySetMember ／ TryGetMemberメソッドをオーバーライドすることで、任意のプロパティを読み書きできるFreeMemberクラスを準備しています。FreeMemberクラスでは、内部的に「プロパティ名／値」の組みをディクショナリとして保存することで、任意のプロパティを読み書きできるようにしているのがポイントです（❷）。

　この前提で、TrySetMemberメソッドの実装についても見ていきます（❸）。Try*Xxxxx*メソッドは、第1引数として*Xxxxx*Binderオブジェクト（引数binder）を受け取ります。これは、それぞれのメンバーを呼び出したときの情報を表すもので、たとえばSetMemberBinderオブジェクトであれば、プロパティ設定時の情報──具体的には、表11.8のプロパティを提供します。

プロパティ	概要
IgnoreCase	メンバー名の大文字と小文字を無視するか
Name	メンバーの名前
ReturnType	結果の型

　この例であれば、Name プロパティから得たプロパティ名をキーに、ディクショナリ（items フィールド）に値（引数value）を設定しています。

　Try*Xxxxx* メソッドは、戻り値として、メンバーへの操作（ここでは設定操作）が成功したかどうかを true ／ false で返します。ここでは無条件に true を返しておきます。

　TrySetMember メソッドを理解できれば、TryGetMember メソッド（❹）も同様です。*Xxxxx*Binder 経由で取得したプロパティ名をキーに、ディクショナリから値を取得します。ただし、ディクショナリに存在しないキーにアクセスした場合には null 値を返すものとします。取得した値は、TryGet Member メソッドの出力引数 result に渡します。

　❺のように Name ／ Count のように定義していないプロパティを読み書きしてみると、確かに問題なく値を出し入れできていることが確認できます。

未定義のメソッドを処理する

　リスト 11.21 を修正して、今度はメソッド形式で任意のキー／値を設定／取得できるようにしてみましょう。たとえば、

```
d.Hoge(1);
```

で、Hoge キーに 1 を設定できるように、

```
Console.WriteLine(d.Hoge());
```

で、Hoge キーの値を取得できるようにします（リスト 11.22）。Hoge の部分は任意の文字列（識別子）を指定できます。

▶リスト11.22　DynamicMethod.cs（SelfCSharp.Chap11.DynamicProcess 名前空間）

```
using System.Collections.Generic;
using System.Dynamic;
...中略...
class FreeMember : DynamicObject
{
  // プロパティ情報を保持するためのディクショナリ
  private Dictionary<string, object> items;

  public FreeMember()
  {
```

```
    items = new Dictionary<string, object>();
  }

  // 未定義のメソッドを呼び出したときに実行
  public override bool TryInvokeMember(InvokeMemberBinder binder,
    object[] args, out object result)
  {
    result = null;

    // 引数が渡されなかった場合には、メソッド名に対応するキーの値を取得
    if (args.Length == 0)
    {
      items.TryGetValue(binder.Name, out result);
    }
    // 引数が渡された場合には、メソッド名に対応するキーに引数の値を設定
    else
    {
      items[binder.Name] = args[0];
    }
    return true;
  }
}
```

❶
❷

キー／値のセットを内部的にはディクショナリで管理していくのは先ほどと同じです。ただし、今度は読み書きをプロパティではなく、メソッドを使ってできるようにしていきます。

未定義のメソッドが呼び出されたときに呼び出されるのは、TryInvokeMemberメソッドです（❶）。TryInvokeMemberメソッドに渡される引数の意味は、以下のとおりです。

- binder：メソッドの実行情報（メソッド名など）
- args　：メソッドに渡された引数
- result：メソッドからの戻り値（出力引数）

この例では、配列argsのサイズが0であるかどうかを判定し（❷）、0の場合は値を取得、さもなければ値を設定します。設定／取得のコードについてはリスト11.21と同じなので、そちらの解説もあわせて参照してください。

プロパティの読み書きに特化したExpandoObjectクラス

任意のプロパティを読み書きするだけであれば、実はDynamicObjectクラスではなく、ExpandoObjectクラス（System.Dynamic名前空間）を利用してもかまいません（リスト11.23）。

```
using System.Collections.Generic;
using System.Dynamic;
...中略...
dynamic e = new ExpandoObject();
e.Count = 1;
e.Name = "山田";
Console.WriteLine(e.Count);
Console.WriteLine(e.Name);
```

ExpandoObjectクラスを利用することで、TryXxxxxメソッドのオーバーライドなしにそのまま任意のプロパティを読み書きできることが確認できます。

デリゲート型のプロパティを利用することで、疑似的にメソッドを定義／実行することも可能です。

```
dynamic d = new ExpandoObject();
d.Add = (Func<double, double, double>)((x, y) => x + y);
Console.WriteLine(d.Add(10, 5));  // 結果：15
```

この例であれば、Addプロパティに対してFunc型のラムダ式を代入することで、Addメソッドを定義したと見なしているわけです。

エキスパートに訊く

Q： DynamicObject、ExpandoObjectクラスは、どのように使い分ければ良いでしょうか。そもそも値の管理のためにディクショナリを利用しているならば、最初からディクショナリを利用しても良いように思えます。

A： 一概には言えませんが、まず、動的オブジェクトを無理して利用することはありません。そもそも型が一意に統一できなくとも、最小公倍数的にメンバーを用意すれば事足りるような状況であれば、標準的なクラスの範囲で型を準備すべきです。

それが難しい場合にも、シンプルな値の出し入れに限られるならば、ディクショナリを使う選択肢もあります。ただし、インデクサーによるアクセスはタイプも面倒なので、これを避けるのであれば、ExpandoObjectクラスを利用しても良いでしょう。一般的には、`dic["Key"]`よりも`dic.Key`のほうが読みやすく、タイプも簡単と感じるはずです（キーが入れ子になってきた場合にはなおさらです）。ただし、dynamic型は型が決まらない型なので、`dic.Key`にしたからといって、インテリセンスが効くわけではありませんし、型チェックが入るわけではありません。

また、ExpandoObjectクラスではキーの存在確認が手間です。ディクショナリでは6.4.1項でも見たTryGetValueメソッドを利用できますが、ExpandoObjectではそれがありませんので、存在しないメンバーへのアクセスはRuntimeBinderException例外を発生します。事前にキーの有無を確認するContainsKeyメソッドはありますが、明示的な実装（8.3.3項）なので、キャストしなければ利用できません。

```
Console.WriteLine(((IDictionary<string, object>)d).ContainsKey("Hoge"));
```

　ExpandoObjectクラスを利用する場合には、キー確認のためのメソッドを別に用意するなど、アプリ側での工夫が必要になるでしょう。

　そして、ExpandoObjectクラスもディクショナリも、シンプルな値の読み書きをサポートしているにすぎません。読み書きに際してなんらかの処理を挟みたいならば、あるいは、メソッド／インデクサーなどの仕組みを実装したいならば、DynamicObjectクラスを利用する必要があります。

練習問題　11.2

1. メソッドが非推奨であることを、属性を使って表現してみましょう（非推奨のメッセージはなんでもかまいません）。

2. dynamic型とvar型推論、object型との違いを説明してください。

11.4　イベント

　イベントとは、たとえば「なんらかのキー入力がなされた」「マウスボタンをクリックした」「プロパティ値が変更された」など、アプリ上で発生するさまざまな出来事のことです。これらのイベントが発生したタイミングであらかじめ決められたコードを実行するプログラミングモデルのことを**イベントドリブンモデル（イベント駆動型モデル）**、また、このとき呼び出されるコードのことを**イベントハンドラー**と言います（図11.17）。

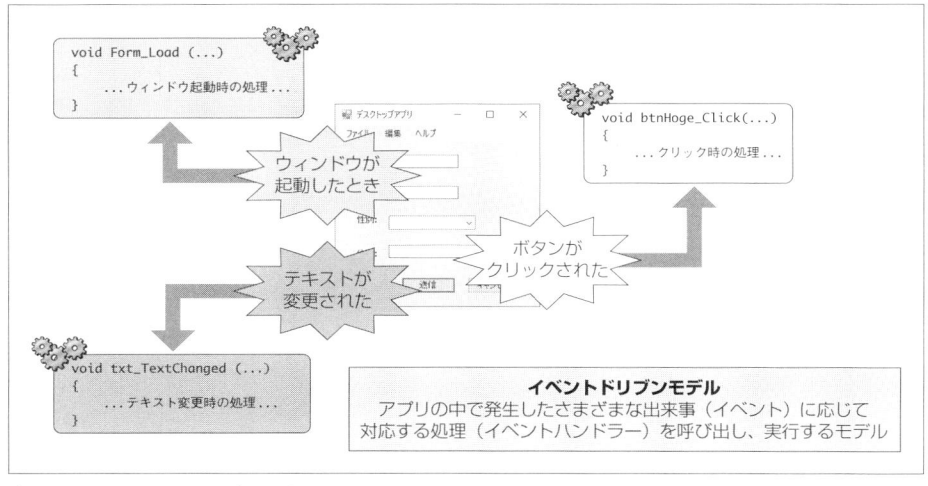

❖図11.17　イベントドリブンモデル

こうしたイベントの仕組みは、他の言語ではあまりサポートされておらず、なんらかのライブラリ（フレームワーク）に頼る場合がほとんどです。しかしC#では、イベント管理のための仕組みが言語ネイティブに組み込まれています。

11.4.1　イベントの基本

　イベントドリブンモデルがよく利用されているのは、GUIアプリ（デスクトップアプリなど）開発の局面ですが、本書ではC#の言語仕様を中心に解説するため、GUIアプリについては取り上げません。本節でも、イベントドリブンモデルの基本をコンソールアプリの範囲内で解説していくことにします。GUIアプリについては、『独習ASP.NET 第5版』（翔泳社）などの専門書を併読してください。

　ここではごくシンプルなサンプルとして、ユーザーからのコマンドに応じて処理を実行する例を見てみましょう（図11.18）。

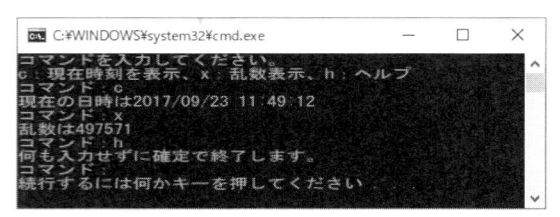

❖図11.18　コマンドに応じて処理を実行（空入力で終了）

　サンプルを構成するのは、イベントを提供するMyEventクラスと、イベントに応じて処理を実行するEventBasicクラスです（図11.19）。

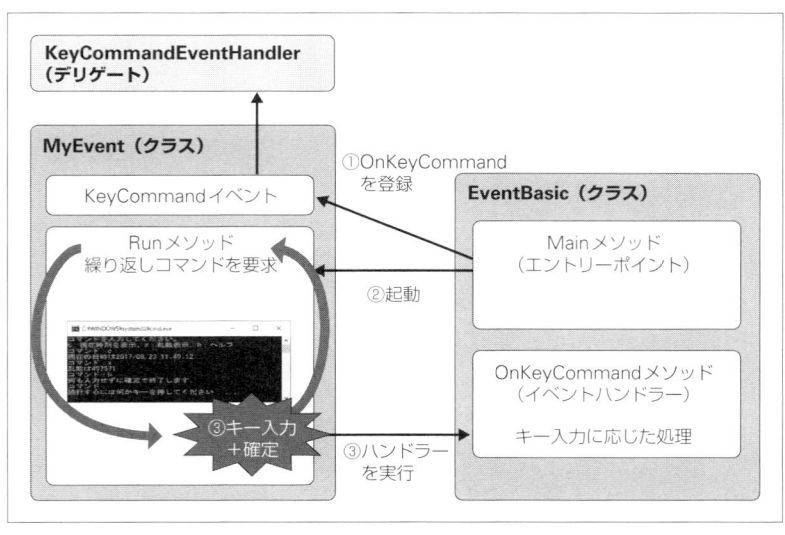

❖図11.19　サンプルの構成

まず、MyEventクラスではRunメソッドが呼び出されると、無限ループを開始し、その中でユーザーからのコマンド入力を繰り返し求めます。ただし、コマンドが入力された後、MyEventクラスはKeyCommandイベントを発生するだけです（空のコマンドが指定された場合にだけループを終了します）。

イベントに応じて処理を実行するのは、EventClientクラスの役割です。EventClientクラスでは、OnKeyCommandメソッドをあらかじめKeyCommandイベントに対応するイベントハンドラーとして登録しておくものとします。OnKeyCommandイベントハンドラーでは、コマンドに応じた具体的な処理を用意しておきます。

以上、クラスの役割分担を理解したところで、実際のコードを確認していきます。

イベント発生側のコード

まずは、MyEventクラス（イベントの発生側）からです（リスト11.24）。

▶リスト11.24　MyEvent.cs

```
// デリゲートを準備
delegate void KeyCommandEventHandler(string data); ────────────❶

class MyEvent
{
  // イベントを準備
  public event KeyCommandEventHandler KeyCommand = v => { }; ──────────❷

  public void Run()
  {
    Console.WriteLine("コマンドを入力してください。");
    Console.WriteLine("c：現在時刻を表示、x：乱数表示、h：ヘルプ");
    // 無限ループ（繰り返しコマンド入力を求める）
    while (true)
    {
      // ユーザーからの入力を要求
      Console.Write("コマンド：");
      var input = Console.ReadLine();
      // 入力が空の場合はループを終了
      if (input == null || input == "")
      {
        break;
      }
      // KeyCommandイベントを発生
      KeyCommand(input); ────────────────────────❸
```

```
        }
    }
}
```

イベントを利用するには、まず、イベントハンドラー（メソッド）のための型をデリゲートとして準備しておきます（❶）。この例であれば、「string型の引数を受け取り、戻り値はないKeyCommandEventHandlerデリゲート」を定義しています。

これをMyEventクラスのイベントとして登録していくのが❷です。

構文 イベント

```
[修飾子] event デリゲート型 イベント名
```

イベントで利用できる修飾子は、表11.9のとおりです。

❖表11.9　イベントで利用できる主な修飾子

修飾子	概要
public	すべてのクラスからアクセス可能
protected internal	派生クラスと同じアセンブリ内からのみアクセス可能
protected	同じクラスと派生クラスからのみアクセス可能
internal	同じアセンブリ内からのみアクセス可能
private	同じクラスからのみアクセス可能（既定）
static	静的イベントを宣言
new	継承されたイベントを隠蔽する
virtual	派生クラスでオーバーライドできるようにする
override	virtualイベントをオーバーライド
sealed	他のクラスから継承できない

デリゲート型のフィールドを定義するのと似たような書き方ですが、eventキーワードが明示されている点だけが異なります。これで「イベントハンドラーとしてKeyCommandEventHandler型のメソッドを登録できるKeyCommandイベント」を準備できたことになります。

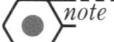

> *note* ❷で、初期値として「v => {}」と空のイベントハンドラー（ラムダ式）を指定しているのは、イベントハンドラーが登録されないままにイベントが発生した場合に備えたものです。
> リスト11.24-❷から初期値を除いたうえで、後掲リスト11.25の「ev.KeyCommand += OnKeyCommand;」を削除し、サンプルを実行してみましょう。NullReferenceException例外が発生するはずです。
> イベントを受け取る側では、基本的にどのタイミングでイベントが発生するかは想定できないはずです。よって、イベントハンドラーが登録される前に、イベントが発生しても良いように、あらかじめ既定のイベントハンドラーを登録しておきます。

11 高度なプログラミング

イベントを準備できたら、後は任意のタイミングでイベントを発生させるだけです。❸では、Runメソッドの中でユーザーから入力を受け取ったタイミングで、KeyCommandイベントを発生させています。イベント呼び出し（発生）は、10.1.1項で解説したデリゲート呼び出しと同じなので、特に迷うところはないでしょう。KeyCommandイベント（KeyCommandEventHandlerデリゲート）の引数には、ユーザーからの入力値（ReadLineメソッドの戻り値）を渡します。

イベント受け取り側のコード

イベント発生クラス（MyEvent）を理解できたところで、これを呼び出し、イベントハンドラーを登録する —— イベント受け取り側のコードを確認してみましょう（リスト11.25）。

▶リスト11.25　EventBasic.cs

```
class EventBasic
{
  static void Main(string[] args)
  {
    // イベントハンドラーを追加
    var ev = new MyEvent(); ──────────────────────────┐
    ev.KeyCommand += OnKeyCommand; ──────────────────┤── ❶
    // イベントが発生する処理を実行
    ev.Run(); ──────────────────────────────────────── ❸
  }

  // KeyCommandイベントのためのハンドラー
  static void OnKeyCommand(string data) ──────────────┐
  {
    // コマンドに応じて処理を実行（大文字小文字は区別しない）
    switch(data.ToLower())
    {
      case "c":
        Console.WriteLine($"現在の日時は{DateTime.Now}");
        break;
      case "x":
        var r = new Random();                          ── ❷
        Console.WriteLine($"乱数は{r.Next()}");
        break;
      case "h":
        Console.WriteLine("何も入力せずに確定で終了します。");
        break;
      default:
        Console.WriteLine("認識できないコマンドです");
        break;
```

```
        };
    }
}
```
⓶

まず、❶でイベント発生クラスをインスタンス化し、イベントハンドラーを登録します。イベントハンドラーの登録には、デリゲートと同じく「+=」演算子を利用します。「+=」演算を列挙すれば、複数のイベントハンドラーを登録することも可能です。

追加済みのイベントハンドラーを解除するならば、「-=」演算子を利用してください。

```
ev.KeyCommand -= OnKeyCommand;
```

OnKeyCommand イベントハンドラー（❷）では、引数dataで受け取ったコマンドをもとに処理を分岐し、現在時刻や乱数を表示していますが、もちろん、この処理は用途に応じて自由に差し替えることができます。

イベントハンドラーを登録したら、❸でイベントを発生する処理（ここではRunメソッド）を呼び出し、イベントハンドラーの動作を確認します。

以上の流れを理解したら、サンプルを実行してみましょう。P.566の図11.18のように、入力したコマンドに応じて、対応するメッセージが表示されることを確認してください。

11.4.2 イベント／デリゲートの相違点

ここまでのサンプルを確認すると、イベントを登録して実際に呼び出す方法は、デリゲートそのものではないかと思いませんか。実際に、リスト11.24-❷からeventキーワードを除去しても、サンプルはそのまま動作します（この場合、KeyCommandEventHandlerデリゲート型のフィールドKeyCommandを定義したことになります）。

では、イベントとデリゲートとはなにが異なるのでしょうか。結論から言うと、イベントには、以下のような制限があります。

- イベントを呼び出せるのは、定義元のクラス配下からのみ
- クラス外部からのイベント操作は、イベントハンドラーの追加／削除のみ可能

この制限を、実際のコードで確認してみましょう（リスト11.26）。

▶リスト11.26　EventUse.cs

```
var ev = new MyEvent();
ev.KeyCommand += OnKeyCommand;  // 結果：OK
ev.KeyCommand -= OnKeyCommand;  // 結果：OK
ev.KeyCommand = OnKeyCommand;   // 結果：エラー！ ───────────────── ❶
ev.KeyCommand("x");  // 結果：エラー！ ───────────────────────── ❷
```

イベントに対する「+=」「-=」演算子以外の操作 ── 「=」演算子による操作（❶）や、イベント（デリゲート）の直接の呼び出し（❷）は、いずれもコンパイルエラーとなることが確認できます。また、リスト11.24-❷からeventキーワードを外したときは、❶、❷のコードがいずれも有効なコードと認識されることも確認しておきましょう。eventキーワードとは、

　　イベントハンドラー（デリゲート）の追加／削除だけをクラス外部に公開する

仕組み、と言い換えても良いでしょう（デリゲート型フィールドの場合は、publicで公開するか、privateで非公開にするかの選択肢しかありません）。

> *note*　そもそもデリゲートはクラス／構造体などと同じく型の一種ですが、イベントはメソッド／プロパティなどと同じく型メンバーの一種です。イベントとは、あくまで**型に属し**、型の配下で発生するなんらかの出来事を外部に伝えるための仕組みなのです。

☑ この章の理解度チェック

1. 以下は、本章で解説したテーマについて説明したものです。正しいものには○、誤っているものには×を付けてください。

(　) スレッドを維持しておくのはリソースの浪費なので、できるだけその場その場で解放するのが望ましい。

(　) await演算子は、指定された非同期処理の終了を待ってメインスレッドを待機させる。

(　) 属性によって、適用できる要素は決まっている。

(　) dynamic型では、存在しないメンバーを呼び出してもエラーにはならない。

(　) イベントを登録するには、「=」演算子を利用する。

2. 以下は、非同期メソッドで1〜5億の値を加算し、その結果を表示するコードです。空欄を埋めて、コードを完成させてください。

▶リスト11.B　Practice2.cs

```csharp
using System.Threading.Tasks;
...中略...
class Practice2
{
  static void Main(string[] args)
  {
      ①    t = ProcessAsync();
    // 非同期処理が終わるまで「...」を100ミリ秒おきに表示
    while (!t.  ②  )
    {
      t.  ③  (100);
      Console.Write(".");
    }
    // 非同期メソッドの結果を表示
    Console.WriteLine(t.  ④  );
  }

  // 非同期メソッド（0〜5億を加算し、その結果を返す）
  static   ⑤     ①   ProcessAsync()
  {
    return   ⑥   Task.  ⑦  () => {
      var result = 0L;
```

```
      for (long i = 0; i <= 500000000; i++)
      {
        result += i;
      }
      return result;
    });
  }
}
```

```
...................125000000250000000
```

3. 以下は、本章で解説した構文を利用したコードの断片です。誤っている場合には正しいコード
   に修正してください。ただし、コード内で利用されている変数／メソッドなどはあらかじめ用
   意されているものとします。また、正しい場合は「正しい」とだけ答えます。

   ❶ var t = string.GetType();

   ❷ ev.KeyCommand = −OnKeyCommand;

   ❸ [method:Obsolete(message:"Hogeメソッドを代わりに使用します。")]

   ❹ Task<string> result = await client.DownloadStringTaskAsync(
         "https://codezine.jp/");

   ❺ [AttributeUsage(AttributeTargets.Class | AttributeTargets.Struct,
         Inherited: true)]

4. 以下は、イベントを利用したMyEventクラスの例です。MyEventクラスのRunメソッドは、
   メソッド内の変数iが偶数のときにはEvenEventイベントを、奇数のときにはOddEventイ
   ベントを発生するものとします。空欄を埋めて、コードを完成させてください。

▶リスト11.C　Practice4.cs（SelfCSharp.Chap11.Practice名前空間）

```
delegate void MyEventHandler(int v);

class MyEvent
{
  public   ①   OddEvent =  v => { };
  public   ①   EvenEvent = v => { };
```

```
      // 偶数のときにEvenEventイベント、奇数のときにOddEventイベントを発生
    public void Run(int n)
    {
      for(var i = 0; i < n; i++)
      {
        if (i % 2 == 0)
        {
           ② ;
        }
        else
        {
           ③ ;
        }
      }
    }
  }
}

class Practice4
{
  static void Main(string[] args)
  {
    // イベントハンドラーを登録
    var e = new MyEvent();
    e.EvenEvent  ④   v => { Console.WriteLine(v); };
    e.OddEvent  ④    v => { Console.WriteLine("Hoge"); };
    e.Run( ⑤ );
  }
}
```

↓

```
0
Hoge
2
Hoge
4
...中略...
18
Hoge
```

付録 A

「練習問題」
「この章の理解度チェック」
解答

第1章の解答

この章の理解度チェック P.32

1. C#は、オブジェクト指向の概念を中心に据えた言語です。しかし、純粋なオブジェクト指向言語ではなく、宣言型プログラミング、関数型プログラミング、メタプログラミングなどさまざまなパラダイムを取り入れていることから、マルチパラダイム言語と呼ばれます。C#は、.NETと呼ばれる環境の上で動作します。.NET環境がプラットフォームごとの違いを吸収するので、基本的にC#アプリは.NETが動作するすべてのプラットフォームで動作できます。

2. ① 名前空間　　② クラス　　③ メソッド
　④ コメント　　⑤ 文
C#のソースコードを構成する基本的な要素を問う問題です。いずれも詳細はこれから学んでいきますが、まずはここでキーワードだけは押さえておきましょう。

3. Mainメソッド／エントリーポイント
C#では、アプリを起動したときに、まずMainメソッドを探し出して、これを実行します。アプリに複数のMainメソッドがある場合には、あらかじめスタートアップオブジェクトを設定しておきます。詳しくはP.ivも参照してください。

4. ;（セミコロン）
文の終わりはセミコロンで表します。よって、文の途中で改行や空白を加えてもかまいません。特に長い文は適宜、改行を加えることで、コードを読みやすくできます。

5. //、/*～*/、///
それぞれの記法の違いについては、次のような点を挙げられれば正解です。

- //は単一行コメント、/*～*/は複数行コメント
- ///はドキュメンテーションコメントで、クラス／メソッドの情報を表すのに利用する。その内容は、インテリセンス／オブジェクトブラウザーなどで利用される

- //、/*～*/であれば、まずは//を利用するのが望ましい

第2章の解答

練習問題 2.1 P.41

1. ① 誤り。識別子は数字で始めることはできません（2文字目以降は可）。
② 正しい。変数はcamelCase記法が基本ですが、Pascal記法でも構文上の誤りではありません。
③ 正しい。識別子にはマルチバイト文字も利用できます。ただし、一般的には英数字、アンダースコアの範囲に留めてください。
④ 誤り。予約語は識別子にはできません。
⑤ 正しい。予約語でも先頭に「@」を付けることで識別子として利用可能です（ただし、避けるべきです）。
⑥ 誤り。「-」は演算子なので、識別子の一部として利用することはできません。

練習問題 2.2 P.50

1. 以下から、それぞれ2個以上挙げることができれば正解です（エイリアスの型名でも可です。詳しくはP.42の表2.3を参照してください）。

- 整数型（符号あり）：sbyte、short、int、long
- 整数型（符号なし）：byte、ushort、uint、ulong
- 小数点型：float、double、decimal
- それ以外：bool、char、string、object

2. 値型の変数には、値そのものが格納されます。一方、参照型の変数には値そのものは別に格納され、変数にはその格納場所を表す情報だけが格納されます。

1. 以下のようなリテラルを表現できていれば正解です。

   ① ØxFF（接頭辞がØxで、以降の数値はØ〜9、A〜F
   であること）
   ② 123_456（アンダースコアで、一般的には3桁ごとに
   数値を区切る。先頭／末尾のアンダースコアは不可）
   ③ "こんにちは¥nあかちゃん！"（エスケープシーケ
   ンスの「¥n」が改行。ただし、逐語的文字列リテラ
   ル@"…"でも可能）
   ④ 1.4142E−5（＜仮数部＞E＜符号＞＜指数部＞の
   形式）
   ⑤ 'あ'（シングルクォートで単一文字をくくってい
   ること）

1. long型からint型のように、値範囲の広い型から狭い型
   へは暗黙的に代入（変換）できません。実際の値が、
   変換先の範囲に収まっている場合でも、明示的に型
   キャストします。以下は修正したコードです。

   ▶リストA.1　PCast.cs

   ```
   long m = 1Ø;
   int i = (int)m;
   ```

2. 以下のようなコードが書けていれば正解です。

   ▶リストA.2　PCast.cs

   ```
   int x = Int32.Parse("15");
   ```

   数値→文字列の変換は、型キャスト構文ではできない
   点に注意してください。

1. 次のポイントを挙げられれば正解です。

   - importは、usingの誤りです。
   - 文字列リテラルはシングルクォート（'）ではなく、
     ダブルクォート（"）でくくります。
   - 文の末尾にはセミコロン（;）を付けます。

   以上を修正したコードは、以下のとおりです。

   ▶リストA.3　Practice1.cs

   ```
   using System;
   ...中略...
   class Practice1
   {
       static void Main(string[] args)
       {
           var data = "こんにちは、世界！";
           Console.WriteLine(data);
       }
   }
   ```

2. ① 完全修飾名　　② 単純名　　③ using　　④ 解決
   using命令による宣言は、Visual Studioの機能を利用す
   ることで簡単に挿入できます。今後もよく利用する操
   作なので、忘れてしまったという人はP.26の解説を再
   確認しておきましょう。

3. ① const　　②Ø.9　　③ $　　④ sum
   ③がわかりにくいかもしれません。文字列リテラルに
   {…}で式（変数）が埋め込まれていることから、$"…"
   形式の文字列であることが判断できます。

4. （×）　符号なし型が存在するのは、整数型です。
   （×）　文字列リテラルはダブルクォートでくくりま
   　　　す。シングルクォートは文字リテラルを表すた
   　　　めに利用します。
   （×）　shortの型サフィックスは存在しません。その
   　　　範囲内にあるint型リテラルを渡すことで、自
   　　　動的にshort型に代入できるからです。

（×）int型からfloat型への変換などでは桁落ちが
発生する可能性があります。

（×）クラスから直接呼び出せるメソッド／フィール
ドもあります。

5. ① `var value = 10d;`
② `Console.WriteLine(⏎`
  `$"こんにちは、{name}さん！");`
③ `int? i = null;`
  （`Nullable<int> i = null;` でも可）
④ `int[,] data = new int[5, 4];`
⑤ `int[][] data = new int[3][];`
  `data[0] = new [] { 2, 3, 5 };`
  `data[1] = new [] { 1, 2 };`
  `data[2] = new [] { 10, 11, 12, 13 };`

①のvar型推論で単にリテラル10を代入した場合、変
数valueはint型と見なされます。リテラルで特定の
型を表現したい場合には、型サフィックスを利用して
ください。別解として10.0を代入してもかまいませ
ん。④⑤は、「`var data = ～`」としてもかまいませ
ん。

第3章の解答

練習問題 3.1 **P.85**

1. 前置演算と後置演算とは、加算（減算）してから値を
代入するか、値を代入して空加算（減算）するかとい
う点で異なります。よく理解していないという人は、
3.1.3項の例を再度確認してみましょう。

2. ① 23　　　② エラー　　　③ 1
④ ∞　　　⑤ 4
インクリメント演算子はオペランドに対して直接作用
するので、リテラルをそのまま渡すことはできません
（②）。また、「`/`」「`%`」によるゼロ除算（④）は、オペ
ランドが整数型、小数型いずれであるかによって挙動
が変化する点に要注意です。

練習問題 3.2 **P.93**

1. 以下のようなコードが書けていれば正解です。

▶リストA.4　PCondition.cs

```
string value = "こんにちは";
Console.WriteLine(⏎
value != null ? value : "既定値");
Console.WriteLine(value ?? "既定値");
```

同様の操作は、if／switch命令でも表せますが、単純
な代入や演算を分岐する場合には、条件演算子／null
合体演算子を利用することでよりシンプルに記述でき
ます。

2. ① false　　② エラー　　③ false　　④ false
参照型を「`==`」演算子した場合、既定では参照先が等
しいかを判定します。よって、③のような比較は見た
目の値が等しくてもfalseとなります。
ただし、string型は文字列の一致を見ますので、「`==`」
演算子で比較するのが基本です（②）。Equalsメソッ
ドでも比較できますが、その場合は型の不一致を検出
できないので要注意です（①）。
配列の比較はそもそもEqualsメソッドも使えません
（④）。代わりに、SequenceEqualメソッドを使います。

この章の理解度チェック **P.103**

1. ① 算術演算子（代数演算子でも可）
② 代入演算子
③ ?:
④ ??
⑤ 論理演算子
⑥ &、^、|、>>、<<から3個

2. xは2、yは5、builder1、builder2ともにabcdef
値型と参照型とで代入の挙動が異なる点に注意してく
ださい。参照型では値の格納先（アドレス）が引き渡
されるだけなので、代入元の変更は代入先にも影響し
ます。

3. 変数strがnullの場合、EndsWithメソッドの呼び出しがエラーとなります。よって、最初にnullチェックしてからメソッドを呼び出すように改めます。

```
if(str.EndsWith(".zip"))
```
⬇
```
if(str != null && str.EndsWith(".zip"))
```

「&&」「||」演算子はショートカット演算の特徴を持つので、変数strがnullの場合、EndsWithメソッドはそもそも呼び出されなくなります。

4. ① 優先順位　　　② 結合則　　　③ 高い
　　④ 同じ　　　　　⑤ 代入演算子

第4章の解答

練習問題　4.1　P.122

1. 以下のようなコードが書けていれば正解です。if命令で多岐分岐を表現する場合には、条件式を記述する順番に要注意です。

▶リストA.5　PIf.cs

```
var point = 75;
if (point >= 90)
{
  Console.WriteLine("優");
}
else if (point >= 70)
{
  Console.WriteLine("良");
}
else if (point >= 50)
{
  Console.WriteLine("可");
}
else
{
  Console.WriteLine("不可");
}
```

2. ベン図については、P.109の図4.1を参照してください。このような置き換えルールをド・モルガンの法則と言います。法則を忘れてしまった場合にも、ベン図で理解しておくことで、自分で置き換えが可能となります。

練習問題　4.2　P.134

1. while命令は条件式を前置判断するのに対して、do...while命令は後置判断します。つまり、条件式が最初からfalseである場合、while命令はループを一度も処理しませんが、do...while命令はいかなる場合も一度はループを実行します。

2. 以下のようなコードが書けていれば正解です。

▶リストA.6　PFor.cs

```
for (var i = 1; i < 10; i++)
{
  for (var j = 1; j < 10; j++)
  {
    Console.Write($"{i * j} ");
  }
  Console.WriteLine();
}
```

このように、for命令はネストが可能です。その場合、カウンター変数の名前は、それぞれで異なるものを使用しなければならない点に注意してください。

練習問題　4.3　P.138

1. スキップ➡continue命令、脱出➡break命令
continue、breakはいずれもfor、while、do...whileなどの繰り返し構文の中で使用できる命令です。その性質上、continue、break命令はif命令などの条件分岐と組み合わせて利用するのが一般的です。

2. 以下のようなコードが書けていれば正解です。

▶リストA.7　PContinue.cs

```
var i = 0;
var sum = 0;

while (i <= 100)
{
  i++;
  if (i % 2 != 0)
  {
    continue;
  }
  sum += i;
}

Console.WriteLine($"合計値は{sum}です。");
```

while命令では、カウンター変数iをインクリメントするタイミングを誤ると、無限ループの原因となりますので、注意してください。

この章の理解度チェック　P.144

1. 以下のようなコードが書けていれば正解です。

▶リストA.8　Practice1.cs

```
var sum = 0;

for (var i = 100; i <= 200; i++)
{
  if (i % 2 == 0)
  {
    continue;
  }
  sum += i;
}

Console.WriteLine($"合計値は{sum}です。");
```

本文では偶数値を判定する例を紹介しました。ここではその逆なので、2で割り切れる数を取り除けば奇数値だけの合計を求めることができます。

2. 以下のようなコードが書けていれば正解です。

▶リストA.9　Practice2.cs

```
int i = 1;
int sum = 0;

while (i <= 100) {
  sum += i;
  if (sum > 1000)
  {
    break;
  }
  i++;
}

Console.WriteLine($"合計が1000を超えるのは、⏎
1～{i}を加算したときです。");
```

カウンター変数を利用したループは原則としてfor命令で表現すべきですが、ここでは練習のためにwhile命令を利用しています。while命令では、カウンター変数の加算／減算が条件式から離れているため、そもそもの記述漏れに注意してください。加算／減算の漏れは、無限ループの原因となります。

3. ① foreach　　②args　　③ Parse　　④ i
コマンドライン引数の型は文字列です。よって、演算に際してはParseメソッドで整数に変換しなければなりません。コマンドライン引数の設定方法については、P.133も参照してください。

4. 以下のようなコードが書けていれば正解です。

▶リストA.10　Practice4.cs

```
var language = "Visual Basic";

switch (language)
{
  case "C#" :
  case "Visual Basic" :
  case "F#" :
    Console.WriteLine(".NET対応言語");
    break;
  case "Python" :
  case "Ruby" :
```

```
    Console.WriteLine("スクリプト言語");
    break;
  default:
    Console.WriteLine("不明");
    break;
}
```

複数のcase句をbreakせずに実行させるフォールス
ルーは原則として禁止ですが、このように複数の条件
式を表すために空のcase句を連ねる方法はよく使わ
れます。覚えておくと良いでしょう。

5. 以下のようなコードが書けていれば正解です。

▶リストA.11　Practice5.cs

```
var language = "Visual Basic";

if (language == "C#" || ⏎
language == "Visual Basic" || language == "F#")
{
  Console.WriteLine(".NET対応言語");
}
else if (language == "Python" || ⏎
language == "Ruby")
{
  Console.WriteLine("スクリプト言語");
}
else
{
  Console.WriteLine("不明");
}
```

||演算子ではなく、else ifブロックを条件値の数だ
け記述してもかまいませんが、コードが冗長になるだ
けなので、通常は避けるべきです。また、ここでは練
習のためにif命令を利用していますが、そもそもこの
ようなケースではswitch命令を優先して利用してくだ
さい。

第5章の解答

練習問題　5.1　P.160

1. 以下のようなコードが書けていれば正解です。

▶リストA.12　PSubstr.cs

```
var str = "プログラミング言語";
Console.WriteLine(str.Substring(4, 3));
```

Substringメソッドでは開始位置、抽出する長さを文
字数で指定します。

2. 以下のようなコードが書けていれば正解です。「¥t」
はエスケープシーケンスの一種でタブ文字を表します。

▶リストA.13　PSplit.cs

```
var str = "鈴木¥t太郎¥t男¥t50歳¥t広島県";
var data = str.Split('¥t');
foreach(var tmp in data)
{
    Console.WriteLine(tmp);
}
```

練習問題　5.2　P.177

1. 以下のようなコードが書けていれば正解です。

▶リストA.14　PMatches.cs

```
using System.Text.RegularExpressions;
...中略...
var str = "住所は〒184-0000 鎌ヶ谷市梶野町0-⏎
0-0です。¥nあなたの住所は〒273-0000 嬬恋市大野⏎
町0-9-9ですね";
var rgx = new Regex(@"¥d{3}-¥d{4}");
var result = rgx.Matches(str);
foreach (Match m in result)
{
    Console.WriteLine(m.Value);
}
```

最初からマッチしている文字列が1つとわかっている
場合には、Matchメソッドを利用してもかまいません。

2. 以下のようなコードが書けていれば正解です。

▶リストA.15　PReplace.cs

```
using System.Text.RegularExpressions;
...中略...
var str = "お問い合わせはhoge@example.comまで";
var rgx = new Regex(@"[a-z0-9.!#$%&'*+/=?⏎
^_{|}~-]+@[a-z0-9-]+(?:¥.[a-z0-9-]+)*", ⏎
RegexOptions.IgnoreCase);
Console.WriteLine(rgx.Replace(str, ⏎
"<a href='mailto:$0'>$0</a>"));
```

マッチした文字列を置換後の文字列に反映させるには、特殊変数として $0 を利用します。サブマッチ文字列を引用するときは、$1、$2... を利用します。

練習問題　5.3　P.188

1. 以下のようなコードが書けていれば正解です。

▶リストA.16　PParse.cs

```
var str = "2018/02/15 13:17:23";
var dt = DateTime.Parse(str);
Console.WriteLine(dt.Day);
Console.WriteLine(dt.Hour);
```

不正な日付／時刻文字列が渡された場合に備えて TryParse メソッドを利用する方法もあります。具体的なコードは割愛しますので、余力のある人は上記のコードと P.179 のリスト 5.31 を参考に書き換えの練習をしてみましょう。

2. 以下のようなコードが書けていれば正解です。

▶リストA.17　PAdd.cs

```
var dt = DateTime.Now;
Console.WriteLine(dt.AddDays(15));
```

1. それぞれ、以下のようなコードを書けていれば正解です。

①
```
var str = "となりのきゃくはよくきゃくくうきゃくだ";
Console.WriteLine(str.LastIndexOf("きゃく"));
```

②
```
var loc = "弘前";
var temp = 15.156;
Console.WriteLine(String.Format("⏎
{0}の気温は{1:F1}℃です。", loc, temp));
```

③
```
var str = "ボクの名前は太郎です。";
Console.WriteLine(str.Replace("ボク", "私"));
```

④
```
var dt = DateTime.Now;
Console.WriteLine(⏎
dt.Add(new TimeSpan(5, 4, 0, 0)));
```

⑤
```
var dt1 = new DateTime(2018, 2, 13);
var dt2 = new DateTime(2020, 8, 4);
Console.WriteLine(dt2.Subtract(dt1));
```

②は以下のようにしても同じ意味です（ただし、ここではStringクラスを利用するのが前提なので、Formatメソッドを優先しています）。

```
Console.WriteLine(⏎
"{0}の気温は{1:F1}℃です。", loc, temp);
Console.WriteLine(⏎
$"{loc}の気温は{temp:F1}℃です。");
```

2. ① `System.Text.RegularExpressions`
　② `using`
　③ `@`
　④ `EndOfStream`
　⑤ `Matches`
　⑥ `ReadLine`
　⑦ `Value`

Regex ／ StreamReader クラスの複合問題です。間違ってしまったという方は、5.2節、5.4.2項をもう一度見直してみましょう。

3. 以下のようなコードが書けていれば正解です。

▶リストA.18　Practice3.cs

```
using System.IO;
using System.Text;
...中略...
using (var writer = new StreamWriter(⏎
@"c:¥data¥data.dat", true, ⏎
Encoding.GetEncoding("Shift-JIS")))
{
  writer.WriteLine(string.Join(",", args));
}
```

コマンドライン引数argsは文字列配列です。これを
カンマで連結するにはJoinメソッドを利用します。

4. それぞれ、以下のようなコードが書けていれば正解です。

① Console.WriteLine(Math.Pow(5, 3));

② Console.WriteLine(Math.Abs(-12));

③ var data = new[] { 105, 18, 25, 30 };
　 Array.Sort(data);

第6章の解答

練習問題　6.1　P.217

1. ジェネリックとは、汎用的なクラスに対して特定の型
を紐付けるための機能です。コレクションでジェネ
リックを利用することで、格納される値の型が正しい
ことをコンパイル時にチェックでき、また、値を取り
出すときのキャストも不要になります。

2. 以下のようなコードが書けていれば正解です。

var list = new List<int> { 15, 23, 29, 37 };

練習問題　6.2　P.227

1. ① <int>
   ② [3]
   ③ Remove
   ④ Insert
   ⑤ v

最終結果からリストへの操作を類推してみましょう。
特に②と④は構文からインデクサー／Insertメソッ
ドであることの当たりを付けやすいはずです。

練習問題　6.3　P.232

1. セットは、リストと違って要素の重複を許さないコレ
クションで、数学の集合にも似た性質を持ちます。あ
る値がセットに含まれているか、セットの間での包含
関係に関心がある場合などに利用します。
セットの代表的な実装は、HashSet ／ SortedSetで
す。双方の違いは、要素の並び順を管理するかどうか
です（SortedSetはあらかじめ決められたルールで値
をソートします）。

この章の理解度チェック　P.242

1. （×）要素の挿入／削除は、要素の移動を伴うため、
　　　　先頭に近くなるほど遅くなります。
　（×）リンクの付け替えは一般的には高速です。要素
　　　　の追加／削除が頻繁に発生する用途では
　　　　LinkedListが向いています。
　（×）SortedSetの説明です。HashSetは要素の並
　　　　び順を管理しません。
　（○）正しい記述です。
　（×）StackとQueueとが反対の記述になっています。

コレクションはそれぞれに得手不得手を持っています。
用法そのものはいずれのクラスもほぼ共通しているの
で、その時どきの用途に応じて、適切なクラスを使い
分けできるかが重要です。

2. ① `<string, string>`

② `["cucumber"]`

③ `Add`

④ `Remove`

⑤ `m.Key`

⑥ `m.Value`

最終結果からディクショナリへの操作内容を類推する問題です。インデクサー、Add ／ Remove メソッドによるコレクションへの基本的な操作を再確認してください。

3. 以下の点が指摘できていれば正解です。

- List はジェネリック型なので、List<int> のように型パラメーターを明記する
- list[5] はリストの範囲外。結果から list[2] が正しい
- List<int> から取り出した値なので、仮変数 v の型は int 型（または var）でなければならない

以上を修正した正しいコードは、以下のとおりです。

▶リストA.19　Practice3.cs

```
using System.Collections.Generic;
...中略...
var list = new List<int> { 1, 2, 3, 4 };
list[2] = 50;
list.Insert(1, 5);
list.Remove(60);
foreach (var v in list)
{
  Console.WriteLine(v);
}
```

ここで、「`list.Remove(60);`」は存在しない値を削除しようとしていますが、誤りではありません（ただ、戻り値として false を返します）。

練習問題　7.1　P.266

1. 以下の3点が指摘できていれば正解です。

- class ブロックにアクセス修飾子 protected は指定できない
- フィールドでは var 型推論は使用できない
- if ブロック内の変数 data は、その前の引数 data と重複している（引数もまたローカル変数の一種です）

以上を修正した正しいコードは、以下のとおりです。

▶リストA.20　PClass.cs

```
class PClass
{
  int data = 10;

  void Hoge(int data)
  {
    if (data < 0)
    {
      data = 0;
    }
    Console.WriteLine(data);
  }
}
```

2. class ブロックの直下（メソッドの外）で宣言されている変数のことを「フィールド」、メソッドの中で宣言されている変数のことを「ローカル変数」と言います。フィールドはクラス全体でアクセスできますが、ローカル変数はそのメソッドの中でのみ有効です。

練習問題　7.2　P.277

1. 以下のようなコードが書けていれば正解です。

▶リスト A.21　PCircle.cs

```
class Circle
{
  double radius;

  public Circle(double radius)
  {
    this.radius = radius;
  }

  public double GetArea()
  {
    return this.radius * this.radius * Math.PI;
  }
}
```

radiusフィールドはクラスの外からはアクセスできないという前提なので、private（＝既定なので、アクセス修飾子は付けない）としておきます。一方、コンストラクター／メソッドには、外からアクセスできるようにpublic修飾子を付与します。

2. **1**のコードに対して、以下のコンストラクターが追加できていれば正解です。

▶リスト A.22　PCircle.cs

```
class Circle
{
  ...中略...
  public Circle() : this(1) { }
  ...中略...
}
```

コンストラクターをオーバーロードする場合に「: this(1)」で、他のコンストラクターを呼び出す記法はイディオムです。きちんと覚えておきましょう。
以下でもとりあえず間違いではありませんが、冗長なだけでなく、なにかしら変更があった場合に複数のコンストラクターに影響が及ぶ可能性があるので、避けてください。

```
public Circle()
{
  this.radius = 1;
}
```

練習問題　7.3　P.289

1. 以下のようなコードが書けていれば正解です。

▶リスト A.23　PStatic.cs

```
static class MyClass
{
  public static double GetBmi(⏎
double weight, double height)
  {
    return weight / (height * height);
  }
}
```

MyClassは静的メソッドしか持たないので、staticで修飾し、静的クラスにしている点にも注目です。

練習問題　7.4　P.295

1. 省略可能な引数を表現するためのオーバーロードは、既定値構文を利用することで、よりシンプルに表現できます。

▶リスト A.24　PCircle.cs

```
public Circle(double radius = 1)
{
  this.radius = radius;
}
```

2. 以下のようなコードが書けていれば正解です。可変長引数にはparamsキーワードを付けて、型は配列とする点に注意してください。

▶リスト A.25　PCalculation.cs

```
public static double GetAverage(⏎
params double[] values)
{
  var result = 0.0;
  foreach(var v in values)
  {
    result += v;
  }
  return result / values.Length;
}
```

練習問題 7.5 **P.310**

1. 以下のようなコードが書けていれば正解です。

▶リストA.26　PTuple.cs

```
public static (double addition, double ⏎
subtraction) AddSubtract(double x, double y)
{
  return (x + y, x - y);
}
```

タプル型の戻り値を受け取るには、タプル型そのままに受け取る方法と、別々の変数に分ける分解構文とがあります。具体的なコードはダウンロードサンプルも参照してください。

この章の理解度チェック **P.317**

1. ① アクセス修飾子
   ② protected
   ③ private
   ④ static修飾子
   ⑤ 静的メソッド（クラスメソッドでも可）
   ⑥ 静的クラス
   ⑦ const
   ⑧ readonly
   ⑨ params
   ⑩ 配列

   オブジェクト指向の基本的な修飾子を問う問題です。②③は逆でもかまいません。

2. （×）既定はprivateです。外部からアクセス可能にするには、明示的にpublicなどの修飾子を指定しなければなりません。
   （×）const定数の説明です。
   （×）重複は望ましくありませんが、可能です。その際に双方を区別するために用いるのがthisキーワードです。
   （×）forループで宣言されたカウンター変数は、forブロックの配下でのみ利用できます。

（×）匿名型は型宣言として利用できません。同じ名前を持たない型でも、タプル型が型宣言で利用できるのとは対照的です。

3. ① readonly
   ② this
   ③ this("権兵衛",0)
   ④ string
   ⑤ =
   ⑥ return

   コンストラクター／フィールド／メソッドからなる総合問題です。この後もクラスを構成するさまざまな要素を学んでいきますが、まずは最低限、これらの基本要素についてはきちんと理解しておきましょう。

4. 元のコード　　　⇒ ❶ 15　　　❷ 15
   refを削除したとき ⇒ ❶ 15　　　❷ 10

   引数が参照渡しされた場合、引数への変更は呼び出し元の変数にも影響します。既定の値渡しとの挙動の違いを再度確認しておきましょう。

第8章の解答

練習問題 8.1 **P.341**

1. クラスや、そのメンバー（フィールド／メソッドなど）に対するアクセスの可否を表すためのキーワードで、それぞれの宣言の先頭に付加できます。コード内のどこからでもアクセス可能なことを表すpublicの他、protected、internal、privateなどがあります。

2. 以下のような点が挙げられていれば、正解です。

   ● 読み書きの制御が可能になる
   ● フィールド値を設定する際に値を検証できる
   ● フィールド値を参照する際に値を加工できる

（×）as演算子はis演算子の誤りです。

（×）可能です。ただし、その場合は「：基底クラス，インターフェイス，...」の順で指定します。

練習問題 8.2 P.366

1. オーバーライド ➡ virtual／override
隠蔽 ➡ new

双方の違いとしては、以下の点を説明できていれば正解です。

- オーバーライドは基底クラスでvirtual修飾子を付与しているメソッドであることが前提です。しかし、隠蔽は派生クラスでnew修飾子を付ければ良いだけです（基底クラスが想定しなくても隠蔽は可能）。
- 隠蔽はほぼすべてのメンバーで可能ですが、オーバーライドはメソッド、プロパティ、インデクサーに対してしかできません。
- 隠蔽ではポリモーフィズムの性質は無効になります。

2. （○）派生クラスから基底クラスへのアップキャストは無条件に可能です。

（○）基底クラスから派生クラスへのダウンキャストは明示的な変換が必要です。

（△）継承関係にあるManからStudentManへのダウンキャストなので、コンパイルは通過します。しかし、変数mの実体はBusinessManなので実行時にエラーとなります。

（×）BusinessManとStudentManの間には継承関係はないので、キャストはできません。

この章の理解度チェック P.380

1. （×）superはbaseの誤りです。

（×）再定義はオーバーライドの誤りです。virtual修飾子がないメソッドでも、new修飾子による再定義（隠蔽）は可能です。

（○）正しい記述です。そもそも自分で定義したメソッド（＝基底クラスをオーバーライドしたのではないメソッド）のオーバーライドを禁止したいならば、virtual修飾子を付けなければ良いだけです。

2. 以下のようなコードを書けていれば正解です。

▶リストA.27　Practice2.cs
　　　　　　（SelfCSharp.Chap08.Practice名前空間）

```
static class StringExtensions
{
  public static string ToTitleCase(⏎
this string str)
  {
    return str.Substring(0, 1).⏎
ToUpper() + str.Substring(1).ToLower();
  }
}
```

拡張メソッドを定義する場合、

① staticクラスであること
② staticメソッドであること
③ 第1引数としてthisキーワードを付けて拡張するクラスを指定すること

が条件となります。

3. 以下の点を指摘できていれば正解です。

- 「public int _age;」は「private int _age;」です。フィールドは原則としてプロパティ経由でのみアクセスさせるべきで、public宣言してはいけません。
- Nameプロパティはクラス外からは設定できないとあるので、「set;」は「private set;」とします。
- 同じ理由で、Ageプロパティの「set {...}」は「private set {...}」です。
- Ageプロパティ（setブロック）の「int value;」は不要です。valueはプロパティに渡された値を表す予約変数で、宣言などの準備はいりません。
- コンストラクターに戻り値の型を指定することはできません。「public void～」は、単に「public ～」です。

- 同じく、コンストラクターの名前はクラス名と等しくなるようにします。「~Animal」とするのはデストラクターです。
- 文字列への変数／式の埋め込みには$"..."のように、文字列リテラル全体に$を付与し、埋め込みには{...}を使います。

以上を修正した正しいコードが、以下です。

▶リストA.28　Practice3.cs
（SelfCSharp.Chap08.Practice名前空間）

```csharp
class Animal
{
  private int _age;

  public string Name { get; private set; }

  public int Age
  {
    get { return _age; }
    private set
    {
      int value;
          削除
      if(value < 0)
      {
        value = 0;
      }
      _age = value;
    }
  }

  public void ~Animal(string name, int age)
          削除
  {
    this.Name = name;
    this.Age = age;
  }

  public void Intro()
  {
    Console.WriteLine($"ボクの名前は⏎
{this.Name}。{this.Age}だよ");
  }
}
```

4. ① this.
　② virtual

③ :MyClass
④ :base(value)
⑤ override
⑥ GetValue
⑦ base.GetValue()

MySubClassクラスのコンストラクターは、ただ基底クラスのそれを呼び出しているだけですが、省略できない点に要注意です（コンストラクターは、メソッドと異なり、そのまま派生クラスに引き継がれません）。

5. 以下の点を指摘できていれば、正解です。

- インターフェイス内のメンバーにはpublic修飾子は付けられません（Nameプロパティ）。
- インターフェイス内のメンバーにはabstract修飾子は付けられません（Moveメソッド）。
- インターフェイスを実装するには、implementsではなく「:」を利用します。
- インターフェイスを実装したNameプロパティはpublicでなければなりません。
- インターフェイスを実装するのにoverride修飾子は不要です（Moveメソッド）
- オブジェクト初期化子は「プロパティ名 = 値」で表します。

▶リストA.29　Practice5.cs
（SelfCSharp.Chap08.Practice名前空間）

```csharp
interface IAnimal
{
  public string Name { get; set; }
        削除
  abstract void Move();
        削除
}

class Hamster : IAnimal
{
  public string Name { get; set; }

  public override void Move()
              削除
  {
    Console.WriteLine(⏎
$"{this.Name}は、トコトコ歩きます。");
  }
}
```

```
}

class Practice5
{
  static void Main(string[] args)
  {
    IAnimal i = new Hamster()
    {
      Name = "サクラ"
    };
    i.Move();
  }
}
```

けに値を割り当てれば十分です。

2. 以下の中から3点以上が挙げられていれば正解です。

- 継承は利用できない
- abstract、virtual、override、sealedなど、継承関連の修飾子は利用できない
- 引数なしのコンストラクターは定義できない
- デストラクターは利用できない
- structブロックにstatic修飾子は利用できない（staticメンバーの定義は可）

第9章の解答

練習問題 9.1 P.416

1. より下位の例外クラスを先に記述します。catchブロックは先に書かれたものが優先されるため、（たとえば）Exceptionクラスを最初に記述した場合には、すべての例外がそこで捕捉されてしまい、以降のcatchブロックが呼び出されることはありません。

2. その場で例外を処理できない場合に、いったんログなどを出力するに留め、catchブロックで捕捉した例外をthrow命令で投げ直すことを言います。再スローに際しては「throw ex;」ではなく、単に「throw;」とします。さもないと、そこまでのスタックトレースが破棄されてしまうからです。

練習問題 9.2 P.432

1. 以下のようなコードが書けていれば正解です。

▶リストA.30　PEnum.cs

```
enum Weekday { Monday = 1, Tuesday, Wednesday, ⏎
Thursday, Friday, Saturday, Sunday, All = 99 }
```

個々のメンバーに値を割り当てても間違いではありませんが、連番を振るならば最初と特殊な値（All）だ

練習問題 9.3 P.451

1. 以下のように型パラメーターにコンストラクター制約を追加します。

```
class MyGenerics<T> where T : new() { ... }
```

その他にも、ジェネリック型の中で特定の操作を想定しているならば、where制約を利用して型パラメーターの範囲を制限する必要があります。

この章の理解度チェック P.469

1. （×）catchブロックは、発生した例外がcatchブロックのそれと一致、または派生クラスである場合に呼び出されます。
  - （×）クラス／構造体は、クラス／インターフェイス／構造体を入れ子にできます。しかし、インターフェイスは他の型を入れ子にすることはできません。
  - （×）逆の記述です。構造体はインターフェイスを実装できますが、他の構造体を継承することはできません。
  - （×）整数型（byte、sbyte、short、ushort、int、uint、long、ulong）のみ利用できます。
  - （×）オーバーライドはオーバーロードの誤りです。

2. 以下のようなコードが書けていれば正解です。

① `using static System.Math;`

② `global::MyClass.Process();`

③ ```
try {...}
catch (Exception ex)
  when(ex is IOException || ex is ⏎
ArgumentException) { ... }
```

④ ```
var i = -10;
Console.WriteLine(i >= 0 ? Math.Sqrt(i) :
  throw new Exception(⏎
"iは正数でなければなりません！"));
```

⑤ ```
static void PrintList<T>(List<T> list)
{
  Console.WriteLine(String.Join(⏎
",", list.ToArray()));
}
```

**3.** 以下の点が指摘できていれば正解です。

- 構造体ではsealed修飾子は利用できない。
- 構造体のフィールドは直接初期化できない（コンストラクターで初期化する）
- 構造体ではデフォルトコンストラクターは定義できない
- 構造体のコンストラクターでは、すべてのフィールドを初期化しなければならない
- ローカル変数として宣言された構造体では、配下のフィールドを明示的に初期化してからアクセスしなければならない。

以上の点を修正した正しいコードが以下のとおりです。

▶リストA.31　Practice3.cs

```
sealed struct MyStruct
──────  削除
{
  public string Message = "";
                ───────── 削除
  public int Value = 0;
              ──── 削除
```

```
  public MyStruct() : this("", 0) { }
  ──────────────────────────  削除
  public MyStruct(string message, int value)
  {
    this.Message = message;
    this.Value = value;
  }
}
class Practice3
{
  static void Main(string[] args)
  {
    MyStruct s;
    s.Message = "こんにちは";   // 初期化する⏎
文字列はなんでも
    Console.WriteLine(s.Message);
  }
}
```

4. ① `this`

② `this(1, 1)`

③ `$`

④ `static Point operator +`

⑤ `new Point`

⑥ `static explicit operator double`

⑦ `Math.Sqrt`

演算子のオーバーロード、コンストラクターのオーバーロードを中心として、$"..."、Math.Sqrtメソッドなども交えた複合的な問題です。本書も終盤、そろそろ複数の知識を組み合わせる力を身に付けていきましょう。

第10章の解答

練習問題　10.1　P.493

1. `i => i * i`

簡単化のポイントは、以下のとおりです。

- 引数のデータ型は省略できる。
- 引数が1つの場合はカッコも省略できる。
- 文が1つの場合は{...}は省略できる。
- 文が1つの場合はreturnも省略できる。
```

2. 以下のようなコードが書けていれば正解です。

```
using System.Collections.Generic;
...中略...
var list = new List<string> { ⏎
"ABCDEF", "OPQR", "WXYZ", "HIJKL" };
Console.WriteLine(⏎
list.TrueForAll(v => v.Length <= 5));
```

なお、1つでも条件に合致するものが存在するかを判定したい場合は、Existsメソッドを利用します。

この章の理解度チェック P.517

1. （×）ラムダ式は匿名メソッドをよりシンプルにした構文です。新たにコードを書くならば、匿名メソッドよりもラムダ式を利用すべきです。

（×）引数がない場合には、空の丸カッコを使って「() => 式」のように表します。

（×）逆の記述です。メソッド構文はLINQ操作のすべてを表現できますが、クエリ構文でできることは一部です。

（○）正しい記述です。

（×）select句の他、group句で終わることもできます。

2. ① delegate bool Hoge(string str);

② delegate R Foo<T, R>(T v1, T v2);

③
```
var list = new List<string> { ⏎
"ABCDE", "OPQR", "WXYZ", "HIJKL" };
var result = list.ConvertAll(⏎
str => str.Substring(0, 3));
```

④
```
var bs = from b in AppTables.Books
    where b.Title.EndsWith("入門")
    orderby b.Price descending
    select new { Title=b.Title, ⏎
Price=b.Price * 1.08 };
```

⑤
```
var bs = AppTables.Books
    .Where(b => b.Published < ⏎
new DateTime(2016, 12, 1))
    .OrderBy(b => b.Publisher)
    .ThenBy(b => b.Title)
    .Select(b => new
    {
    Title = b.Title.Substring(0, 5),
    Price = b.Price,
    Publisher = b.Publisher,
    });
```

3. ① <T>

② Predicate<T>

③ condition(value)

④ result.Add(value);

⑤ ToArray()

⑥ v % 2 == 0

標準ライブラリで用意されている主なデリゲート（Action、Func、Converter、Predicate）はざっくりと覚えておくべきです。未知のメソッドを利用する場合にも、構文を見ただけで用法がおおよそ理解できます。
ジェネリックメソッドは第9章の内容ですが、忘れてしまったという人は復習しておきましょう。

第11章の解答
練習問題 11.1 P.537

1. lockブロックで囲まれた処理は、複数のスレッドから同時に呼び出されなくなります。複数のスレッドで共有するデータを操作する場合、lockによる排他処理は必須です。

2. 以下の点が指摘できていれば正解です。正しいコードは、P.535のリスト11.7を参照してください。

- 非同期メソッドにはasync修飾子が必須です。
- 非同期処理の呼び出しにはasyncではなく、await演算子を利用します。
- 変数resultに返されるのはTask<string>型ではなく、string型です。よって、結果も（result.Resultではなく）resultで参照できます。

練習問題　11.2　P.565

1. 以下のようなコードが書けていれば正解です。

   [Obsolete("代替としてHogeメソッドを利用してください。")]

2. dynamic型は実行時まで型が決まらない動的な型を表します。一方、var型推論は型を明示しないだけで、初期値から推論した型をコンパイル時に決定します。同じく、object型もすべての型を受け入れるというだけで、型はコンパイル時に固定されます。よって、object型の変数からはobject型のメンバー以外を呼び出すことはできません。

この章の理解度チェック　P.572

1. （×）スレッドの生成／破棄はオーバーヘッドの大きな処理です。スレッドプールを利用して、できるだけ再利用を検討します。

   （×）await演算子は非同期処理を呼び出したところで、いったん、呼び出し元に処理を返します。非同期処理の間、メインスレッドは別の処理を継続できるのが、await演算子を利用する意味です。

   （○）正しい記述です。

   （×）実行時にエラーとなります（コンパイルエラーにならないだけです）。

   （×）「+=」演算子を利用します。デリゲートと異なり、「=」演算子による代入はできません。

2. ① Task<long>
   ② IsCompleted
   ③ Wait
   ④ Result
   ⑤ async
   ⑥ await
   ⑦ Run

   async／awaitの基本的な構文を確認する問題です。非同期処理から値を返すには、メソッドの戻り値はTask<T>型になることを思い出してください。

3. ❶var t = typeof(string);
   GetTypeはオブジェクトの型を取得するインスタンスメソッドです。型からTypeオブジェクトを取得するにはtypeof演算子を利用します。

   ❷ev.KeyCommand -= OnKeyCommand;
   イベントハンドラーを削除するには「-=」演算子を利用します。

   ❸正しい（対象を表す「method:」は一般的には省略しますが、明示しても誤りではありません。messageは名前付き引数の構文です）。

   ❹string result = await client.⏎
   DownloadStringTaskAsync(⏎
   "https://codezine.jp/");
   await経由で返されるのは、あくまで戻り値そのもので、Task<T>型ではありません。stringはvarでもかまいません。

   ❺[AttributeUsage(AttributeTargets.⏎
   Class | AttributeTargets.Struct, ⏎
   Inherited = true)]
   Inheritedは名前付き引数ではなく、プロパティです。プロパティの設定には「:」ではなく「=」を利用します。

4. ① event MyEventHandler
   ② EvenEvent(i)
   ③ OddEvent(i)
   ④ +=
   ⑤ 2Ø

   イベントに関わる基本的な構文を問う問題です。イベントの宣言から登録までの基本的な流れを押さえておきましょう。

索 引

著者紹介

山田祥寛（やまだ よしひろ）

静岡県榛原町生まれ。一橋大学経済学部卒業後、NECにてシステム企画業務に携わるが、2003年4月に念願かなってフリーライターに転身。Microsoft MVP for Visual Studio and Development Technologies。執筆コミュニティ「WINGSプロジェクト」の代表でもある。

主な著書に「独習シリーズ（サーバサイドJava・PHP・ASP.NET）」「10日でおぼえる入門教室シリーズ（jQuery・SQL Server・ASP.NET・JSP/サーブレット・PHP・XML）」（以上、翔泳社）、『改訂新版JavaScript本格入門』『Angularアプリケーションプログラミング』『Ruby on Rails 5アプリケーションプログラミング』（以上、技術評論社）、『はじめてのAndroidアプリ開発 第2版』（秀和システム）、『書き込み式SQLのドリル 改訂新版』（日経BP社）など。

装丁　会津 勝久
DTP　株式会社シンクス

独習C#（シーシャープ）　新版

2017年12月15日　　初版第1刷発行

著　　者	山田祥寛（やまだ よしひろ）
発　行　人	佐々木 幹夫
発　行　所	株式会社 翔泳社（http://www.shoeisha.co.jp）
印刷・製本	日経印刷 株式会社

ISBN978-4-7981-5382-7　　　　　Printed in Japan